Python漫游数学王国

高等数学、线性代数、数理统计及运筹学

毕文斌　毛悦悦　编著

清華大学出版社
北京

内 容 简 介

本书参考高等学校理工科"高等数学""线性代数""概率论与数理统计""运筹学"等课程教学大纲,使用 Python 语言实现相关计算、图形展示及模型求解,内容包含 Python 编程语言入门、极限的运算、函数的求导及积分、微分方程求解、级数、行列式计算、线性方程组求解、随机变量及其分布、随机变量的数字特征、参数估计、假设检验、方差分析与回归、线性规划、非线性规划、动态规划、图与网络计划及排队论等。本书内容翔实,文字精练,例题丰富,注重本科数学理论与科学计算的密切结合。

本书可以作为高等学校理工科在校本科生的学习实验用书,也可以作为对 Python 科学计算感兴趣的人员的参考用书。

图书在版编目(CIP)数据

Python 漫游数学王国:高等数学、线性代数、数理统计及运筹学/毕文斌,毛悦悦编著.—北京:清华大学出版社,2022.7
(清华开发者书库·Python)
ISBN 978-7-302-59779-7

Ⅰ.①P… Ⅱ.①毕… ②毛… Ⅲ.①软件工具—程序设计 Ⅳ.①TP311.561

中国版本图书馆 CIP 数据核字(2022)第 000772 号

责任编辑:黄 芝 薛 阳
封面设计:刘 键
责任校对:李建庄
责任印制:宋 林

出版发行:清华大学出版社
网 址:http://www.tup.com.cn,http://www.wqbook.com
地 址:北京清华大学学研大厦 A 座 **邮 编**:100084
社 总 机:010-83470000 **邮 购**:010-62786544
投稿与读者服务:010-62776969,c-service@tup.tsinghua.edu.cn
质量反馈:010-62772015,zhiliang@tup.tsinghua.edu.cn
课件下载:http://www.tup.com.cn,010-83470236
印 装 者:三河市铭诚印务有限公司
经 销:全国新华书店
开 本:203mm×260mm **印 张**:26.75 **字 数**:621 千字
版 次:2022 年 8 月第 1 版 **印 次**:2022 年 8 月第 1 次印刷
印 数:1～2500
定 价:128.00 元

产品编号:090715-01

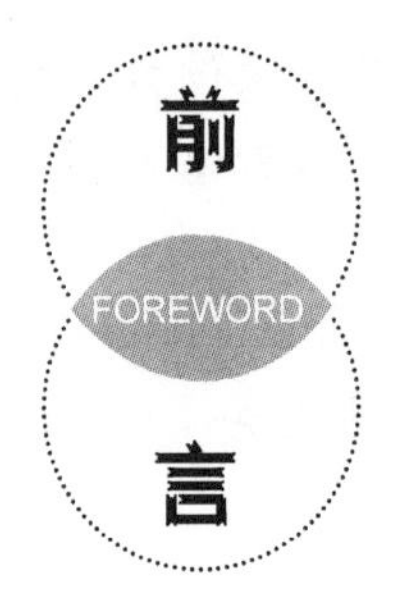

在大学阶段，我们获得知识的一般途径是通过对教材的理论学习及相应的实验验证。具体到教材的每一节(章)，大体上是先提出某个已被确定的理论，然后由简入繁组织一些模式相似的例子，用于练习或验证先前提出的理论，这种学习方法实际上就是对模型(model)的学习。在学习数学的过程中，如果能逐步自我训练，把每一节的学习当作一个模型去对待，理解这个模型的理论基础，它能解决什么样的问题以及如何解决，这种训练无疑比陷入题海或过分专注于一些技巧要好得多。积累的模型多了，在解决实际问题时才会更快地定位到正确或接近正确的解决模式上，也才有可能得到这个问题的确切解或近似解(解决方案)，但如果用错误的模型去匹配一个未知问题，结果很可能大幅偏离正解，甚至南辕北辙。

科学计算是对已知理论或假设，运用特定算法或程序，并对这一理论(假设)进行验证或进一步探索的试验过程，是手工计算在机器上的延伸与拓展，同时也是科技人员必须具备的一项技能。由此，我和我的同事编写了和“高等数学”(含“线性代数”)、“概率论与数理统计”和“运筹学”几门基础课程配套的科学计算辅导用书，我们希望科学计算从这几门基础课开始生根。

Python 是当下开发语言的第一选项，原因在于以下两方面：①就科学计算来说，基于 Python 的库是相对完备且开放的，使用人群的基数也决定着学习资源的品质与多样性；②相对于 C、C++、Java 等编程语言，Python 对于非计算机类专业来讲有着更为合适的生长土壤，我们不太可能用 C 语言来求解诸如热处理问题、资源配置问题或实验中某些因素的交互作用问题等。

数学为我们提供了丰富多彩的素材用以学习编程：从读者已掌握的知识(例如绘制一条抛物线，计算一个函数的导数)到未知的领域(如求一个复杂函数的极值)，这期间有验证的快乐，也有探索的艰辛。在不断重复这些活动的过程中学会熟练运用这一工具，工具的熟练使用反过来也会帮助我们对特定问题进行更为深入的探讨与研究。

Visual Studio Code为我们提供了良好的工作环境。

基本理论和手工计算是根本，然后才可以使用机器进行实践，切莫本末倒置。如果自己无法解释程序或程序输出，那就要调整为理论优先。建议读者依据自身对基本知识的理解，可以采用理论与实践按节融合、按章融合或学期后融合的策略。

本书的第1～3章由贾爱娟编写，第4～6章由张灵帅编写，第7～9章由陈继红编写，第10、11章由郭晓玉编写，第12章由杨怀霞编写，第13～21章由毛悦悦编写，第22～33章由毕文斌编写。文档的审核及校对由赵文峰、程方荣、崔红新和时博完成。

毕文斌

2022年6月

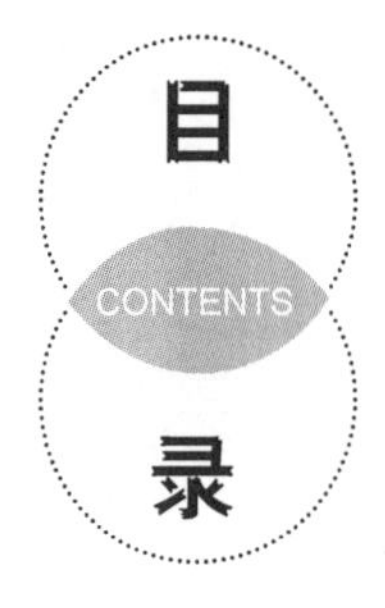
目
CONTENTS
录

代码下载

第三部分 概率论与数理统计

第四部分 运 筹 学

第一部分

编程基础

本部分主要介绍 Python 编程平台的搭建、Python 的基本数据类型、分支与循环、异常处理及 numpy 库的基本知识。

第1章

Python基础

1.1 Python 简介与安装

Python 是 1989 年荷兰人 Guido van Rossum 为修改 ABC 语言而发明的一种面向对象的解释型高级编程语言,它的设计优美、清晰、简单。第一个 Python 编辑器诞生于 1991 年,当时它已具有了列表、字典、函数、类、异常处理等核心数据类型与机制,以及基于模块的拓展系统。Python 特别在意可拓展性,它有丰富和强大的库,能够把其他语言制作的各种模块轻松地连接在一起。因此,Python 常被称为“胶水”语言。

2001 年,Python 软件基金会(Python Software Foundation,PSF)成立于美国 Delaware 州。基金会的宗旨是:促进、保护和发展 Python 编程语言,同时支持并辅助 Python 开发者组成的多样化的国际社区的发展。基于上述宗旨,基金会的主要职责有:开发核心模块与函数,维护 Python 文档,联络开发者和使用者的社区以及组织会议。Python 官方网站为 https://www.python.org。

Python 是一种跨平台的编程语言,可以运行在多个操作系统中,如 Linux 系统、Mac OS X 系统与 Windows 系统。要进行 Python 开发,需要先安装 Python 解释器,解释器的下载请访问 https://www.python.org/downloads/,安装步骤如下。

根据计算机操作系统的需要选择下载安装文件,以 Windows 系统为例,如图 1.1 所示。

选择 Python,推荐版本 3.7.5,如图 1.2 所示。

选择 Windows x86-64 executable installer,如图 1.3 所示。

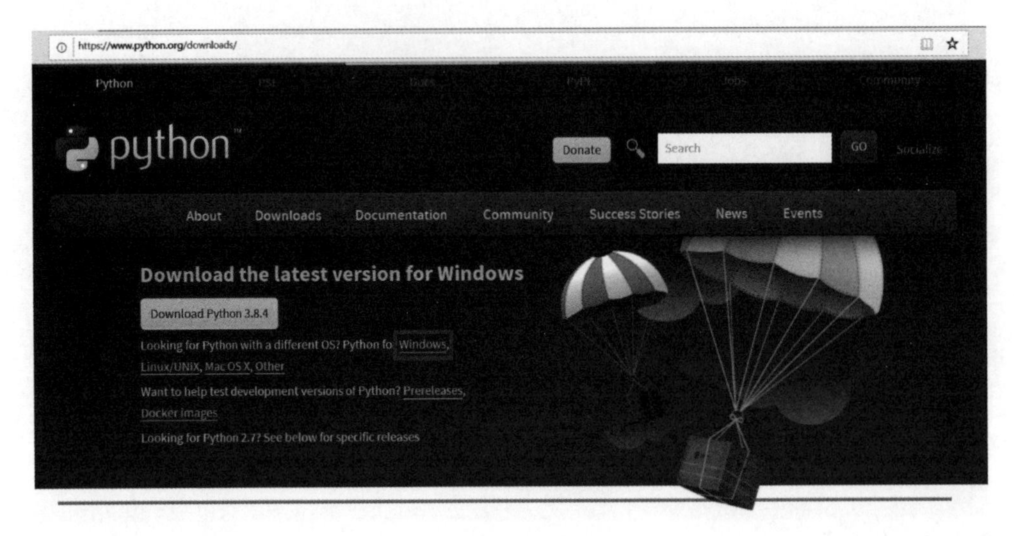

图 1.1

Looking for a specific release?

Python releases by version number:

Release version	Release date		Click for more
Python 3.5.8	Oct. 29, 2019	Download	Release Notes
Python 2.7.17	Oct. 19, 2019	Download	Release Notes
Python 3.7.5	Oct. 15, 2019	Download	Release Notes
Python 3.8.0	Oct. 14, 2019	Download	Release Notes
Python 3.7.4	July 8, 2019	Download	Release Notes
Python 3.6.9	July 2, 2019	Download	Release Notes
Python 3.7.3	March 25, 2019	Download	Release Notes

图 1.2

Files

Version	Operating System	Description	MD5 Sum	File Size	GPG
Gzipped source tarball	Source release		1cd071f78ff6d9c7524c95303a3057aa	23126230	SIG
XZ compressed source tarball	Source release		08ed8030b1183107c48f2092e79a87e2	17236432	SIG
macOS 64-bit/32-bit installer	Mac OS X	(Deprecated) for Mac OS X 10.6 and later	cd503606638c8e6948a591a9229446e4	35020778	SIG
macOS 64-bit installer	Mac OS X	for macOS 10.9 and later	20d9540e88c6aaba1d2bc1ad5d069359	28198752	SIG
Windows help file	Windows		608cafa250f8baa11a69bbfcb842c0e0	8141193	SIG
Windows x86-64 embeddable zip file	Windows	for AMD64/EM64T/x64	436b0f803d2a0b393590030b1cd59853	7500597	SIG
Windows x86-64 executable installer	Windows	for AMD64/EM64T/x64	697f7a884e80ccaa9dff3a77e979b0f8	26777448	SIG
Windows x86-64 web-based installer	Windows	for AMD64/EM64T/x64	b8b6e5ce8c27c20bfd28f1366ddf8a2f	1363032	SIG
Windows x86 embeddable zip file	Windows		726877d1a1f5a7dc68f6a4fa48964cd1	6745126	SIG
Windows x86 executable installer	Windows		cfe9a828af6111d5951b74093d70ee89	25766192	SIG
Windows x86 web-based installer	Windows		ea946f4b76ce63d366d6ed0e32c11370	1324872	SIG

图 1.3

选择下载保存路径，如图 1.4 所示。

图　1.4

下载完成后先在非系统盘（推荐 D 盘）新建一个文件夹，将其命名为 python3.7.5，Python 将被安装至这个文件夹中，如图 1.5 所示。

图　1.5

双击 Python 3.7.5 安装程序，勾选 Add Python 3.7 to PATH 复选框，单击 Customize installation（自定义安装），如图 1.6 所示。

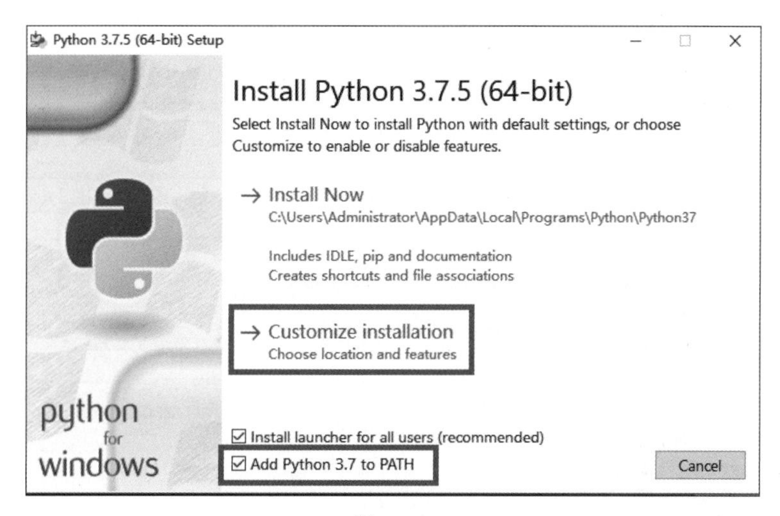

图　1.6

在接下来的界面,单击 Next 按钮,如图 1.7 所示。

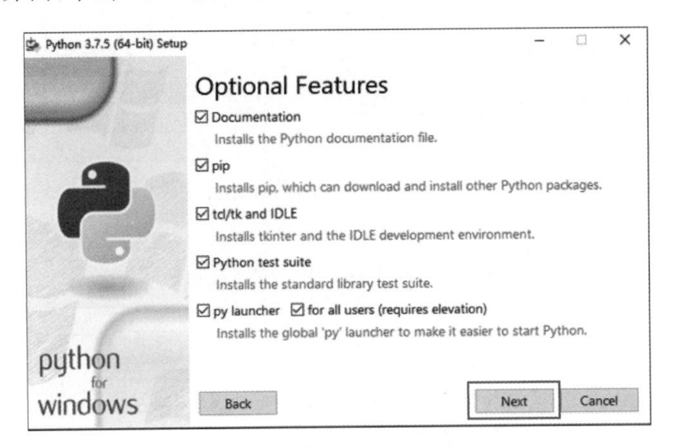

图 1.7

单击 Browse 按钮,选择安装路径,然后单击 Install 按钮直至安装结束,如图 1.8 所示。

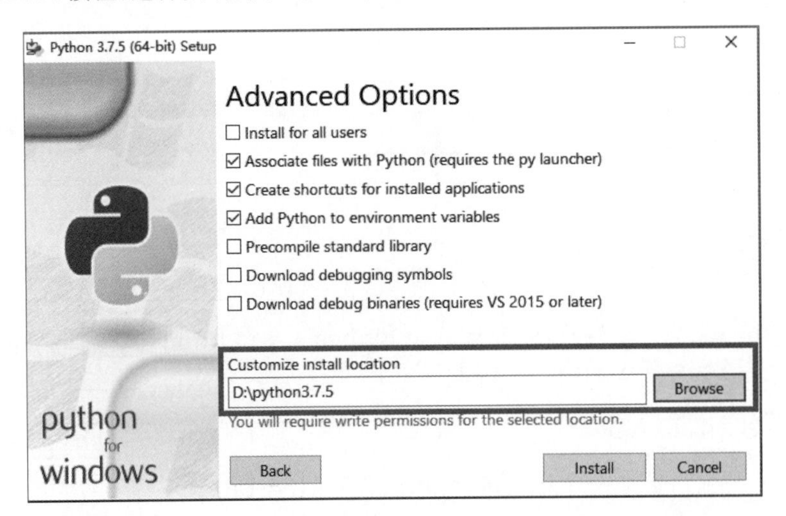

图 1.8

下面安装第三方库,打开文件夹,路径如图 1.9 所示。

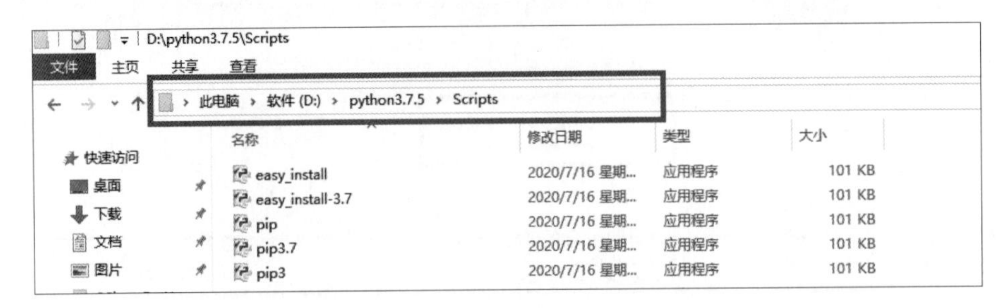

图 1.9

选中文件夹路径，如图 1.10 所示。

D:\python3.7.5\Scripts

名称	修改日期	类型	大小
easy_install	2020/7/16 星期...	应用程序	101 KB
easy_install-3.7	2020/7/16 星期...	应用程序	101 KB
pip	2020/7/16 星期...	应用程序	101 KB
pip3.7	2020/7/16 星期...	应用程序	101 KB
pip3	2020/7/16 星期...	应用程序	101 KB

图　1.10

在此输入命令“cmd”，按 Enter 键，如图 1.11 所示。

D:\python3.7.5\Scripts

共享　查看

cmd

名称	修改日期	类型	大小
easy_install	2020/7/16 星期...	应用程序	101 KB
easy_install-3.7	2020/7/16 星期...	应用程序	101 KB
pip	2020/7/16 星期...	应用程序	101 KB
pip3.7	2020/7/16 星期...	应用程序	101 KB
pip3	2020/7/16 星期...	应用程序	101 KB

图　1.11

输入命令“pip install numpy”，按 Enter 键，如图 1.12 所示。

图　1.12

numpy 安装结束，如图 1.13 所示。

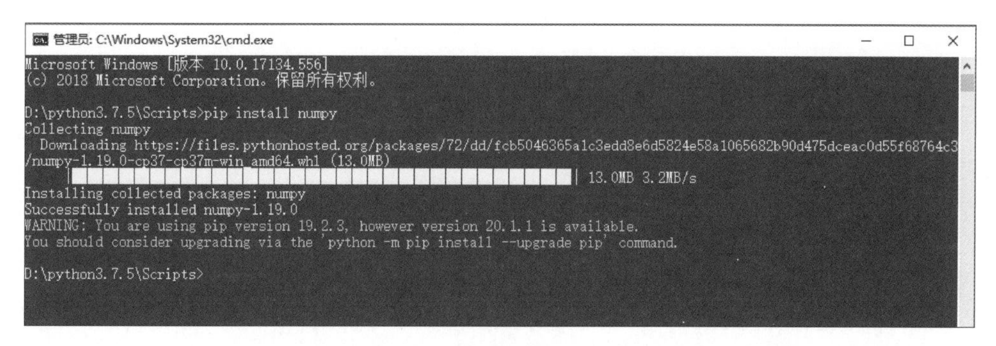

图　1.13

输入命令“pip install matplotlib”，按 Enter 键，如图 1.14 所示。

matplotlib 安装结束，如图 1.15 所示。

查看安装好的库，如图 1.16 所示。

图 1.14

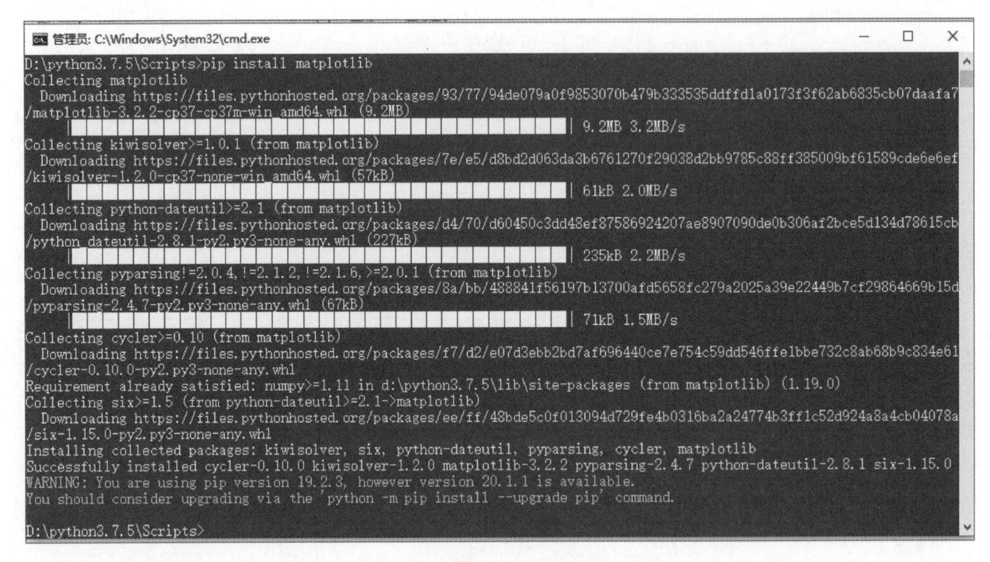

图 1.15

› 软件 (D:) › python3.7.5 › Lib › site-packages

名称	修改日期	类型	大小
__pycache__	2020/7/16 星期...	文件夹	
cycler-0.10.0.dist-info	2020/7/16 星期...	文件夹	
dateutil	2020/7/16 星期...	文件夹	
kiwisolver-1.2.0.dist-info	2020/7/16 星期...	文件夹	
matplotlib	2020/7/16 星期...	文件夹	
matplotlib-3.2.2.dist-info	2020/7/16 星期...	文件夹	
mpl_toolkits	2020/7/16 星期...	文件夹	
numpy	2020/7/16 星期...	文件夹	
numpy-1.19.0.dist-info	2020/7/16 星期...	文件夹	

图 1.16

依次输入以下命令，获得本书需要的库。

```
pip install sympy
pip install scipy
pip install seaborn
pip install pandas
pip install sklearn
pip install statsmodels
pip install pulp
pip install xlwt
```

1.2 第三方开发工具 VS Code

Visual Studio Code(简称 VS Code) 是一款免费开源的现代化轻量级代码编辑器，几乎支持所有主流开发语言的代码调试，可作为 Python 的开发工具，安装时安装 Python 插件即可，VS Code 的官网下载地址为 https://code.visualstudio.com/Download。

打开网址，出现 Visual Studio Code 的下载页面，如图 1.17 所示。

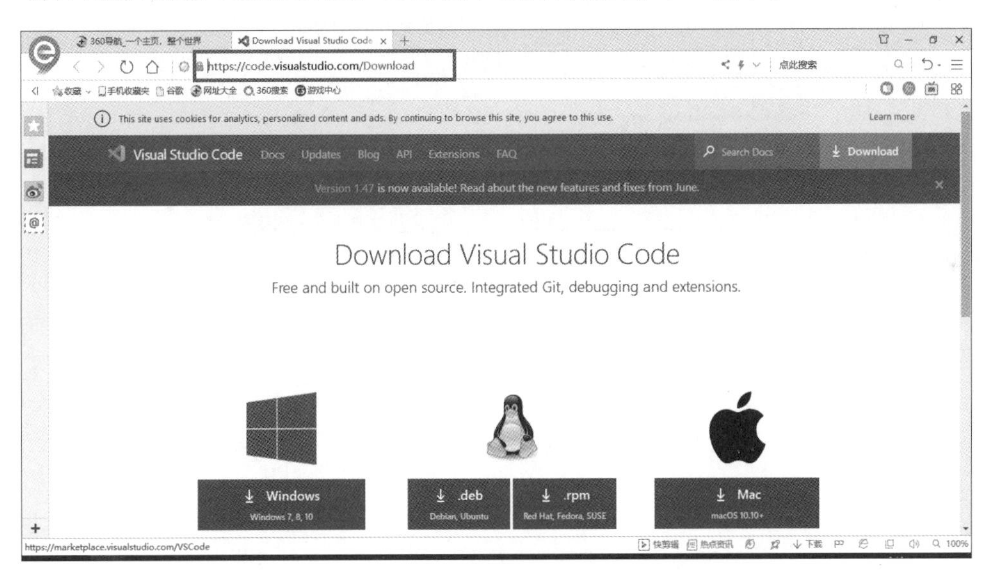

图 1.17

根据需要选择下载版本，以 Windows 64 位系统为例，选择 System Installer 64 bit，如图 1.18 所示。

选择保存路径，单击“下载”按钮，如图 1.19 所示。

下载完成后双击安装文件，选择“我接受协议”复选框，单击“下一步”按钮，如图 1.20 所示。

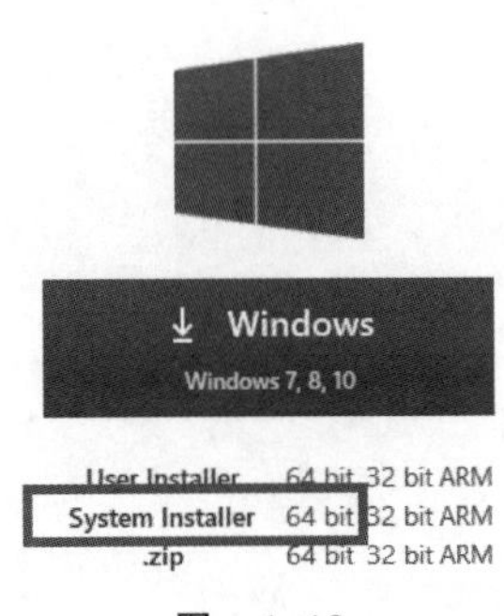

图 1.18

新建下载任务
网址: https://vscode.cdn.azure.cn/stable/485c41f9460bdb830c4d
名称: VSCodeSetup-x64-1.47.1.exe 软件 54.85 MB
下载到: F:\ 剩: 181.11 GB 浏览
直接打开 下载 取消

图 1.19

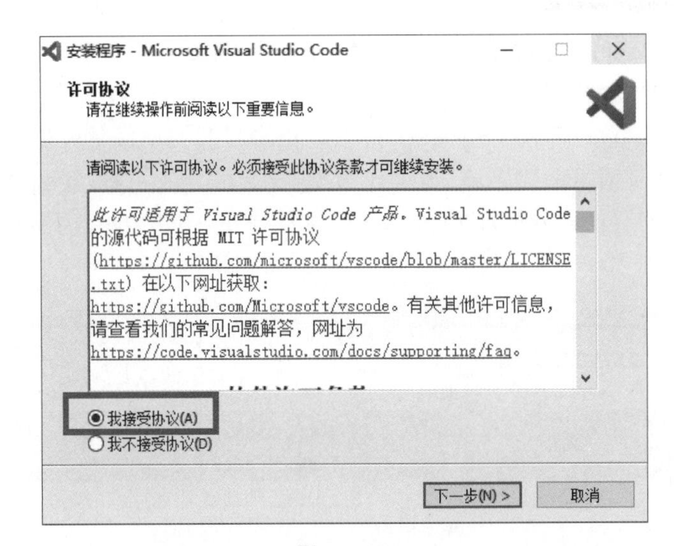

图 1.20

选择要安装文件夹的位置，单击“下一步”按钮，如图 1.21 所示。

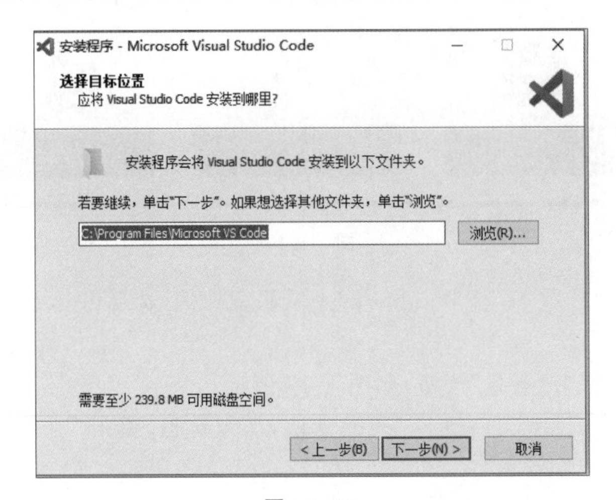

图 1.21

选择开始菜单文件夹，单击“下一步”按钮，如图 1.22 所示。

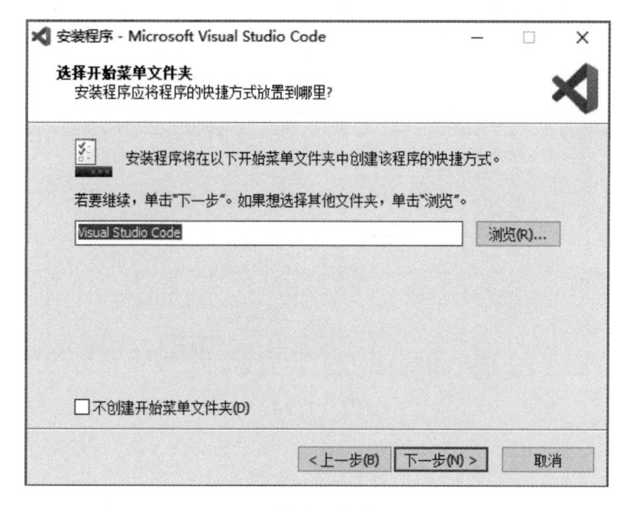

图　1.22

选择“添加到 PATH(重启后生效)”复选框，单击“下一步”按钮，如图 1.23 所示。

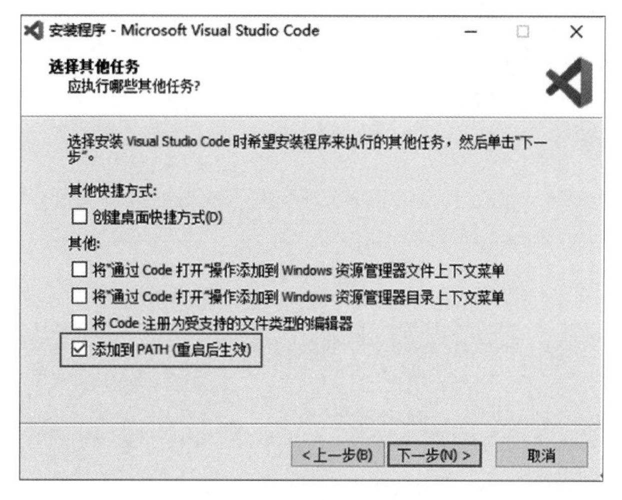

图　1.23

单击“安装”按钮，如图 1.24 所示。

单击“完成”按钮，如图 1.25 所示。

重启计算机，打开 Visual Studio Code，安装扩展，如图 1.26 所示。

输入“python”搜索，单击 Install 按钮，如图 1.27 所示。

当按钮显示为 Uninstall 时，说明 Python 扩展安装结束，如图 1.28 所示。

输入“jupyter”搜索，单击 Install 按钮，如图 1.29 所示。

当按钮显示为 Uninstall 时，说明 Jupyter 扩展安装结束，如图 1.30 所示。

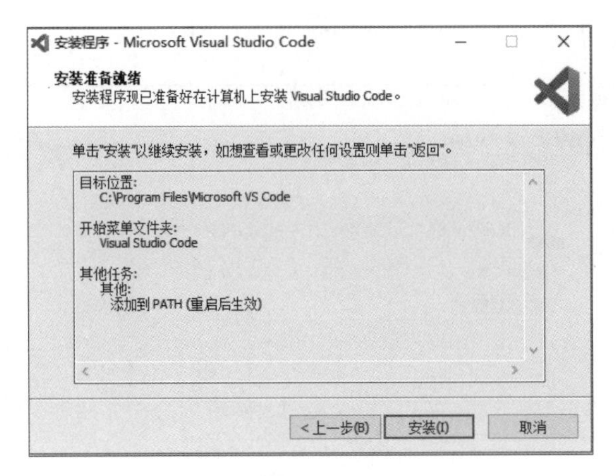

图 1.24

图 1.25

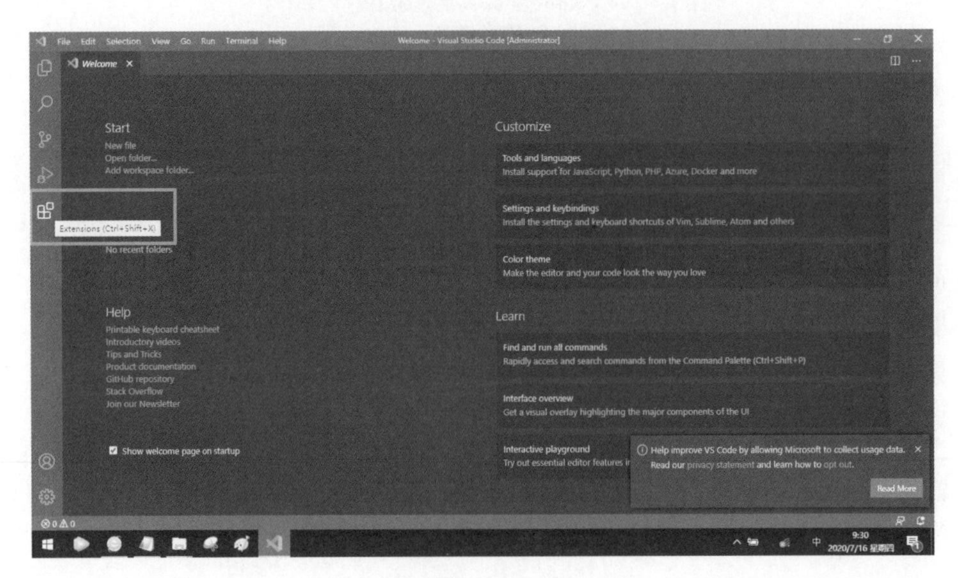

图 1.26

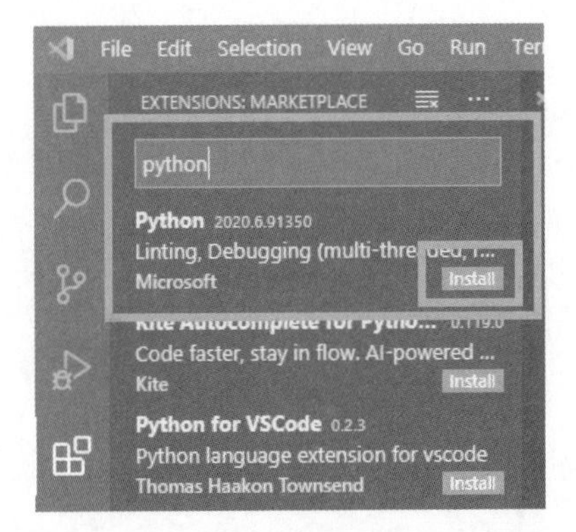

图　1.27

图　1.28

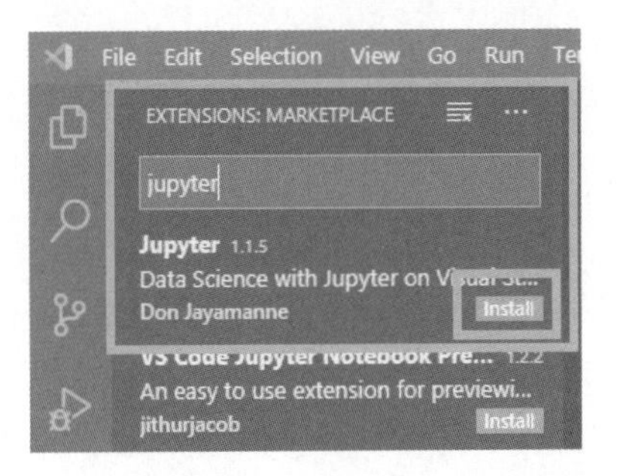

图　1.29

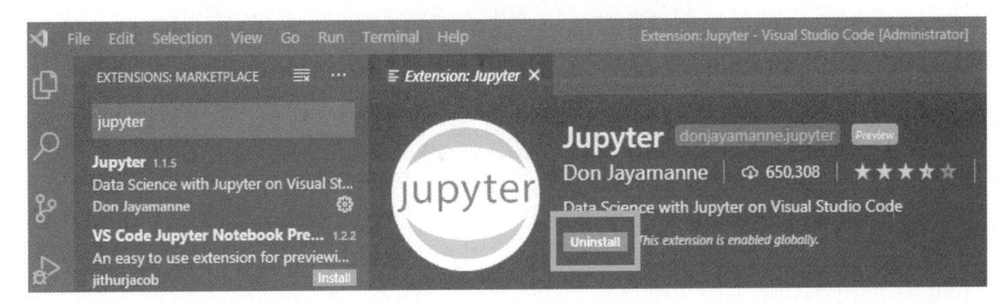

图　1.30

在菜单栏上选择 File→New File 新建文件，如图 1.31 所示。

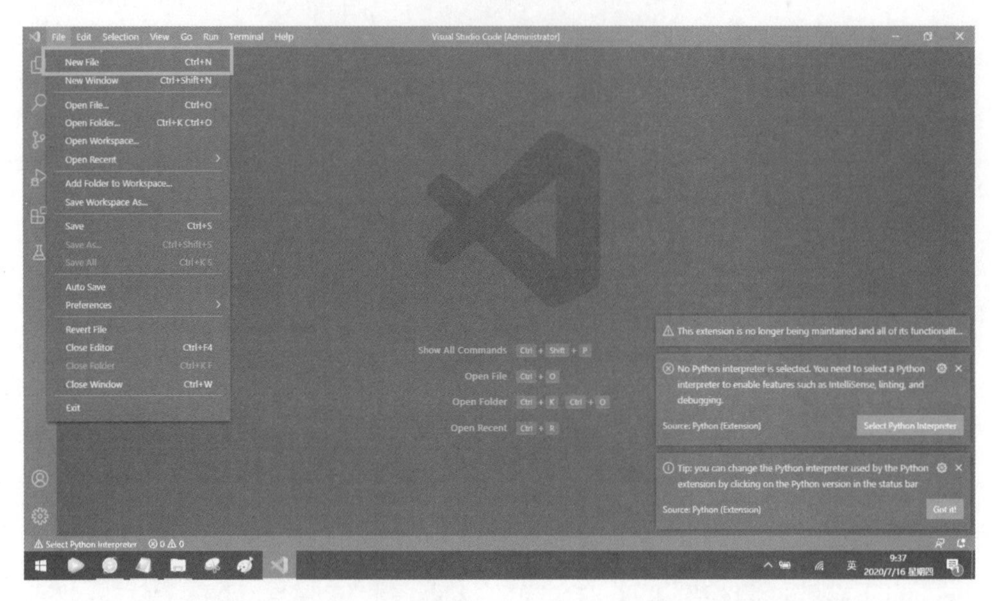

图 1.31

新建一个未命名文件 Untitled-1，如图 1.32 所示。

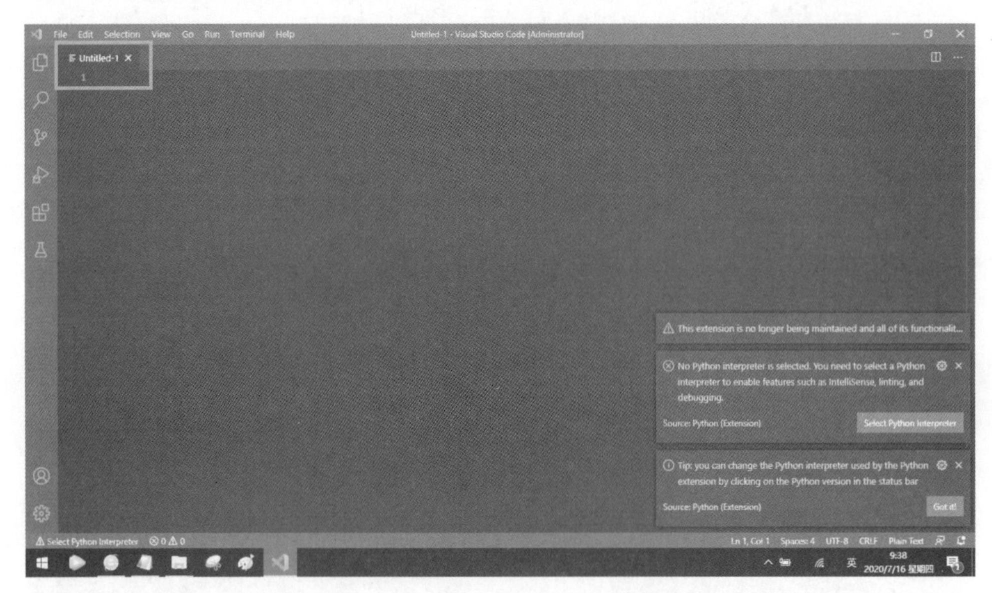

图 1.32

单击 File→Save As 命令更改文件类型，如图 1.33 所示。

不用修改文件名，单击第二个下拉框，如图 1.34 所示。

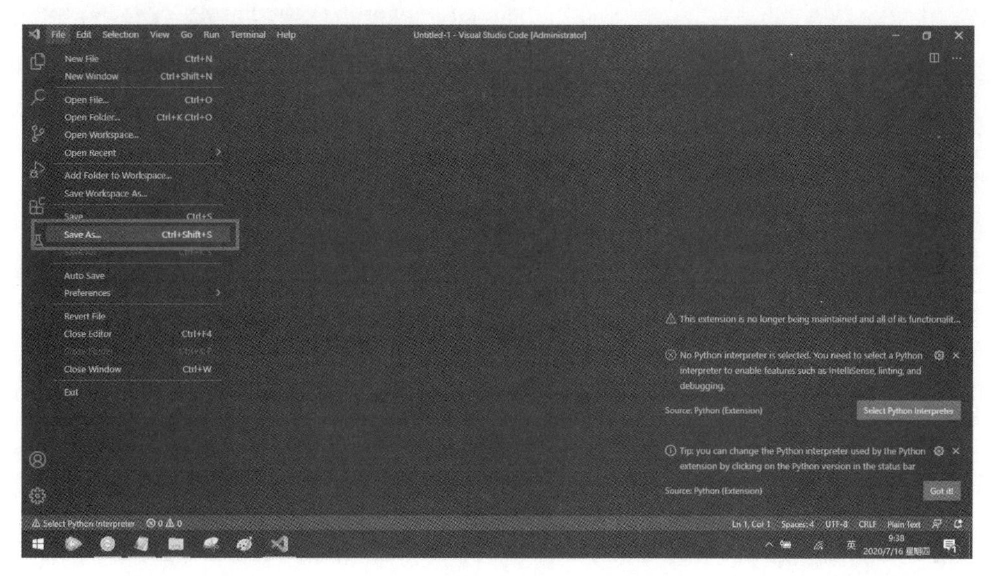

图　1.33

图　1.34

选择 Jupyter 类型，如图 1.35 所示。

单击“保存”按钮，如图 1.36 所示。

现在 Jupyter Server 的状态为 Not Started，图标为红色，在单元格中输入代码 print('hello')，单击其上边的绿色小三角形按钮，运行代码，如图 1.37 所示。

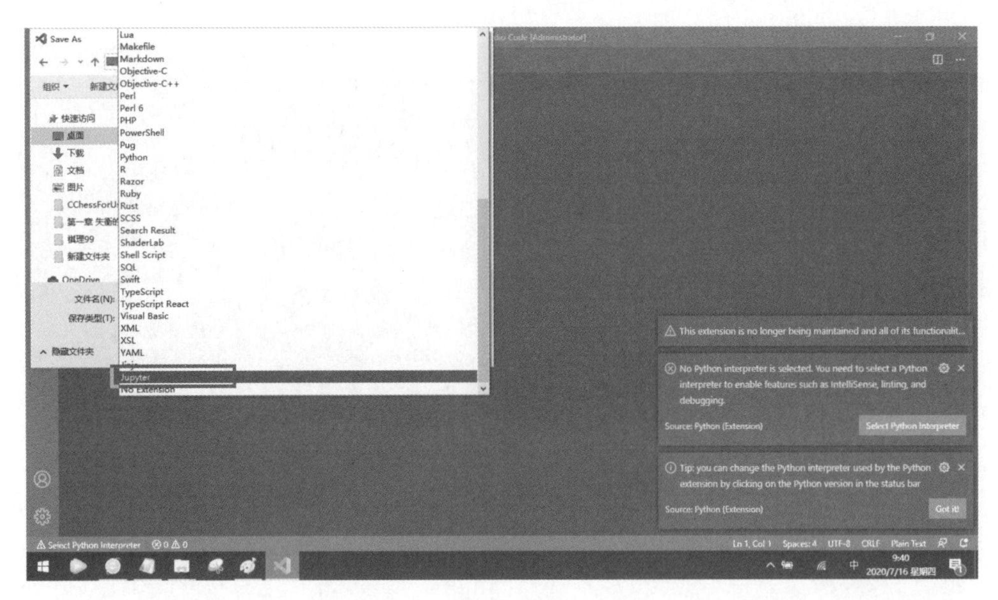

图 1.35

图 1.36

图 1.37

运行提示各种错误,如图 1.38 所示。

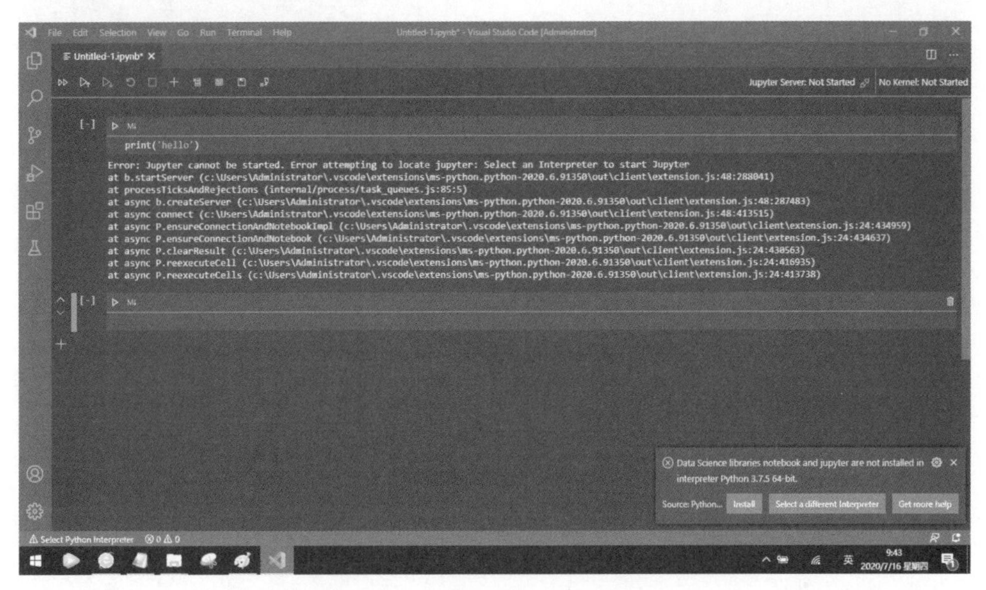

图 1.38

右下角提示 Jupyter 没有安装及 Python 解释器没有设置,单击 Install 按钮,如图 1.39 所示。

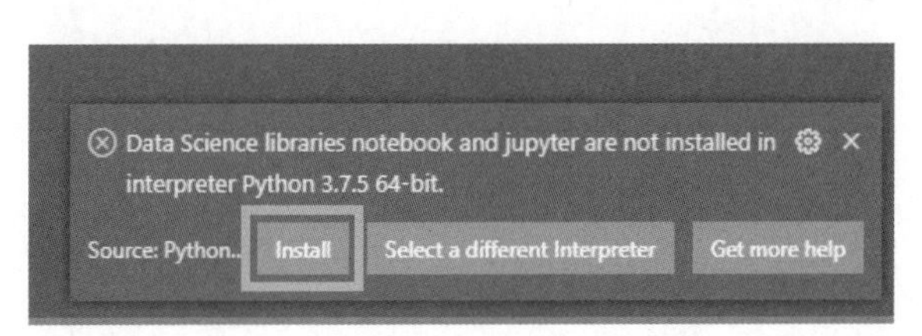

图 1.39

此时,提示选择 Python 解释器,单击 Select Python Interpreter 按钮,如图 1.40 所示。

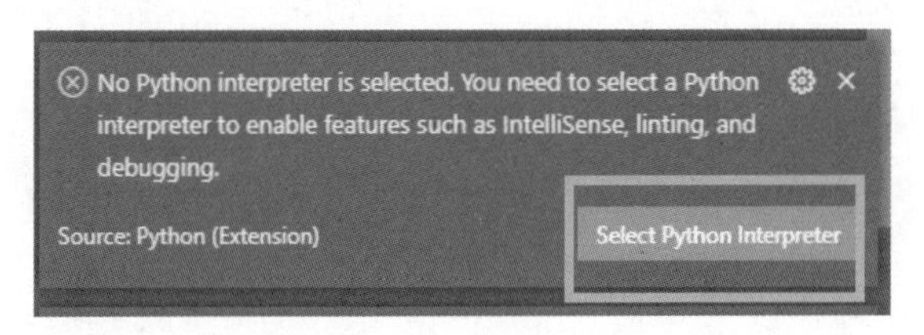

图 1.40

选择 D:\python3.7.5\python.exe,如图 1.41 所示。

继续安装 Jupyter,如图 1.42 所示。

安装过程如图 1.43 所示。

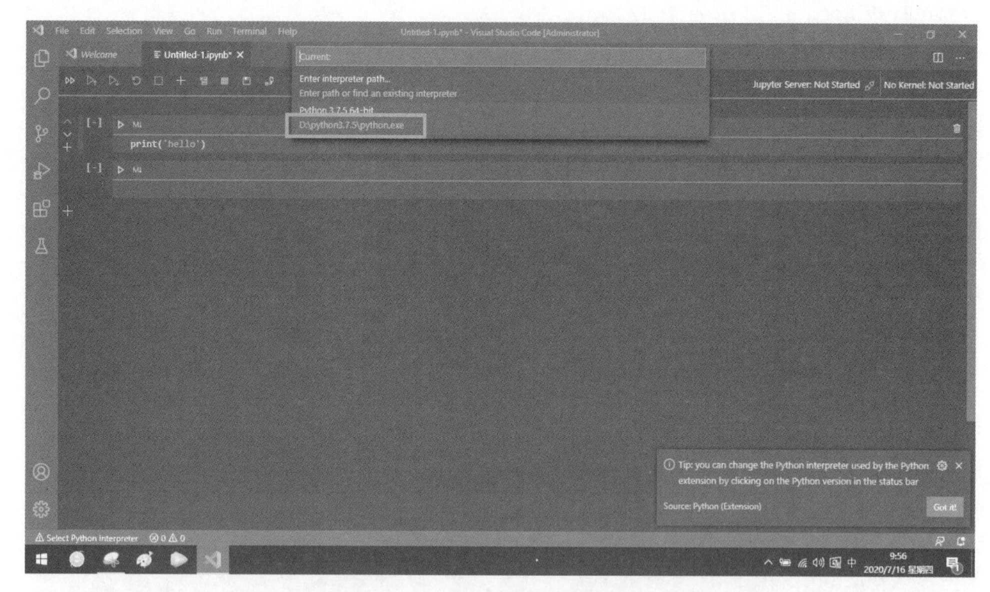

图 1.41

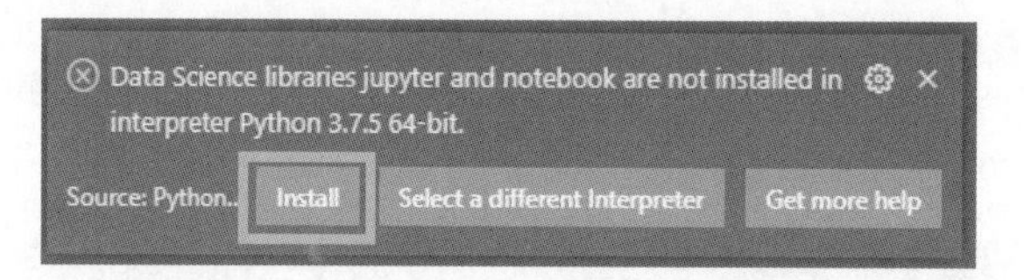

图 1.42

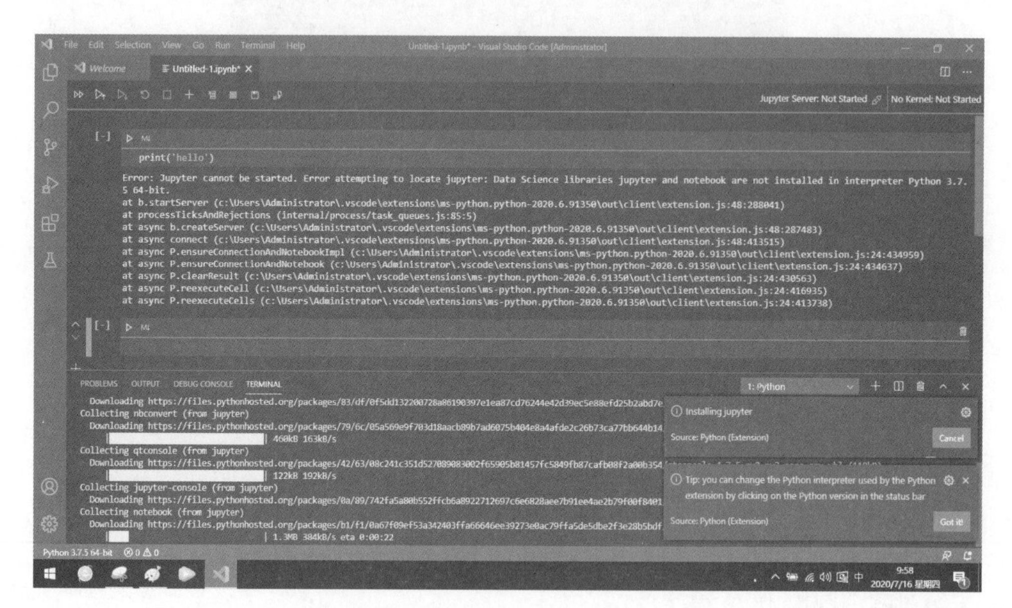

图 1.43

安装结束，如图 1.44 所示。

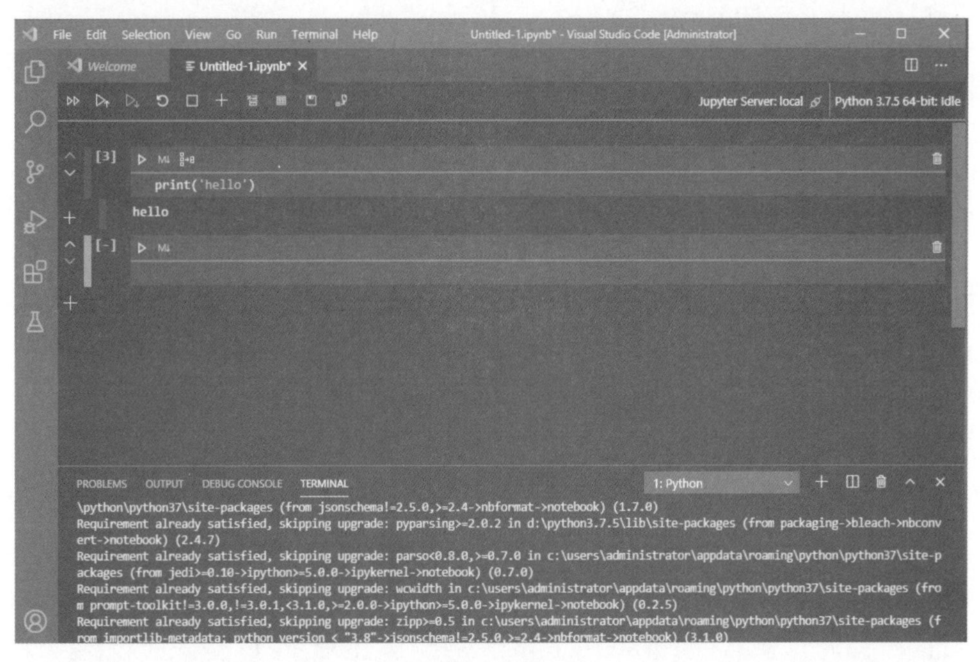

图　1.44

将终端窗口关闭，这个窗口对以后的工作没有用，如图 1.45 所示。

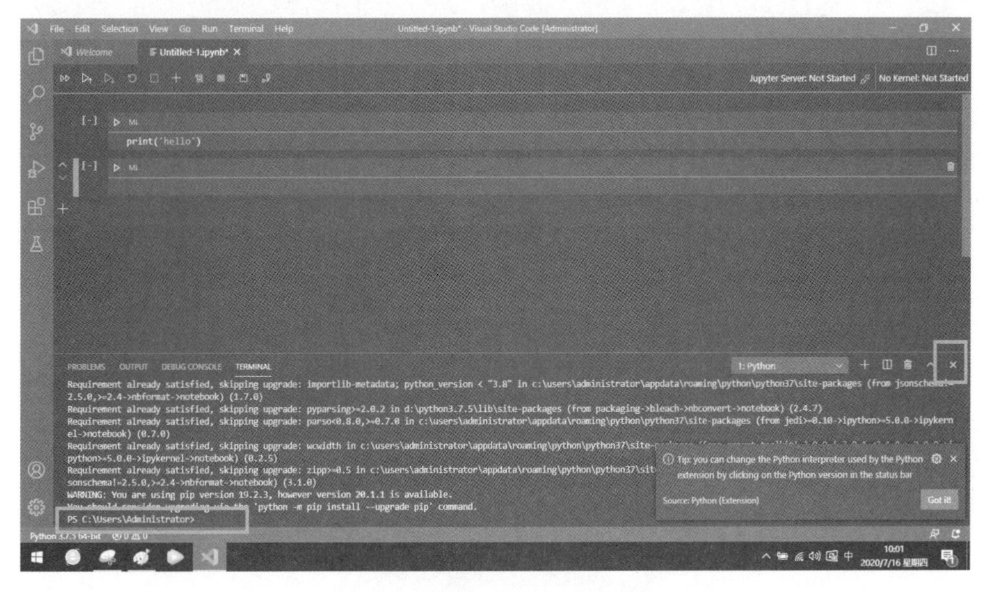

图　1.45

稍等片刻，当 Jupyter Server 右侧的小图标由红色变为绿色时，说明 Jupyter Server 已经可以开始服务了，如图 1.46 所示。

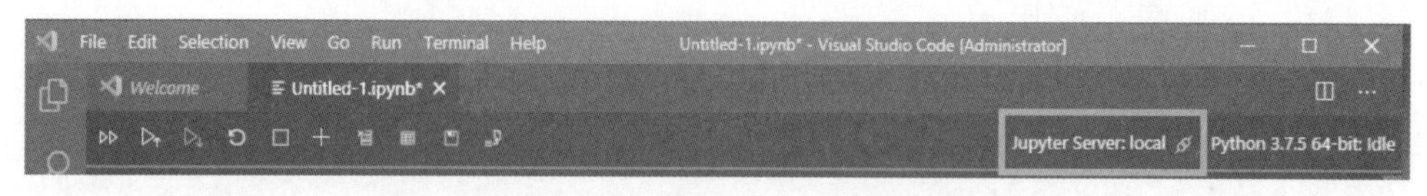

图 1.46

单击三角形按钮运行代码,如图 1.47 所示。

运行成功,至此,工作平台搭建完毕,如图 1.48 所示。

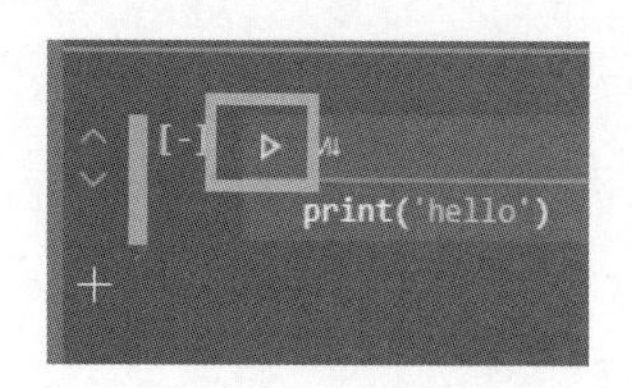

图 1.47

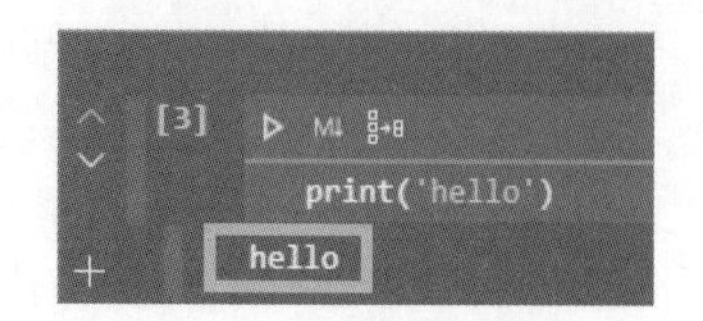

图 1.48

最后调节 Visual Studio Code 的字体大小,选择 File→Preferences→Settings,如图 1.49 所示。

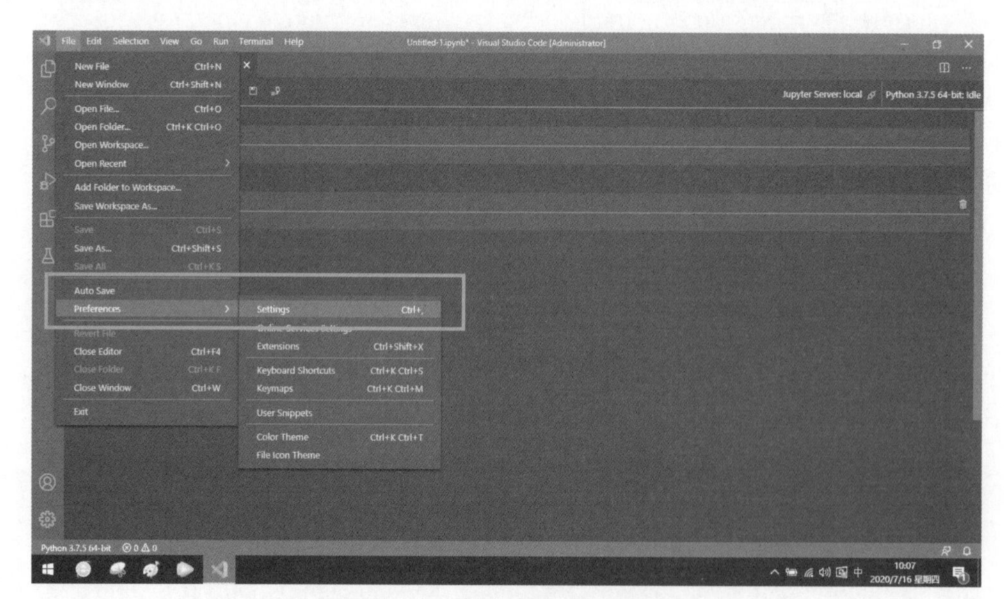

图 1.49

设置字体大小,如图 1.50 所示。

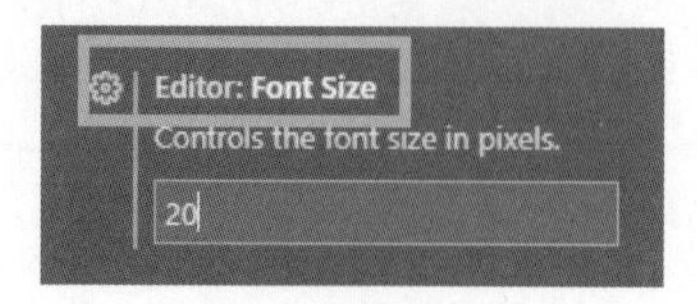

图 1.50

1.3　Python 内置数据类型与函数

1.3.1　基本数据类型

内存中存储的数据有多种类型，如整数型(int)、浮点型(float)、字符串型(str)、布尔型(bool)。例如，姓名可用字符型存储，年龄可用整数型存储，身高可用浮点型存储，婚否可用布尔型存储。这些都是 Python 中常用的基本数据类型。

int 用来表示整数，即没有小数部分的数值。

在非系统盘(不是必需的)中新建一个文件夹，将其命名为 BasicPython，打开 VS Code，新建一个文件，并将其另存为 Jupyter(后缀为.ipynb)文件，在单元格中输入代码，如图 1.51 所示。

其中，"#"号后面的内容为代码注释(不是必需的)，不参与代码的执行，现在单击"运行"按钮(小三角形)，运行结果如图 1.52 所示。

图　1.51

图　1.52

float 由整数部分和小数部分组成(以下非必要时不再使用图片，执行结果前加 out:，以和代码部分区分)。

```
y = 1.0                          #定义一个浮点型变量
type(y)                          #查看变量的数据类型
out:float
```

str 指连续的字符序列，可以是计算机所能表示的所有字符的集合。Python 中字符串要用引号括起来，引号可以是单引号也可以是双引号。

```
z = 'abc'                        #定义一个字符串型变量
type(z)                          #查看变量的数据类型
out:str
```

bool 主要用来表示真或者假，Python 中用 True 表示真，False 表示假。

```
u = True                         #定义一个布尔型变量
type(u)                          #查看变量的数据类型
out:bool
```

1.3.2 列表

列表由一系列按照特定顺序排列的元素组成。元素之间可以没有任何关系。Python中，用中括号[]表示列表，并用逗号分隔其中的元素。列表可以是一维的，可以是二维的，也可以是 n 维的($n \geqslant 3$)。

```
list_1 = [5,4,3,5,6]                    #一维列表
list_2 = [[1,2,3],[4,5,6]]              #二维列表
```

由于列表是有序集合，因此访问列表元素时，只需将该元素的位置或索引告诉Python即可。需要注意的是，Python的索引是从0开始，而不是从1开始，对于列表中最后一个元素，Python提供了一种特殊语法，将索引指定为－1。

```
list_1[0]                               #得到整数5
list_1[-1]                              #得到整数6
list_2[0]                               #得到列表[1,2,3]
list_2[0][1]                            #得到整数2
```

可以同时获得多个结果，如图1.53所示。

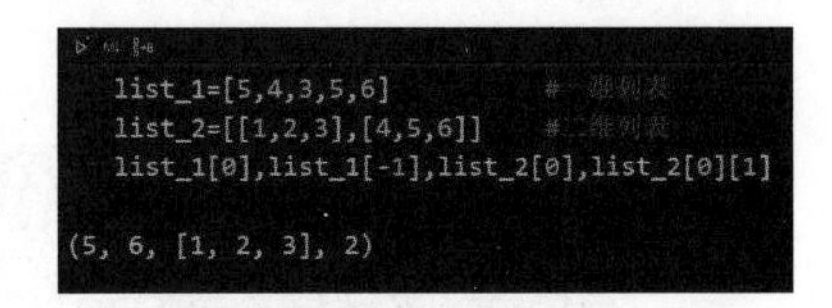

图 1.53

除了访问列表单个元素，Python还可以处理列表的部分元素，称为切片。创建切片时，需指定要使用的第一个元素的索引以及最后一个元素的索引加1。

```
list_1[2:4]                             #得到列表[3,5]
```

当第一个索引缺失时，Python默认从列表开头开始。

```
list_1[:-2]                             #得到列表[5,4,3]
```

要让切片终止于列表末尾，也可使用类似的语法。

```
list_1[2:]                              #得到列表[3,5,6]
```

列表创建后，可随着程序的运行增删元素。在列表中添加新元素，最简单的做法是将元素添加到列表末尾。方法append()可实现这一操作。

```
list_3 = [1,4,7]                        #定义一个列表
list_1.append(list_3)
```

list_1增添一个列表[1,4,7]作为第5个元素，变成[5,4,3,5,6,[1,4,7]]，若想要列表list_1增添3个整数1,4,7分别作为第5,6,7个元素，即变成[5,4,3,5,6,1,4,7]，则需使用extend()方法。

```
list_1.extend(list_3)
```

当需要从列表中删除一个或多个元素时，可使用 pop()或 remove()。

```
list_1.pop(3)                    # 删除列表中的第 3 个元素
list_1.remove(4)                 # 删除列表中的元素 4
```

这里 remove()只删除第一个指定的值。若要删除的值在列表中多次出现，则需要使用循环来判断是否删除了所有这样的值。

1.3.3 元组

元组的结构与列表很像，它使用小括号而不是方括号来标识。元组中的元素不可修改。元组中元素的访问方法与列表相同。

```
tuple_1 = (1,2,3,4,5)              # 元组变量
tuple_1[0]                         # 得到整数 1
tuple_1[-1]                        # 得到整数 5
tuple_1[2:4]                       # 得到元组(3,4)
tuple_1[:3]                        # 得到元组(1,2,3)
tuple_1[2:]                        # 得到元组(3,4,5)
```

1.3.4 字典

字典是无序的可变序列，其内容以“键-值”对的形式存放在大括号{}中，不同的“键-值”对之间用逗号分隔。每个键都关联一个值，值可以是数字、字符串、列表乃至字典。可以使用键来访问与之关联的值。

```
dict_1 = {'name':'Ada', 'age':23}  # 字典变量
dict_1['name']                     # 得到字符串'Ada'
```

字典是一种动态结构，可随时在其中添加“键-值”对。依次指定字典名、用中括号括起的键和相关联的值即可。

```
dict_1['sex'] = 'male'             # 添加'sex': 'male'的"键 - 值"对
```

对于字典中不再需要的信息，可使用 del 语句删除。使用 del 语句时，必须指定字典名和要删除的键。

```
del dict_1['sex']                  # 删除'sex': 'male'的"键 - 值"对
```

1.3.5 集合

Python 中的集合与数学中的集合类似，用于保存不重复的元素。所有元素都放在大

括号{}中，不同元素之间用逗号分隔。由于集合中元素不重复，所以集合最好的应用是去重。集合的创建可以直接使用{}，也可以用 set()函数。

```
set_1 = {1,2,3,2,6}                #集合变量
set_2 = set(list_1)                #从列表定义集合
```

集合是可变序列，可对其添加或删除元素。常用的方法是 add()和 remove()。

```
set_1.add(7)                       #添加元素 7
set_2.remove(5)                    #删除元素 5
```

集合常用的操作是进行交、并、差和对称差运算，使用的算符分别是“&”“|”“-”“^”。

```
set_1&set_2                        #两集合的交集
set_1|set_2                        #两集合的并集
set_1 - set_2                      #两集合的差集
set_1^set_2                        #两集合的对称差集
```

1.3.6 函数

函数的应用非常广泛，Python 除了内置的标准函数外，还支持自定义函数。创建单个输出的函数既可以使用 def 关键字，也可以使用匿名函数(lambda)。例如，定义一个函数 $f(x)=x^3+2x$，并求 $f(3)$的值，有以下两种方法。

方法 1：

```
def  f(x):return x ** 3 + 2 * x    #def 定义函数
f(3)                               #计算 f(3)的值
```

方法 2：

```
f = lambda x: x ** 3 + 2 * x       #lambda 定义函数
f(3)                               #计算 f(3)的值
```

创建多个输出的函数只能使用 def 关键字，如图 1.54 所示。

需要注意以下两点。

(1) 函数返回多个值，是 Python 特有的性质，VS Code 将其作为元组显示(10,24)，常见的调用多值函数的方法如下：

```
u,v = f(1,2,3)
u,v
```

```
def  f(x,y,z):            #定义函数
    u=x+3*y+z
    v=x**2-2*y+3*z**2
    return u,v            #返回u与v的值

#调用函数f
f(1,2,3)

(10, 24)
```

图 1.54

(2) 函数的第一行 def f(x,y,z):和函数体内的代码行不能对齐，如果在第一行的冒号后按 Enter 键时，光标没有自动停在 u 前方的位置，这时按 Tab 键。

1.3.7 循环语句

循环是让计算机自动完成重复工作的一种方法。常用的循环语句有 for 循环和 while 循环。for 循环是计次循环，在循环次数已知的情况下使用，常用于枚举或遍历。例如，计算 $s=1+2+3+4+5$，如图 1.55 所示。

代码中使用了 range()函数，它是 Python 的内置函数，用于生成一系列连续的整数。语法格式为 range(start, end, step)，start 用于指定起始值，如省略则默认从 0 开始；end 用于指定结束值(不包括该值)，不能省略；step 用于指定步长，即两数之间的间隔，如省略则默认为 1。

一个字符串的 format()函数用来显示字符串和数据信息(格式化字符串)，其中，for 循环体内的第一行相当于把 i 的值填入大括号内，而第二、三个 print 是把 s 的值填入大括号内。

while 循环通过一个条件来判断是否继续执行循环体中的语句，当条件为真时执行，执行完毕重新判断条件表达式，直到条件为假时跳出循环。下面的 while 循环从 1 数到 6，如图 1.56 所示。

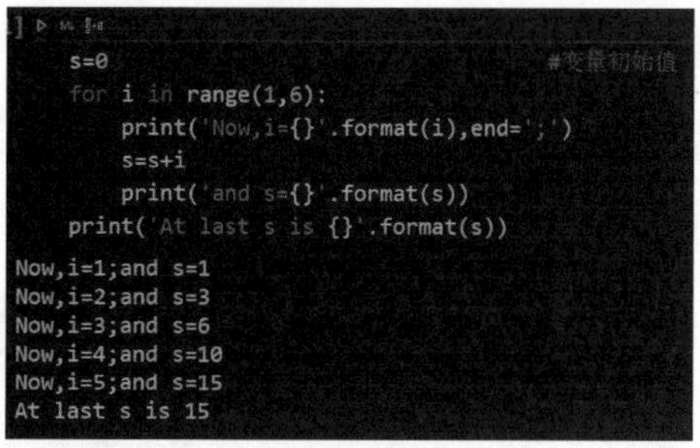

```
s=0                                    #变量初始值
for i in range(1,6):
    print('Now,i={}'.format(i),end=';')
    s=s+i
    print('and s={}'.format(s))
print('At last s is {}'.format(s))
Now,i=1;and s=1
Now,i=2;and s=3
Now,i=3;and s=6
Now,i=4;and s=10
Now,i=5;and s=15
At last s is 15
```

图 1.55

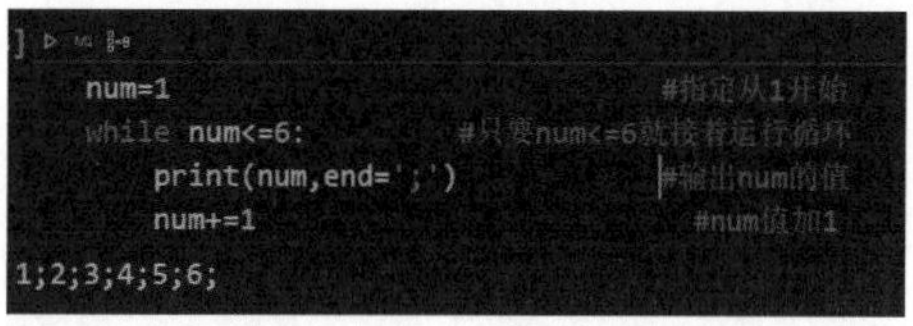

```
num=1                          #指定从1开始
while num<=6:          #只要num<=6就接着运行循环
    print(num,end=';')            #输出num的值
    num+=1                         #num值加1
1;2;3;4;5;6;
```

图 1.56

1.3.8 分支语句

实际问题中经常需要检查一系列条件，并依此决定采取什么措施。Python 中的 if…else 语句可以实现这一过程。例如，计算 $t=1-\frac{1}{2}+\frac{1}{3}-\frac{1}{4}+\cdots+\frac{1}{99}-\frac{1}{100}$，分母为奇数的项前方为正号，分母为偶数的项前方为负号，如图 1.57 所示。

如果有多个判断条件时，可以使用 if…elif…else 语句，使用方法与 if…else 语句类似。

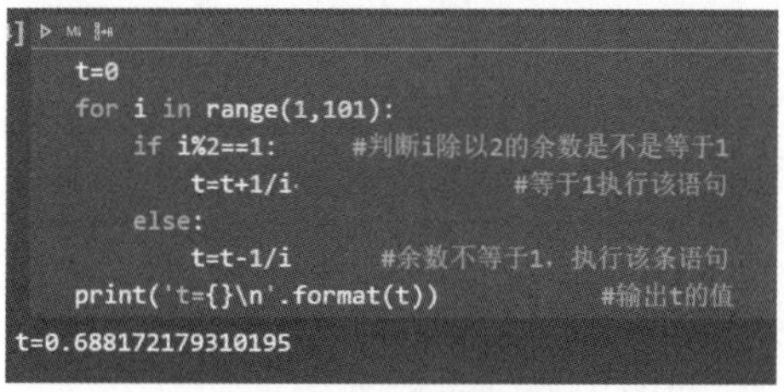

```
t=0
for i in range(1,101):
    if i%2==1:      #判断i除以2的余数是不是等于1
        t=t+1/i                  #等于1执行该语句
    else:
        t=t-1/i       #余数不等于1，执行该条语句
print('t={}\n'.format(t))             #输出t的值
t=0.688172179310195
```

图 1.57

1.4 Python常用第三方库numpy

1.4.1 numpy库简介

numpy是Numerical Python的缩写，最初由Travis Oliphant在2005年开发，是Python科学计算的基本模块。numpy提供快速高效的多维数组对象ndarray，它是数值计算的基础数据结构；提供基于元素的数组计算或数组间数学操作的函数；提供线性代数的计算，傅里叶变换以及随机数生成等方法。

1.4.2 numpy数组

numpy的最常用功能之一就是numpy数组，它与Python内建列表最大的区别在于功能性和速度，numpy数组更高效，更灵活。生成数组最简单的方式是使用array函数。图1.59～图1.62展示了numpy数组和Python列表的区别，这对初学者很重要。

除了numpy.array，还有很多其他函数可以创建新数组。数组的维数也可以改变。首先导入numpy库，如图1.58所示。

导入numpy库后记得要运行一下，后面的代码才可以使用这个库中的函数，如图1.59所示。

图 1.58

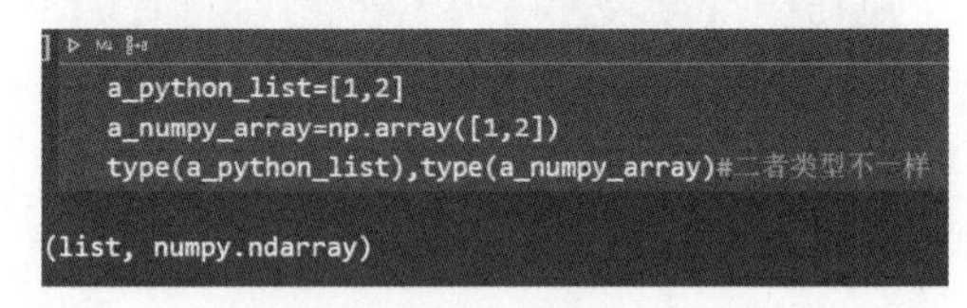

图 1.59

二者类型不一样，在编程领域也常说二者属于不同的类，乘以2的结果也不一样，如图1.60所示。

```
a_python_list*2,a_numpy_array*2  #乘以2的结果也不一样

([1, 2, 1, 2], array([2, 4]))
```

图 1.60

list类型的变量乘以2相当于两个相同的list连接，而np.array乘以2相当于每个元素都乘以2。

np.array不支持添加元素的append函数，这里使用了Python的try…except…(异常捕获)机制，如图1.61所示，在本章的最后介绍。

二者经常这样相互转换，如图1.62所示。

```
a_python_list.append(3)
a_python_list

[1, 2, 3]

try:
    a_numpy_array.append(3)
except Exception as e:
    print(str(e))
'numpy.ndarray' object has no attribute 'append'
```

图 1.61

```
#二者可以相互转换
a=np.array(a_python_list)
b=list(a)
a,b

(array([1, 2, 3]), [1, 2, 3])
```

图 1.62

以下代码，请自行在 VS Code 上运行并观察结果。

```
np.zeros(5)
np.ones((2,3))
np.arange(1,10,2)            #不包含 10
np.linspace(1,10,5)          #绘图时经常使用这个函数,包含 10
np.arange(16).reshape((4,4))
```

1.4.3 numpy 数学计算

numpy 数组允许使用类似标量的操作语法对整块数据进行数学计算。

```
x = np.arange(1,5).reshape(2,2)
x
out:array([[1, 2],
           [3, 4]])
y = np.arange(5,9).reshape(2,2)
y
out:array([[5, 6],
           [7, 8]])
x + y
out:array([[ 6,8],
           [10,12]])
x - y
out:array([[ - 4, - 4],
           [ - 4, - 4]])
x/y
out:array([[0.2 , 0.33333333],
           [0.42857143, 0.5]])
x * y
out:array([[5,12],
           [21,32]])
np.sqrt(x)                     #所有元素取平方根
np.log(x)                      #所有元素取自然对数
```

```
np.sin(x)                              #所有元素取正弦
np.cos(x)                              #所有元素取余弦
100 + x                                #np 特有的广播机制
```

现在简单介绍 Python 的异常捕获机制。

一般将可能出现错误的代码段放在“try:”下面，如果这段代码有异常，则触发执行“except:”下的代码，否则不执行“except:”下的代码；如果这个机制中还有“finally:”代码段(一般只有 try…except…)，则无论是否有异常，都要在最后执行“finally:”下的代码段，如图 1.63 所示。

```
a=[1,2,3]
try:
    a=a+1 #这行代码将出现异常，list不支持这种操作
except Exception as e:
    print('异常信息：{}'.format(str(e)))
finally:
    print(np.array(a)+1)
异常信息：can only concatenate list (not "int") to list
[2 3 4]
```

图 1.63

下面给出 Python 及几个库的官方地址，读者可以通过官方文档进一步学习。

```
https://docs.python.org/3/tutorial/index.html
https://numpy.org/devdocs/user/quickstart.html
https://matplotlib.org/tutorials/index.html
```

matplotlib 主要用来绘图，要重点掌握几个常用的绘图函数。

sympy 库将配合高等数学详细学习，其官方地址为 https://docs.sympy.org/latest/tutorial/index.html。

scipy 库将通过概率论和数理统计和运筹学来学习它的部分内容，其中，scipy 库的官方文档地址为 http://scipy.github.io/devdocs/。

第二部分

高等数学

本部分结合高等数学中的极限、导数与积分、微分方程及级数等内容，详细介绍了符号运算库 sympy、数组库 numpy 及绘图库 matplotlib 的使用。同时“线性代数”一章结合行列式的计算、矩阵的运算、线性方程组求解、特征值及特征向量等内容，介绍了 numpy.linalg 的解决方法。

高等数学的研究对象主要是函数,函数图像可帮助我们更好地理解函数并研究其性质。matplotlib 是 Python 最常用的绘图包,可将图形导出为常见格式。matplotlib 的使用方法将会结合具体问题进行说明。

2.1 映射与函数

【例 2.1】 绝对值函数 $y=|x|=\begin{cases}-x, & x<0 \\ x, & x\geqslant 0\end{cases}$,其定义域 $D=(-\infty,+\infty)$,值域 $R_f=[0,+\infty)$,绘制其函数图形。

解 代码如下:

```
#导入 pyplot 子模块并将其重命名为 plt
import matplotlib.pyplot as plt

#新建两个空列表,用于存放 x 坐标与 y 坐标
x = []
y = []
for i in range(100):
    element = - 1 + 0.02 * i
    x.append(element)                              #生成 x 坐标列
    y.append(element if element > = 0 else - element)  #生成 y 坐标列
plt.plot(x,y)                                      #绘制折线图
plt.show()                                         #显示图形
```

运行结果如图 2.1 所示。

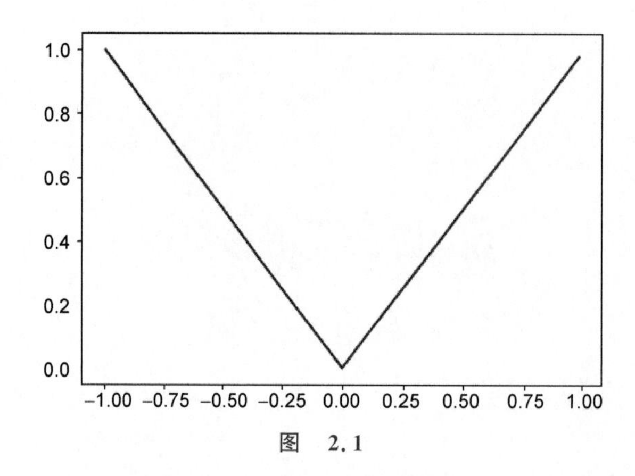

图 2.1

注释：plot()函数的功能是画折线图，一般选择较小的自变量增加幅度，使其看起来好像是曲线图。

除了上述绘图方法以外，更为通用的做法是通过定义函数实现图形的绘制，代码如下：

```
import numpy as np
#定义绝对值函数
def f(x):
  return np.abs(x)
x = np.linspace( - 1,1,100)
plt.plot(x,f(x),'r',linewidth = 2)  #折线颜色为红色,线宽为 2
plt.show()
```

运行结果如图 2.2 所示。

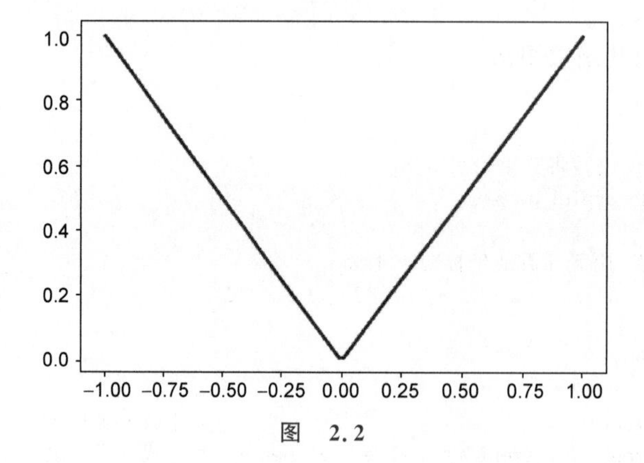

图 2.2

【例 2.2】 符号函数 $y=\operatorname{sgn}x=\begin{cases}-1, & x<0\\ 0, & x=0\\ 1, & x>0\end{cases}$，它的定义域 $D=(-\infty,+\infty)$，值域

$R_f=\{-1,0,1\}$，绘制其函数图形。

解　先来看 plot()函数的绘图效果，代码如下：

```
#自定义符号函数
def sgn(x):
  if x > 0:
     return 1
  elif x < 0:
     return - 1
  else:
     return 0
x = np.linspace( - 2,2,51)
y = []
for i in range(len(x)):
  y.append(sgn(x[i]))
plt.plot(x,y,'g',linewidth = 3)   #线条颜色为绿色
plt.xlabel('x')                   #设置 x 轴标签
plt.ylabel('y')                   #设置 y 轴标签
plt.title('y = sgn(x)')           #设置标题
plt.show()
```

运行结果如图 2.3 所示。

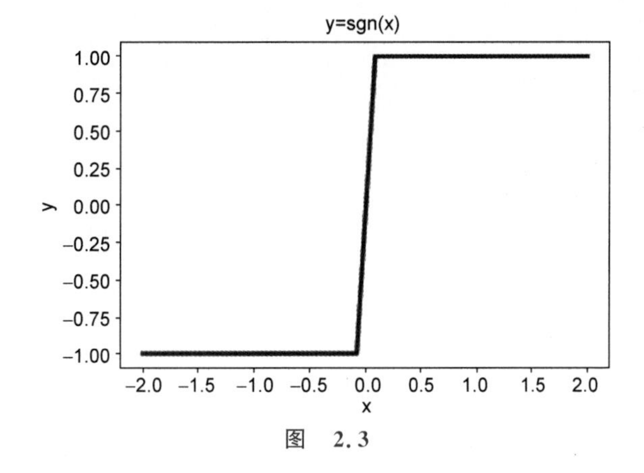

图　2.3

注释：plot()函数的实质是将所有的点连成线，当有间断点时，图像不能体现真实的图形。此时可以使用散点函数 scatter()，当点足够密集时，也可形成曲线，示例代码如下：

```
x = np.linspace( - 2,2,201)
plt.scatter(x,np.sign(x),c = 'g',s = 10)   #点的大小为 10
plt.xlabel('x')
plt.ylabel('y')
plt.title('y = sgn(x)')
plt.show()
```

运行结果如图 2.4 所示。

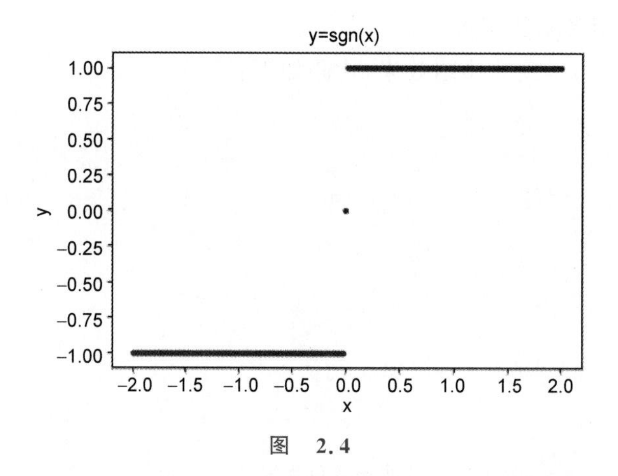

图 2.4

注释：其中，np.sign()是 numpy 内置符号函数。

上述两个例子都是一幅图中画一个函数的图像，当需要对多个函数进行比较时，可在一幅图中画多条曲线(一个坐标系)，也可在一幅图中画多幅子图(多个坐标系)，代码如下：

```
x = np.linspace(0,3,100)
fig,ax = plt.subplots()
ax.plot(x,x,label = 'y = x')
ax.plot(x,x ** 2,label = 'y = x^2')
ax.plot(x,x ** 3,label = 'y = x^3')
ax.set_title('Multi Curves')      #设置标题
ax.legend()                       #显示图例
plt.show()
```

运行结果如图 2.5 所示。

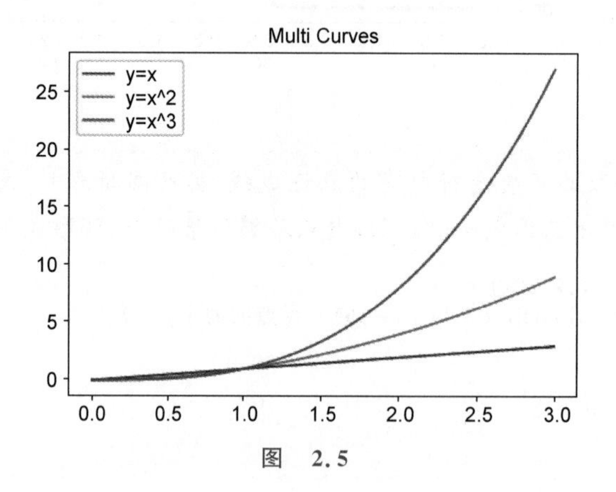

图 2.5

注释：subplots()函数返回一个包含figure和axes对象的元组，因此，使用fig,ax=plt.subplots()将元组分解为fig和ax两个变量，fig变量可用来修改figure层级的属性，ax变量中保存着子图的可操作axes对象。本例中只有一幅子图，三次调用plot()函数，可在该子图中绘制三条不同的函数曲线。

当要在一幅图中绘制多幅子图时，需对subplots()函数添加相应的参数，示例代码如下：

```
x = np.linspace( - 1.9,1.9,100)
fig,(ax1,ax2,ax3) = plt.subplots(1,3,figsize = (10,6))
ax1.scatter(x,np.floor(x),s = 5)                # 向下取整:floor(1.9) = 1
ax2.scatter(x,np.round(x,0),s = 5,c = 'r')      # 四舍五入取整
ax3.scatter(x,np.ceil(x),s = 5,c = 'g')         # 向上取整:ceil(2.01) = 3
plt.show()
```

运行结果如图2.6所示。

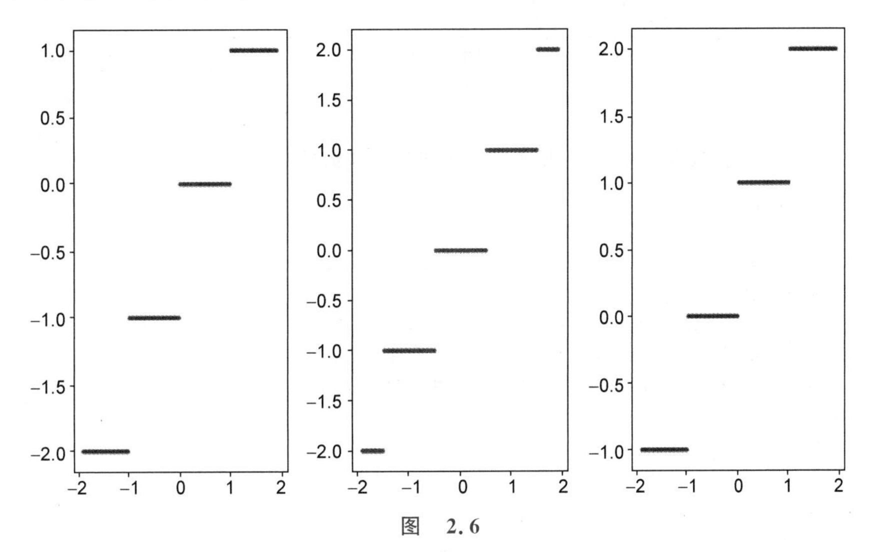

图　2.6

注释：函数subplots(1,3)中的参数1表示行数，3表示列数。ax1、ax2、ax3分别用来生成3个不同的axes(坐标系)对象。

【例2.3】　函数$y=x^3$与函数$y=\sqrt[3]{x}$互为反函数，绘图展示其图像关于$y=x$对称。

解　代码如下：

```
def f(x):
  return np.power(x,3)
x = np.linspace( - 1,1)      # 等同于 x = np.linspace( - 1,1,50)
fig,ax = plt.subplots()
```

```
plt.axis('equal')      #设置等比例缩放
ax.plot(x,f(x),label = 'y = x ** 3')
ax.plot(f(x),x,label = 'y = x ** (1/3)')
ax.plot(x,x,label = 'y = x')
ax.legend()
plt.show()
```

运行结果如图 2.7 所示。

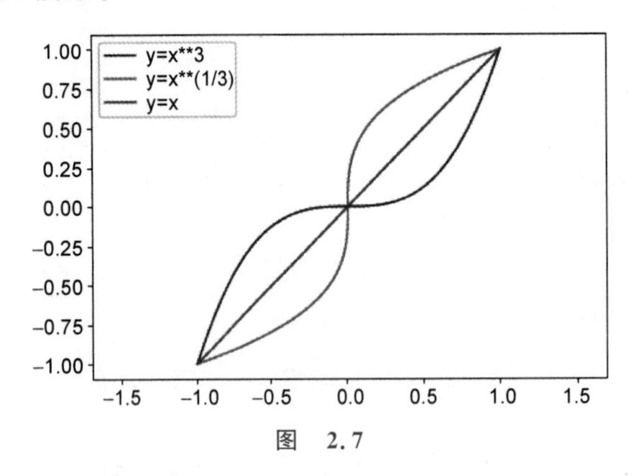

图 2.7

【例 2.4】 绘制双曲正弦、双曲余弦及双曲正切函数的图形。

解 代码如下：

```
x = np.linspace( - 2,2)
fig,ax = plt.subplots()
ax.plot(x,np.sinh(x),label = 'y = shx')      #双曲正弦
ax.plot(x,np.cosh(x),label = 'y = chx')      #双曲余弦
ax.plot(x,np.tanh(x),label = 'y = thx')      #双曲正切
ax.legend()
plt.show()
```

运行结果如图 2.8 所示。

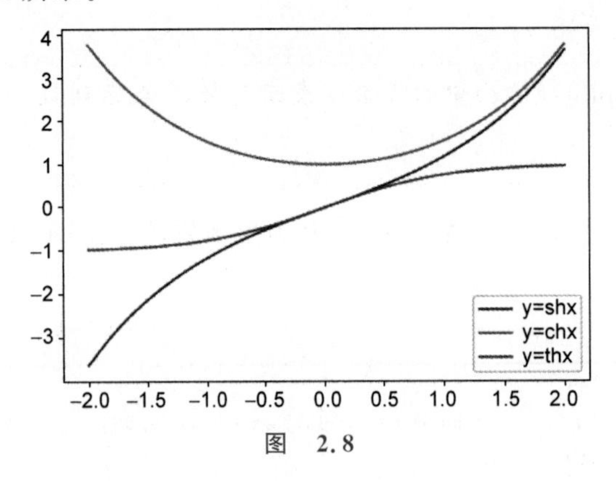

图 2.8

2.2　数列的极限

【例 2.5】　绘图说明数列 $2,\frac{1}{2},\frac{4}{3},\frac{3}{4},\cdots,\frac{n+(-1)^{n-1}}{n}$ 的极限是 1。

解　数列$\{a_n\}$可以看作自变量为正整数 n 的函数，因此数列的定义方法与函数类似，代码如下：

```
import matplotlib.pyplot as plt
import numpy as np
def a(n):
  return(n + np.power( - 1,n - 1))/n
for i in range(1,6):
  print('a[{}] = {};'.format(i,a(i)))
```

运行结果如图 2.9 所示。

```
a[1]=2.0;
a[2]=0.5;
a[3]=1.3333333333333333;
a[4]=0.75;
a[5]=1.2;
```

图　2.9

选取 $a_{90}\sim a_{159}$ 作为关注对象并绘制图形，代码如下：

```
n = []
for i in range(90,160):
  n.append(i)
a_n = []
for i in range(len(n)):
  a_n.append(a(n[i]))
epsilon = 0.01
fig,ax = plt.subplots()
#绘制水平参考线
ax.hlines(1 - epsilon,90,160,'g','dashed',label = 'y = 0.99')
ax.hlines(1,90,160,'k','solid',label = 'y = 1.00')
ax.hlines(1 + epsilon,90,160,'r','dashed',label = 'y = 1.01')
#绘制数列散点图
ax.scatter(n,a_n,s = 10,label = 'a(n)')
#确定 N 值,当 n > N 时,|a_n - 1|< epsilon
for N in range(len(a_n)):
  if np.abs(a_n[N] - 1)< epsilon:
    break  #条件满足时退出循环
```

```
    N -= 1
    N += 90
    #设置垂直参考线
    ax.vlines(N,0.989,1.011,colors = 'b',label = 'n = N',lw = 3)
    ax.set_title('Defination limit of a series of numbers by Epsilon')
    plt.xlabel('n')
    plt.ylabel('a(n)')
    plt.legend()
    plt.show()
```

运行结果如图 2.10 所示。

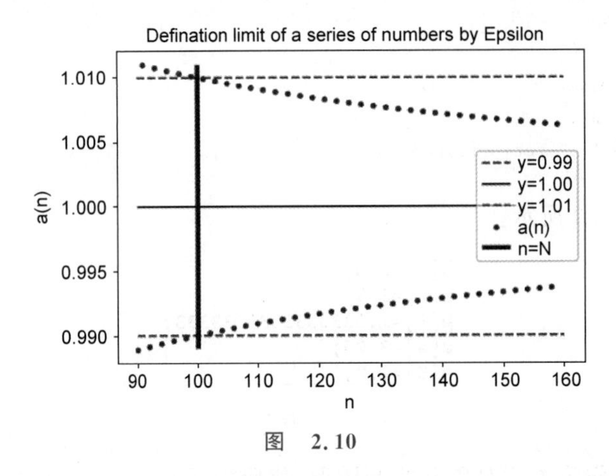

图 2.10

注释：函数 hlines()用于绘制水平线。ax.hlines(1-epsilon,90,160,'g','dashed',label='y=0.99')中的参数分别表示 y 值 1-epsilon，x 最小值 90，x 最大值 160，线条颜色'g'(绿色)，线条类型'dashed'(虚线)，标签 $y=0.99$。ax.vlines()函数用来绘制垂直线，其参数与 hlines()函数类似。从输出图上可以看出，当 $n>N$ 时，a_n 全部落在 $y=1-\varepsilon$ 与 $y=1+\varepsilon$ 之间，即 $|a_n-1|<\varepsilon$，故数列的极限为 1。

2.3 函数的极限

本节引入 sympy。sympy 是 Python 的一个符号计算库，它支持以表达式的形式进行精确的数学运算而不是近似计算，可进行符号计算、高精度计算、模式匹配、绘图、解方程、微积分、组合数学、离散数学、几何学、概率与统计、物理学等方面的运算。其使用方法结合具体例子来进一步学习。

【例 2.6】 求 $\lim\limits_{x\to 1}\dfrac{x^2-1}{x-1}$。

解 代码如下：

```
import sympy as sy                              #导入 sympy 并命名为 sy
x = sy.symbols('x')                             #定义变量
def f(x):return(x ** 2 - 1)/(x - 1)
result = sy.limit(f(x),x,1,dir = '+- ')         #求 x 趋近于 1 时的极限
print(result)
```

运行结果为：2。

注释：sympy 中定义变量可以使用 symbols()，如果定义单个变量也可以使用 symbol()函数，如 x=symbol('x')。symbols()函数可接收一系列由空格分隔的变量名字符串，并将其赋给相应的变量名，例如：x,y,z=sy.symbols('x y z')。limit()函数用来求极限，它有四个参数 limit(f, x, x0, dir='+')，其中，f 表示函数；x 表示要取极限的变量；x_0 表示 x 趋近的数值；dir 表示取极限的方向，如果 dir='+'则表示取右极限，'-'表示取左极限，'+-'表示取双向左右极限，默认 dir='+'。

【例 2.7】　求 $\lim\limits_{x\to 0^-}\dfrac{|x|}{x}$ 与 $\lim\limits_{x\to 0^+}\dfrac{|x|}{x}$。

解　代码如下：

```
x = sy.symbols('x')
g = lambda x:sy.Abs(x)/x
sy.limit(g(x),x,0,dir = '- '),sy.limit(g(x),x,0,dir = ' + ')
```

运行结果为：(-1,1)。

【例 2.8】　设 $f(x)=\begin{cases} x-1, & x<0 \\ 0, & x=0 \\ x+1, & x>0 \end{cases}$，证明当 $x\to 0$ 时，函数极限不存在。

证明　分段函数是 Python 科学计算中一个不太容易处理的问题。函数可用如下形式定义，代码如下：

```
x = sy.symbols('x')
def f(x):
  if x < 0:return x - 1
  elif x == 0:return 0
  else:return x + 1
f( - 1),f(0),f(1)
```

运行结果为：(-2,0,2)。

但该定义下无法直接使用 limit()函数求极限，需将分段函数拆开再求极限，代码如下：

```
x = sy.symbols('x')
def f_left(x):return x - 1
def f_middle(x):return 0
def f_right(x):return x + 1
sy.limit(f_left(x),x,0,dir = '-'),sy.limit(f_right(x),x,0,dir = '+')
```

运行结果为：(−1,1)。

注释：从结果可以看到 x 趋近于 0 时的左右极限不相等，故函数在 $x=0$ 处的极限不存在。

2.4 无穷小与无穷大

无穷大在 sympy 中用两个字母 o 表示，正无穷大为 sy.oo，负无穷大为 −sy.oo，代码如下：

```
import sympy as sy
x = sy.oo
print(1/x)
```

运行结果为：0。

【例 2.9】 求极限 $\lim\limits_{x\to 0^-}\dfrac{1}{x}$。

解　代码如下：

```
x = sy.symbols('x')
print(sy.limit(1/x,x,0,dir = '-'))
```

运行结果为：$-\infty$。

2.5 极限运算法则

对于商的极限的运算，limit()函数一般都可以处理得很好，举例如下。

【例 2.10】 求 $\lim\limits_{x\to 3}\dfrac{x-3}{x^2-9}$。

解　$x\to 3$ 时，分子与分母极限都是零，代码如下：

```
import sympy as sy
x = sy.symbols('x')
print(sy.limit((x - 3)/(x ** 2 - 9),x,3,dir = '+-'))
```

运行结果为：1/6。

【例 2.11】 求 $\lim\limits_{x \to 1} \dfrac{2x-3}{x^2-5x+4}$。

解　$x \to 1$ 时，分母极限为零，分子不为零，代码如下：

```
x = sy.symbols('x')
print(sy.limit((2 * x - 3)/(x ** 2 - 5 * x + 4),x,1,dir = '-'))
print(sy.limit((2 * x - 3)/(x ** 2 - 5 * x + 4),x,1))
```

运行结果为：

$-\infty$

∞

注释：x 趋于 1 的左极限为 $-\infty$，右极限为 $+\infty$，所以 x 趋于 1 时的极限为 ∞。

【例 2.12】 求 $\lim\limits_{x \to \infty} \dfrac{3x^3+4x^2+2}{7x^3+5x^2-3}$。

解　$x \to \infty$ 时，分子与分母都趋于无穷大，代码如下：

```
x = sy.symbols('x')
print(sy.limit((3 * x ** 3 + 4 * x ** 2 + 2)/(7 * x ** 3 + 5 * x ** 2 - 3),x,sy.oo))
print(sy.limit((3 * x ** 3 + 4 * x ** 2 + 2)/(7 * x ** 3 + 5 * x ** 2 - 3),x, - sy.oo))
```

运行结果为：

3/7

3/7

注释：不论 x 趋于正无穷还是负无穷极限均为 3/7，所以 x 趋于无穷时极限是 3/7。

【例 2.13】 求 $\lim\limits_{x \to \infty} \dfrac{\sin x}{x}$。

解　$x \to \infty$ 时，分子与分母极限都不存在，代码如下：

```
x = sy.symbols('x')
y = sy.sin(x)/x
print(sy.limit(y,x,sy.oo))
print(sy.limit(y,x, - sy.oo))
```

运行结果为：

0

0

注释：不论 x 趋于正无穷还是负无穷极限均为0，所以 x 趋于无穷时极限是0。

2.6 极限存在准则

【例 2.14】 求 $\lim\limits_{x \to 0} \frac{\sin x}{x}$。

解 代码如下：

```
import sympy as sy
x = sy.symbols('x')
lim = sy.limit(sy.sin(x)/x,x,0,dir = '+-')
print(lim)
```

运行结果为：1。

【例 2.15】 求 $\lim\limits_{x \to 0} \frac{\arcsin x}{\tan x}$。

解 代码如下：

```
x = sy.symbols('x')
print(sy.limit(sy.asin(x)/sy.tan(x),x,0,dir = '+-'))   # sy.asin()指 arcsin 函数
```

运行结果为：1。

【例 2.16】 求 $\lim\limits_{x \to 0} \frac{1-\cos x}{x^2}$。

解 代码如下：

```
x = sy.symbols('x')
print(sy.limit((1 - sy.cos(x))/(x ** 2),x,0,dir = '+-'))
```

运行结果为：1/2。

【例 2.17】 求 $\lim\limits_{x \to 0}(1+x)^{\frac{1}{x}}$。

解 代码如下：

```
x = sy.symbols('x')
lim = sy.limit((1 + x) ** (1/x),x,0,dir = '+-')
print(lim)
```

运行结果为：E。

【例 2.18】 求 $\lim\limits_{x\to\infty}\left(1+\dfrac{1}{x}\right)^{x}$。

解　代码如下：

```
x = sy.symbols('x')
lim = sy.limit((1 + 1/x) ** x,x,sy.oo,dir = '-')
print(lim)
print(lim.round(3))
print(sy.limit((1 + 1/x) ** x,x, - sy.oo))
```

运行结果为：

E

2.718

E

【例 2.19】 说明数列$\sqrt{2}$,$\sqrt{2+\sqrt{2}}$,$\sqrt{2+\sqrt{2+\sqrt{2}}}$,…的极限存在。

解　注意到 $a_{n+1}=\sqrt{2+a_n}$,需要使用函数的递归机制定义此数列。

代码如下：

```
#用函数的递归机制定义数列
def a_complex_series(n):
   #退出条件
    if n <= 0:return 2 ** 0.5
   #一个函数如果调用自身,则这个函数就是一个递归函数
   return(2.0 + a_complex_series(n - 1)) ** 0.5
#绘制前 20 个数的散点图
import matplotlib.pyplot as plt
import numpy as np
x = []
y = []
for i in range(20):
    x.append(i)
    y.append(a_complex_series(i))
print(np.array(y))
plt.scatter(x,y)
plt.show()
```

运行结果如图 2.11 所示。

注释：从输出的 y 值及散点图来看,随着 n 的增大数值越来越靠近 2,从第 15 项开始后边的数值基本为 2,故数列极限存在,就是 2。

```
[1.41421356 1.84775907 1.96157056 1.99036945 1.99759091 1.99939764
 1.9998494  1.99996235 1.99999059 1.99999765 1.99999941 1.99999985
 1.99999996 1.99999999 2.         2.         2.         2.
 2.         2.        ]
```

图 2.11

2.7 无穷小的比较

【例 2.20】 求 $\lim\limits_{x\to 0}\dfrac{\tan 2x}{\sin 5x}$。

解 代码如下：

```
from sympy import limit,sin,cos,tan,symbols        #从 sympy 中仅导入这几个函数
x = symbols('x')
example_1 = tan(2 * x)/sin(5 * x)
result = limit(example_1,x,0,dir = '+-')
print(result)
```

运行结果为：2/5。

【例 2.21】 求 $\lim\limits_{x\to 0}\dfrac{\sin x}{x^3+3x}$。

解 代码如下：

```
from sympy import limit,sin,symbols
x = symbols('x')
example_2 = sin(x)/(x ** 3 + 3 * x)
result = limit(example_2,x,0,dir = '+-')
print(result)
```

运行结果为：1/3。

【例 2.22】 求 $\lim\limits_{x\to 0}\dfrac{(1+x^2)^{\frac{1}{3}}-1}{\cos x-1}$。

解 代码如下：

```
x = symbols('x')
example_3 = ((1 + x ** 2) ** (1/3) - 1)/(cos(x) - 1)
result = limit(example_3,x,0,dir = '+-')
print(result)
```

运行结果为：−0.666666666666667。

2.8　函数的连续性与间断点

【例 2.23】　证明 $x=0$ 是函数 $y=\sin\dfrac{1}{x}$的振荡间断点。

证明　代码如下：

```
import matplotlib.pyplot as plt
import numpy as np
x = np.linspace( - 5,5,2000)   #保证 x 中不包含 0
plt.plot(x,np.sin(1/x))
plt.show()
```

运行结果如图 2.12 所示。

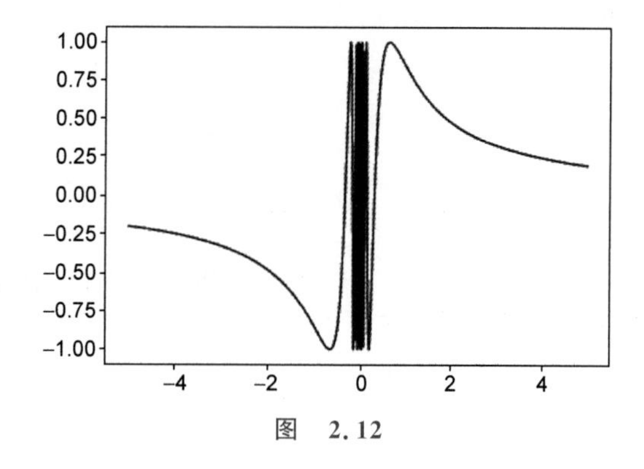

图　2.12

注释：函数 $y=\sin\dfrac{1}{x}$在点 $x=0$ 处没有定义，从函数图像上可以看到当 x 趋近于 0 时，函数值在−1 与 1 之间振荡，故 $x=0$ 是函数 $y=\sin\dfrac{1}{x}$的振荡间断点。

【例 2.24】　讨论函数 $f(x)=\lim\limits_{n\to\infty}\dfrac{1-x^{2n}}{1+x^{2n}}$的连续性，若有间断点，判断其类型。

解　代码如下：

```
from sympy import limit,oo,symbols,Abs
x = symbols('x')
n = symbols('n',positive = True)      #限定 n 值不能为负
def f(x):
    return limit((1 - Abs(x) ** (2 * n))/(1 + Abs(x) ** (2 * n)),n,oo)
                                        #计算机不计算底为负数的指数函数!
epsilon = 1e - 5
print((f(1 - epsilon),f(1),f(1 + epsilon)))
print((f( - 1 - epsilon),f( - 1),f( - 1 + epsilon)))
```

运行结果为：

(1, 0, −1)

(−1, 0, 1)

注释：从输出结果可以看出，函数在 $x=1$ 与 $x=-1$ 点处间断。由于这两点处函数的左右极限存在且不相等，所以这两点都是跳跃间断点。

2.9 连续函数的运算与初等函数的连续性

【例 2.25】 求 $\lim\limits_{x\to 0}\dfrac{\log_a(1+x)}{x}$。

解 代码如下：

```
from sympy import *
a = symbols('a',real = True,positive = True)   #限定 a 为正实数
x = symbols('x')
init_printing()                                #启动环境中可用的最佳打印资源
example_1 = limit(log(1 + x,a)/x,x,0,dir = '+- ')
example_1
```

运行结果为：1/log(a)。

注释：(1) from sympy import * 与 import sympy as sy 类似，都可将 sympy 全部导入，区别是 from sympy import * 后，在使用 sympy 中的函数时前方不需再加 sy. 了。

(2) init_printing()功能在于启动环境中可用最佳打印资源后，每次输出时不再需要调用 print()函数。

(3) 对数函数 $\ln x$ 在 VS Code 环境下显示为 $\log(x)$。

【例 2.26】 求 $\lim\limits_{x\to 0}\dfrac{a^x-1}{x}$。

解 代码如下：

```
a = symbols('a',real = True,positive = True)
x = symbols('x')
init_printing()
example_2 = limit((pow(a,x) - 1)/x,x,0,dir = '+- ')
example_2
```

运行结果为：log(a)。

【例 2.27】 求 $\lim\limits_{x\to 0}\dfrac{(1+x)^{\alpha}-1}{x}(\alpha\in\mathbf{R})$。

解　代码如下：

```
x = symbols('x')
alpha = symbols('alpha',real = True)
init_printing()
example_3 = limit(((1 + x) ** alpha - 1)/x,x,0,dir = '+- ')
example_3
```

运行结果为：α。

【例 2.28】 求 $\lim\limits_{x\to 0}(1+2x)^{\frac{3}{\sin x}}$。

解　代码如下：

```
x = symbols('x')
init_printing()
example_4 = limit((1 + 2 * x) ** (3/sin(x)),x,0,dir = '+- ')
example_4
```

运行结果为：e^6。

【例 2.29】 设 $f(x)=\dfrac{e^{\frac{1}{x}}-1}{e^{\frac{1}{x}}+1}$，判断函数在 $x=0$ 处是否连续，若不连续写出间断点的类型。

解　代码如下：

```
from sympy import *
x = symbols('x')
f = (E ** (1/x) - 1)/(E ** (1/x) + 1)
print(limit(f,x,0,dir = '- '))
print(limit(f,x,0,dir = '+ '))
```

运行结果为：

−1

1

注释：从输出结果可以看出，函数在 $x=0$ 处的左右极限存在但不相等，所以 $x=0$ 是函数的跳跃间断点。

【例 2.30】 求 $\lim\limits_{x\to0}\left(\dfrac{a^x+b^x+c^x}{3}\right)^{\frac{1}{x}}(a>0,b>0,c>0)$。

解 代码如下：

```
a,b,c = symbols('a b c',positive = True)
print(limit(((a ** x + b ** x + c ** x)/3) ** (1/x),x,0,dir = '+-'))
```

运行结果为：a ** (1/3) * b ** (1/3) * c ** (1/3)。

【例 2.31】 求曲线 $y=(2x-1)e^{\frac{1}{x}}$ 的斜渐近线。

解 代码如下：

```
x = symbols('x')
f = (2 * x - 1) * (E ** (1/x))
k = limit(f/x,x,oo)
print('k = {}'.format(k))
b = limit((f - k * x),x,oo)
print('b = {}'.format(b))
```

运行结果为：

k=2

b=1

注释：曲线的斜渐近线为 $y=2x+1$。

第3章

导数与微分

3.1　导数的概念

sympy 中函数 diff()用来求导。diff()函数有两种使用方法，一种是 f(x).diff(x)，另一种是 diff(f(x),x)，都表示求函数 $f(x)$关于 x 的一阶导数。若要求函数的高阶导数，可适当增加参数，例如，diff(f(x),x,x,x)或者 diff(f(x),x,3)都表示求三阶导。下边来看几个简单函数的求导。

【例 3.1】　求函数 $f(x)=C$(C 为常数)的导数。

解　代码如下：

```
from sympy import *
x,C = symbols('x C')
init_printing()
#第一种求导的方式：f(x).diff(x)
C.diff(x)
```

运行结果为：0。

【例 3.2】　求幂函数 $f(x)=x^{\mu}$($\mu\in\mathbf{R}$)的导数。

解　代码如下：

```
x,mu = symbols('x mu')
init_printing()
(x ** mu).diff(x)
```

运行结果为：$\mu x^{\mu}/x$。

【例 3.3】 求函数 $f(x)=\sin x$ 的导数。

解　代码如下：

```
x = symbols('x')
init_printing()
sin(x).diff(x)
```

运行结果为：cos(x)。

【例 3.4】 求函数 $f(x)=a^x(a>0,a\neq1)$的导数。

解　代码如下：

```
x,a = symbols('x a')
init_printing()
(a ** x).diff(x)
```

运行结果为：$a^x\log(a)$。

【例 3.5】 求函数 $f(x)=\log_a x(a>0,a\neq1)$的导数。

解　代码如下：

```
x,a = symbols('x a')
init_printing()
diff(log(x,a),x)   #log(x,a)中 a 为底数
```

运行结果为：$\dfrac{1}{x\log(a)}$。

【例 3.6】 求函数 $f(x)=\ln x$ 的导数。

解　代码如下：

```
x = symbols('x')
init_printing()
#第二种求导的方式: diff(f(x),x)
diff(log(x),x)   #log(x)底数为 e
```

运行结果为：$\dfrac{1}{x}$。

若要求导函数在某一点处的函数值，可以使用 subs()函数，它可将表达式中某个对象替换为其他对象。例如，求 $\sin(x)$的导数在 $x=0$ 处的函数值，即 cos(0)的值，代码如下：

```
diff_sinx = diff(sin(x),x)
#将 x 替换为 0
diff_sinx.subs(x,0)
```

运行结果为：1。

3.2　函数的求导法则

【例 3.7】　已知 $y=2x^3-5x^2+3x-7$，求 y'。

解　代码如下：

```
from sympy import *
x = symbols('x')
init_printing()
diff(2 * x ** 3 - 5 * x ** 2 + 3 * x - 7,x)
```

运行结果为：$6x^2-10x+3$。

【例 3.8】　已知 $f(x)=x^3+4\cos x-\sin\frac{\pi}{2}$，求 $f'(x)$ 及 $f'\left(\frac{\pi}{2}\right)$。

解　代码如下：

```
x = symbols('x')
init_printing()
f = (x ** 3 + 4 * cos(x) - sin(pi/2)).diff(x)
f,f.subs(x,pi/2)
```

运行结果为：$\left(3x^2-4\sin(x),-4+\frac{3\pi^2}{4}\right)$。

【例 3.9】　已知 $y=e^x(\sin x+\cos x)$，求 y'。

解　代码如下：

```
x = symbols('x')
init_printing()
y = E ** x * (sin(x) + cos(x))
y.diff(x)
```

运行结果为：$(-\sin(x)+\cos(x))e^x+(\sin(x)+\cos(x))e^x$。

该结果可以进一步化简，用 simplify()函数，代码如下：

```
#将上式化简
simplify(y.diff(x))
```

运行结果为：$2e^x\cos(x)$。

【例 3.10】　已知 $y=\tan x$，求 y'。

解　代码如下：

```
x = symbols('x')
init_printing()
diff(tan(x),x),simplify(diff(tan(x),x))
```

运行结果为：$\left(\tan^2(x)+1, \frac{1}{\cos^2(x)}\right)$。

【例 3.11】 已知 $y=\sec x$，求 y'。

解 代码如下。

```
x = symbols('x')
init_printing()
sec(x).diff(x)
```

运行结果为：tan(x)sec(x)。

【例 3.12】 已知 $y=\arcsin x$，求 y'。

解 代码如下：

```
x = symbols('x')
init_printing()
asin(x).diff(x)
```

运行结果为：$\frac{1}{\sqrt{1-x^2}}$。

【例 3.13】 已知 $y=\arcsin x+\arccos x$，求 y'。

解 代码如下：

```
x = symbols('x')
init_printing()
(asin(x) + acos(x)).diff(x)
```

运行结果为：0。

【例 3.14】 已知 $y=\arctan x$ ，求 y'。

解 代码如下：

```
x = symbols('x')
init_printing()
atan(x).diff(x)
```

运行结果为：$\frac{1}{x^2+1}$。

【例 3.15】 已知 $y=e^{x^3}$，求 y'。

解 该函数可以看成复合函数，代码如下：

```
x = symbols('x')
init_printing()
#先定义 u(x)
u = x ** 3
#再定义 y(u)
```

```
y = E ** u
y.diff(x)
```

运行结果为：$3x^2e^{x^3}$。

注释：u 和 y 的定义顺序不能颠倒，读者可以尝试一下将第 6 行代码剪切到第 4 行的上边，运行一下，看看错误提示。纠错也是一项必备的技能，出现错误，要多思考，避免下次再犯。

【例 3.16】 已知 $y=\sin\frac{2x}{1+x^2}$，求 y'。

解　代码如下：

```
x = symbols('x')
init_printing()
y = sin(2 * x/(1 + x ** 2))
simplify(diff(y,x))
```

运行结果为：$-\frac{2(x^2-1)\cos\left(\frac{2x}{x^2+1}\right)}{(x^2+1)^2}$。

【例 3.17】 设 $y=\sin nx\cdot\sin^n x$（n 为常数），求 y'。

解　代码如下：

```
x,n = symbols('x n')
init_printing()
y = sin(n * x) * (sin(x) ** n)
simplify(diff(y,x))
```

运行结果为：$n\sin^{n-1}(x)\sin(nx+x)$。

3.3　高阶导数

【例 3.18】 已知 $y=ax+b$，求 y''。

解　代码如下：

```
from sympy import *
x,a,b = symbols('x a b')
init_printing()
y = a * x + b
y.diff(x,2)
```

运行结果为：0。

【例 3.19】 已知 $s=\sin\omega t$，求 s''。

解 代码如下：

```
w,t = symbols('omega t')
init_printing()
s = sin(w * t)
s.diff(t,2)
```

运行结果为：$-\omega^2\sin(\omega t)$。

【例 3.20】 证明函数 $y=\sqrt{2x-x^2}$ 满足关系式 $y^3y''+1=0$。

证明 代码如下：

```
x = symbols('x')
init_printing()
y = (2 * x - x ** 2) ** (1/2)
simplify(y ** 3 * diff(y,x,2) + 1)
```

运行结果为：$-1.0x^2+2.0x-1.0(-x(x-2))^{1.0}$。

注释：结果看起来并不能让人满意，原因在于 y 的表达式中出现了“数/数”这种结构。sympy 会自动将出现在表达式中的数进行符号化，但遇到有“数/数”（第 3 行代码中的 1/2）时，Python 会先计算出“数/数”的值，然后再交给 sympy 做后续的处理，可能导致结果偏离预期。解决办法：可以用 sqrt 函数替代 1/2 次方，或者在“数/数”中的一个数上加上函数 S()进行符号化，例如“S(数)/数”。修改过后的代码如下：

```
x = symbols('x')
init_printing()
y = sqrt(2 * x - x ** 2) #或者 y = (2 * x - x ** 2) ** (S(1)/2)
simplify(y ** 3 * diff(y,x,2) + 1)
```

运行结果为：0。

【例 3.21】 求指数函数 $y=e^x$ 的 n 阶导数。

解 代码如下：

```
x = symbols('x')
n = Symbol('n', integer = True, positive = True)
init_printing()
y = E ** x
diff(y,x,n)
```

运行结果为：0。

注释：$y=e^x$ 的 n 阶导数应该还是 e^x，代码 diff(y,x,n)被程序认为 $y=e^x$ 先对符号 x 求导，然后对符号 n 求导。

【例 3.22】 已知 $y=x^2e^{2x}$，求 $y^{(20)}$。

解　代码如下：

```
x = symbols('x')
init_printing()
(x ** 2 * E ** (2 * x)).diff(x,20)
```

运行结果为：$1048576(x^2+20x+95)e^{2x}$。

3.4　隐函数及由参数方程所确定的函数的导数相关变化率

先来看隐函数的作图问题：plot_implicit()可用来绘制隐函数图形，plot_implicit(expr,x_var=None, y_var=None)中参数 expr 表示要绘制的方程式或不等式；x_var 表示要绘制在 x 轴上的符号或符号连同其变化范围所构成的元组，例如(x,xmin,xmax)；y_var 类似。例如，绘制函数 $x^2-xy+y^2-2=0$ 的图像，代码如下：

```
from sympy import *
x = symbols('x')
y = symbols('y',real = True)
#绘制隐函数的图形
plot_implicit(x ** 2 - x * y + y ** 2 - 2,(x, - 2,2),(y, - 2,2))
```

运行结果如图 3.1 所示。

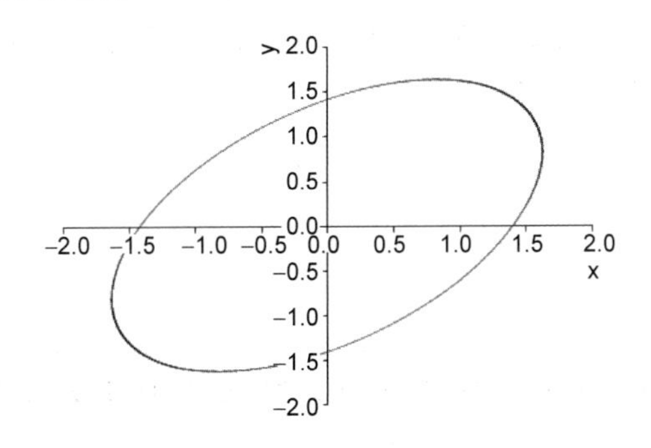

<sympy.plotting.plot.Plot at 0x1e9c82c01d0>

图　3.1

再看隐函数求导，隐函数求导使用函数 idiff()。

idiff(eq, y, x, n=1)中参数 eq 表示要求导的隐函数方程；y 表示因变量或因变量列表(列表以 y 开头)；x 表示要求导的变量；n 表示求导的阶数，默认为 1。

【例 3.23】 求由方程 $e^y+xy-e=0$ 所确定的隐函数的导数$\frac{dy}{dx}$。

解 代码如下：

```
x,y = symbols('x y')
init_printing()
f = E ** y + x * y - E
#求由等式 f = 0 所确定的 y'(x)
idiff(f,y,x)
```

运行结果为：$-\frac{y}{x+e^y}$。

【例 3.24】 求由方程 $y^5+2y-x-3x^7=0$ 所确定的隐函数的导数在 $x=0$ 处的值$\left.\frac{dy}{dx}\right|_{x=0}$。

解 先求隐函数的导数，代码如下：

```
x,y = symbols('x y')
init_printing()
f = y ** 5 + 2 * y - x - 3 * x ** 7
idiff(f,y,x)
```

运行结果为：$\frac{21x^6+1}{5y^4+2}$。

接下来求 $x=0$ 时 y 的值，这里使用了 solve()函数。solve(f, * symbols)中 f 可以是等于 0 的表达式、等式、关系式或者它们的组合，symbols 是要求解的对象，可以是一个也可以是多个(用列表表示)，代码如下：

```
Y = solve(f.subs(x,0),y)
Y[0]
```

运行结果为：0。

注释：由于在上一段代码中规定了 y 为实数，否则将在复数范围内求 $y^5+2y-0-3\times0^7=0$ 的解。

最后，把 $x=0$，$y=0$ 带入隐函数导数，得到函数在 $x=0$ 处的函数值，代码如下：

```
k = idiff(f,y,x).subs([(x,0),(y,Y[0])])
k
```

运行结果为：1/2。

【例 3.25】　求椭圆$\frac{x^2}{16}+\frac{y^2}{9}=1$在点$\left(2,\frac{3}{2}\sqrt{3}\right)$处的切线方程。

解　代码如下：

```
x,y = symbols('x y')
init_printing()
k = idiff(x ** 2/16 + y ** 2/9 - 1,y,x).subs([(x,2),(y,3 * sqrt(3)/2)])
                                                    #切线在该点处的切线斜率
simplify(y - 3 * sqrt(3)/2 - (k * (x - 2)))
```

运行结果为：$\sqrt{3}\mathrm{x}/4+\mathrm{y}-2\sqrt{3}$。

故最终切线方程为$\frac{\sqrt{3}x}{4}+y-2\sqrt{3}=0$。

【例 3.26】　求由方程$x-y+\frac{1}{2}\sin y=0$所确定的隐函数的二阶导数$\frac{\mathrm{d}^2y}{\mathrm{d}x^2}$。

解　代码如下：

```
x,y = symbols('x y')
init_printing()
idiff(x - y + sin(y)/2,y,x,2)
```

运行结果为：$\frac{4\sin(\mathrm{y})}{(\cos(\mathrm{y})-2)^3}$。

【例 3.27】　求$y=x^{\sin x}(x>0)$的导数。

解　代码如下：

```
x = symbols('x',positive = True)
init_printing()
diff(x ** sin(x),x)
```

运行结果为：$\mathrm{x}^{\sin(\mathrm{x})}\left(\log(\mathrm{x})\cos(\mathrm{x})+\frac{\sin(\mathrm{x})}{\mathrm{x}}\right)$。

【例 3.28】　已知椭圆参数方程为$\begin{cases}x=a\cos t,\\y=b\sin t,\end{cases}$求$\frac{\mathrm{d}^2y}{\mathrm{d}x^2}$。

解　先求y关于x的一阶导数，代码如下：

```
t,a,b = symbols('t a b')
x = a * cos(t)
y = b * sin(t)
init_printing()
diff_1_x = diff(y,t)/diff(x,t)
diff_1_x
```

运行结果为：$-\frac{\mathrm{bcost}}{\mathrm{asint}}$。

一阶导数依旧是关于 t 的参数方程，再次求导可得，代码如下：

```
#二阶导数
diff_2_x = diff_1_x.diff(t)/x.diff(t)
simplify(diff_2_x)
```

运行结果为：$-\frac{\mathrm{b}}{\mathrm{a}^2\sin^3(\mathrm{t})}$。

本节最后来看参数方程的画图：参数方程画图使用函数 plot_parametric(expr_x, expr_y, range)，其中，expr_x 代表 x 的表达式，expr_y 代表 y 的表达式，range 是由参数以及参数范围所构成的三元元组。例如，绘制参数方程 $\begin{cases} x=t-\sin t \\ y=1-\cos t \end{cases}$ 的图像，代码如下：

```
t = symbols('t')
#绘制由参数方程所确定的图形
plot_parametric(t - sin(t),1 - cos(t),(t, - pi/2,5 * pi/2))
```

运行结果如图 3.2 所示。

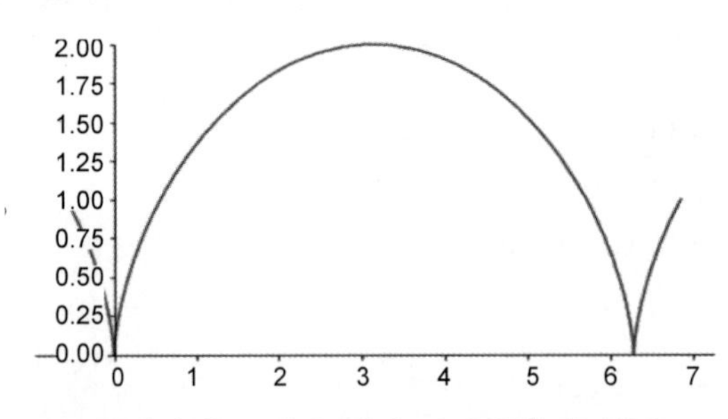

<sympy.plotting.plot.Plot at 0x25fadba87c8>

图 3.2

注释：plot_parametric()函数还有更多的用法，可在代码窗口中输入“plot_parametric?”进行查看。上述参数函数绘图也可以使用 matlibplot.pyplot 进行。代码如下：

```
import numpy as np
import matplotlib.pyplot as plt
t = np.linspace( - np.pi/2,5 * np.pi/2,200)
fig,ax = plt.subplots()
#x,y 轴比例相同
plt.axis('equal')
ax.plot(t - np.sin(t),1 - np.cos(t))
plt.show()
```

运行结果如图 3.3 所示。

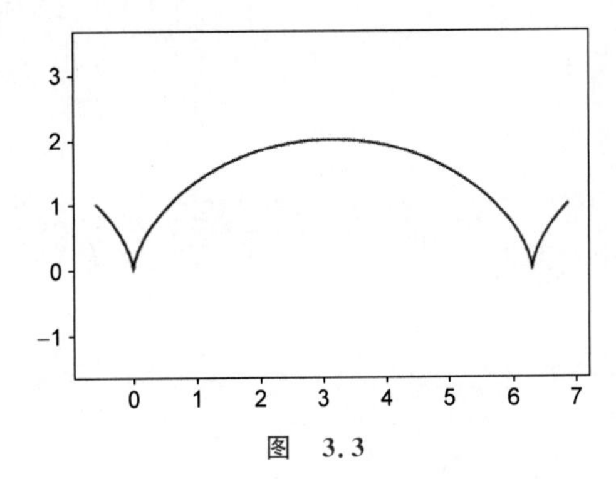

图　3.3

第4章

微分中值定理与导数的应用

4.1 微分中值定理

科学计算的优势是计算给定式子的值，或者求出方程的解，但不擅长证明问题。这里通过一个例子复习一下 plt.plot()函数。

【例 4.1】 证明当 $x>0$ 时，$\frac{x}{1+x}<\ln(1+x)<x$。

证明　代码如下：

```
import numpy as np
import matplotlib.pyplot as plt
x = np.linspace(0,2)       # 数据个数默认为 50
plt.plot(x,x/(1 + x),label = 'y = x/(1 + x)')
plt.plot(x,np.log(1 + x),label = 'y = ln(x)')
plt.plot(x,x,label = 'y = x')
plt.legend()
plt.show()
```

运行结果如图 4.1 所示。

注释：从图像可以看出，当 $x>0$ 时，$\frac{x}{1+x}<\ln(1+x)<x$。

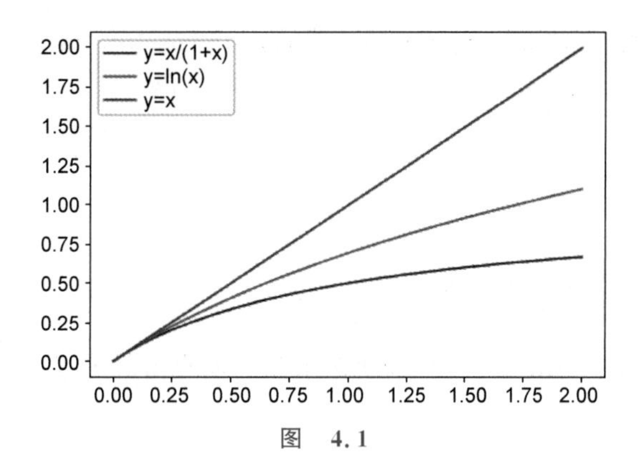

图　4.1

4.2　洛必达法则

本节仅以一个例子来复习 limit 函数的用法，

【例 4.2】　求 $\lim\limits_{x\to 0^+} x^x$。

解　代码如下：

```
from sympy import limit,symbols
x = symbols('x')
y = x ** x
limit_ex_1 = limit(y,x,0,dir = '+')
print(limit_ex_1)
```

运行结果为：1。

注释：一般情况下，不要将一个库的所有函数导进来，即不推荐使用 from sympy import *，用到哪个导入哪个即可。

4.3　泰勒公式

本节会用到 sympy 中的 series()函数。series()是一个非常重要的函数，它将一个函数展开成一系列幂函数的和。series(expr, x=None, x0=0, n=6, dir='+')中，expr 是待展开的表达式；x 是表达式中的变量；x_0 表示在 $x=x_0$ 处展开；n 表示展开到的阶数，默认值为 6；dir 表示展开的方向，'+'表示 $x\to x_0^+$，'-'表示 $x\to x_0^-$，默认为'+'。下边来看几个常用函数在 $x=0$ 处的幂级数展开。

【例 4.3】　写出函数 $f(x)=e^x$ 的带有佩亚诺余项的麦克劳林公式。

解　代码如下：

```
from sympy import E,symbols,init_printing,series, sin,cos,log,simplify,tan,limit,oo,E
x = symbols('x')
init_printing()
f = E ** x
exp1 = series(f,x,0)
exp1
```

运行结果为：$1+x+\frac{x^2}{2}+\frac{x^3}{6}+\frac{x^4}{24}+\frac{x^5}{120}+o(x^6)$。

【例 4.4】 求 $f(x)=\sin x$ 的带有佩亚诺余项的麦克劳林公式。

解　代码如下：

```
x = symbols('x')
init_printing()
series(sin(x),x,0,n = 10)
```

运行结果为：$x-\frac{x^3}{6}+\frac{x^5}{120}-\frac{x^7}{5040}+\frac{x^9}{362880}+o(x^{10})$。

【例 4.5】 求 $f(x)=\ln(1+x)$的带有佩亚诺余项的麦克劳林公式。

解　代码如下：

```
x = symbols('x')
init_printing()
series(log(1 + x),x,0)
```

运行结果为：$x-\frac{x^2}{2}+\frac{x^3}{3}-\frac{x^4}{4}+\frac{x^5}{5}+o(x^6)$。

注释：理论上，当 $x=1$ 时，$\ln 2=1-\frac{1}{2}+\frac{1}{3}-\frac{1}{4}+\frac{1}{5}+\cdots$。

【例 4.6】 求 $f(x)=(1+x)^{\alpha}$ 的带有佩亚诺余项的麦克劳林公式。

解　代码如下：

```
a = symbols('alpha',real = True)
init_printing()
simplify(series((1 + x) ** a,x))
```

运行结果为：

$$1+\alpha x+\frac{\alpha x^2(\alpha-1)}{2}+\frac{\alpha x^3(\alpha^2-3\alpha+2)}{6}+\frac{\alpha x^4(\alpha^3-6\alpha^2+11\alpha-6)}{24}$$

$$+\frac{\alpha x^5(\alpha^4-10\alpha^3+35\alpha^2-50\alpha+24)}{120}+o(x^6)$$

【例 4.7】 求 $f(x)=\tan x$ 的带有佩亚诺余项的麦克劳林公式。

解 代码如下：

```
x = symbols('x')
init_printing()
series(tan(x),x,0)
```

运行结果为：$x+\frac{x^3}{3}+\frac{2x^5}{15}+o(x^6)$。

【例 4.8】 求 $f(x)=\frac{1}{x}$ 按 $(x+1)$ 的幂展开的带有佩亚诺余项的麦克劳林公式。

解 代码如下：

```
x = symbols('x')
init_printing()

series(1/x,x,-1)
```

运行结果为：$-2-(x+1)^2-(x+1)^3-(x+1)^4-(x+1)^5-x+o((x+1)^6;x\to-1)$。

注释：按 $(x+1)$ 的幂展开指在 $x=-1$ 处展开。

最后用例题检验一下 sympy 求极限的能力。

【例 4.9】 求下列极限。

(1) $\lim\limits_{x\to+\infty}(\sqrt[3]{x^3+3x^2}-\sqrt[4]{x^4-2x^3})$； (2) $\lim\limits_{x\to0}\frac{\cos x-e^{-\frac{x^2}{2}}}{x^2[x+\ln(1-x)]}$；

(3) $\lim\limits_{x\to0}\frac{1+\frac{1}{2}x^2-\sqrt{1+x^2}}{(\cos x-e^{x^2})\sin x^2}$； (4) $\lim\limits_{x\to\infty}\left[x-x^2\ln\left(1+\frac{1}{x}\right)\right]$。

解 (1) 代码如下：

```
x = symbols('x')
init_printing()
ex_1 = (x ** 3 + 3 * x ** 2) ** (1/3) - (x ** 4 - 2 * x ** 3) ** (1/4)
limit(ex_1,x,oo)
```

运行结果为：1.5。

(2) 代码如下：

```
x = symbols('x')
init_printing()
ex_2 = (cos(x) - E ** ( - x ** 2/2))/(x ** 2 * (x + log(1 - x)))
limit(ex_2,x,0,dir = '+- ')
```

运行结果为：1/6。

(3) 代码如下：

```
x = symbols('x')
init_printing()
ex_3 = (1 + x ** 2/2 - (1 + x ** 2) ** (1/2))/((cos(x) - E ** (x ** 2)) * sin(x ** 2))
limit(ex_3,x,0,dir = '+- '), - 1/12
```

运行结果为：(−0.8333333333333,−0.8333333333333)。

注释：当需要输入括号时，左右括号一定要一起输入。

(4) 代码如下：

```
x = symbols('x')
init_printing()
ex_4 = x - x ** 2 * log(1 + 1/x)
limit(ex_4,x,oo),limit(ex_4,x, - oo)
```

运行结果为：(1/2,1/2)。

注释：x 趋于正无穷以及负无穷的极限都是 1/2，故趋于无穷的极限就是 1/2。

4.4 函数的单调性与曲线的凹凸性

函数单调性与凹凸性的判定离不开函数的一阶与二阶导数，同时结合函数图像可起到事半功倍的效果。

【例 4.10】 判定函数 $y=x-\sin x$ 在$[-\pi,\pi]$上的单调性。

解：先求函数的一阶导数，代码如下：

```
import sympy as sy
x = sy.symbols('x')
y = x - sy.sin(x)
sy.init_printing()
diff_y = sy.diff(y,x)
diff_y
```

运行结果为：1−cos(x)。

由于函数 y 在$[-\pi,\pi]$上连续，在$(-\pi,\pi)$内导函数 $1-\cos(x)\geqslant 0$，且等号仅在 $x=0$ 处成立，所以函数在$[-\pi,\pi]$上单调递增。

【例 4.11】 讨论函数 $y=\sqrt[3]{x^2}$ 的单调性。

解　通过绘图观察函数单调性，代码如下：

```
import numpy as np
import matplotlib.pyplot as plt
x = np.linspace( - 2,2,201)
plt.plot(x,(x ** 2) ** (1/3),'g',label = 'y = x ** (2/3)')
plt.axis('equal')
plt.xlabel('x')
plt.ylabel('y')
plt.title('Curve of Ex_3')
plt.axes().set_ylim(0,2)                          #设置 y 轴坐标范围为 0～2
plt.legend()
plt.show()
```

运行结果如图 4.2 所示。

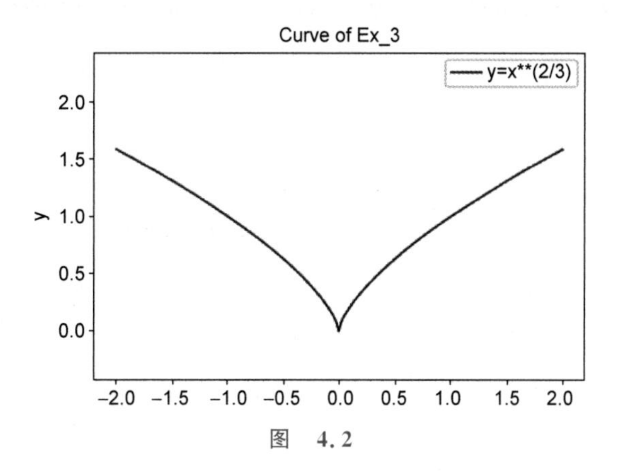

图　4.2

注释：从输出结果可以看到，函数在$(-\infty,0)$单调递减，在$(0,+\infty)$单调递增，为了图形显示不出现意外，一般不推荐在图形中标注汉字，如果不影响观察，也不建议做过多的标注。

【例 4.12】　求曲线 $y=2x^3+3x^2-12x+14$ 的拐点。

解　首先令 $y''=0$ 解出 $x=-1/2$ ，代码如下：

```
x = sy.symbols('x')
sy.init_printing()
y = 2 * x ** 3 + 3 * x ** 2 - 12 * x + 14
diff_1 = sy.diff(y,x)
diff_2 = sy.diff(diff_1,x)
inflection_x = sy.solve(diff_2,x)
#注意 inflection_x 为解集,类型为列表
inflection_x
```

运行结果为：$\left[-\frac{1}{2}\right]$。

然后求出 $x=-1/2$ 时的 y 值，代码如下：

```
inflection_y = y.subs(x,inflection_x[0])
inflection_y
```

运行结果为：41/2。

注释：由于 inflection_x 返回的是一个列表，要使用其中值时需加上相应的索引 inflection_x[0]。

最后绘图，经观察，点(−1/2,41/2)确实是曲线的拐点，代码如下：

```
x = np.linspace( - 3,2,200)
plt.plot(x,2 * x ** 3 + 3 * x ** 2 - 12 * x + 14,'g-- ',label = 'Curve of y')
plt.scatter(inflection_x,inflection_y,s = 80,label = 'Inflection Point')
plt.legend()
plt.show()
```

运行结果如图 4.3 所示。

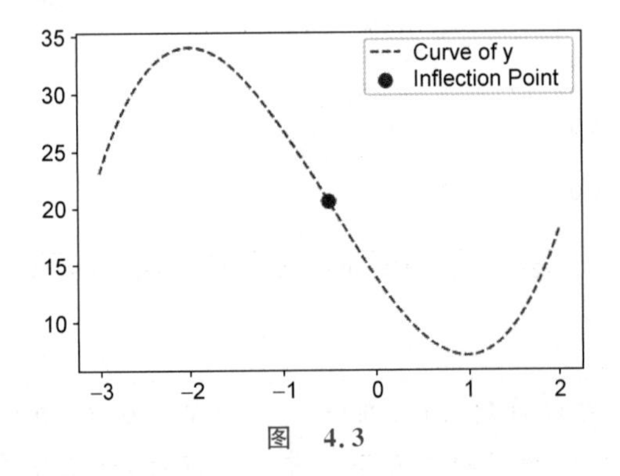

图 4.3

4.5 函数的极值与最大值最小值

本节引入 scipy.optimize 模块(一般称为优化模块)的 fmin()函数，fmin()函数可帮助找到函数的局部极小值点。下边通过一个例子展示 fmin()函数的用法。

【例 4.13】 讨论函数 $y=x+3\sin x$ 的极值。

解 先通过作图了解函数的特性，代码如下：

```
import numpy as np
import matplotlib.pyplot as plt
def f(x):
  return x + 3 * np.sin(x)
```

```
x = np.linspace(0,15,200)
plt.plot(x,f(x))
plt.show()
```

运行结果如图 4.4 所示。

从图像中可以看出，函数有多个极小值与极大值点。接下来使用 fmin()函数，代码如下：

```
#fmin(f,x_0),其中第二个参数 x_0 表示从 x_0 开始,找最近的极小值点
result = fmin(f,2)
result
```

运行结果如图 4.5 所示。

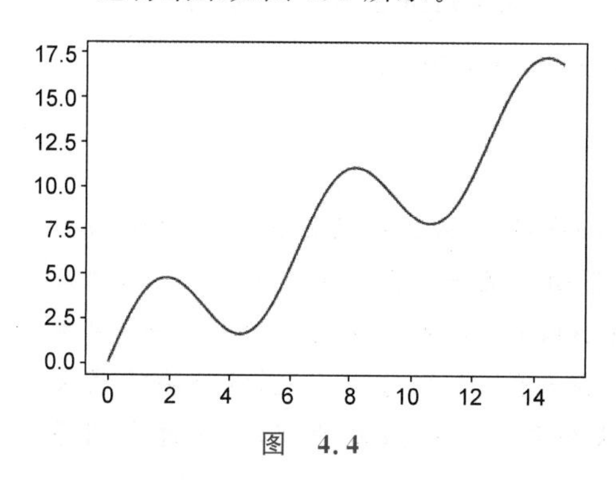

图　4.4

```
Optimization terminated successfully.
         Current function value: 1.544125
         Iterations: 18
         Function evaluations: 36

array([4.37255859])
```

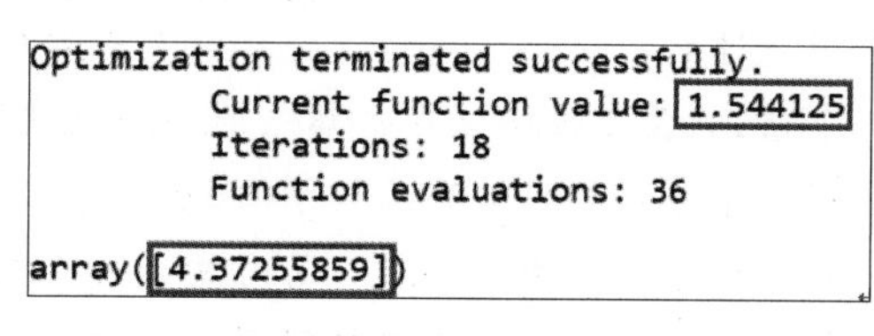

图　4.5

结果为：找到了一个极小值点 $x=4.3725$，$f(4.3725)=1.544125$。实际上，fmin()按照函数值下降的方向去搜索，代码及运行结果分别如下：

```
fmin(f,7)
```

运行结果如图 4.6 所示。

```
fmin(f,9)
```

运行结果如图 4.7 所示。

```
Optimization terminated successfully.
         Current function value: 1.544125
         Iterations: 17
         Function evaluations: 34

array([4.37252197])
```

图　4.6

```
Optimization terminated successfully.
         Current function value: 7.827310
         Iterations: 16
         Function evaluations: 32

array([10.65574951])
```

图　4.7

```
fmin(f,12)
```

运行结果如图 4.8 所示。

通过以上探究可知，fmin()沿函数值减小的方向搜索，如果找到一个极小值点(再向前搜索函数值开始变大)，搜索马上结束，如果想求极大值点，可以这样定义函数，代码如下：

```
def f(x,get_min = 1):
  return(x + 3 * np.sin(x)) * get_min
#当求极大值时,让参数 get_min = -1,如下:
fmin(f,3,args = (-1,))
```

运行结果如图 4.9 所示。

```
Optimization terminated successfully.
         Current function value: 7.827310
         Iterations: 16
         Function evaluations: 32

array([10.65571289])
```

图 4.8

```
Optimization terminated successfully.
         Current function value: -4.739060
         Iterations: 16
         Function evaluations: 32

array([1.91066895])
```

图 4.9

注释：$-f(1.910)=4.739$ 为局部极大值，如果要求函数在某区间的最大值与最小值，只需比较极值点与端点处的函数值即可。下面定义一个函数 f_min_max()，用来求一个导函数连续的函数 $f()$，在一个区间的极小值点、极大值点及待研究的点(导数与二阶导数均为 0 的点)，同时输出左、右端点的函数值，这样通过比较，就解决了最大值最小值问题。读者需要理解求一元函数的最大值最小值的基本原理，并通过本例学习过程性编程的方法，代码如下：

```
from sympy import symbols,diff,solve
def f_min_max(f,x,scope = [ -100,100]):
  #筛选出落在区间[ -100,100]内的可疑极值点
  diff_1 = f.diff(x)
  solves = solve(diff_1,x)
  maybe_minORmax_point = []
  for i in range(len(solves)):
     if solves[i]> scope[0] and solves[i]< scope[1]:
       #将导数为 0 的点添加至列表 maybe_minORmax_point
       maybe_minORmax_point.append(solves[i])
  #从可疑极值点中挑选出极小值点、极大值点以及待确定点
  diff_2 = diff_1.diff(x)
  min_points = []
  max_points = []
  not_sure_points = []
  for i in range(len(maybe_minORmax_point)):
     if diff_2.subs(x,maybe_minORmax_point[i])> 0:    #如果二阶导数> 0
       min_points.append((maybe_minORmax_point[i],f.subs(x,maybe_minORmax_point[i])))
     elif diff_2.subs(x,maybe_minORmax_point[i])< 0: #如果二阶导数< 0
       max_points.append((maybe_minORmax_point[i],f.subs(x,maybe_minORmax_point[i])))
     else:                                            #如果二阶导数 = 0
```

```
        not_sure_points.append((maybe_minORmax_point[i],f.subs(x,maybe_minORmax_point
[i])))
    #显示左端点函数值
    print('Left point:{}'.format((scope[0],f.subs(x,scope[0]))))
    #显示右端点函数值
    print('Right point:{}'.format((scope[1],f.subs(x,scope[1]))))
    print('Max points:{}'.format(max_points))
    print('Min points:{}'.format(min_points))
    print('Not sure points:{}'.format(not_sure_points))
```

来看几个例子。

【例4.14】　求函数 $f(x)=(x^2-1)^3+1$ 的极值。

解　代码如下：

```
x = symbols('x',real = True)    #将x设置为实数非常必要!
f = (x ** 2 - 1) ** 3 + 1
f_min_max(f,x,scope = [ - 2,2])
```

运行结果如图4.10所示。

注释：从输出结果可以看到，(0,0)点是极小值点，极小值为0，点(−1,1)与(1,1)是否为极值点需借助左右两侧一阶导数的符号进一步判定。

【例4.15】　求函数 $f(x)=\dfrac{3x^2+4x+4}{x^2+x+1}$ 的极值。

解　代码如下：

```
x = symbols('x',real = True)
y = (3 * x ** 2 + 4 * x + 4)/(x ** 2 + x + 1)
f_min_max(y,x)
```

运行结果如图4.11所示。

```
Left point:(-2, 28)
Right point:(2, 28)
Max points:[]
Min points:[(0, 0)]
Not sure points:[(-1, 1), (1, 1)]
```

图　4.10

```
Left point:(-100, 29604/9901)
Right point:(100, 30404/10101)
Max points:[(0, 4)]
Min points:[(-2, 8/3)]
Not sure points:[]
```

图　4.11

最后使用f_min_max()函数再来看例4.13中函数的极值，代码如下：

```
from sympy import sin
x = symbols('x',real = True)
f = x + 3 * sin(x)
f_min_max(f,x,scope = [0,15])
```

运行结果如图 4.12 所示。

```
Left point:(0, 0)
Right point:(15, 3*sin(15) + 15)
Max points:[(acos(-1/3), acos(-1/3) + 2*sqrt(2))]
Min points:[(-acos(-1/3) + 2*pi, -2*sqrt(2) - acos(-1/3) + 2*pi)]
Not sure points:[]
```

图 4.12

它仅求出了一个极小值和一个极大值，看起来与实际情况不符，原因在于 solve()函数(求一个等式的解)也在尽力避免一个等式有无穷个解的情况。例如，求解 $\sin x=0$，仅输出两个解 0 和 π，代码如下：

```
solve(sin(x),x)
```

运行结果为：[0, pi]。

总结：

(1) 当求一个函数的极值时，最好先画出它的图形，做到心中有数。

(2) 使用 scipy.optimize.fmin()函数看似笨手笨脚，但非常实用。

(3) f_min_max()函数可以解决教材中的一些“理想状态下”的题目，它严重依赖于 sympy.solve()函数的表现，此函数意义更偏重学习编程。

(4) 如果对程序中的哪行代码不太明白，可以在 Jupyter 的下一个单元格中去调试，直到明白为止。

4.6 函数图形的描绘

【例 4.16】 描绘函数 $y=\frac{1}{\sqrt{2\pi}}e^{-\frac{x^2}{2}}$ 的图形。

解 代码如下：

```
import numpy as np
import matplotlib.pyplot as plt
def f(x):
  return np.power(np.e, - x ** 2/2)/((2 * np.pi) ** 0.5)
x = np.linspace( - 3,3,200)
plt.plot(x,f(x))
plt.title('An Important Curve')
plt.show()
```

运行结果如图 4.13 所示。

注释：np.power(np.e,－x＊＊2/2)是幂函数，第一个参数为底数，第二个参数为指数。

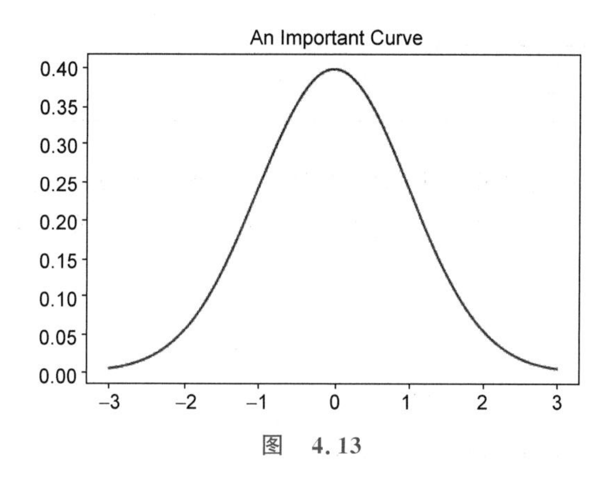

图　4.13

上述函数是标准正态分布的概率密度函数。概率密度曲线下方的面积等于1,下面来尝试检验这一结论,代码如下:

```
#生成点的个数
gen_size = 100000
np.random.seed(0) #为 np.random 对象设置种子,以便每次运行的结果一样
x = np.random.random(size = gen_size)   #生成[0,1)中的 100000 个随机数
x = 6 * x - 3                           #随机数范围变为[-3,3)
y = np.random.random(size = gen_size)/((2 * np.pi) ** 0.5)
                                        #[0,f(0))中的 100000 个随机数
#计算 gen_size 个点中有多少个点在曲线下方
nums = 0
for i in range(gen_size):
    if y[i]<f(x[i]):
        nums += 1.0
#矩形 S 的面积为 6 * f(0),曲线下方与 x 轴上方所围区域的面积估值为: S * nums/gen_size
S = 6/((2 * np.pi) ** 0.5)
S * nums/gen_size
```

运行结果为:0.9937731993255771。

注释:由 $x=-3,x=3,y=0,y=\frac{1}{\sqrt{2\pi}}$ 围成的矩形记为 S,方便起见,其面积仍用 S 表示,从矩形中随机抽取 gen_size 个点,其中有 nums 个点落在曲线 $y=\frac{1}{\sqrt{2\pi}}e^{-\frac{x^2}{2}}$ 下方,故曲线下方面积的近似值为 $S\times\frac{\text{nums}}{\text{gen\_size}}$,这种通过产生大量随机样本解决特定问题的方法,称为(蒙特卡罗)随机模拟法。

当 x 的取值范围为 R 时,曲线下方面积为1,由于随机的原因,数据可能会有偏差,但样本总量越多,偏差越小,越接近真实值。

4.7 方程的近似解

本节介绍求方程的近似解最常用的两种方法：二分法与切线法。

【例 4.17】 用二分法求方程 $x^3+1.1x^2+0.9x-1.4=0$ 的实根的近似值，使误差不超过 10^{-3}。

解 代码如下：

```
import numpy as np
def f(x):
  return x ** 3 + 1.1 * x ** 2 + 0.9 * x - 1.4
epsilon = 1e - 3
left = 0   # f(0)< 0
right = 1   # f(1)> 0
middle = (left + right)/2
while np.abs(f(middle))> epsilon:
  print('middle = {},\t'.format(middle),end = '')
  print('f(middle) = {},\t'.format(f(middle)),end = '')
  if f(middle)> 0:
     right = middle
  else:
     left = middle
  print('Now: left = {}\t,right = {}'.format(left,right))
  middle = (left + right)/2
print("At last,x = {},f({}) = {}".format(middle,middle,f(middle)))
```

运行结果如图 4.14 所示。

```
middle=0.5,     f(middle)=-0.5499999999999998,  Now: left=0.5   ,right=1
middle=0.75,    f(middle)=0.31562500000000004,  Now: left=0.5   ,right=0.75
middle=0.625,   f(middle)=-0.1636718749999999,  Now: left=0.625 ,right=0.75
middle=0.6875,  f(middle)=0.06362304687500009,  Now: left=0.625 ,right=0.6875
middle=0.65625, f(middle)=-0.05302124023437482, Now: left=0.65625       ,right=
0.6875
middle=0.671875,        f(middle)=0.0045402526855471415,        Now: left=0.656
25      ,right=0.671875
middle=0.6640625,       f(middle)=-0.02442922592163077, Now: left=0.6640625
,right=0.671875
middle=0.66796875,      f(middle)=-0.009991848468780429,        Now: left=0.667
96875   ,right=0.671875
middle=0.669921875,     f(middle)=-0.002737660706042977,        Now: left=0.669
921875  ,right=0.671875
At last,x=0.6708984375,f(0.6708984375)=0.0008983274921776641
```

图 4.14

本例也可使用 solve()函数求方程的真值，代码如下：

```
from sympy import solve,symbols
x = symbols('x',real = True)
```

```
roots = solve(f(x),x)
print("roots = {}".format(roots))
print("f(roots) = {}".format(f(roots[0])))
```

运行结果如图 4.15 所示。

```
roots=[0.670657310725810]
f(roots)=0
```

图　4.15

注释：二分法是计算机算法中较为重要的算法。

【例 4.18】　用切线法求方程 $x^5+5x+1=0$ 的实根的近似值，使误差不超过 10^{-8}。

解　代码如下：

```
def f(x):return x ** 5 + 5 * x + 1
def diff_f(x):return 5 * x ** 4 + 5
def nextX(x):return x - f(x)/diff_f(x)
epsilon = 1e - 8
x = 0
iter_times = 0
while abs(f(x))> epsilon:
  iter_times += 1
  x = nextX(x)
x, iter_times
```

运行结果为：(−0.19993610223642172，2)。

注释：当要求精度为 1e-8 时，程序也就迭代了两次，效率远远高于二分法。

第5章

不定积分

5.1 不定积分的概念与性质

要计算积分，可使用 sympy 中的 integrate()函数。该函数既可计算不定积分，也可计算定积分。本章先学习不定积分的计算，使用时仅需将函数表达式及变量传递给 integrate()函数，即 integrate(f, var)。下面来看几个例子。

【例 5.1】 求$\int x^2 \mathrm{d}x$。

解 代码如下：

```
from sympy import *
x = symbols('x')
init_printing()
integrate(x ** 2,x)
```

运行结果为：$x^3/3$。

注意：积分结果不会自动添加任意常数(+C)。

【例 5.2】 求$\int \frac{(x-1)^3}{x^2}\mathrm{d}x$。

解 代码如下：

```
x = symbols('x')
init_printing()
```

```
ex_2 = (x - 1) ** 3/(x ** 2)
integrate(ex_2,x)
```

运行结果为：x^2/2－3x＋3log(x)＋1/x。

注意：返回结果中，对数函数没有加绝对值，它默认 x 为正数。

【例 5.3】　求$\int \sin^2 \dfrac{x}{2}\mathrm{d}x$。

解　代码如下：

```
x = symbols('x')
init_printing()
ex_3 = lambda x:(sin(x/2)) ** 2
integrate(ex_3(x),x)
```

运行结果为：x/2－sin(x/2)cos(x/2)。

【例 5.4】　求$\int \dfrac{2x^4+x^2+3}{x^2+1}\mathrm{d}x$。

解　代码如下：

```
x = symbols('x')
init_printing()
def ex_4(x):
  return(2 * x ** 4 + x ** 2 + 3)/(x ** 2 + 1)
integrate(ex_4(x),x)
```

运行结果为：2x^3/3－x＋4atan(x)。

5.2　换元积分法

我们不必关心 sympy 是如何求出一个不定积分的，仅需熟练使用 integrate()函数就可以。再来看几个例子。

【例 5.5】　求$\int \dfrac{1}{a^2+x^2}\mathrm{d}x\,(a\neq 0)$。

解　代码如下：

```
from sympy import *
x,a = symbols('x a',real = True)
init_printing()
integrate(1/(x ** 2 + a ** 2),x)
```

运行结果为：atan(x/a)/a。

【例 5.6】 求$\int \sin^2 x \cos^4 x \mathrm{d}x$。

解 代码如下：

```
x = symbols('x',real = True)
init_printing()
f = sin(x) ** 2 * cos(x) ** 4
result = integrate(f,x)
result
```

运行结果为：$x/16-\sin(x)\cos^5(x)/6+\sin(x)\cos^3(x)/24+\sin(x)\cos(x)/16$。

该结果可进一步化简，代码如下：

```
simplify(result)
```

运行结果为：$x/16-(\cos(2x)+1)^2\sin(2x)/48+\sin(2x)/24+\sin(4x)/192$。

注释：这里 simplify()化简结果不太理想。

【例 5.7】 求$\int \csc x \mathrm{d}x$。

解 代码如下：

```
x = symbols('x',real = True)
init_printing()
result = integrate(csc(x),x)
result
```

运行结果为：$\log(\cos(x)-1)/2-\log(\cos(x)+1)/2$。

再一次测试化简函数 simplify()，代码如下：

```
simplify(result)
```

运行结果为：$\log(\cos(x)-1)/2-\log(\cos(x)+1)/2$。

注释：simplify()的化简结果有时可能不尽如人意。

【例 5.8】 求$\int \sqrt{a^2-x^2} \mathrm{d}x (a>0)$。

解 代码如下：

```
a = symbols('a',positive = True)
x = symbols('x',real = True)
init_printing()
integrate(sqrt(a ** 2 - x ** 2),x)
```

运行结果为：$\mathrm{a}^2\mathrm{asin}\left(\frac{\mathrm{x}}{\mathrm{a}}\right)/2+\mathrm{x}\sqrt{\mathrm{a}^2-\mathrm{x}^2}/2$。

【例 5.9】　求$\int \frac{1}{\sqrt{x^2+a^2}}\mathrm{d}x\ (a>0)$。

解　代码如下：

```
a = symbols('a',positive = True)
x = symbols('x',real = True)
init_printing()
f = 1/(sqrt(x ** 2 + a ** 2))
integrate(f,x)
```

运行结果为：asinh(x/a)。

注释：该结果可进一步手工验证，与积分表中的结果一致。

【例 5.10】　求$\int \frac{x^3}{(x^2-2x+2)^2}\mathrm{d}x$。

解　代码如下：

```
x = symbols('x',real = True)
init_printing()
integrate(x ** 3/((x ** 2 - 2 * x + 2) ** 2),x)
```

运行结果为：$-\frac{\mathrm{x}}{\mathrm{x}^2-2\mathrm{x}+2}+\log(\mathrm{x}^2-2\mathrm{x}+2)/2+2\mathrm{atan}(\mathrm{x}-1)$。

5.3　分部积分法

【例 5.11】　求$\int x\arctan x\,\mathrm{d}x$。

解　代码如下：

```
from sympy import *
x = symbols('x')
init_printing()
integrate(x * atan(x),x)
```

运行结果为：$\mathrm{x}^2\mathrm{atan}(\mathrm{x})/2-\mathrm{x}/2+\mathrm{atan}(\mathrm{x})/2$。

【例 5.12】　求$\int \mathrm{e}^x\sin x\,\mathrm{d}x$。

解　代码如下：

```
from sympy import *
x = symbols('x')
init_printing()
integrate(E ** x * sin(x),x)
```

运行结果为：$e^x\sin(x)/2-e^x\cos(x)/2$。

【例 5.13】 求$\int\sec^3 x\,dx$。

解 代码如下：

```
from sympy import *
x = symbols('x')
init_printing()
res = integrate(sec(x) ** 3,x)
res
```

运行结果为：$-\log(\sin(x)-1)/4+\log(\sin(x)+1)/4-\dfrac{\sin(x)}{2\sin^2(x)-2}$。

化简代码如下：

```
simplify(res)
```

运行结果为：$-\log(\sin(x)-1)/4+\log(\sin(x)+1)/4+\dfrac{\sin(x)}{2\cos^2(x)}$。

注释：读者通过这个例子应进一步理解 sympy 为符号运算的含义，它不负责检验式子是否合理，就像这里的 $\log(\sin(x)-1)$。

5.4 有理函数的积分

首先介绍几个初等运算的函数。

1. cancel()函数

代码如下：

```
from sympy import *
x = symbols('x')
init_printing()
#约分:cancel()
cancel((x ** 2 - 2 * x + 1)/(x ** 2 - 1))
```

运行结果为：$\dfrac{x-1}{x+1}$。

注释：cancel()用于有理函数的约分，输出形式为分式的规范标准型，即分子与分母为整系数的多项式，且分子与分母无公因子。

2．expand()函数

代码如下：

```
x = symbols('x')
init_printing()
#展开:expand()
expand((x + 1) ** 3)
```

运行结果为：x^3+3x^2+3x+1。

注释：expand()可将函数展开成标准多项式的形式，它同时提供了多种展开方法，可根据实际需要选取。这里仅考虑函数的展开功能。

3．factor()函数

代码如下：

```
x = symbols('x')
init_printing()
#分解因式:factor()
factor(x ** 3 + 3 * x ** 2 + 3 * x + 1)
```

运行结果为：$(x+1)^3$。

注释：factor()可将函数分解为有理数域上的不能再分解的因子乘积(分解因式)。

4．apart()函数

代码如下：

```
x = symbols('x')
init_printing()
#将假分式拆分为几个真分式的和:apart()
apart((2 * x ** 4 + x ** 2 + 3)/(x ** 2 + 1),x)
```

运行结果为：$2x^2-1+\dfrac{4}{x^2+1}$。

注释：apart()对有理函数执行部分分式分解。

上述几个函数也可被看作"化简"函数，当simplify()的化简结果偏离预期时，可考虑上述特定功能的"化简"函数。下边来看几个有理函数的积分。

【例 5.14】　求$\displaystyle\int\frac{x+2}{(2x+1)(x^2+x+1)}\mathrm{d}x$。

解 代码如下：

```
x = symbols('x')
init_printing()
ex_1 = (x + 2)/((2 * x + 1) * (x ** 2 + x + 1))
integrate(ex_1,x)
```

运行结果为：$\log(x+1/2)-\log(x^2+x+1)/2+\sqrt{3}\operatorname{atan}(2\sqrt{3}x/3+\sqrt{3}/3)/3$。

【例 5.15】 求$\int\frac{x-3}{(x-1)(x^2-1)}dx$。

解 代码如下：

```
x = symbols('x')
init_printing()
ex_2 = (x - 3)/((x - 1) * (x ** 2 - 1))
integrate(ex_2,x)
```

运行结果为：$\log(x-1)-\log(x+1)+\frac{1}{x-1}$。

【例 5.16】 求$\int\frac{1+\sin x}{\sin x(1+\cos x)}dx$。

解 代码如下：

```
x = symbols('x')
init_printing()
ex_3 = (1 + sin(x))/(sin(x) * (1 + cos(x)))
integrate(ex_3,x)
```

运行结果为：$\log(\tan(x/2))/2+\tan^2(x/2)/4+\tan(x/2)$。

【例 5.17】 求$\int\frac{1}{(1+\sqrt[3]{x})\sqrt{x}}dx$。

解 代码如下：

```
x = symbols('x')
init_printing()
ex_4 = 1/(sqrt(x) + x ** (S(5)/6))
integrate(ex_4,x)
```

运行结果为：$6\sqrt[6]{x}-6\operatorname{atan}(\sqrt[6]{x})$。

对于 sympy 来说，积分要比求导复杂得多(当然，对于手工计算也一样)！

6.1 定积分的概念和性质

【例 6.1】 按矩形法、梯形法和抛物线法计算定积分$\int_0^1 \frac{4}{1+x^2}\mathrm{d}x$ 的近似值(取 $n=10$，计算时取 5 位小数)。

解 使用 numpy,代码如下：

```
import numpy as np
x = np.linspace(0,1,11)
y = np.round(4/(1 + x ** 2),5)
x,y
```

运行结果如图 6.1 所示。

```
(array([0. , 0.1, 0.2, 0.3, 0.4, 0.5, 0.6, 0.7, 0.8, 0.9, 1. ]),
 array([4.     , 3.9604 , 3.84615, 3.66972, 3.44828, 3.2    , 2.94118,
        2.68456, 2.43902, 2.20994, 2.     ]))
```

图 6.1

矩形法近似 1：$\int_0^1 \frac{4}{1+x^2}\mathrm{d}x \approx \frac{b-a}{n}(y_0+y_1+\cdots+y_{n-1})$。

矩形法近似 2：$\int_0^1 \frac{4}{1+x^2}\mathrm{d}x \approx \frac{b-a}{n}(y_1+y_2+\cdots+y_n)$。

$\Delta x=0.1$,代码如下：

```
delta_x = 0.1
#矩形法的两个结果
result_rect_1 = np.sum(y[0: - 1]) * delta_x
result_rect_2 = np.sum(y[1:len(y)]) * delta_x
result_rect_1,result_rect_2
```

运行结果为:(3.2399250000000004,3.039925)。

注释:y[0:−1]=[y[0],y[1],…,y[n−2]],即 y 去掉最后一个元素的子列表,而 y[1:len(y)]是指[y[1],y[2],…,y[n−1]],即去掉第一个元素的子列表。

梯形法:$\int_0^1 \frac{4}{1+x^2}\mathrm{d}x \approx \frac{b-a}{n}\left(\frac{y_0+y_n}{2}+y_1+y_2+\cdots+y_{n-1}\right)$。

代码如下:

```
#梯形法
result_trapezoid = (np.sum(y) - (y[0] + y[ - 1])/2) * delta_x
result_trapezoid
```

运行结果为:3.1399250000000003。

抛物线法:$\int_0^1 \frac{4}{1+x^2}\mathrm{d}x \approx \frac{b-a}{3n}[y_0+y_n+4(y_1+y_3+\cdots+y_{n-1})+2(y_2+y_4+\cdots+y_{n-2})]$。

这里假定 n 为偶数,代码如下:

```
#抛物线(辛普森)法
result_Simpson = (y[0] + y[ - 1] + 4 * (np.sum(y[1:len(y):2])) + 2 * np.sum(y[2: - 1:2])) *
delta_x/3
result_Simpson
```

运行结果为:3.141591333333334。

最后学习 sympy 求本题的方法,代码如下:

```
from sympy import integrate,Symbol,init_printing
x = Symbol('x')
init_printing()
result = integrate(4/(1 + x ** 2),(x,0,1))      #计算定积分的方法
result,result.evalf(),float(result)
```

运行结果为:(pi,3.14159265358979,3.141592653589793)。

注释:(1) sympy.integrate(f,(x,a,b))用以计算定积分$\int_a^b f(x)\mathrm{d}x$。

（2）result.evalf()一般用来将一个常量符号（如 e,π）或其表达式及无理数（如$\sqrt{2}$）表示为小数；更为常用的是直接用强制类型转换 float(expr)。

6.2　微积分基本公式

本节继续学习 sympy.integrate()的使用方法，代码如下：

```
from sympy import *
x = Symbol('x')
init_printing()
```

【例 6.2】　计算$\int_{-2}^{-1}\frac{1}{x}\mathrm{d}x$。

解　代码如下：

```
integrate(1/x,(x, - 2, - 1))
```

运行结果为：$-\log(2)$。

【例 6.3】　求积分上限函数$\int_{0}^{x}\mathrm{e}^{2t}\mathrm{d}t$。

解　代码如下：

```
t = Symbol('t')
integrate(E ** (2 * t),(t,0,x))
```

运行结果为：$\mathrm{e}^{2x}/2-1/2$。

注释：进一步理解 sympy 为符号计算库，这里将 x 视为一个符号。

【例 6.4】　求$\lim\limits_{x\to 0}\frac{\int_{\cos x}^{1}\mathrm{e}^{-t^2}\mathrm{d}t}{x^2}$。

解　代码如下：

```
limit(integrate(E ** ( - t ** 2),(t,cos(x),1))/(x ** 2),x,0)
```

运行结果为：1/2e。

注释：这里综合使用了 sympy 的 integrate()和 limit()函数。

6.3 定积分的换元法和分部积分法

尽管已经初步了解了 sympy.integrate()函数的使用方法，但更多的实践是必要的——我们需要知道在哪些情况下它工作得非常好，哪些情况可能会失效，以及失效情况下的补救方法。

首先导入 sympy 库，代码如下：

```
from sympy import *
x = Symbol('x',real = True)
init_printing()
```

【例 6.5】 求$\int_0^a \sqrt{a^2 - x^2}\,dx\,(a > 0)$。

解 代码如下：

```
a = Symbol('a',positive = True)
integrate(sqrt(a ** 2 - x ** 2),(x,0,a))
```

运行结果为：$\pi a^2/4$。

【例 6.6】 计算$\int_0^\pi \sqrt{\sin^3 x - \sin^5 x}\,dx$。

解 代码如下：

```
#下一行代码不能正确运行
# integrate(sqrt(sin(x) ** 3 - sin(x) ** 5),(x,0,pi))
integrate(sin(x) ** (3/2) * cos(x),(x,0,pi/2)) - integrate(sin(x) ** (3/2) * cos(x),(x,pi/2,pi))
```

运行结果为：0.8。

注释：第二行代码会使程序陷入死循环：sympy 没有分区间讨论一个函数的功能，一旦遇到这种情况(分段函数)，要提前做好预案。

也可以使用 scipy.integrate.quad()函数，代码如下：

```
f = lambda x:np.sqrt(np.sin(x) ** 3 - np.sin(x) ** 5)
quad(f,0,np.pi)
```

运行结果为：(0.8000000000000002, 3.1020013224747345e-09)。

注释：(1) scipy.integrate.quad()求一个定积分的数值解，非符号解(解析解)。

(2) quad()返回两个值，第一个值为定积分的近似值(0.8000000000000002)，第二个值为计算误差(3.102×10^{-9})。

【例 6.7】　计算$\int_0^4 \frac{x+2}{\sqrt{2x+1}}\mathrm{d}x$。

解　代码如下：

```
integrate((x+2)/sqrt(2*x+1),(x,0,4))
```

运行结果为：22/3。

注释：如果不牵涉三角函数换元，sympy.integrate()一般表现很好。

【例 6.8】　计算$\int_{-1}^1 \ln(x+\sqrt{1+x^2})\mathrm{d}x$。

解　注意被积函数为奇函数，积分区间关于0对称，代码如下：

```
res = integrate(log(x+sqrt(x**2+1)),(x,-1,1))
res,simplify(res)
```

运行结果如图6.2所示。

$(\log(-1+\sqrt{2})+\log(1+\sqrt{2}),0)$

图　6.2

注释：(1) 这个单元格运行的时间很长，这是因为被积函数$\ln(x+\sqrt{1+x^2})$太复杂，sympy最终通过什么方法计算出来这个结果的，我们不知道。

(2) sympy不负责简化结果，需要调用函数simplify()做进一步简化。

使用quad()函数，代码如下：

```
def an_odd_fun(x):
    return np.log(x+np.sqrt(x**2+1))
val,err = quad(an_odd_fun,-1,1)
np.round(val,5)
```

运行结果为：0。

【例 6.9】　计算$\int_0^3 \frac{x^2}{(x^2-3x+3)^2}\mathrm{d}x$。

解　代码如下：

```
integrate(x**2/(x**2-3*x+3)**2,(x,0,3))
```

运行结果为：$1+8\sqrt{3}\pi/9$。

注释：很快得到结果，而这个题目恰恰是使用三角函数换元法，sympy善于或不善于解决哪一类积分问题，仍需要进一步探索。

【例 6.10】 设函数 $f(x)=\begin{cases}\dfrac{1}{1+\cos x}, & -\pi<x<0,\\ x\mathrm{e}^{-x^2}, & x\geqslant 0,\end{cases}$，计算$\int_1^4 f(x-2)\mathrm{d}x$。

解 分段函数是科学计算的难点，可以这样解决，代码如下：

```
f_left = 1/(1 + cos(x))
f_right = x * pow(E, - x ** 2)
integrate(f_left,(x, - 1,0)) + integrate(f_right,(x,0,2))
```

运行结果为：$\dfrac{1}{2\mathrm{e}^4}+1/2+\tan(1/2)$。

【例 6.11】 设 $I_n=\int_0^{\frac{\pi}{2}}\sin^n x\,\mathrm{d}x$，由分部积分法可以推导出 $I_n=\dfrac{n-1}{n}I_{n-2}$，编写代码求 I_3 及 I_6。

解 由递推公式得到一般结果的方法在程序设计中称为“递归”，代码如下：

```
def I(n):
  if n == 1:return 1
  if n == 0:return pi/2
  return I(n - 2) * (n - 1)/n
I(3),I(6)
```

运行结果为：0.6666666，5π/32。

注释：依 I_6(I(6))的计算来理解递归函数的原理。

(1) $n=6$，前两个条件($n==1$ 和 $n==0$)不成立，执行第三行代码 return $I_4\times 5/6$。

(2) 因为 I_4 不知道是多少，所以继续调用函数 I(4)。

(3) $n=4$，前两个条件不成立，执行第三行代码 return $I_2\times 3/4$。

(4) 因为 I_2 不知道是多少，所以继续调用函数 I(2)。

(5) $n=2$，前两个条件不成立，执行第三行代码 return $I_0\times 1/2$。

(6) 因为 I_0 不知道是多少，所以继续调用函数 I(0)。

(7) $n=0$，第二个条件成立，return π/2。

至此，函数返回$\dfrac{5}{6}\times\dfrac{3}{4}\times\dfrac{1}{2}\times\dfrac{\pi}{2}$。

本例中的前两行代码，一般称为递归函数的退出条件，如果没有这个条件，程序会继续执行 I(−2)，I(−4)；第三行代码为递推公式，熟练编写递归函数需要一个过程。

6.4 反常积分

和 6.3 节的定积分相比，无穷限的反常积分只不过将积分上(下)限换成无穷大；对于有瑕点的无界函数的反常积分，在进行科学计算时不用考虑，sympy 能自己处理。

首先导入必要的库函数，代码如下：

```
from sympy import *
from scipy.integrate import quad
from scipy import Infinity
init_printing()
x = Symbol('x')
```

注释：应该将后两行代码和导入库函数的前三行代码分置在两个单元格中。

【例 6.12】 计算$\int_{-\infty}^{\infty}\frac{1}{1+x^2}\mathrm{d}x$。

解　代码如下：

```
integrate(1/(1 + x ** 2),(x, - oo,oo))
```

运行结果为：π。

还可以用 quad()函数，代码如下：

```
quad(lambda x:1/(1 + x ** 2), - Infinity,Infinity)[0]
```

运行结果为：3.141592653589793。

注释：scipy 库的无穷大为 Infinity。

【例 6.13】 计算反常积分$\int_{0}^{\infty}t\mathrm{e}^{-pt}\mathrm{d}t$，其中 p 是常数，且 $p>0$。

解　代码如下：

```
p = Symbol('p',positive = True)
t = Symbol('t')
integrate(t * E ** ( - p * t),(t,0,oo))
```

运行结果为：$\frac{1}{\mathrm{p}^2}$。

【例 6.14】 计算反常积分$\int_{0}^{a}\frac{\mathrm{d}x}{\sqrt{a^2-x^2}}(a>0)$。

解　代码如下：

```
a = Symbol('a',positive = True)
integrate(1/sqrt(a ** 2 - x ** 2),(x,0,a))
```

运行结果为：π/2。

【例6.15】 求反常积分$\int_{-1}^{1}\frac{\mathrm{d}x}{x^2}$的收敛性。

解 代码如下：

```
integrate(x ** (-2),(x, -1,1))
```

运行结果为：∞。

【例6.16】 求反常积分$\int_{0}^{\infty}\frac{\mathrm{d}x}{\sqrt{x(x+1)^3}}$。

解 代码如下：

```
integrate(1/sqrt(x * (x + 1) ** 3),(x,0,oo))
```

运行结果为：2。

6.5 反常积分的审敛法 Γ 函数

本节仅讨论$\Gamma(s)=\int_{0}^{\infty}\mathrm{e}^{-x}x^{s-1}\mathrm{d}x$（$2s$为正整数）的情况。

下面继续学习递归函数的编写。

已知：(1) $\Gamma\left(\frac{1}{2}\right)=\sqrt{\pi}$；

(2) $\Gamma(1)=1$；

(3) $\Gamma(s)=(s-1)\Gamma(s-1)$。

函数代码如下：

```
from sympy import pi,sqrt
from math import floor
def Gamma(n):
  if floor(2 * n)!= (2 * n) or n <= 0:
     print('参数n错误,2n必须为正整数')
     return #或者 return None
  if n == 1:return 1
  if n == 1/2:return sqrt(pi)
  return (n - 1) * Gamma(n - 1)
```

调用Gamma()函数，代码如下：

```
Gamma(3),Gamma(4),Gamma(5)
```

运行结果为：(2,6,24)。

继续调用 Gamma()函数，代码如下：

```
Gamma(0.5),Gamma(1.5),Gamma(2.5)
```

运行结果为：(sqrt(pi), 0.5 * sqrt(pi), 0.75 * sqrt(pi))。

错误的调用，代码如下：

```
Gamma(1.6),Gamma(0)
```

运行结果为：

参数 n 错误，2n 必须为正整数

参数 n 错误，2n 必须为正整数

(None, None)

注释：观察上面代码的输出结果，进一步理解函数的递归机制。

6.6　极坐标系下绘图

关于积分函数的调用不再讨论，本章仅学习极坐标下曲线的绘制。

首先导入函数库，代码如下：

```
import numpy as np
import matplotlib.pyplot as plt
```

【例 6.17】　绘制 $r=1$ 的图形。

解　代码如下：

```
theta = np.linspace(0,2 * np.pi,100)
r = [1.0] * 100
#polar()实现极坐标系下绘图
plt.polar(theta,r,linewidth = 3)
plt.show()
```

运行结果如图 6.3 所示。

注释：绘制极坐标系下的曲线使用 plt.polar()函数，第一个参数为 θ，第二个参数为 r。

【例 6.18】　绘制 $\rho=\cos\theta\left(-\frac{\pi}{2}\leqslant\theta\leqslant\frac{\pi}{2}\right)$。

解　代码如下：

```
theta = np.linspace( - np.pi/2,np.pi/2)
r = np.cos(theta)
plt.polar(theta,r,'g-- ')
plt.show()
```

运行结果如图 6.4 所示。

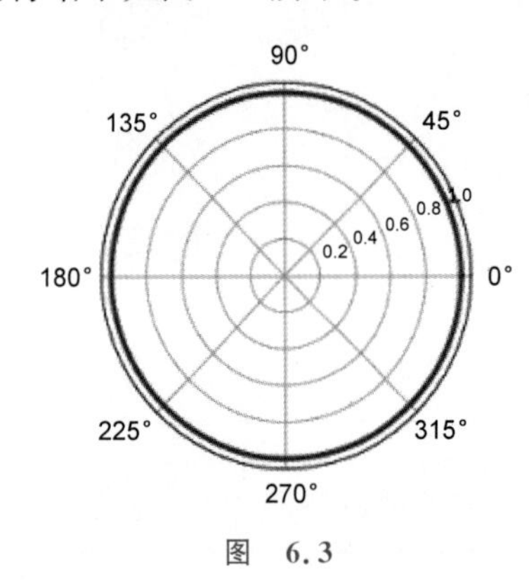

图 6.3

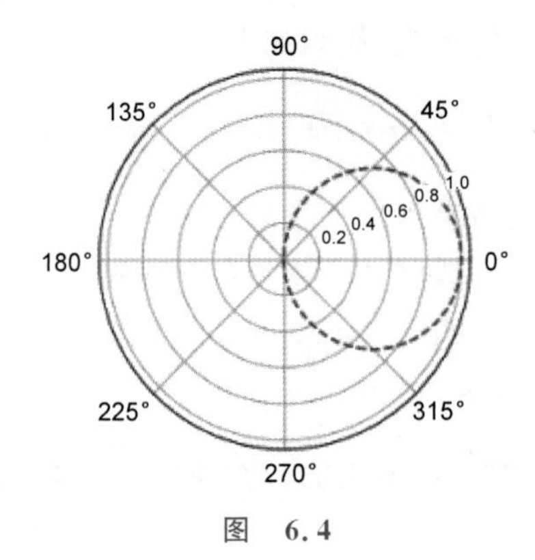

图 6.4

【例 6.19】 绘制 $\rho=\sin\theta(0\leqslant\theta\leqslant\pi)$。

解 代码如下：

```
theta = np.linspace(0,np.pi)
r = np.sin(theta)
plt.polar(theta,r,'r * ')
plt.show()
```

运行结果如图 6.5 所示。

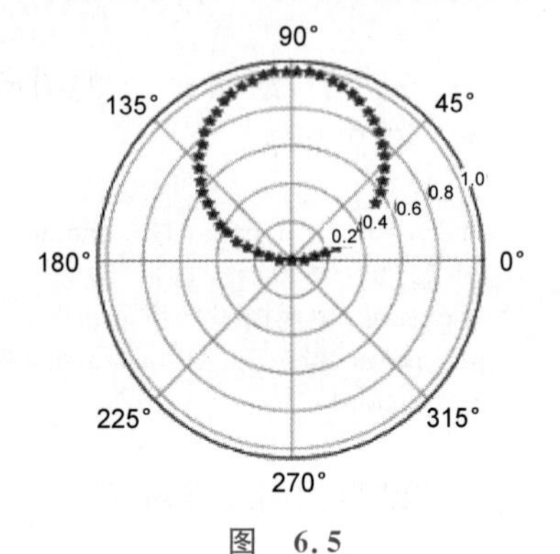

图 6.5

【例 6.20】 绘制阿基米德螺线 $\rho=a\theta(0\leqslant\theta\leqslant2\pi)$。

解 代码如下：

```
a = 2.0
theta = np.linspace(0,2 * np.pi,100)
#阿基米德螺线
r = a * theta
plt.polar(theta,r,'r',linewidth = 2)
plt.show()
```

运行结果如图 6.6 所示。

【例 6.21】 绘制心形线 $\rho=a(1+\cos\theta)(a>0)$。

解 代码如下：

```
fig = plt.figure()
#极坐标系下绘图的另一种方法
ax = fig.add_subplot(111,projection = 'polar')
```

```
theta = np.linspace(0,2 * np.pi,200)
a = 2.0
#心形线
r = a * (1 + np.cos(theta))
ax.plot(theta,r,'r',linewidth = 2.0,label = 'Cardioid')
ax.legend()
plt.show()
```

运行结果如图 6.7 所示。

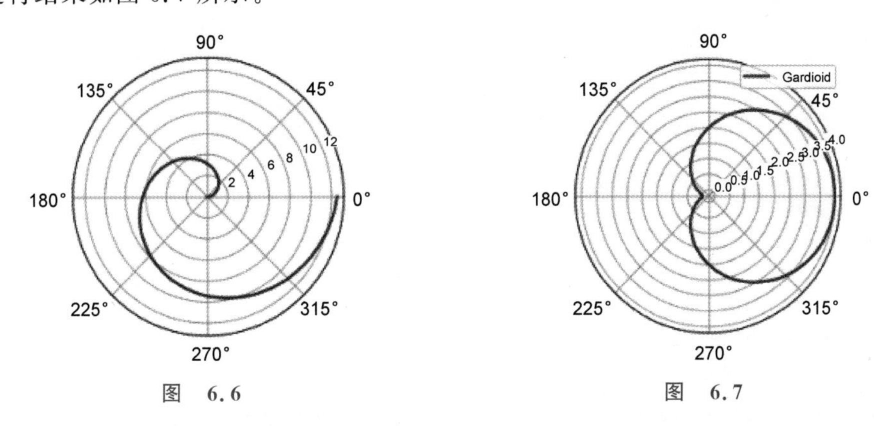

图 6.6　　　图 6.7

注释：fig.add_subplot(111,projection='polar')为另一种绘制极坐标曲线的方法，此方法提供更为灵活的绘制参数。

第7章 微分方程

7.1 微分方程的基本概念

本节引入 dsolve()函数,该函数可用于求解常微分方程及常微分方程组。这里只讨论单个常微分方程的求解,使用方法如下:dsolve(eq,f(x), ics=None)。从微分方程 eq(也可以是默认等于 0 的一组表达式)中解出 $f(x)$,初始条件为 ics。

【例 7.1】 一曲线通过点(1,2),且在该曲线上任一点(x,y)处的切线斜率为 $2x$,求这个曲线方程。

解 代码如下:

```
from sympy import *
x = symbols('x')
init_printing()
f = Function('f') #定义一个函数
eq = f(x).diff(x) - 2 * x #默认 = 0
#ics = {},大括号中填入初始条件
dsolve(eq,f(x),ics = {f(1):2})
```

运行结果为:$f(x)=x^2+1$。

注释:f=Function('f')说明 f 是一个函数,$f(x)$则进一步表明 f 是关于 x 的函数。ics 以字典的形式赋值。

【例 7.2】 列车在平直线路上以 20m/s(相当于 72km/h)的速度行驶,当制动时列车获得加速度-0.4m/s^2,求制动阶段列车的运动规律 $s(t)$。

解 代码如下：

```
init_printing()
s = Function('s')
t = Symbol('t')
#eq = Derivative(s(t),t,2) + 0.4    -- 和下两行代码等效
#eq = s(t).diff(t,t) + 0.4
eq = s(t).diff(t,2) + 0.4
#初始条件 s'(0) = 20 这样写: s(t).diff(t).subs(t,0):20
ics = {s(0):0,s(t).diff(t).subs(t,0):20}
dsolve(eq,s(t),ics = ics)
```

运行结果为：$s(t)=-t^2/5+20t$。

【例7.3】 验证函数 $x=C_1\cos kt+C_2\sin kt$ 是微分方程$\frac{d^2x}{dt^2}+k^2x=0$ 的解。

解 将 x 带入微分方程，代码如下：

```
init_printing()
x,C1,C2,k,t = symbols('x C1 C2 k t')
x = C1 * cos(k * t) + C2 * sin(k * t)
x.diff(t,2) + k ** 2 * x
```

运行结果为：0。

【例7.4】 已知函数 $x=C_1\cos kt+C_2\sin kt$ 当 $k\neq 0$ 时是微分方程$\frac{d^2x}{dt^2}+k^2x=0$ 的通解，求满足初值条件 $x\big|_{t=0}=A,\frac{dx}{dt}\big|_{t=0}=0$ 的特解。

解 代码如下：

```
init_printing()
A = Symbol('A')
x = Function('x')
eq = x(t).diff(t,2) + k ** 2 * x(t)
ics = {x(0):A,x(t).diff(t).subs(t,0):0}
solve = dsolve(eq,x(t),ics = ics)
solve
```

运行结果为：$x(t)=Ae^{ikt/2}+Ae^{-ikt/2}$。

对复数形式的解进行化简，代码如下：

```
#化简
simplify(solve)
```

运行结果为：$x(t)=A\cos(kt)$。

7.2 可分离变量的微分方程

【例 7.5】 求微分方程$\frac{dy}{dx}=2xy$的通解。

解 代码如下：

```
from sympy import *
init_printing()
x = Symbol('x')
y = Function('y')
dsolve(y(x).diff(x) - 2 * x * y(x),y(x))
```

运行结果为：$y(x)=C_1e^{x^2}$。

【例 7.6】 放射性元素铀由于不断地有原子放射出微粒子而变成其他元素，铀的含量就不断减少，这种现象叫作衰变。由原子物理学知道，铀的衰变速度与当时未衰变的铀原子的含量 M 成正比。已知 $t=0$ 时铀的含量为 M_0，求在衰变过程中铀含量 $M(t)$随时间 t 变化的规律。

解 由于铀的衰变速度与当时未衰变的铀原子的含量 M 成正比，设衰变系数为 λ，可得微分方程：

$$\frac{dM}{dt}=-\lambda M$$

按题意，初值条件为：

$$M\Big|_{t=0}=M_0$$

代码如下：

```
init_printing()
t,M0,lamda = symbols('t M0 lamda',positive = True)
M = Function('M')
eq = M(t).diff(t) + lamda * M(t)
ics = {M(0):M0}
dsolve(eq,M(t),ics = ics)
```

运行结果为：$M(t)=M_0e^{-\lambda t}$。

【例 7.7】 设降落伞从跳伞塔下落后，所受空气阻力与速度成正比(比例系数为 k)，并设降落伞离开跳伞塔时($t=0$)速度为零，求降落伞下落速度与时间的函数关系 $v(t)$。

解 用 m 与 g 分别表示跳伞者的质量与重力加速度。由题意可得微分方程：

$$m\frac{dv}{dt}=mg-kv$$

$$v\big|_{t=0}=0$$

代码如下：

```
init_printing()
t,m,g,k = symbols('t m g k',positive = True)
v = Function('v',real = True)
eq = m * v(t).diff(t) - m * g + k * v(t)
ics = {v(0):0}
result = dsolve(eq,v(t),ics = ics,simplify = True) #注意这里 simplify 参数没起到预期效果
simplify(result)
```

运行结果为：$\mathrm{v(t)=gm(1-e^{-kt/m})/k}$。

【例 7.8】 有高为 1m 的半球形容器，水从它的底部小孔流出，小孔横截面面积为 $1\mathrm{cm}^2$。开始时容器内盛满了水，求水从小孔流出过程中容器里水面的高度 h（水面与小孔中心间的距离）随时间 t 变化的规律。

解 取 k、S、g 分别表示流量系数、小孔横截面面积、重力加速度。依题意可得微分方程：

$$kS\sqrt{2gh}\,\mathrm{d}t=-\pi(2h-h^2)\mathrm{d}h$$

初值条件为：

$$h\Big|_{t=0}=1$$

代码如下：

```
init_printing()
h,k,S,g = symbols('h k S g',positive = True)
t = Function('t',positive = True)
eq = pi * (2 * h - h ** 2) + k * S * sqrt(2 * g * h) * t(h).diff(h)
ics = {t(1):0}
result = dsolve(eq,t(h),ics = ics)
simplify(result)
```

运行结果为：$\mathrm{t(h)}=\dfrac{\sqrt{2}\,\pi(3\mathrm{h}^{\frac{5}{2}}-10\mathrm{h}^{\frac{3}{2}}+7)}{155\sqrt{\mathrm{g}}\,\mathrm{k}}$。

以 $k=0.62, S=10^{-4}\mathrm{m}^2, g=9.8\mathrm{m/s}^2$ 代入上式，即可得最终结果。

7.3 齐次方程

【例 7.9】 解方程 $y^2+x^2\dfrac{\mathrm{d}y}{\mathrm{d}x}=xy\dfrac{\mathrm{d}y}{\mathrm{d}x}$。

解 代码及运行结果如下：

```
from sympy import *
init_printing()
x = Symbol('x')
y = Function('y')
eq = y(x) ** 2 + (x ** 2 - x * y(x)) * (y(x).diff(x))
dsolve(eq,y(x))
```

运行结果为：y(x)=−xW(C_1/x)。

> **注释**：当微分方程的解为一个隐函数时，解的表达方式超出了高等数学的范围，此题仅供参考。

【例 7.10】 探照灯的聚光镜的镜面是一张旋转曲面，它的形状由 xOy 坐标面上的一条曲线 L 绕 x 轴旋转而成。按聚光镜性能的要求，在其旋转轴（x 轴）上一点 O 处发出的一切光线，经它反射后都与旋转轴平行。求曲线 L 的方程。

解　将光源所在之 O 点取作坐标原点，且曲线 L 位于 x 轴上方。依题意可得微分方程：

$$\frac{\mathrm{d}x}{\mathrm{d}y}=\frac{x}{y}+\sqrt{\left(\frac{x}{y}\right)^2+1}$$

代码如下：

```
y = symbols('y',positive = True)
x = Function('x')
eq = x(y).diff(y) - x(y)/y + sqrt(1 + (x(y)/y) ** 2)
result = dsolve(eq,x(y))
result
```

运行结果为：x(y)=ysinh(C_1−log(y))。

> **注释**：sinh()是双曲正弦函数，该结果可以手工验证，该解正确。

【例 7.11】 解方程$(2x+y-4)\mathrm{d}x+(x+y-1)\mathrm{d}y=0$。

解　该题结果为隐函数，其解析解为 $2x^2+2xy+y^2-8x-2y=C$；这里使用微分方程的数值解，观察 y 与 x 的曲线关系，代码如下：

```
from scipy.integrate import odeint
import numpy as np
import matplotlib.pyplot as plt
def dydx(y,x):
    return - (2 * x + y - 4)/(x + y - 1)
x = np.linspace(0,15,100)
y = odeint(dydx,10,x)              # x = 0 时令 y = 10,即本题结果中的 C = 80
plt.plot(x,y)
plt.xlabel('X')
plt.ylabel('Y')
plt.show()
```

运行结果如图 7.1 所示。

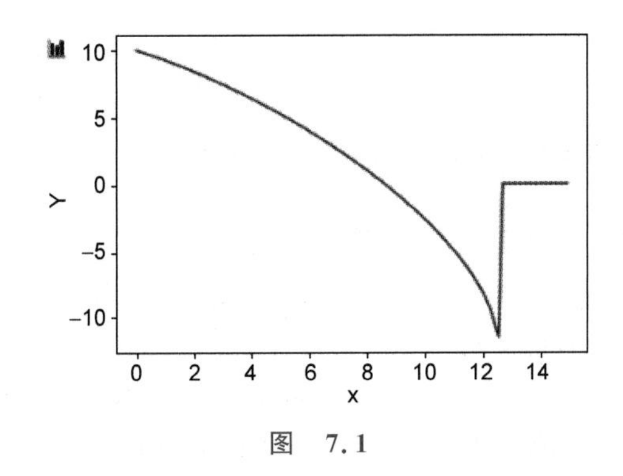

图 7.1

注释：(1) odeint()用于求解微分方程(组)的数值解。odeint(func,y0,x)中参数 func 指函数 y 关于 x 的一阶导数的表达式；y_0 是 y 的初值；参数 x 表示自变量的一个取值序列，序列的第一个元素必须是 y 的初值所相应的 x 值，此序列必须是单调递增或单调递减的，允许出现重复值。odeint()返回参数 x 所对应的一系列函数值 $y(x)$。更多关于 odeint()函数的用法可在 Jupyter 中输入“odeint?”查看。

(2) 注意大概在坐标(12.5,−11.5)处，$x+y-1=0$，右边的图形发生错误，微分方程的数值解在导数为无穷的点会导致错误。

7.4 一阶线性微分方程

【例 7.12】 求方程$\dfrac{dy}{dx}-\dfrac{2y}{x+1}=(x+1)^{\frac{5}{2}}$的通解。

解 代码如下：

```
from sympy import *
init_printing()
x = symbols('x')
y = Function('y')
result = dsolve(y(x).diff(x) - 2 * y(x)/(1 + x) - (x + 1) ** (S(5)/2),y(x))
factor(result)
```

运行结果为：$y(x)=(x+1)^2(3C_1+2x\sqrt{x+1}+2\sqrt{x+1})/3$。

【例 7.13】 有一个电路(见图 7.2)，其中，电源电动势为 $E=E_0\sin\omega t$(E_0,ω 都是常量)，电阻 R 和电感 L 都是常量。求电流 $i(t)$。

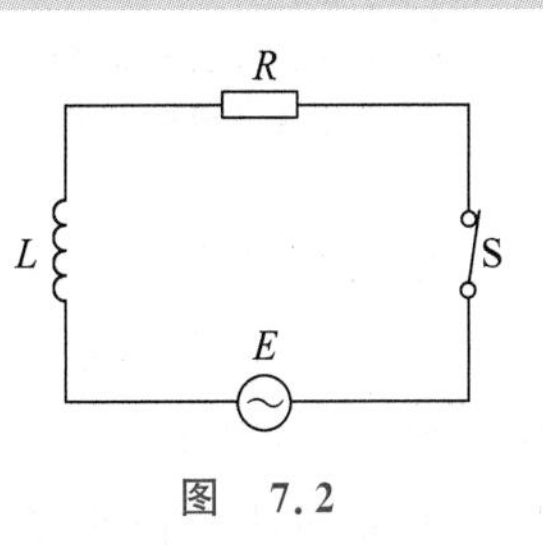

图 7.2

解 依题意可得微分方程：

$$\frac{di}{dt}+\frac{R}{L}i=\frac{E_0}{L}\sin\omega t$$

代码如下：

```
init_printing()
E0,L,t,R,w = symbols('E0 L t R omega',positive = True)
i = Function('i')
eq = i(t).diff(t) + R/L * i(t) - E0/L * sin(w * t)
ics = {i(0):0}
dsolve(eq,i(t),ics = ics)
```

运行结果为：$i(t)=\left(\frac{E_0 L\omega}{L^2\omega^2+R^2}+\frac{E_0(-L\omega\cos(\omega t)+R\sin(\omega t))e^{Rt/L}}{L^2\omega^2+R^2}\right)e^{-Rt/L}$。

【例 7.14】 求方程$\frac{dy}{dx}+\frac{y}{x}=a(\ln x)y^2$的通解。

解 代码如下：

```
init_printing()
x = symbols('x')
a = symbols('a',real = True)
y = Function('y')
eq = y(x).diff(x) + y(x)/x - a * log(x) * (y(x) ** 2)
dsolve(eq,y(x))
```

运行结果为：$y(x)=\frac{1}{x(C_1-a\log(x)^2/2)}$。

7.5 可降阶的高阶微分方程

【例 7.15】 求微分方程 $y'''=e^{2x}-\cos x$ 的通解。

解 代码如下：

```
from sympy import *
init_printing()
x = symbols('x')
y = Function('y')
eq = y(x).diff(x,3) + cos(x) - E ** (2 * x)
dsolve(eq,y(x))
```

运行结果为：$y(x)=C_1+C_2x+C_3x^2+e^{2x}/8+\sin(x)$。

【例 7.16】 质量为 m 的质点受力 F 的作用沿 x 轴做直线运动。设力 $F=F(t)$在开始时刻 $t=0$ 时 $F(0)=F_0$，随着时间 t 的增大，力 F 均匀地减小，直到 $t=T$ 时，$F(T)=0$。如果开始时质点位于原点，且初速度为零，求这个质点的运动规律。

解 依题意可得微分方程：

$$\frac{d^2x}{dt^2}=\frac{F_0}{m}\left(1-\frac{t}{T}\right)$$

初始条件为：

$$x\Big|_{t=0}=0,\frac{dx}{dt}\Big|_{t=0}=0$$

代码如下：

```
init_printing()
F0,m,T,t = symbols('F0 m T t',positive = True)
x = Function('x')
eq = x(t).diff(t,2) - F0/m * (1 - t/T)
ics = {x(0):0,x(t).diff(t).subs(t,0):0}
result = dsolve(eq,x(t),ics = ics)
factor(result)
```

运行结果为：$x(t)=-\frac{F_0t^2(-3T+t)}{6Tm}$。

【例 7.17】 求微分方程$(1+x^2)y''=2xy'$满足初始条件$y\Big|_{x=0}=1,y'\Big|_{x=0}=3$的特解。

解 代码如下：

```
init_printing()
x = symbols('x')
y = Function('y')
eq = (1 + x ** 2) * diff(y(x),x,2) - 2 * x * y(x).diff(x)
ics = {y(0):1,y(x).diff(x).subs(x,0):3}
result = dsolve(eq,y(x),ics = ics)
expand(result)
```

运行结果为：$y(x)=x^3+3x+1$。

【例 7.18】 设有一均匀、柔软的绳索，两端固定，绳索仅受重力的作用而下垂。该绳索在平衡状态时是怎样的曲线？

解 设绳索的最低点为A，取y轴通过点A铅直向上，并取x轴水平向右，建立坐标系，可得微分方程：

$$y''=\frac{1}{a}\sqrt{1+y'^2}$$

初始条件为：

$$y\Big|_{x=0}=a,\quad y'\Big|_{x=0}=0$$

代码如下：

```
init_printing()
x = symbols('x')
a = symbols('a',positive = True)
y = Function('y')
```

```
eq = y(x).diff(x,2) - sqrt(1 + (y(x).diff(x)) ** 2)/a
ics = {y(0):a,y(x).diff(x).subs(x,0):0}
dsolve(eq,y(x),ics = ics)
```

运行结果为：y(x)＝acosh(x/a)。

注释：cosh()为双曲余弦函数，该曲线为悬链线。悬链线的绘制代码如下：

```
import numpy as np
import matplotlib.pyplot as plt
#悬链线形状
a = 10
x = np.linspace( - a,a)
y = np.cosh(x/a) * a
plt.axis('equal')
plt.plot(x,y)
plt.show()
```

运行结果如图 7.3 所示。

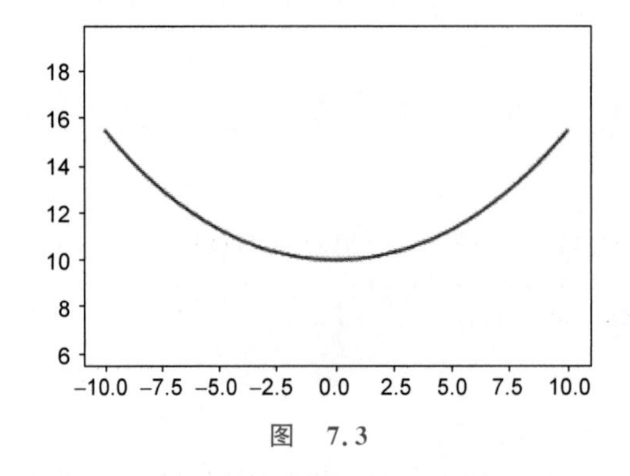

图 7.3

【例 7.19】 求微分方程 $yy''-y'^2=0$ 的通解。

解 代码如下：

```
init_printing()
x = symbols('x')
y = Function('y')
#了解 * 、** 与函数运算的优先级
eq = y(x) * y(x).diff(x,2) - y(x).diff(x) ** 2
dsolve(eq,y(x))
```

运行结果为：$y(x)=C_1e^{C_2x}$。

【例 7.20】 一个离地面很高的物体，受地球引力的作用由静止开始落向地面。求它落到地面时的速度和所需要的时间(不计空气阻力)。

解 取连接地球中心与该物体的直线为 y 轴，其方向铅直向上，地球中心为原点。设地球半径为 R，物体的质量为 m，物体开始下落时与地球中心的距离为 $l(l>R)$，时刻 t 物

体所在位置为 $y=y(t)$。可得微分方程：

$$\frac{\mathrm{d}^2 y}{\mathrm{d}t^2}=-\frac{gR^2}{y^2}$$

初始条件为：

$$y\big|_{t=0}=l,\quad y'\big|_{t=0}=0$$

代码如下：

```
init_printing()
g,R,l = symbols('g R l',positive = True)
t = Symbol('t')
y = Function('y')
eq = y(t).diff(t,2) + g * R ** 2/(y(t) ** 2)
ics = {y(0):l,y(t).diff(t).subs(t,0):0}
try:
  dsolve(eq,y(t),ics = ics)
except Exception as e:
  print(str(e))
```

运行结果为：solve：Cannot solve R ** 2 * g/y(t) ** 2 + Derivative(y(t)，(t，2))。

注释：dsolve()不是万能的。

7.6　常系数齐次线性微分方程

【例 7.21】　求微分方程 $y''-2y'-3y=0$ 的通解。

解　代码如下：

```
from sympy import *
init_printing()
x = symbols('x')
y = Function('y')
eq = y(x).diff(x,2) - 2 * y(x).diff(x) - 3 * y(x)
dsolve(eq,y(x))
```

运行结果为：$\mathrm{y(x)=C_1e^{-x}+C_2e^{3x}}$。

【例 7.22】　求方程 $\frac{\mathrm{d}^2 s}{\mathrm{d}t^2}+2\frac{\mathrm{d}s}{\mathrm{d}t}+s=0$ 满足初值条件 $s\big|_{t=0}=4,s'\big|_{t=0}=-2$ 的特解。

解　代码如下：

```
init_printing()
t = symbols('t')
s = Function('s')
eq = s(t).diff(t,2) + 2 * s(t).diff(t) + s(t)
ics = {s(0):4,s(t).diff(t).subs(t,0): - 2}
dsolve(eq,s(t),ics = ics)
```

运行结果为：$s(t)=(2t+4)e^{-t}$。

【例 7.23】 求微分方程 $y''-2y'+5y=0$ 的通解。

解 代码如下：

```
init_printing()
x = symbols('x')
y = Function('y')
eq = y(x).diff(x,2) - 2 * y(x).diff(x) + 5 * y(x)
dsolve(eq,y(x))
```

运行结果为：$y(x)=(C_1\sin(2x)+C_2\cos(2x))e^x$。

【例 7.24】 求方程 $y^{(4)}-2y'''+5y''=0$ 的通解。

解 代码如下：

```
init_printing()
x = symbols('x')
y = Function('y')
eq = y(x).diff(x,4) - 2 * y(x).diff(x,3) + 5 * y(x).diff(x,2)
dsolve(eq,y(x))
```

运行结果为：$y(x)=C_1+C_2x+(C_3\sin(2x)+C_4\cos(2x))e^x$。

【例 7.25】 求方程$\frac{d^4\omega}{dx^4}+\beta^4\omega=0$ 的通解，其中 $\beta>0$。

解 代码如下：

```
init_printing()
x = symbols('x')
beta = Symbol('beta',positive = True)
w = Function('omega')
eq = w(x).diff(x,4) + w(x) * beta ** 4
dsolve(eq,w(x))
```

运行结果为：

$$\omega(x)=\frac{c_1\sin(\sqrt{2}\beta x/2)+c_2\cos(\sqrt{2}\beta x/2)}{\sqrt{e^{\sqrt{2}\beta x}}}+(c_3\sin(\sqrt{2}\beta x/2)+c_4\cos(\sqrt{2}\beta x/2))\sqrt{e^{\sqrt{2}\beta x}}$$

7.7 常系数非齐次线性微分方程

【例 7.26】 求微分方程 $y''-2y'-3y=3x+1$ 的一个特解。

解 代码如下：

```
from sympy import *
init_printing()
x = symbols('x')
y = Function('y')
eq = y(x).diff(x,2) - 2 * y(x).diff(x) - 3 * y(x) - 3 * x - 1
dsolve(eq,y(x))
```

运行结果为：$y(x)=C_1e^{-x}+C_2e^{3x}-x+1/3$。

注释：取 $C_1=C_2=0$，得特解 $y(x)=-x+1/3$。

【例 7.27】 求微分方程 $y''-5y'+6y=xe^{2x}$ 的通解。

解 代码如下：

```
init_printing()
x = symbols('x')
y = Function('y')
eq = y(x).diff(x,2) - 5 * y(x).diff(x) + 6 * y(x) - x * E ** (2 * x)
dsolve(eq,y(x))
```

运行结果为：$y(x)=(C_1+C_2e^{x}-x^2/2-x)e^{2x}$。

【例 7.28】 求微分方程 $y''+y=x\cos 2x$ 的一个特解。

解 代码如下：

```
init_printing()
x = symbols('x')
y = Function('y')
eq = y(x).diff(x,2) + y(x) - x * cos(2 * x)
dsolve(eq,y(x))
```

运行结果为：$y(x)=C_1\sin(x)+C_2\cos(x)-x\cos 2x/3+4\sin 2x/9$。

注释：取 $C_1=C_2=0$，得特解 $y(x)=-1/3x\cos 2x+4/9\sin 2x$。

【例 7.29】 求微分方程 $y''-y=e^{x}\cos 2x$ 的一个特解。

解 代码如下：

```
init_printing()
x = symbols('x')
```

```
y = Function('y')
eq = y(x).diff(x,2) - y(x) - E ** x * cos(2 * x)
dsolve(eq,y(x))
```

运行结果为：$y(x)=C_2e^{-x}+(C_1+\sin(2x)/8-\cos(2x)/8)e^x$。

注释：取 $C_1=C_2=0$，得特解 $y=1/8e^x(\sin2x-\cos2x)$。

7.8 欧拉方程

【例 7.30】 求欧拉方程 $x^3y'''+x^2y''-4xy'=3x^2$ 的通解。

解 代码如下：

```
from sympy import *
init_printing()
x = symbols('x')
y = Function('y')
eq = x ** 3 * y(x).diff(x,3) + x ** 2 * y(x).diff(x,2) - 4 * x * y(x).diff(x) - 3 * x ** 2
dsolve(eq,y(x))
```

运行结果为：$y(x)=C_1+C_2/x+C_3x^3-x^2/2$。

7.9 常系数线性微分方程组解法举例

【例 7.31】 解微分方程组 $\begin{cases}\dfrac{dy}{dx}=3y-2z\\ \dfrac{dz}{dx}=2y-z\end{cases}$。

解 代码如下：

```
from sympy import *
init_printing()
x = symbols('x')
y, z = symbols('y, z', cls = Function) # y,z 是函数
dsolve([y(x).diff(x) - 3 * y(x) + 2 * z(x),z(x).diff(x) - 2 * y(x) + z(x)],[y(x),z(x)])
```

运行结果为：$[y(x)=(-2C_1+C_2(-2x-1))e^x, z(x)=(-2C_1-2C_2x)e^x]$。

注释：求解微分方程组时，只需将方程及待解函数以列表的形式传递给 dsolve()函数即可。

最后比较一下方程组的解析解与数值解，代码如下：

```
from scipy.integrate import odeint
import numpy as np
import matplotlib.pyplot as plt
def ex_1(f,x):
  y,z = f   #f是向量[y,z]
  return [3 * y - 2 * z,2 * y - z]
f0 = [1,0] #y(0) = 1 z(0) = 0
x = np.linspace(0,3,500)
sol = odeint(ex_1,f0,x)
plt.plot(x,sol[:,0],'r',label = 'Numerical Solution:y(x)')
plt.plot(x,(1 + 2 * x) * np.e ** x + 5,'r-- ',label = 'Formula Solution:y(x) + 5')
plt.plot(x,sol[:,1],'g',label = 'Numerical Solution:z(x)')
plt.plot(x,2 * x * np.e ** x + 5,'g-- ',label = 'Formula Solution:z(x) + 5')
plt.legend()
plt.show()
```

运行结果如图 7.4 所示。

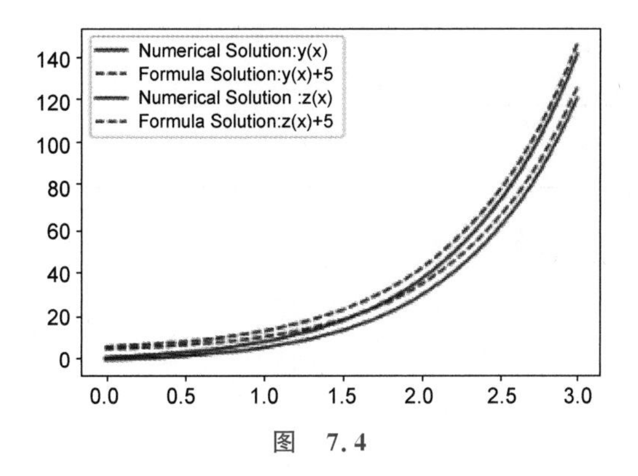

图　7.4

注释：sol=odeint(ex_1,f0,x)返回一个两列的数组,第 1 列是 y 值,第 2 列是 z 值；为了不让实线和虚线重合,将解析解(公式解)的函数值增大了 5。

第8章

线性代数基础

8.1 行列式

首先导入库函数，代码如下：

```
import sympy as sy
import numpy as np
sy.init_printing()
```

【例 8.1】 计算 $D=\begin{vmatrix} 3 & 1 & -1 & 2 \\ -5 & 1 & 3 & -4 \\ 2 & 0 & 1 & -1 \\ 1 & -5 & 3 & -3 \end{vmatrix}$。

解 方法(1)np.linalg.det()方法，代码如下：

```
#np.linalg 求行列式
A = np.array([
      [3,1,-1,2],
      [-5,1,3,-4],
      [2,0,1,-1],
      [1,-5,3,-3]
      ])
#将数组转换为矩阵
matrixA = np.matrix(A)
#求方阵对应的行列式
detA = np.linalg.det(matrixA)
np.round(detA,0)
```

运行结果为：40.0。

方法(2)sympy.det()方法，代码如下：

```
#sympy 求行列式
A = sy.Matrix([
        [3,1,-1,2],
        [-5,1,3,-4],
        [2,0,1,-1],
        [1,-5,3,-3]
        ])
sy.det(A)
```

运行结果为：40。

【例 8.2】 计算 $D=\begin{vmatrix} a & b & c & d \\ a & a+b & a+b+c & a+b+c+d \\ a & 2a+b & 3a+2b+c & 4a+3b+2c+d \\ a & 3a+b & 6a+3b+c & 10a+6b+3c+d \end{vmatrix}$。

解　由于行列式的元素由符号组成，所以只能用 sympy.det()方法。代码如下：

```
#sympy 求带符号的行列式
a,b,c,d = sy.symbols('a b c d')
A = sy.Matrix([
    [a,b,c,d],
    [a,a+b,a+b+c,a+b+c+d],
    [a,2*a+b,3*a+2*b+c,4*a+3*b+2*c+d],
    [a,3*a+b,6*a+3*b+c,10*a+6*b+3*c+d]
])
sy.det(A)
```

运行结果为：a^4。

8.2 矩阵及其运算

本节只讨论 numpy.linalg 库中的相关函数。首先导入函数库，代码如下：

```
import numpy as np
from numpy.linalg import *
```

【例 8.3】 求矩阵$\begin{pmatrix} 1 & 2 & 3 \\ 4 & 5 & 6 \end{pmatrix}$的行数及列数。

解　代码如下：

```
A = np.array([[1,2,3],[4,5,6]])
#获得 A 的行数和列数
A.shape
```

运行结果为：(2,3)。

【例 8.4】 求矩阵 $\boldsymbol{A}=\begin{pmatrix}-2 & 4\\ 1 & -2\end{pmatrix}$与 $\boldsymbol{B}=\begin{pmatrix}2 & 4\\ -3 & -6\end{pmatrix}$的乘积 $\boldsymbol{AB}$、$\boldsymbol{BA}$ 及 $\boldsymbol{A}^3$。

解 代码如下：

```
A = np.array([[ - 2,4],[1, - 2]])
B = np.array([[2,4],[ - 3, - 6]])
#矩阵乘法的两种方法
print('{}\n\n{}\n\n{}\n\n{}'.format(A@B,B@A,np.dot(A,B),np.dot(B,A)))
```

运行结果如图 8.1 所示。

注释：(1) 两个矩阵的乘积可以使用符号"@"或函数 np.dot(A,B)。

(2) 代码 A * B 不能得到两个矩阵的乘积，代码如下：

```
#A * B 仅是对应元素相乘,没有线性代数方面的意义
A * B
```

运行结果如图 8.2 所示。

这种对应元素相乘在线性代数中没有实际意义，但可以将数组 A、B 转换成矩阵然后使用符号"*"，代码如下：

```
#转换为矩阵后可以使用 *
np.matrix(A) * np.matrix(B)
```

运行结果如图 8.3 所示。

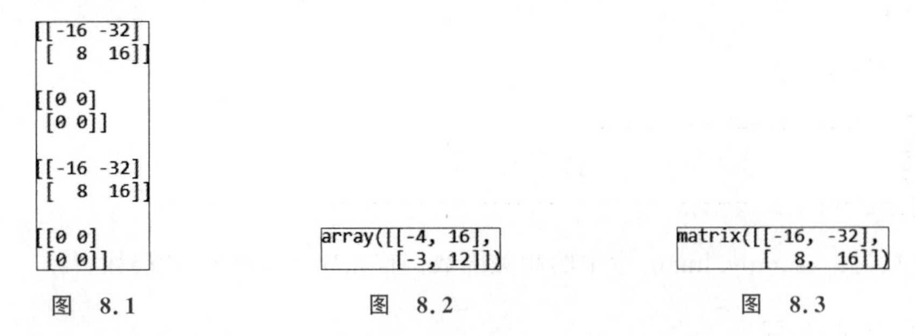

图 8.1　　　　图 8.2　　　　图 8.3

计算方阵的幂可以使用 np.linalg.matrix_power()函数，代码如下：

```
print(A@A@A)
#计算方阵的幂
print(matrix_power(A,3))
```

运行结果如图 8.4 所示。

【例 8.5】 已知 $\boldsymbol{A}=\begin{pmatrix}2 & 0 & -1\\1 & 3 & 2\end{pmatrix}$，$\boldsymbol{B}=\begin{pmatrix}1 & 7 & -1\\4 & 2 & 3\\2 & 0 & 1\end{pmatrix}$求$(\boldsymbol{AB})^{\mathrm{T}}$。

解　代码如下：

```
A = [[2,0, - 1],[1,3,2]]
B = [[1,7, - 1],[4,2,3],[2,0,1]]
#注意,直接对列表 A、B 进行 A@B 运算不合法
C = np.array(A)@np.array(B)
#C 的转置
C.T
```

运行结果如图 8.5 所示。

【例 8.6】 求方阵 $\boldsymbol{A}=\begin{pmatrix}1 & 2 & 3\\2 & 2 & 1\\3 & 4 & 3\end{pmatrix}$的逆矩阵 $\boldsymbol{A}^{-1}$ 及其伴随矩阵 $\boldsymbol{A}^{*}$。

解　np.eye(n)生成一个 n 阶单位矩阵对应的 2 维数组，代码如下：

```
#4 阶单位矩阵
np.eye(4)
```

运行结果如图 8.6 所示。

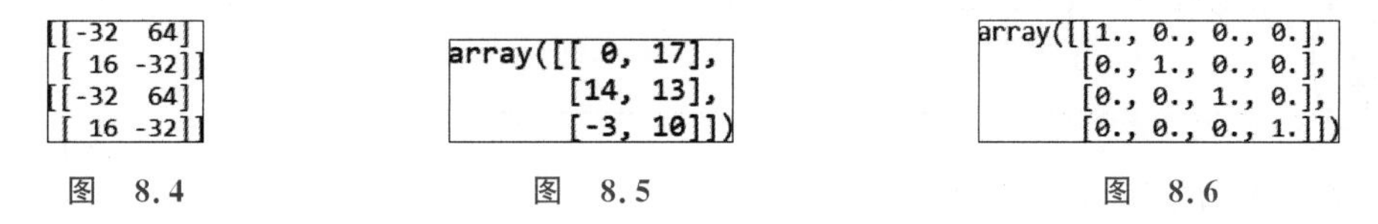

图 8.4　　图 8.5　　图 8.6

注意其类型为 np.array。理解一个对象的类型非常重要，代码如下：

```
#type(A)获得一个对象 A 的类型
type(np.matrix(np.eye(4)))
```

运行结果为：numpy.matrix。

求矩阵的逆矩阵使用 inv()函数，代码如下：

```
A = [[1,2,3],[2,2,1],[3,4,3]]
A = np.array(A)
#求一个矩阵的逆
inv(A)
```

运行结果如图 8.7 所示。

求其伴随矩阵 $\boldsymbol{A}^{*}$，代码如下：

```
#求矩阵的伴随矩阵
print('A* is:\n{}'.format(det(A) * inv(A)))
```

运行结果如图8.8所示。

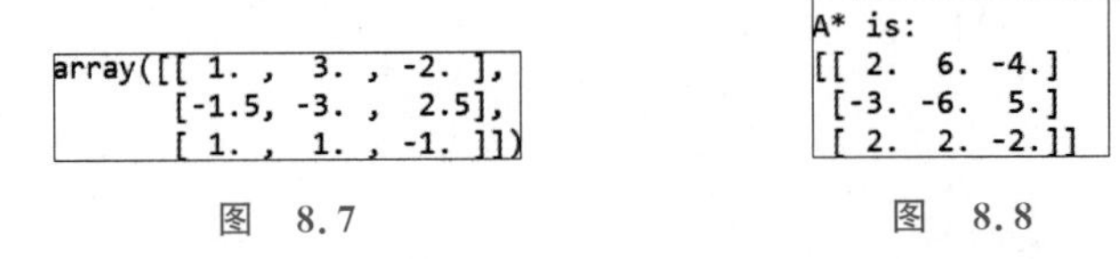

```
array([[ 1. ,  3. , -2. ],
       [-1.5, -3. ,  2.5],
       [ 1. ,  1. , -1. ]])
```

图 8.7

```
A* is:
[[ 2.  6. -4.]
 [-3. -6.  5.]
 [ 2.  2. -2.]]
```

图 8.8

【例8.7】 求线性方程组$\begin{cases}x_1-x_2-x_3=2\\2x_1-x_2-3x_3=1\\3x_1+2x_2-5x_3=0\end{cases}$。

解 代码如下：

```
A = np.array([[1, - 1, - 1],
        [2, - 1, - 3],
        [3,2, - 5]])
b = np.array([2,1,0])
#求非齐次线性方程组
s = solve(A,b)
np.round(s,3)
```

运行结果为：array([5.，－0.，3.])。

8.3 矩阵的秩与线性方程组的解

首先导入函数库，代码如下：

```
import numpy as np
from numpy.linalg import matrix_rank,solve
```

【例8.8】 求矩阵$\boldsymbol{A}=\begin{pmatrix}1&2&3\\2&3&-5\\4&7&1\end{pmatrix}$的秩。

解 代码如下：

```
A = np.array([[1,2,3],[2,3, - 5],[4,7,1]])
#matrix_rank(A)函数求矩阵A的秩
matrix_rank(A)
```

运行结果为：2。

【例8.9】 求解齐次线性方程组$\begin{cases}x_1+2x_2+2x_3+x_4=0\\2x_1+x_2-2x_3-2x_4=0\\x_1-x_2-4x_3-3x_4=0\end{cases}$。

解 用 np. linalg. solve()求解,代码如下:

```
#当A非满秩时,numpy.linalg.solve()函数无法求齐次或非齐次方程的解
A = np.array([
        [1,2,2,1],
        [2,1,-2,-2],
        [1,-1,-4,-3]
        ])
b = np.array([0,0,0])
try:
  solve(A,b)
except Exception as e:
  print(str(e))
```

运行结果为:Last 2 dimensions of the array must be square。

注释:np. linalg. solve()只在系数矩阵是方阵且满秩时才有效!下面使用 sympy. solve()来解决,代码如下:

```
#当A非满秩时,可以使用sympy.solve()求解
import sympy as sy
sy.init_printing()
A = sy.Matrix([
        [1,2,2,1],
        [2,1,-2,-2],
        [1,-1,-4,-3]
        ])
x = sy.symarray('x',(4,1))
sy.solve(A * x)
```

运行结果为:$\{x_{00}: 2x_{20}+5x_{30}/3, x_{10}: -2x_{20}-4x_{30}/3\}$。

注释:x=sy. symarray('x',(4,1))将 x 定义为 4×1 的数组,即 $x=\begin{pmatrix} x_{00} \\ x_{10} \\ x_{20} \\ x_{30} \end{pmatrix}$。

【例 8.10】 求解非齐次线性方程组 $\begin{cases} x_1+x_2-x_3=1 \\ 2x_1+x_3=5 \\ x_1-x_2+2x_3=3 \end{cases}$。

解 本题无解,代码如下:

```
#非齐次方程无解时的演示
A = sy.Matrix([[1,1,-1],[2,0,1],[1,-1,2]])
```

```
b = sy.Matrix([[1],[5],[3]])
x = sy.symarray('x',(3,1))
sy.solve(A * x - b)
```

运行结果为：[]。

注释：sympy.solve()返回的类型有些随意，例8.9返回的是字典，本例返回的是空列表。

8.4 方阵的特征值及特征向量

numpy.linalg.eig用来求矩阵的特征值及特征向量。首先导入库函数，代码如下：

```
import numpy as np
from numpy.linalg import eig
```

【例8.11】 求矩阵 $\boldsymbol{A}=\begin{pmatrix}-1 & 1 & 0\\ -4 & 3 & 0\\ 1 & 0 & 2\end{pmatrix}$ 的特征值及特征向量。

解　代码如下：

```
A = np.array([[ - 1,1,0],[ - 4,3,0],[1,0,2]])
#eig(A)函数返回一个方阵 A 的特征值及对应的特征向量
v,f = eig(A)
print(v)
print(f)
```

运行结果如图8.9所示。

```
[2. 1. 1.]
[[ 0.          0.40824829  0.40824829]
 [ 0.          0.81649658  0.81649658]
 [ 1.         -0.40824829 -0.40824829]]
```

图　8.9

注释：eig(A)返回多值函数，第一个值 v 为特征值，第二个值 f 为特征向量(列向量)。

numpy.trace(A)计算矩阵主对角线元素的和，代码如下：

```
#方阵的迹：特征值的和，同时也是主对角线的和
np.trace(A)
```

运行结果为：4。

注释：trace()函数不是 np.linalg 模块下的函数。

【例 8.12】 $\boldsymbol{A}=\begin{pmatrix} 2 & -1 \\ -1 & 2 \end{pmatrix}$,求 $\boldsymbol{A}^{10}$。

解　导入库函数,代码如下：

```
from numpy.linalg import matrix_power,inv
```

方法(1)　直接使用 matrix_power()函数,代码如下：

```
A = np.array([[2, - 1],[ - 1,2]])
matrix_power(A,10)
```

运行结果如图 8.10 所示。

方法(2)　代码如下：

```
v,f = eig(A)
diagA = np.diag(v)
f@matrix_power(diagA,10)@inv(f)
```

运行结果如图 8.11 所示。

```
array([[ 29525, -29524],
       [-29524,  29525]])
```

图　8.10

```
array([[ 29525., -29524.],
       [-29524.,  29525.]])
```

图　8.11

注释：np.diag(v)将一个一维数组转换成对角矩阵。

第9章

向量代数与空间解析几何

9.1 向量及其运算

【例 9.1】 求解以向量为元的线性方程组$\begin{cases}5\boldsymbol{x}-3\boldsymbol{y}=\boldsymbol{a}\\3\boldsymbol{x}-2\boldsymbol{y}=\boldsymbol{b}\end{cases}$，其中，$\boldsymbol{a}=(2,1,2)$，$\boldsymbol{b}=(-1,1,-2)$。

解 代码如下：

```
#使用 np.linalg.solve 求解向量方程组
import numpy as np
A,b = np.array([[5, - 3],[3, - 2]]),np.array([[2,1,2],[ - 1,1, - 2]])
np.linalg.solve(A,b)
```

运行结果如图 9.1 所示。

注释：np.linalg 是 numpy 的线性运算模块，solve()函数一般用来求解线性方程组，也可以求以向量为元的线性方程组，注意代码中的 A，b 是遵照大多数人解决这类问题的命名传统，和例题中的向量 $\boldsymbol{b}$ 是不一样的。

```
array([[ 7., -1., 10.],
       [11., -2., 16.]])
```

图 9.1

【例 9.2】 已知两点 $A(x_1,y_1,z_1)$和 $B(x_2,y_2,z_2)$以及实数 $\lambda\neq-1$，在直线 AB 上求点 M，使 $AM=\lambda MB$。

解 代码如下：

```
#使用 sympy.linsolve()函数求解线性方程组
from sympy import symbols,linsolve,Matrix,init_printing
init_printing()
x1,x2,y1,y2,z1,z2,lamda = symbols('x1 x2 y1 y2 z1 z2 lamda')
A = Matrix([[1 + lamda,0,0],[0,1 + lamda,0],[0,0,1 + lamda]])
b = Matrix([x1,y1,z1]) + lamda * Matrix([x2,y2,z2])
linsolve((A,b))
```

运行结果为：$\left\{\left(\frac{\lambda x_2+x_1}{\lambda+1},\frac{\lambda y_2+y_1}{\lambda+1},\frac{\lambda z_2+z_1}{\lambda+1}\right)\right\}$。

注释：sympy 的 linsolve()函数需要将 A,b 用小括号括起来作为参数，和 np.linalg.solve()的调用方法有所不同。

【例 9.3】　在 z 轴上求与两点 $A(-4,1,7)$和 $B(3,5,-2)$等距离的点。

解　代码如下：

```
from sympy import solve,solveset,sqrt,Symbol,roots
z = Symbol('z')
eq = sqrt((0 + 4) ** 2 + (0 - 1) ** 2 + (z - 7) ** 2) - sqrt((3 - 0) ** 2 + (5 - 0) ** 2 + ( - 2 - z) ** 2)
#solveset()返回解的集合,solve()函数返回解的列表,一般推荐使用 solve()函数
solveset(eq,z),solve(eq,z)
```

运行结果为：({14/9}，[14/9])。

注释：solveset()返回的是解的集合，对于可能有重根的一元高次方程，一般使用 solveset()函数；推荐使用已经经过优化的 solve()函数，solve()函数大多数情况下返回解的列表。

【例 9.4】　已知两点 $A(4,0,5)$和 $B(7,1,3)$，求与 AB 方向相同的单位向量 $\boldsymbol{e}_{AB}$。

解　代码如下：

```
import numpy as np
A = np.array([4,0,5])
B = np.array([7,1,3])
C = B - A
#norm()函数返回一个向量的范数(长度)
C/np.linalg.norm(C)
```

运行结果为：array([0.80178373，0.26726124，−0.53452248])。

注释：np.linalg.norm(C)函数返回向量 $\boldsymbol{C}$ 的模。

9.2 数量积、向量积和混合积

【例 9.5】 已知三点 $M(1,1,1)$,$A(2,2,1)$,$B(2,1,2)$,求$\angle AMB$。

解 代码如下:

```
from numpy import dot,arccos,pi,array,inner
from numpy.linalg import norm
MA = array([1,1,0])
MB = array([1,0,1])
#求两个向量的夹角
alpha = arccos(dot(MA,MB)/(norm(MA) * norm(MB)))
alpha,alpha/pi
```

运行结果为:(1.0471975511965979, 0.33333333333333337)。

注释:本题展示了库函数的精准导入方法,np.dot(a,b)或 np.inner(a,b)计算两个向量的数量积(点积),也可以通过 a.dot(b)的方式计算点积,结果一样。

【例 9.6】 设 $\boldsymbol{a}=(2,1,-1)$,$\boldsymbol{b}=(1,-1,2)$,计算 $\boldsymbol{a}\times\boldsymbol{b}$。

解 代码如下:

```
import numpy as np
from numpy.linalg import det
#自定义函数求两个三维向量的向量积
def v_dot(a,b):
  if len(a)!= 3 or len(b)!= 3:
     return [None,None,None]
  return np.array([det([[a[1],a[2]],[b[1],b[2]]]),
        - det([[a[0],a[2]],[b[0],b[2]]]),
        det([[a[0],a[1]],[b[0],b[1]]])])
a,b = [2,1, - 1],[1, - 1,2]
v_dot(a,b)
```

运行结果为:array([1. , −5. , −3.])。

注释:由于 numpy 没有计算向量积的函数,这里按照向量积的定义自定义了函数 v_dot 来实现两个向量的向量积运算,函数返回类型为 np.array 而不是 list,这是由于我们希望这个函数更多地运用在 numpy 环境中,如果其他环境需要使用这个向量,可以对其进行类型转换,如 c=list(v_dot(a,b))。

【例 9.7】 已知三角形 ABC 的顶点分别是 $A(1,2,3)$,$B(3,4,5)$,$B(2,4,7)$,求三角形 ABC 的面积。

解 代码如下:

```
#利用向量积求三角形面积
AB = [2,2,2]
AC = [1,2,4]
0.5 * norm(v_dot(AB,AC))
```

运行结果为：3.7416573867739413。

【例 9.8】 已知 $\boldsymbol{a}=(-1,-2,0)$，$\boldsymbol{b}=(1,1,1)$，$\boldsymbol{c}=(3,0,2)$，求向量 $\boldsymbol{a}$，$\boldsymbol{b}$，$\boldsymbol{c}$ 的混合积 $[\boldsymbol{a},\boldsymbol{b},\boldsymbol{c}]$，即 $(\boldsymbol{a}\times\boldsymbol{b})\cdot\boldsymbol{c}$。

解　代码如下：

```
#自定义函数求三个向量的混合积
def mix_dot(a,b,c):
  if len(a)!= 3 or len(b)!= 3 or len(c)!= 3:return None
  return v_dot(a,b).dot(c)
mix_dot([ - 1, - 2,0],[1,1,1],[3,0,2])
```

运行结果为：−4.0。

注释：首先自定义混合积的函数 mix_dot()，因为我们只关心三维空间下的向量运算，所以不符合这个条件的参数返回 None；v_dot()是例 9.6 中的自定义函数，它返回的是一个 np.array 型的向量，所以可以直接调用.dot()函数，而 list 不行，但 list 可以作为 dot()函数的参数。

9.3　平面及其方程

【例 9.9】 在三维坐标系中画出平面 $x-2y+3z+8=0$ 的图形。

解　代码如下：

```
import numpy as np
import matplotlib.pyplot as plt
#导入三维坐标系
from mpl_toolkits.mplot3d import Axes3D
x = np.linspace( - 3,3,300)
y = np.linspace( - 2,2,200)
xx,yy = np.meshgrid(x,y)
zz = (8 - xx + 2 * yy)/3
fig = plt.figure()
ax = Axes3D(fig)
ax.set_xlabel('X')
ax.set_ylabel('Y')
ax.set_zlabel('Z')
#绘制 zz = f(xx,yy)确定的曲面(这里为平面)
ax.plot_surface(xx,yy,zz,color = 'g',alpha = 0.9)
plt.show()
```

运行结果如图 9.2 所示。

注释：画三维图形需导入 Axes3D 函数，使用函数 plot_surface()画空间曲面；用以下代码说明 np.meshgrid()函数的作用，现在想生成 xOy 平面上第一象限内满足 $1\leqslant x\leqslant 3, 4\leqslant y\leqslant 7$ 的所有整数坐标，代码如下：

```
#深入理解 np.meshgrid(x,y)函数
x = np.linspace(1,3,3)
y = np.linspace(4,7,4)
xx,yy = np.meshgrid(x,y)
print('{}\n*************\n{}'.format(xx,yy))
```

运行结果如图 9.3 所示。

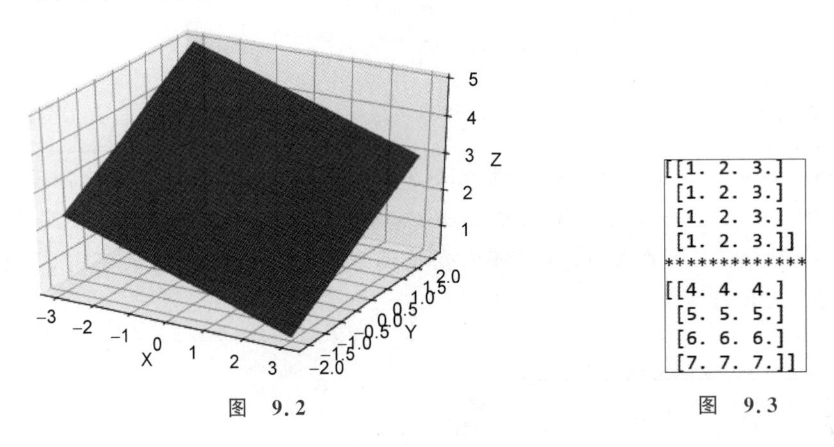

图 9.2　　　　图 9.3

xx 与 yy 对应元素的组合便是满足要求的所有整数坐标，通常使用这种方法生成 xOy 平面上某个矩形区域的若干网格点集，如例题中生成 $200\times 300=60\ 000$ 个点，计算出每个点对应的 z 值，从而做出空间平面图形。生成的点集越多，绘制的图形越接近真实图形，同时消耗的计算资源越多，应根据实际需要把握好这个度。例如，将例题中的 300 和 200 分别改为 30 和 20，输出的图形一样满足观察需要——当然这是因为平面的特殊性。

9.4　空间直线及其方程

【例 9.10】　画出由参数方程组所决定的空间直线 $\begin{cases} x=1+4t \\ y=-t \\ z=-2-3t \end{cases}$。

解　代码如下：

```
import numpy as np
import matplotlib.pyplot as plt
```

```
from mpl_toolkits.mplot3d import Axes3D
t = np.linspace(0,5)
x = 1 + 4 * t
y = - t
z = - 2 - 3 * t
fig = plt.figure()
#创建三维坐标系
ax = Axes3D(fig)
#在三维坐标系下绘制折线(这里是直线)
ax.plot(x,y,z,'r',linewidth = 3.0)
ax.set_xlabel('X')
ax.set_ylabel('Y')
ax.set_zlabel('Z')
ax.set_title('Line of (x - 1)/4 = y/( - 1) = z/( - 3)')
plt.show()
```

运行结果如图 9.4 所示。

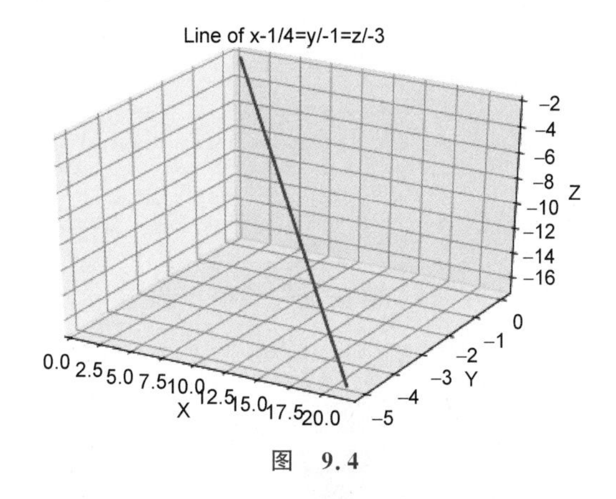

图　9.4

注释：空间曲线(直线)使用 plot(x,y,z)函数；一般情况下，在一个 Jupyter 文件的第一个单元格(最上边的)写导入库及库函数的代码，如果在组织代码时发现需要导入新的库或库函数，把代码添加至第一个单元格，并重新运行这个单元格。

9.5　曲面及其方程

【例 9.11】　求 yOz 平面上 $z=y(y\geqslant 0)$ 绕 z 轴旋转一周所得的曲面。

解　代码如下：

```
import numpy as np
import matplotlib.pyplot as plt
```

```
from mpl_toolkits.mplot3d import Axes3D
#圆锥面
#np.mgrid[[],[]]和 np.meshgrid()函数相似,使用方法有所区别,前者不是函数
# -2:2:50j 是指将闭区间[-2,2]等分为 50 份
xx,yy = np.mgrid[-2:2:50j,-2:2:50j]
a = 3
zz = a * np.sqrt(xx ** 2 + yy ** 2)
fig = plt.figure()
ax = Axes3D(fig)
#绘制曲面
ax.plot_surface(xx,yy,zz,cmap = 'rainbow')
#绘制等值线
ax.contour(xx,yy,zz,zdir = 'x',offset = -2.5)
ax.contour(xx,yy,zz,zdir = 'y',offset = 2.5)
ax.contour(xx,yy,zz,zdir = 'z',offset = 0,colors = 'red')
ax.set_xlim(-2.5,2.5)
ax.set_ylim(-2.5,2.5)
ax.set_zlim(0,4)
ax.set_xlabel('X')
ax.set_ylabel('Y')
ax.set_zlabel('Z')
plt.show()
```

运行结果如图 9.5 所示。

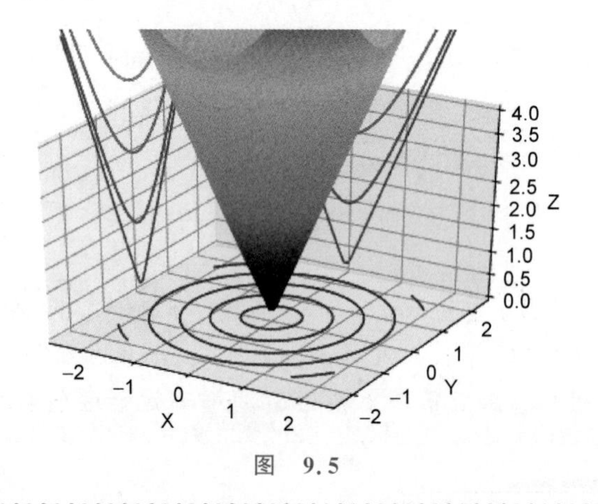

图 9.5

注释:(1) np.mgrid[−2:2:50j,−2:2:50j]和 meshgrid()函数的功能类似,使用更加方便。

(2) plot_surface()函数的可选参数 cmap='rainbow',将曲面上每一片小平面映射为不同的颜色,使其视觉效果更好。

(3) contour()函数是画等值线函数,参数 offset 决定将等值线投影到哪个平面上,例如,第一组等值线投影到平面 $x=-2.5$ 上。

【例 9.12】　画出圆柱面 $x^2+y^2=4,0\leqslant z\leqslant 4$ 的图形。

解　代码如下：

```
#圆柱面
R = 2.0
H = 4.0
xx,zz = np.mgrid[ - R:R:100j,0:H:100j]
yy_ahead = - np.sqrt(R ** 2 - xx ** 2)
yy_back = np.sqrt(R ** 2 - xx ** 2)
fig = plt.figure()
ax = Axes3D(fig)
ax.plot_surface(xx,yy_ahead,zz,cmap = 'rainbow',alpha = 0.8)
ax.plot_surface(xx,yy_back,zz,cmap = 'rainbow')
plt.show()
```

运行结果如图 9.6 所示。

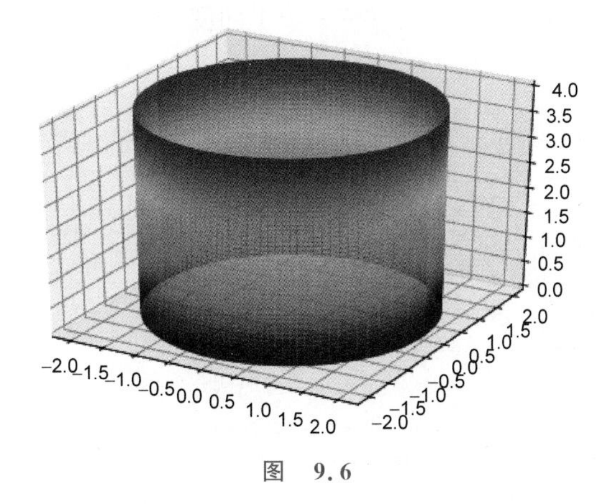

图　9.6

注释：对于多值函数作图时，需要用两个曲面拼接，使用 cmap='rainbow'，可以掩盖拼接处的色差；对于前端的曲面，可以用较小的 alpha 值来设置其透明度，alpha=1 时完全不透明。

【例 9.13】　画出抛物柱面 $x=y^2/2$ 的图形。

解　代码如下：

```
#抛物柱面
yy,zz = np.mgrid[ - 2:2:80j,0:6:120j]
xx = yy ** 2/2
fig = plt.figure()
ax = Axes3D(fig)
ax.plot_surface(xx,yy,zz,cmap = 'rainbow')
plt.show()
```

运行结果如图 9.7 所示。

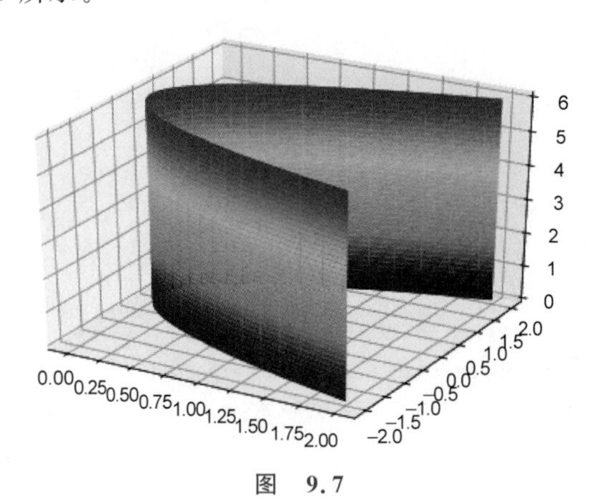

图 9.7

【例 9.14】 画出椭球面 $x^2/4+y^2/9+z^2=1$ 的图形。

解 代码如下：

```
#椭球面
a,b,c = 2,3,1
u = np.linspace(0,2 * np.pi,100)
v = np.linspace(0,2 * np.pi,100)
xx = a * np.outer(np.cos(u),np.sin(v))
yy = b * np.outer(np.sin(u),np.sin(v))
zz = c * np.outer(np.ones(np.size(u)),np.cos(v))
fig = plt.figure()
ax = Axes3D(fig)
ax.plot_surface(xx,yy,zz,cmap = 'rainbow')
plt.show()
```

运行结果如图 9.8 所示。

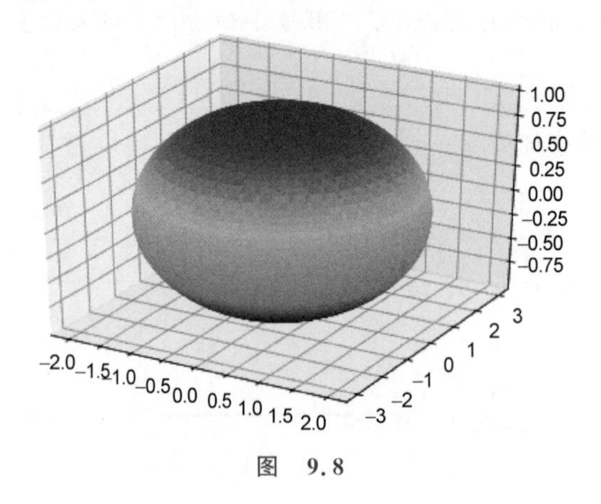

图 9.8

注释：(1) 本题使用参数方程绘图$\begin{cases}x=a\cdot\cos u\cdot\sin v\\ y=b\cdot\sin u\cdot\sin v\\ z=c\cdot\cos v\end{cases}$。

(2) 如果 $A=[1,2,3]$，$B=[4,5]$，则 np.outer(A,B)=[[4,5],[8,10],[12,15]]。

【例 9.15】 画出单叶双曲面 $x^2/4+y^2/9-z^2=1(-3\leqslant z\leqslant 3)$的图像。

解　代码如下：

```
#单叶双曲面
a,b,c,h = 2,3,1,3
u = np.linspace(0,2 * np.pi,100)
v = np.linspace( - h,h,100)
#使用参数方程
xx = a * np.outer(np.cos(u),np.sqrt(v ** 2 + 1))
yy = b * np.outer(np.sin(u),np.sqrt(v ** 2 + 1))
zz = c * np.outer(np.ones(np.size(u)),v)
fig = plt.figure()
ax = Axes3D(fig)
ax.plot_surface(xx,yy,zz,cmap = 'rainbow')
plt.show()
```

运行结果如图 9.9 所示。

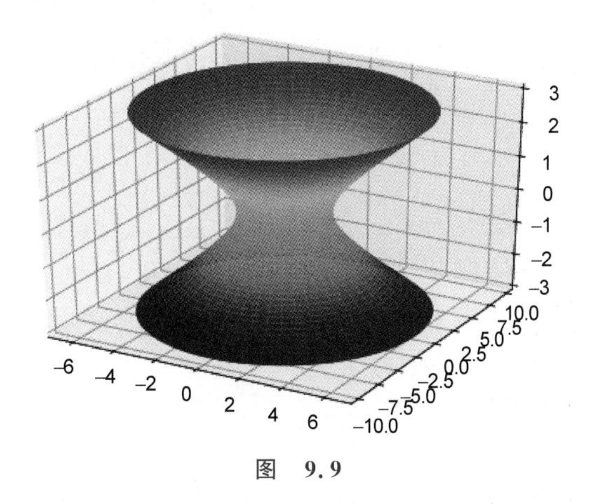

图　9.9

【例 9.16】 画出双叶双曲面 $x^2/4+y^2/9-z^2=-1$ 的图形。

解　代码如下：

```
#双叶双曲面
a,b,c = 2,3,1
k = 3.0
xx,yy = np.meshgrid(np.linspace( - k * a - 0.5,k * a + 0.5,100),\
  np.linspace( - k * b - 0.5,k * b + 0.5,100))
```

```
zz_up = np.sqrt(1 + xx ** 2/a ** 2 + yy ** 2/b ** 2) * c
zz_down = - zz_up
fig = plt.figure()
ax = Axes3D(fig)
ax.plot_surface(xx,yy,zz_up,cmap = 'rainbow')
ax.plot_surface(xx,yy,zz_down,cmap = 'rainbow')
plt.show()
```

运行结果如图 9.10 所示。

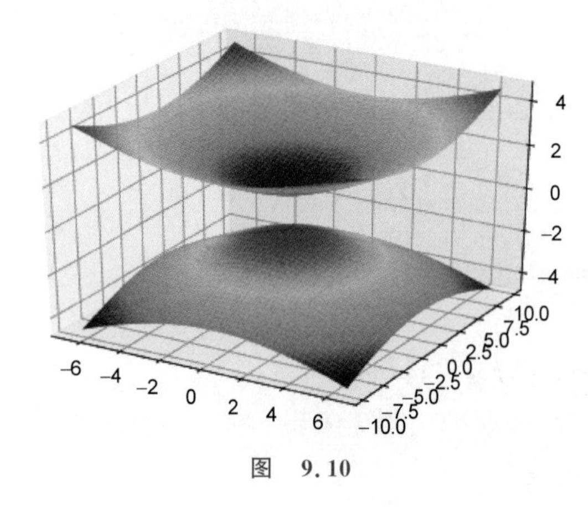

图 9.10

【例 9.17】 画出椭圆抛物面$\frac{x^2}{4}+\frac{y^2}{9}=z(0\leqslant z\leqslant 3)$的图形。

解 代码如下：

```
#椭圆抛物面
a,b,h = 2,3,3
u = np.linspace(0,2 * np.pi,100)
v = np.linspace(0,h,100)
xx = a * np.outer(np.cos(u),np.sqrt(v))
yy = b * np.outer(np.sin(u),np.sqrt(v))
zz = np.outer(np.ones(np.size(u)),v)
fig = plt.figure()
ax = Axes3D(fig)
ax.plot_surface(xx,yy,zz,cmap = 'rainbow',alpha = 0.85)
ax.contour(xx,yy,zz,zdir = 'x',offset = - 4)
ax.contour(xx,yy,zz,zdir = 'y',offset = 5)
ax.contour(xx,yy,zz,zdir = 'z',offset = 0)
plt.show()
```

运行结果如图 9.11 所示。

【例 9.18】 画出双曲抛物面$\frac{x^2}{4}-\frac{y^2}{9}=z$ 的图形。

解 代码如下：

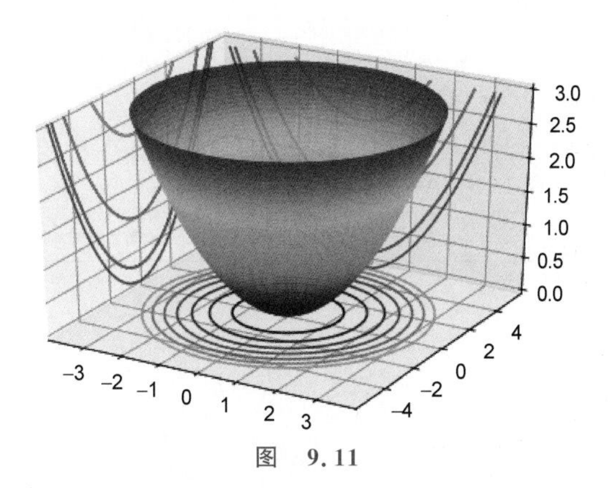

图　9.11

```
#马鞍面
a,b = 2,3
xx,yy = np.mgrid[ - a:a:100j, - b:b:100j]
zz = xx ** 2/a ** 2 - yy ** 2/b ** 2
fig = plt.figure()
ax = Axes3D(fig)
ax.plot_surface(xx,yy,zz,cmap = 'rainbow',alpha = 0.85)
ax.contour(xx,yy,zz,zdir = 'x',offset = - 2.5)
ax.contour(xx,yy,zz,zdir = 'y',offset = 3.5)
ax.contour(xx,yy,zz,zdir = 'z',offset = - 1)
plt.show()
```

运行结果如图 9.12 所示。

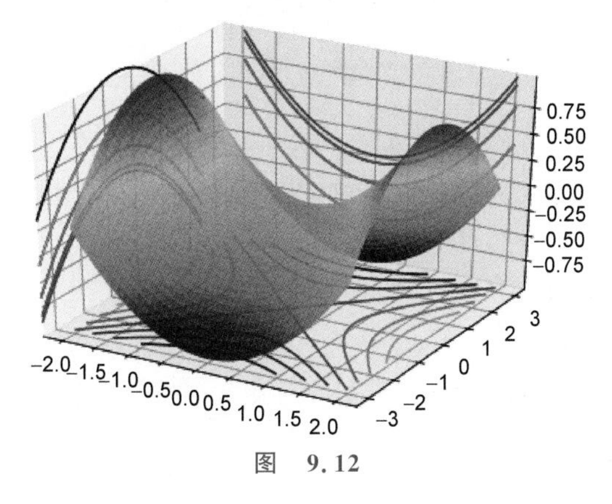

图　9.12

9.6　空间曲线及其方程

【例 9.19】　画出由方程组$\begin{cases} z=\sqrt{a^2-x^2-y^2} \\ \left(x-\dfrac{a}{2}\right)^2+y^2=\left(\dfrac{a}{2}\right)^2 \end{cases}$所确定的曲线。

解　代码如下：

```
import numpy as np
import matplotlib.pyplot as plt
from mpl_toolkits.mplot3d import Axes3D
a = 3.0
u = np.linspace(0,2 * np.pi + 0.1,100)
x = a/2 * (1 + np.cos(u))
y = a/2 * np.sin(u)
z = np.sqrt(a ** 2 - x ** 2 - y ** 2)
fig = plt.figure()
ax = Axes3D(fig)
ax.plot(x,y,z,'r',linewidth = 2.0)
plt.show()
```

运行结果如图 9.13 所示。

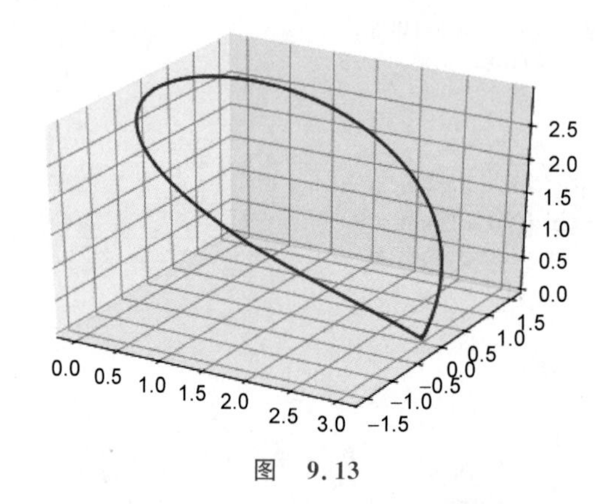

图　9.13

【例 9.20】　求由方程组$\begin{cases}x=a\cos\theta\\y=b\sin\theta\\z=c\theta\end{cases}$所确定的空间曲线。

解　方法(1)　plt.plot()方法，代码如下：

```
a,b = 3.0,1.0
theta = np.linspace(0,6 * np.pi,300)
x = a * np.cos(theta)
y = a * np.sin(theta)
z = b * theta
fig = plt.figure()
ax = Axes3D(fig)
ax.plot(x,y,z)
plt.show()
```

运行结果如图 9.14 所示。

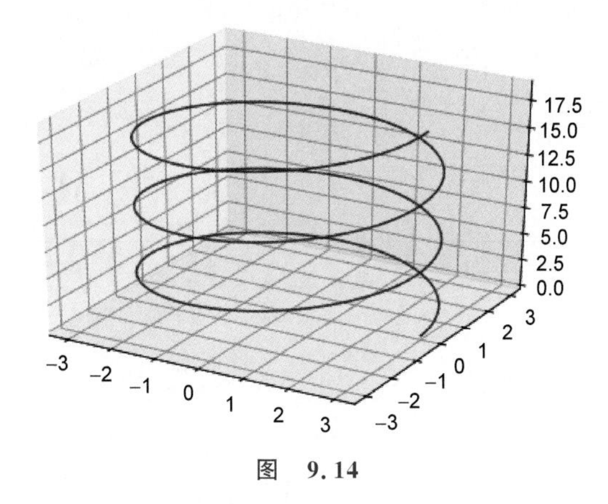

图　9.14

方法(2)　sympy.plotting.plot3d_parametric_line()函数,代码如下:

```
from sympy.plotting import plot3d_parametric_line
from sympy import Symbol,sin,cos,pi
theta = Symbol('theta')
a,b = 3,1
plot3d_parametric_line(a * sin(theta),a * cos(theta),b * theta,(theta,0,6 * pi))
```

运行结果如图 9.15 所示。

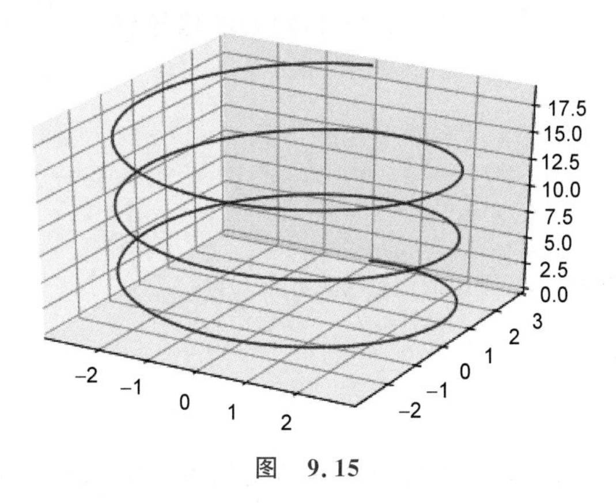

图　9.15

注释:plt 的 x、y 轴和 plotting 的 x、y 轴放置正好相反。

第10章

多元函数微分法及其应用

10.1　偏导数

【例 10.1】　求 $z=x^2+3xy+y^2$ 在点(1,2)处的偏导数。

解　代码如下：

```
from sympy import *
init_printing()
x,y = symbols('x y')
z = x ** 2 + 3 * x * y + y ** 2
# sympy 不区分导数和偏导数,调用的函数均为 diff()
z.diff(x).subs([(x,1),(y,2)]),diff(z,y).subs({x:1,y:2})
```

运行结果为：(8,7)。

注释：多元函数求偏导和一元函数求导均是调用 diff()函数，最后一行代码展示了代入（替换）函数 subs()的两种使用方法。

【例 10.2】　设 $z=x^y(x>0,x\neq 1)$，求证：$\frac{x}{y}\frac{\partial z}{\partial x}+\frac{1}{\ln x}\frac{\partial z}{\partial y}=2z$。

解　代码如下：

```
from sympy import *
init_printing()
x,y = symbols('x y')
z = x ** y
```

```
zx,zy = z.diff(x),z.diff(y)
left,right = x * zx/y + zy/log(x),2 * z
left,right,left == right
```

运行结果为：(2 * x * * y, 2 * x * * y, True)。

【例 10.3】 设 $z=x^2y^2-3xy^2-xy+1$，求$\frac{\partial^2 z}{\partial x^2}$，$\frac{\partial^2 z}{\partial y\partial x}$，$\frac{\partial^2 z}{\partial x\partial y}$，$\frac{\partial^2 z}{\partial y^2}$，$\frac{\partial^3 z}{\partial x^3}$。

解　代码如下：

```
from sympy import *
init_printing()
x,y = symbols('x y')
z = x** 3 * y** 2 - 3 * x * y** 3 - x * y + 1
z.diff(x,x),z.diff(x,y),z.diff(y,x),z.diff(y,2),z.diff(x,3)
```

运行结果为：$(6xy^2, 6x^2y-9y^2-1, 6x^2y-9y^2-1, 2x(x^2-9y), 6y^2)$。

注释：z. diff(x,x)与 z. diff(x,2)等效。

10.2　多元复合函数的求导法则

【例 10.4】 设 $z=\mathrm{e}^u\sin v$，而 $u=xy$，$v=x+y$，求$\frac{\partial z}{\partial x}$和$\frac{\partial z}{\partial y}$。

解　代码如下：

```
from sympy import *
init_printing()
x,y = symbols('x y')
#先定义 u,v,再定义 z
u = x * y
v = x + y
z = E ** u * sin(v)
z.diff(x),z.diff(y)
```

运行结果为：$(\mathrm{ye}^{\mathrm{xy}}\sin(\mathrm{x}+\mathrm{y})+\mathrm{e}^{\mathrm{xy}}\cos(\mathrm{x}+\mathrm{y}), \mathrm{xe}^{\mathrm{xy}}\sin(\mathrm{x}+\mathrm{y})+\mathrm{e}^{\mathrm{xy}}\cos(\mathrm{x}+\mathrm{y}))$。

注释：(1) 仅需定义叶子节点(x,y)的变量符号，无须为中间变量(u,v)定义符号。

(2) 由叶子节点向根部节点的方向定义函数，例如，这里将 z=E * * u * sin(v)放到 x,y=symbols('x y')下面一行，这时程序还不知道 u 和 v 是什么，将会出现错误。

【例 10.5】 设 $u=f(x,y,z)=\mathrm{e}^{x^2+y^2+z^2}$，而 $z=x^2\sin y$，求$\frac{\partial u}{\partial x}$和$\frac{\partial u}{\partial y}$。

解　代码如下：

```
init_printing()
x,y = symbols('x y')
z = x ** 2 * sin(y)
u = E ** (x ** 2 + y ** 2 + z ** 2)
u.diff(x),u.diff(y)
```

运行结果为：$((4x^3\sin^2(y)+2x)e^{x^4\sin^2(y)+x^2+y^2},(2x^4\sin(y)\cos(y)+2y)e^{x^4\sin^2(y)+x^2+y^2})$。

【例 10.6】　设 $z=f(u,v,t)=uv+\sin t$，而 $u=e^t$，$v=\cos t$，求全导数$\frac{dz}{dt}$。

解　代码如下：

```
init_printing()
t = Symbol('t')
u = E ** t
v = cos(t)
z = u * v + sin(t)
z.diff(t)
```

运行结果为：$-e^t\sin(t)+e^t\cos(t)+\cos(t)$。

10.3　隐函数的求导公式

【例 10.7】　求由 $x^2+y^2-1=0$ 所确定的一阶与二阶导数。

解　代码如下：

```
from sympy import *
init_printing()
x,y = symbols('x y')
F = x ** 2 + y ** 2 - 1
#隐函数求导及求偏导均调用函数 idiff(eq,y,x),其中 eq 为默认等于 0 的等式
idiff(F,y,x),simplify(idiff(F,y,x,2))
```

运行结果为：$\left(-x/y,-\frac{x^2+y^2}{y^3}\right)$。

【例 10.8】　设 $x^2+y^2+z^2-4z=0$，求$\frac{\partial^2 z}{\partial x^2}$。

解　代码如下：

```
init_printing()
x,y,z = symbols('x y z')
F = x ** 2 + y ** 2 + z ** 2 - 4 * z
simplify(idiff(F,z,x,2))
```

运行结果为：$-\frac{x^2+(z-2)^2}{(z-2)^3}$。

【例 10.9】 设$\begin{cases}xu-yv=0\\yu+xv=1\end{cases}$，求$\frac{\partial u}{\partial x},\frac{\partial u}{\partial y},\frac{\partial v}{\partial x},\frac{\partial v}{\partial y}$。

解　第一步，求出 u,v 和 x,y 之间的函数关系，代码如下：

```
init_printing()
x,y,u,v = symbols('x y u v')
solve([x * u - y * v,y * u + x * v - 1],[u,v])
```

运行结果为：$\left\{u:\frac{y}{x^2+y^2},v:\frac{x}{x^2+y^2}\right\}$。

第二步，重新定义 u,v 和 x,y 的函数关系，代码如下：

```
u = y/(x ** 2 + y ** 2)
v = x/(x ** 2 + y ** 2)
u.diff(x),v.diff(x),u.diff(y),v.diff(y)
```

运行结果为：$\left(-\frac{2xy}{(x^2+y^2)^2},-\frac{2x^2}{(x^2+y^2)^2}+\frac{1}{x^2+y^2},-\frac{2y^2}{(x^2+y^2)^2}+\frac{1}{x^2+y^2},-\frac{2xy}{(x^2+y^2)^2}\right)$。

注释：第一步中的 u,v 是符号变量，第二步中的 u,v 为关于 x,y 的表达式，二者意义不一样。

10.4　多元函数微分法的几何应用

本节仅使用 sympy 的相关函数，首先导入 sympy 库的所有函数，代码如下：

```
from sympy import *
```

并运行这行代码。

【例 10.10】 求曲线 $x=t,y=t^2,z=t^2$ 在点(1,1,1)处的切线及法平面方程。

解　为这类问题写一个函数，以 x,y,z,t,t_0 为参数，返回切线及法平面方程，代码如下：

```
#求空间曲线的切线及法平面,其中空间曲线以参数方程给出
def tangent_normalplane_1(x,y,z,t,t0 = 0):
  #x'(t),y'(t),z'(t)在 t0 的取值
  dxdt,dydt,dzdt = x.diff(t).subs(t,t0),y.diff(t).subs(t,t0),z.diff(t).subs(t,t0)
  #t0 对应点的坐标
  x0,y0,z0 = x.subs(t,t0),y.subs(t,t0),z.subs(t,t0)
  #切线方程
```

```
    tangent = 'Tangent:\t(x - ({}))/{} = (y - ({}))/{} = (z - ({}))/{}'.format(x0,dxdt,y0,dydt,
z0,dzdt)
    #法平面方程
    normalplane = 'Normal plane:\t(x - ({})) * ({}) + (y - ({})) * ({}) + (z - ({})) * ({}) = 0'
.format(x0,dxdt,y0,dydt,z0,dzdt)
    print(tangent)
    print(normalplane)
```

一般将自定义函数单独放置在一个单元格中,运行这个单元格。

求解代码如下:

```
t = Symbol('t')
x,y,z = t,t ** 2,t ** 3
tangent_normalplane_1(x,y,z,t,t0 = 1)
```

运行结果为:

Tangent:(x−(1))/1=(y−(1))/2=(z−(1))/3

Normal plane:(x−(1)) * (1)+(y−(1)) * (2)+(z−(1)) * (3)=0

【例 10.11】 求曲线 $x^2+y^2+z^2=6, x+y+z=0$ 在点(1,−2,1)处的切线及法平面方程。

解　对这类问题专门写一个求解函数,参数 eq1,eq2 分别为两个等式,默认为 0,所以第一个等式为 $x^2+y^2+z^2-6=0$;第三个参数为目标点坐标,默认为原点,当确实是求原点处的切线及法平面方程时,可以省略这个参数。尽管这个可能性很小,在这里提供这个默认参数的目的是提示函数调用者,点的坐标应该以 list 的形式写出来,代码如下:

```
#两条空间曲线的交线的切线及法平面
def tangent_normalplane_2(eq1,eq2,point = [0,0,0]):
    x,y,z = symbols('x y z')
    a11 = diff(eq1,y).subs([(x,point[0]),(y,point[1]),(z,point[2])])
    a12 = diff(eq1,z).subs([(x,point[0]),(y,point[1]),(z,point[2])])
    b1 = diff(eq1,x).subs([(x,point[0]),(y,point[1]),(z,point[2])])
    a21 = diff(eq2,y).subs([(x,point[0]),(y,point[1]),(z,point[2])])
    a22 = diff(eq2,z).subs([(x,point[0]),(y,point[1]),(z,point[2])])
    b2 = diff(eq2,x).subs([(x,point[0]),(y,point[1]),(z,point[2])])
    dydx,dzdx = symbols('dydx dzdx')
    solves = solve([a11 * dydx + a12 * dzdx + b1,a21 * dydx + a22 * dzdx + b2],[dydx,dzdx])
    tangent = 'Tangent:\t(x - ({}))/1 = (y - ({}))/({}) = (z - ({}))/({})'\
        .format(point[0],point[1],solves[dydx],point[2],solves[dzdx])
    normalplane = 'Normal plane:\t(x - ({})) + (y - ({})) * ({}) + (z - ({})) * ({}) = 0'\
        .format(point[0],point[1],solves[dydx],point[2],solves[dzdx])
    print(tangent)
    print(normalplane)
```

运行这个函数所在的单元格并调用这个函数,代码如下:

```
x,y,z = symbols('x y z')
eq1 = x ** 2 + y ** 2 + z ** 2 - 6
eq2 = x + y + z
point = [1, -2,1]
tangent_normalplane_2(eq1,eq2,point = point)
```

运行结果为：

Tangent：(x—(1))/1=(y—(—2))/(0)=(z—(1))/(—1)

Normal plane：(x—(1))+(y—(—2)) * (0)+(z—(1)) * (—1)=0

【例 10.12】 求球面 $x^2+y^2+z^2=14$ 在点(1,2,3)处的切平面及法线方程。

解 对这类问题专门写一个求解函数，代码如下：

```
#求空间曲面在一点的法线及切平面方程，其中 eq(默认等于 0)为空间曲面的方程
def norm_tangent_plane(eq,point = [0,0,0]):
  x,y,z = symbols('x y z')
  fx = eq.diff(x).subs([(x,point[0]),(y,point[1]),(z,point[2])])
  fy = eq.diff(y).subs([(x,point[0]),(y,point[1]),(z,point[2])])
  fz = eq.diff(z).subs([(x,point[0]),(y,point[1]),(z,point[2])])
  norm = 'Norm:\t\t(x - ({}))/({}) = (y - ({}))/({}) = (z - ({}))/({})'.format(point[0],fx,
point[1],fy,point[2],fz)
  tangent_plane = 'Tangent plane:\t(x - ({})) * ({}) + (y - ({})) * ({}) + (z - ({})) * ({}) = 0'
.format(point[0],fx,point[1],fy,point[2],fz)
  print(norm)
  print(tangent_plane)
```

调用函数求解，代码如下：

```
x,y,z = symbols('x y z')
eq = x ** 2 + y ** 2 + z ** 2 - 14
point = [1,2,3]
norm_tangent_plane(eq,point = point)
```

运行结果为：

Norm：(x—(1))/(2)=(y—(2))/(4)=(z—(3))/(6)

Tangent plane：(x—(1)) * (2)+(y—(2)) * (4)+(z—(3)) * (6)=0

【例 10.13】 求旋转抛物面 $z=x^2+y^2-1$ 在点(2,1,4)处的切平面及法线方程。

解 代码如下：

```
x,y,z = symbols('x y z')
eq = z - x ** 2 - y ** 2 + 1
point = [2,1,4]
norm_tangent_plane(eq,point = point)
```

运行结果为：

Norm：(x—(2))/(—4)=(y—(1))/(—2)=(z—(4))/(1)

Tangent plane：(x－(2))＊(－4)＋(y－(1))＊(－2)＋(z－(4))＊(1)＝0

10.5 方向导数与梯度

导入 sympy 库的所有库函数，并优化计算机上的打印资源，代码如下：

```
from sympy import *
init_printing()
```

函数 directional_derivative_xy 实现了二元函数 f 在定点(x_0,y_0)、方向$(\cos a,\cos b)$上的方向导数，代码如下：

```
#求二元函数在(x0,y0)处,方向为(cosa,cosb)的方向导数
def directional_derivative_xy(f,x,y,cosa,cosb,x0,y0):
  return f.diff(x).subs([(x,x0),(y,y0)]) * cosa + f.diff(y).subs([(x,x0),(y,y0)]) * cosb
```

【例 10.14】 求函数 $z=xe^{2y}$ 在点 P(1,0)处沿从点 P(1,0)到点 Q(2,－1)方向的方向导数。

解 代码如下：

```
x,y = symbols('x y')
directional_derivative_xy(x * E ** (2 * y),x,y,2 ** ( - 0.5), - 2 ** ( - 0.5),1,0)
```

运行结果为：－0.707106781186548。

函数 directional_derivative_xyz()实现了三元函数 f 在定点(x_0,y_0,z_0)、方向$(\cos a,\cos b,\cos r)$上的方向导数，和上个函数类似，代码如下：

```
#求三元函数在(x0,y0,z0)处,方向为(cosa,cosb,cosr)的方向导数
def directional_derivative_xyz(f,x,y,z,cosa,cosb,cosr,x0,y0,z0):
  return f.diff(x).subs([(x,x0),(y,y0),(z,z0)]) * cosa + \
     f.diff(y).subs([(x,x0),(y,y0),(z,z0)]) * cosb + \
     f.diff(z).subs([(x,x0),(y,y0),(z,z0)]) * cosr
```

【例 10.15】 求 $f(x,y,z)=xy+yz+zx$ 在点(1,1,2)沿方向 L 的方向导数，其中，L 的方向角分别为 π/3，π/4，π/3。

解 代码如下：

```
x,y,z = symbols('x y z')
directional_derivative_xyz(x * y + y * z + z * x,x,y,z, 1/2,1/2 ** 0.5,1/2,1,1,2)
```

运行结果为：4.62132034355964。

函数 grad()实现了多元函数的梯度的计算，代码如下：

```
#计算二元函数(默认)的梯度表达式
#如果 X='xyz'则计算三元函数的梯度表达式
#如果 point(默认为 None)为指定点,则计算这个点的梯度
def grad(f,X='xy',point=None):
  try:
     if X=='xy':
        x,y=symbols('x y')
        fx=f.diff(x)
        fy=f.diff(y)
        if point is None:return (fx,fy)
        else:
           return(fx.subs([(x,point[0]),(y,point[1])]),\
              fy.subs([(x,point[0]),(y,point[1])]))
     if X=='xyz':
        x,y,z=symbols('x y z')
        fx=f.diff(x)
        fy=f.diff(y)
        fz=f.diff(z)
        if point is None:return(fx,fy,fz)
        else:
           return(fx.subs([(x,point[0]),(y,point[1]),(z,point[2])]),\
                fy.subs([(x,point[0]),(y,point[1]),(z,point[2])]),\
                fz.subs([(x,point[0]),(y,point[1]),(z,point[2])]))
  except:
     print('参数设置错误,请认真理解 grad 的用法!')
```

注释:(1) 参数 X 是可选的,默认情况下求二元函数的梯度,如果是三元函数,参数 X 设置为 X='xyz'。

(2) 参数 point 也是可选的,默认计算函数的梯度函数。

【例 10.16】 求 $\mathrm{grad}\,\dfrac{1}{x^2+y^2}$。

解 代码如下:

```
x,y=symbols('x y')
#计算梯度表达式
grad(1/(x**2+y**2))
```

运行结果为:$\left(-\dfrac{2\mathrm{x}}{(\mathrm{x}^2+\mathrm{y}^2)^2},-\dfrac{2\mathrm{y}}{(\mathrm{x}^2+\mathrm{y}^2)^2}\right)$。

【例 10.17】 求 $f(x,y,z)=x^3-xy^2-z$ 在 P(1,1,2)处的梯度。

解 代码如下:

```
x,y,z=symbols('x y z')
#计算梯度
grad((x**3-x*y**2-z),X='xyz',point=[1,1,0])
```

运行结果为：(2，−2，−1)。

下面观察 try…except…的工作，代码如下：

```
#错误的调用
grad((x ** 3 - x * y ** 2 - z),X = 'xyz',point = [1,1])
```

运行结果为：参数设置错误，请认真理解 grad()的用法！

10.6 多元函数的极值及其求法

首先要充分理解多元函数的极值及条件极值的理论知识，函数 min_max_xy()实现了二元函数的极值及条件极值的计算，代码如下：

```
from sympy import *
#求偏导数连续的二元函数的极值,其中 condition 为约束条件,默认为 None
def min_max_xy(f,x,y,condition = None):
    #无约束的情况
    if condition is None:
        fx = f.diff(x)
        fy = f.diff(y)
        fxx = fx.diff(x)
        fxy = fx.diff(y)
        fyy = fy.diff(y)
        #求出一阶偏导数为 0 的点集
        points = solve([fx,fy],[x,y],dict = False)
        try:
            #尽管已经将 solve()的 dict 参数设置为 False,但有时它还会返回一个字典结构的解
            #这行代码触发异常,在 except 代码段,将字典强制转换为 list
            points[0][0]
        except:
            x_ = points[x]
            y_ = points[y]
            #强制转换为 list
            points = [[x_,y_]]
        #分别存放极小值点、极大值点和不确定点
        minPoints = []
        maxPoints = []
        notSurePoints = []
        for i in range(len(points)):
            #二元函数存在极值的充分条件
            x0 = points[i][0]
            y0 = points[i][1]
            A = fxx.subs([(x,x0),(y,y0)])
            B = fxy.subs([(x,x0),(y,y0)])
            C = fyy.subs([(x,x0),(y,y0)])
            D = A * C - B * B
            if D > 0:
```

```
            if A<0:maxPoints.append(((x0,y0),f.subs([(x,x0),(y,y0)])))
            if A>0:minPoints.append(((x0,y0),f.subs([(x,x0),(y,y0)])))
        if D==0:
            notSurePoints.append(((x0,y0),f.subs([(x,x0),(y,y0)])))
    print('MaxPoints:\t{}'.format(maxPoints))
    print('MinPoints:\t{}'.format(minPoints))
    print('NotSurePoints:\t{}'.format(notSurePoints))
  #有约束的情况
  else:
    lamda=Symbol('lamda')
    #构造拉格朗日函数
    L=f+lamda*condition
    Lx=L.diff(x)
    Ly=L.diff(y)
    #潜在的极值点
    maybe_points=solve([Lx,Ly,condition],[x,y,lamda],dict=False)
    try:
      maybe_points[0][0]
    except:
      x_=maybe_points[x]
      y_=maybe_points[y]
      maybe_points=[[x_,y_]]
    #让函数使用者从潜在极值点中比较
    print('Select from ((x,y),f(x,y)):\t{}'.format([((maybe_point[0],maybe_point[1]),\
      f.subs([(x,maybe_point[0]),(y,maybe_point[1])])) for maybe_point in maybe_points]))
```

注释：代码比较长，是对多元函数极值存在的充分条件及条件极值理论的复述。

【例10.18】 求函数 $f(x,y)=x^3-y^3+3x^2+3y^2-9x$ 的极值。

解 代码如下：

```
#将x,y限制为实数(real=True)非常必要
x,y=symbols('x y',real=True)
f=x**3-y**3+3*x**2+3*y**2-9*x
min_max_xy(f,x,y)
```

运行结果为：

MaxPoints：[((−3，2)，31)]

MinPoints：[((1，0)，−5)]

NotSurePoints：[]

【例10.19】 求函数 $f(x,y)=xy$ 的极值。

解 代码如下：

```
x,y = symbols('x y',real = True)
f = x * y
min_max_xy(f,x,y)
```

运行结果为：

MaxPoints：[]

MinPoints：[]

NotSurePoints：[]

【例 10.20】 有一宽为 24cm 的长方形铁板，把它两边折起来做成一断面为等腰梯形的水槽。问怎样折才能使断面的面积最大？

解 假设腰的长度为 x，而腰与底所成的锐角为 α，则面积 A 为 x 和 α 的二元函数：

$$A = 24x\sin\alpha - 2x^2\sin\alpha + x^2\sin\alpha\cos\alpha$$

代码如下：

```
x,a = symbols('x a',positive = True)      #限定为正数
A = 24 * x * sin(a) - 2 * x ** 2 * sin(a) + x ** 2 * sin(a) * cos(a)
min_max_xy(A,x,a)
```

运行结果为：

MaxPoints：[((8, pi/3), 48 * sqrt(3))]

MinPoints：[]

NotSurePoints：[]

【例 10.21】 求函数 $z = xy$ 在适合附加条件 $x + y = 1$ 下的极值。

解 代码如下：

```
x,y = symbols('x y',real = True)
f = x * y
condition = x + y - 1
min_max_xy(f,x,y,condition = condition)
```

运行结果为：Select from ((x,y),f(x,y))：[((1/2, 1/2), 1/4)]。

【例 10.22】 求 $f(x,y) = 5x^2 + 5y^2 - 8xy$ 在满足条件 $x^2 + y^2 - xy - 75 = 0$ 下的最大值。

解 代码如下：

```
x,y = symbols('x y',real = True)
g = 5 * x ** 2 + 5 * y ** 2 - 8 * x * y
condition = x ** 2 + y ** 2 - x * y - 75
min_max_xy(g,x,y,condition = condition)
```

运行结果为：Select from ((x,y),f(x,y))：[((−5, 5), 450), ((5, −5), 450), ((−5 * sqrt(3), −5 * sqrt(3)), 150), ((5 * sqrt(3), 5 * sqrt(3)), 150)]。

更复杂的多元函数的极值问题推荐使用 scipy. optimize. minimize()函数。

【例 10.23】 求 $u=xyz$ 在附加条件 $\frac{1}{x}+\frac{1}{y}+\frac{1}{z}=\frac{1}{a}(x,y,z,a>0)$ 下的极值。

解　代码如下：

```
#使用 scipy 优化模块中的 minimize()函数求目标函数的数值解
from scipy.optimize import minimize
u = lambda x:x[0] * x[1] * x[2]
a = 1
bnds = ((0,None),(0,None),(0,None))
cons = ({'type':'eq','fun':lambda x:1/x[0] + 1/x[1] + 1/x[2] - 1/a})
#给函数提供合适的搜索起始点很重要,这里选择(0.1,0.2,0.3)
result = minimize(u,(0.1,0.2,0.3),bounds = bnds,constraints = cons)
result
```

运行结果如图 10.1 所示。

```
     fun: 26.999999995431228
     jac: array([8.99995399, 9.0000937 , 8.99995112])
 message: 'Optimization terminated successfully.'
    nfev: 80
     nit: 15
    njev: 15
  status: 0
 success: True
       x: array([2.99999953, 3.00000048, 2.99999999])
```

图　10.1

注释：(1) 重点关注结果中的以下三个信息。

fun：函数的极(最)小值。

success：计算是否成功，如果为 False 则输出的结果没有意义。

x：极值点，如果将结果保留为小数点后 3 位，则说明当 $x=3.0, y=3.0, z=3.0$ 时，函数取得最小值 27。

(2) 如果是求极(最)大值，将目标函数乘以 -1，此时能得到正确的极值点，然后 fun 后的函数值再乘以 -1 就是目标函数的极(最)大值。

【例 10.24】 求 $T=8x^2+4yz-16z+600$ 在条件 $4x^2+y^2+4z^2=16$ 下的极大值。

解　代码如下：

```
T = lambda x: - 8 * x[0] ** 2 - 4 * x[1] * x[2] + 16 * x[2] - 600
cons = ({'type':'eq','fun':lambda x:4 * x[0] ** 2 + x[1] ** 2 + 4 * x[2] ** 2 - 16})
result = minimize(T,(0.1,0,0),constraints = cons)
result
```

运行结果如图 10.2 所示。

```
fun: -642.6666669275957
     jac: array([-21.33332825,   5.33333588,  21.33333588])
 message: 'Optimization terminated successfully.'
    nfev: 48
     nit: 9
    njev: 9
  status: 0
 success: True
       x: array([ 1.33333296, -1.33333385, -1.33333359])
```

图 10.2

注释：(1) 极值点 x 仅搜出了一个，实际上$(-4/3,-4/3,-4/3)$也是极值点。

(2) 极大值为 642.66。

(3) 如果将搜索起始点定为(0,0,0)，则搜索失败，success 为 False。

10.7 最小二乘法

最小二乘法是统计学中线性及非线性回归的理论基础。

【例 10.25】 为了测定刀具的磨损速度，我们做了这样的实验，经过一定时间(如每隔1h)，测量一次刀具的厚度，得到一组实验数据如下。

时间 t：[0,1,2,3,4,5,6,7]

刀具厚度：[27,26.8,26.5,26.3,26.1,25.7,25.3,24.8]

根据实验数据得出刀具厚度 y 和时间 t 的经验公式。

解 (1) 导入本节需要的库，代码如下：

```
import numpy as np
import matplotlib.pyplot as plt
import sympy as sy
```

运行这个单元格。

(2) 观察 y-t 的大体关系，代码如下：

```
t = np.array([0,1,2,3,4,5,6,7])
y = np.array([27,26.8,26.5,26.3,26.1,25.7,25.3,24.8])
#显示网格
plt.grid()
plt.scatter(t,y,c = 'r',s = 40)
plt.show()
```

运行结果如图 10.3 所示。

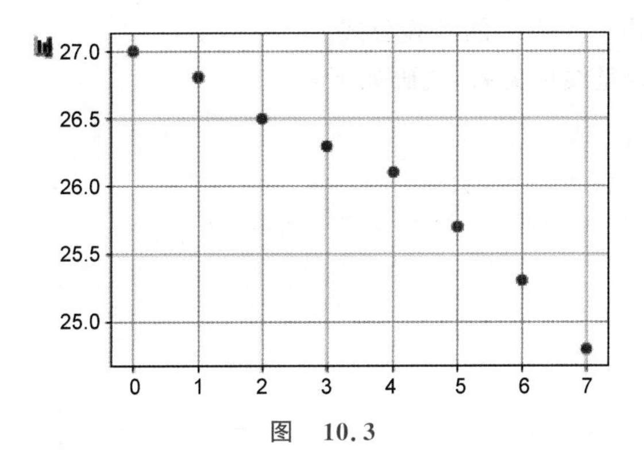

图　10.3

（3）求斜率 a 与截距 b 的值，代码如下：

```
a,b = sy.symbols('a b',real = True)
M = np.sum((y - (a * t + b)) ** 2)
#求斜率及截距的值
solves = sy.solve([M.diff(a),M.diff(b)],[a,b])
solves
```

运行结果为：{a：－0.303571428571429，b：27.1250000000000}。

（4）拟合，代码如下：

```
k,d = np.round(float(solves[a]),3),np.round(float(solves[b]),3)
plt.grid()
plt.scatter(t,y,c = 'r',s = 40)
plt.plot(t,k * t + d)
plt.show()
```

运行结果如图 10.4 所示。

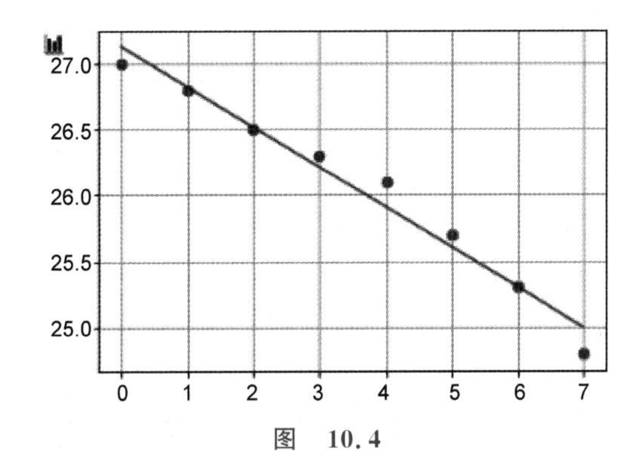

图　10.4

【例 10.26】　在研究某单分子化学反应速度时，得到如下数据。

时间 t：[3,6,9,12,15,18,21,24]

反应物剩余量 y：[57.6,41.9,31,22.7,16.6,12.2,8.9,6.5]

根据上述数据得出 $y=f(t)$的经验公式。

解 (1) 观察是否是线性关系，代码如下：

```
#绘制数据草图
t = np.array([3,6,9,12,15,18,21,24])
y = np.array([57.6,41.9,31,22.7,16.6,12.2,8.9,6.5])
plt.plot(t,y)
plt.show()
```

运行结果如图 10.5 所示。

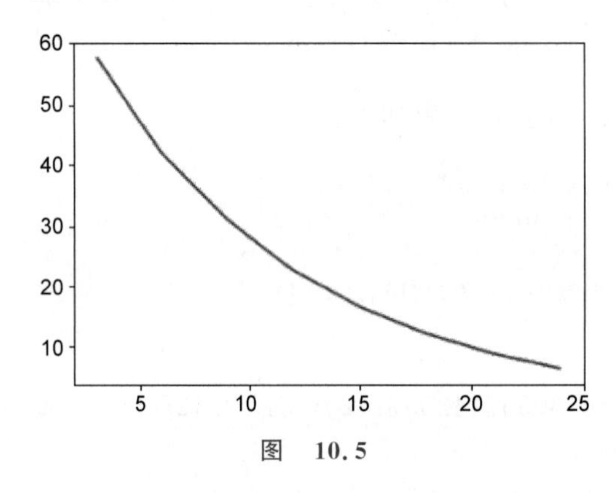

图 10.5

(2) 明显不是线性关系，一般这类问题不把它看成二次函数关系，而是负指数函数 $y=ke^{mt}(m<0)$，对观测值取以 10 为底的对数，观察散点图，代码如下：

```
plt.grid()
plt.scatter(t,np.log10(y),c = 'r',s = 40)
plt.show()
```

运行结果如图 10.6 所示。

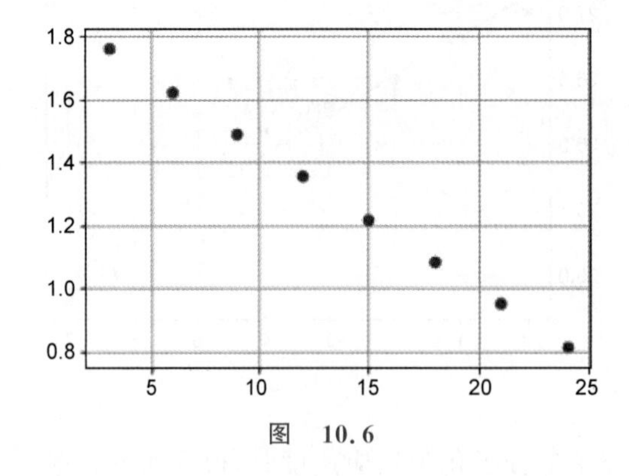

图 10.6

（3）此时线性关系比较好，求出 a，b，代码如下：

```
a,b = sy.symbols('a b',real = True)
M = np.sum((np.log10(y) - (a * t + b)) ** 2)
solves = sy.solve([M.diff(a),M.diff(b)],[a,b])
solves
```

运行结果为：{a：−0.0450301878083362，b：1.89525695283997}。

（4）求出 m，k，代码如下：

```
k = 10 ** (float(solves[b]))
m = np.log(10) * (float(solves[a]))
m,k
```

运行结果为：（−0.1036858391821971，78.57003612766523）。

（5）拟合，代码如下：

```
plt.grid()
plt.scatter(t,y,c = 'r',s = 40)
x = np.linspace(2,25,100)
plt.plot(x,k * np.power(np.e,m * x))
plt.show()
```

运行结果如图 10.7 所示。

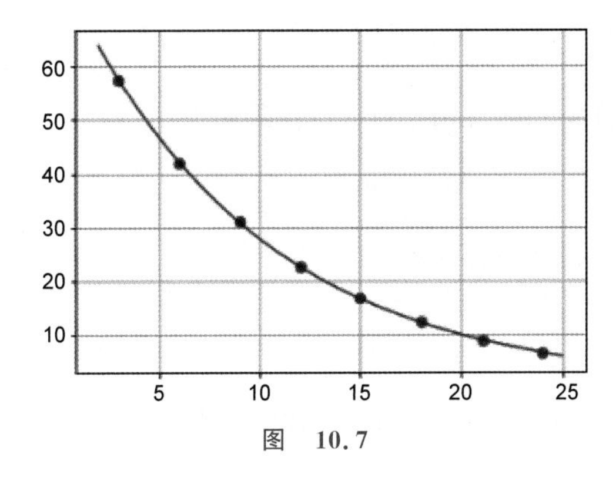

图　10.7

第11章

重积分

11.1 二重积分的概念和性质

本节简要回顾一下一元函数的定积分的求法。

【例 11.1】 求$\int_0^{\frac{\pi}{2}}\sin x\,\mathrm{d}x$。

解 (1) 用符号积分 sympy.integrate(),代码如下:

```
from sympy import Symbol,sin,pi,integrate
x = Symbol('x')
result = integrate(sin(x),(x,0,pi/2))
print('The result is{}.'format (result))
```

运行结果如图 11.1 所示。

The result is 1.

图 11.1

(2) 用数值积分 scipy.integrate.quad(),代码如下:

```
from scipy.integrate import quad
import numpy as np
#quad 为多值函数,返回定积分的值及误差
var,err = quad(lambda x:np.sin(x),0,np.pi/2)
np.round(var,3)
```

运行结果为:1.0。

这两种方法都得出了正确的结果,但实质是不一样的,sympy.integrate()是符号积分,先求出被积函数的原函数,然后将上下限(也是符号)代入,与高等数学教材中的方法是一样的。

scipy.integrate.quad()是数值积分，类似于面积的近似求法，它并不去求原函数，而是给出一个近似结果，这个结果的误差是一般科学计算人员可以接受的。

这两种不同的机制同样体现在求多重积分上。

【例 11.2】 求$\int_1^2 \frac{\sin x}{x} dx$。

解 代码如下：

```
var,err = quad(lambda x:np.sin(x)/x,1,2)
var,err
```

运行结果如图 11.2 所示。

(0.6593299064355118, 7.320032429486554e-15)

图 11.2

第一个值 0.65933 为积分的近似值，第二个值 7.32×10^{-15} 为误差。

11.2 二重积分的计算方法

为了学习方便，以下例子均显示出积分变量的上下限。

首先导入本节要用到的库及库函数，代码如下：

```
from sympy import integrate,init_printing,symbols
from scipy.integrate import dblquad
init_printing()
```

【例 11.3】 求$\int_1^2 dx\int_1^x xy dy$。

解 方法(1) 使用 sympy.integrate()函数，代码如下：

```
x,y = symbols('x y')
f = x * y
integrate(f,(y,1,x),(x,1,2)) #注意先 y 后 x
```

运行结果为：9/8。

注释：手工计算本题时，从式子的后面开始，此时将 x 视为常量，integrate()也一样，不过首先要传入 y 的取值范围(此时 sympy 仅将 x 视为一个符号)，然后再传入 x 的取值范围。

方法(2) 使用 scipy.integrate.dblquad()函数(dbl 为 double 的缩写)，代码如下：

```
f = lambda x,y:x * y
g = lambda x:1
h = lambda x:x
#dblquad()求二重积分
```

```
val,err = dblquad(f,1,2,g,h)
#也可以直接将f,g,h写入参数,如下:
#val,err = dblquad(lambda x,y:x * y,1,2,lambda x:1,lambda x:x)
val
```

运行结果为：1.125。

注释：代码的可读性与简洁性是一对矛盾，对于初学者代码的可读性更重要一些，随着对代码驾驭能力的提高，要适当考虑代码的简洁性问题，好处是代码行的减少及工作效率的提高。

【例 11.4】 计算$\int_{-1}^{1}\mathrm{d}x\int_{x}^{1}y\sqrt{1+x^2+y^2}\,\mathrm{d}y$。

解 (1) sympy.integrate()方法，实际上这个方法不可行，代码如下：

```
from sympy import sqrt
x,y = symbols('x y')
#下行代码又遇到了绝对值问题,没有产生结果
#integrate(x * sqrt(1 + x ** 2 - y ** 2),(y,x,1),(x, - 1,1))
```

注释：左上角的星号一直在转，如果一个简单的问题遇到这种情况，说明程序出现了意外情况，大多数情况是程序陷入了一个无限循环的困境。需要关闭这个文件并重新打开。分析原因，如果是自身的逻辑错误，就修改代码使其符合逻辑，如果是不可抗因素，如本例，则需绕过这个方法。

(2) 使用 dblquad()方法，代码如下：

```
#尝试使用 dblquad
val,err = dblquad(lambda x,y:y * (1 + x ** 2 - y ** 2) ** (1/2),\
   - 1,1,lambda x:x,lambda x:1)
Val
```

运行结果为：−0.5000000000000175。

注释：虽然结果出来了，但是错的，和正确答案相差一个负号。不要沮丧，认真分析原因，发现它和我们一样，容易犯这样的错误：$\sqrt{x^2}=x$。了解到原因之后，我们对科学计算要理性看待：它就像一个好学生一样，但并不意味每次都能考 100 分。

【例 11.5】 计算$\int_{-1}^{2}\mathrm{d}y\int_{y^2}^{y+2}xy\,\mathrm{d}x$。

解 将两种方法合并到一个单元格，代码如下：

```
x,y = symbols('x y')
print(integrate(x * y,(x,y ** 2,y + 2),(y, - 1,2)))
var,_ = dblquad(lambda x,y:x * y, - 1,2,lambda y:y ** 2,lambda y:y + 2)
print(var)
```

运行结果如图 11.3 所示。

注释：如果我们不关心一个变量，可以将这个变量名命名为符号"_"，如这里不关心 dblquad()所产生的误差，可以将误差这个变量命名为"_"，实际上，如果需要显示误差，可以打印这个符号，代码如下：

```
print(_)
```

```
45/8
5.624999999999999
```

图 11.3

运行结果为：7.080025729198077e-14。

【例 11.6】 计算$\iint\limits_D e^{-x^2-y^2}\,dx\,dy$，其中，$D$ 是由圆心在原点、半径为 a 的圆周所围成的闭区域。

解 分两个单元格来演示本题的解法。解法 1 代码如下：

```
from sympy import E,pi,simplify
rho,theta,a = symbols('rho,theta,a')
#积累获得这些数学符号的方法
rho,theta
```

运行结果为：(ρ,θ)。

解法 2 代码如下：

```
result = integrate(rho * E ** ( - rho ** 2),(rho,0,a),(theta,0,2 * pi))
simplify(result)
```

运行结果为：$\pi-\pi e^{-a^2}$。

注释：当结果形式较复杂时，可以试一试化简函数 simplify()。

【例 11.7】 计算$\iint\limits_D e^{\frac{y-x}{y+x}}\,dx\,dy$，其中，$D$ 是由 x 轴、y 轴和直线 $x+y=2$ 所围成的闭区域。

解 本题需要使用换元法，并重新建立新元坐标系的二重积分题，但可以使用 dblquad 轻松得到结果，代码如下：

```
import numpy as np
val,err = dblquad(lambda x,y:np.e ** ((y - x)/(y + x)),\
  0,2,lambda x:0,lambda x:2 - x)
```

```
#比较数值解和解析解
val,np.e-1/np.e
```

运行结果如图 11.4 所示。

(2.3504023872876028, 2.3504023872876028)

图 11.4

注释：虽然得到了 2.3504 这个结果，但并不知道它就是$\left(e-\frac{1}{e}\right)$。

11.3 三重积分

首先导入本节需要的库函数并运行此单元格，代码如下：

```
from sympy import init_printing,symbols,integrate,pi,sin,cos,simplify
#tplquad()计算三重积分
from scipy.integrate import tplquad
init_printing()
```

注释：使用 scipy 计算三重积分需要函数 tplquad()，其中，tpl 是 triple 的缩写。

【例 11.8】 计算$\int_0^1 dx\int_0^{\frac{1-x}{2}} dy\int_0^{1-x-2y} x\,dz$。

解 解法(1) 使用 sympy.integrate()函数，代码如下：

```
x,y,z = symbols('x y z')
integrate(x,(z,0,1-x-2*y),(y,0,(1-x)/2),(x,0,1))
```

运行结果为：1/48。

注释：注意三个积分变量的次序！

解法(2) 使用 tplquad()函数，代码如下：

```
val,err = tplquad(lambda x,y,z:x,0,1,lambda x:0,lambda x:(1-x)/2,lambda x,y:0,lambda x,y:
1-x-2*y)
#数值解和解析解比较
val,1/48
```

运行结果如图 11.5 所示。

(0.020833333333333332, 0.020833333333333332)

图 11.5

【例 11.9】 求$\int_0^{2\pi} d\theta\int_0^2 \rho d\rho\int_0^{\rho^2} z\,dz$。

解　代码如下：

```
from sympy import pi
theta,rho,z = symbols('theta rho z')
#使用 sympy.integrate 求三重积分的解析解
integrate(rho * z,(z,rho ** 2,4),(rho,0,2),(theta,0,2 * pi))
```

运行结果为：64π/3。

【例 11.10】　计算$\int_0^{2\pi}\mathrm{d}\theta\int_0^{a}\mathrm{d}\varphi\int_0^{2a\cos\varphi}r^2\sin\varphi\mathrm{d}r$。

解　代码如下：

```
r,phi,theta = symbols('r,phi,theta')
alpha,a = symbols('alpha a',positive = True)
result = integrate(r ** 2 * sin(phi),(r,0,2 * a * cos(phi)),\
  (phi,0,alpha),(theta,0,2 * pi))
simplify(result)
```

运行结果为：$4\pi a^3(1-\cos^4(\alpha))/3$。

11.4　重积分的应用

仅以求曲面面积来进一步学习科学计算的积分问题，首先导入函数库，代码如下：

```
from sympy import *
```

接下来定义求曲面面积的函数，代码如下：

```
#自定义函数,求曲面的面积
def Area_Surface(z,x_left,x_right,y_low,y_high):
  return integrate((1 + z.diff(x) ** 2 + z.diff(y) ** 2) ** (1/2),\
    (y,y_low,y_high),(x,x_left,x_right))
```

【例 11.11】　求半径为 a 的球的表面积。

解　我们试图调用函数 Area_Surface()，但没有成功，代码如下：

```
#x,y = symbols('x y')
#z = (1 - x ** 2 - y ** 2) ** (1/2)
#Area_Surface(z, - 1,1, - (1 - x ** 2) ** (1/2),(1 - x ** 2) ** (1/2))
```

如果牵涉到含根式的三角换元法，sympy 大概率会失效（如果程序一直运行而得不到结果，就关闭当前文件，然后重新打开）。

【例 11.12】　求平面 $x+y+z=1$ 在第一卦限的面积。

解　代码如下：

```
x,y = symbols('x y')
z = 1 - x - y
Area_Surface(z,0,1,0,1 - x),3 ** .5/2
```

运行结果如图 11.6 所示。

```
(0.866025403784439, 0.8660254037844386)
```

图 11.6

注释：三角形面积为$\sqrt{3}/2$，本题结果正确。

说明：过于集成化的函数，就像这里定义的 Area_Surface()函数，如果因为某个小的、未知的原因导致计算失败，意味着整个集成化函数的失败——这里就像串联的电器一样，一个电器失效，将会导致整个电路失效。所以不要过分追求集成化，建议一步一步来。我们不再写专门的函数来计算质心、转动惯量及引力问题，因为失败的概率很大！

曲线及曲面的积分问题都是二重或三重积分问题的延伸，不再用 Python 讨论此类问题。如果确实需要，可以手动将这些问题转换为积分问题，并标注好上下限，像本章介绍的方法一样，尝试求出结果。如果解析解求不出来，退而求其次，数值解也可以考虑。

第12章

无穷级数

12.1 常数项级数的概念与性质

调和级数 $\sum_{n=1}^{\infty}\frac{1}{n}=1+\frac{1}{2}+\frac{1}{3}+\cdots+\frac{1}{n}$ 是常数项级数收敛与发散的分水岭，意义非常大。计算出这个级数的1001～2000项的和与前1000项的和的比值，代码如下：

```
import numpy as np
x_1 = np.linspace(1,1000,1000)
x_2 = np.linspace(1001,2000,1000)
np.sum(1/x_2)/np.sum(1/x_1)
```

运行结果为：0.0925656189127152。

将此常数记为0.0925656，自定义函数bConvergent()根据此常数判定一个级数是否收敛，如果 $\frac{\sum_{n=1001}^{2000}f(n)}{\sum_{n=1}^{1000}f(n)}<0.0925656$ 则判定为收敛，并返回 $\sum_{n=1}^{10000}f(n)$ 作为 s 的近似值；否则返回False，代码如下：

```
#判定一个级数是否收敛
#如果收敛计算其前10000项的和，作为收敛值的近似值返回；否则返回False
def bConvergent(f,C = 0.0925656):
  try:
     n_1 = np.linspace(1,1000,1000)
     n_2 = np.linspace(1001,2000,1000)
```

```
        rate = np.sum(f(n_2))/np.sum(f(n_1))
        bCon = rate < C
        val = 0.0
        if bCon:
            n_3 = np.linspace(1,10000,10000)
            val = np.sum(f(n_3))
            return val
            else:return False
    except:
        return False
```

【例 12.1】 判定级数$\sum_{n=1}^{\infty} q^{n-1}$的敛散性，其中，$q=0.9976$。

解 代码如下：

```
q = 0.9976
def f(n):return q**(n-1)
bConvergent(f)
```

运行结果为：416.6666666513915。

注释：将 q 修改为 0.9977 时，将输出 False，从几何级数的角度看，函数 bConvergent()判定级数敛散性的正确率为 99.76%。

【例 12.2】 判定级数$\sum_{n=1}^{\infty}(-1)^{n-1}=1-1+1-1+\cdots$的敛散性。

解 代码如下：

```
def f(n):return 1 if n%2==1 else -1
bConvergent(f)
```

运行结果为：False。

注释：本题解释了为什么要在 bConvergent()函数中使用异常机制。

【例 12.3】 判定级数$\sum_{n=1}^{\infty}\frac{1}{n(n+1)}$的敛散性。

解 代码如下：

```
def f(n):return 1/n/(n+1)
bConvergent(f)
```

运行结果为：0.9999000099989999。

【例 12.4】 判定级数$\sum_{n=1}^{\infty}\frac{1}{2n-1}$的敛散性。

解 代码如下：

```
def f(n):return 1/(2 * n - 1)
bConvergent(f)
```

运行结果为：5.586925199207137。

注释：这个级数是发散的，但输出的结果是收敛的，计算一下常数 C，代码如下：

```
x2 = np.arange(2001,4000,2)
x1 = np.arange(1,2000,2)
np.sum(1/x2)/np.sum(1/x1)
```

运行结果为：0.07813396648879643。

bConvergent()默认的只要这个比值小于 0.0925656 就判定为收敛；bConvergent()函数不保证总能判断正确。

【例 12.5】 判定级数 $\sum_{n=1}^{\infty}\frac{1}{n^2}$ 的敛散性。

解 代码如下：

```
def f(n):return n ** ( - 2)
bConvergent(f)
```

运行结果为：1.6448340718480603。

12.2 常数项级数的审敛法

首先导入 numpy 库，然后把 12.1 节的 bConvergent()函数复制过来，代码如下：

```
import numpy as np
def bConvergent(f,C = 0.0925656):
  try:
     n_1 = np.linspace(1,1000,1000)
     n_2 = np.linspace(1001,2000,1000)
     rate = np.sum(f(n_2))/np.sum(f(n_1))
     bCon = rate < C
     val = 0.0
     if bCon:
         n_3 = np.linspace(1,10000,10000)
         val = np.sum(f(n_3))
         return val
     else:return False
  except Exception as e:
     # 显示异常信息
```

```
        print(str(e))
        return False
```

注释：在 except 代码段做了小的变化，如果出现异常的话，我们想知道异常的基本情况，如判定 $\sum_{n=1}^{\infty}(-1)^{n-1}$ 的敛散性，代码如下：

```
def f(n):return 1 if n % 2 == 1 else - 1
bConvergent(f)
```

程序运行的结果为：

The truth value of an array with more than one element is ambiguous. Use a.any() or a.all()

False

注释：实际上，前 1000 项的和为 0，而在 try 代码段，计算比值时将其作为了分母。

【例 12.6】 判定级数 $\sum_{n=1}^{\infty}\frac{1}{n^p}$ 是否收敛，其中，$p=0.99$。

解 代码如下：

```
p = 0.99
def f(n):return n ** ( - p)
bConvergent(f)
```

运行结果为：False。

【例 12.7】 判定级数 $\sum_{n=1}^{\infty}\frac{1}{n^p}$ 是否收敛，其中，$p=1.01$。

解 代码如下：

```
p = 1.01
def f(n):return n ** ( - p)
bConvergent(f)
```

运行结果为：9.376905002680255。

【例 12.8】 判定级数 $\sum_{n=1}^{\infty}\frac{1}{\sqrt{n(n+1)}}$ 的敛散性。

解 代码如下：

```
def f(n):return(n * (n + 1)) ** ( - 0.5)
bConvergent(f)
```

运行结果为：False。

【例 12.9】　判定级数 $\sum_{n=1}^{\infty}\sin\frac{1}{n}$ 的敛散性。

解　代码如下：

```
def f(n):return np.sin(1/n)
bConvergent(f)
```

运行结果为：False。

【例 12.10】　判定级数 $\sum_{n=1}^{\infty}\frac{1}{(n-1)!}$ 的敛散性。

解　代码如下：

```
from math import factorial
def f(n):return 1.0/factorial(n-1)
bConvergent(f)
```

运行结果为：

only size-1 arrays can be converted to python scalars

False

注释：math.factorial()是计算阶乘的函数，本题判定错误，而且出现了异常，如果一个数非常大，超出了计算机表示的范围，这种现象称为“溢出”。针对此问题，进一步整合代码，代码如下：

```
from math import factorial
C = 0.0925656
factorials = []
for i in range(50):
  factorials.append(float(factorial(i)))
factorials = np.array(factorials)
sum_right_25 = np.sum(1.0/factorials[25:])
sum_left_25 = np.sum(1.0/factorials[:25])
sum_right_25/sum_left_25 < C,np.sum(1.0/factorials),np.e
```

运行结果如图 12.1 所示。

```
(True, 2.718281828459045, 2.718281828459045)
```

图　12.1

注释：factorials 列表保存 0～49 的阶乘，sum_right_25 计算 26～50 项的和，sum_left_25 计算 1～25 项的和，与 bConvergent()函数相比，缩小了计算的范围，避免程序在保存大的整数时出现溢出现象。

【例 12.11】　判定级数 $\sum_{n=1}^{\infty}\frac{2+(-1)^n}{2^n}$ 的收敛性。

解　代码如下：

```
def f(n):return(2 + np.power( - 1,n))/(2 ** n)
bConvergent(f)
```

运行结果为：1.6666666666666667。

【例 12.12】　判定级数$\sum_{n=1}^{\infty}\ln\left(1+\frac{1}{n^2}\right)$的收敛性。

解　代码如下：

```
def f(n):return np.log(1 + n ** ( - 2))
bConvergent(f)
```

运行结果为：1.3017464036037176。

【例 12.13】　判定级数$\sum_{n=1}^{\infty}\frac{\sin n}{n^2}$的收敛性。

解　代码如下：

```
def f(n):return np.sin(n) * n ** ( - 2)
bConvergent(f)
```

运行结果为：1.0139591395479044。

【例 12.14】　判定级数$\sum_{n=1}^{\infty}(-1)^n\frac{1}{2^n}\left(1+\frac{1}{n}\right)^{n^2}$的收敛性。

解　代码如下：

```
def f(n):return np.power( - 1,n) * 2 ** ( - n) * (1 + 1/n) ** (n ** 2)
bConvergent(f)
```

运行结果为：False。

12.3　函数展开成幂级数

首先导入库函数，并初始化打印资源，代码如下：

```
from sympy import *
init_printing()
```

【例 12.15】　将函数$f(x)=\frac{1}{1+x}$展开成幂级数。

解　代码如下：

```
x = Symbol('x',real = True)
series(1/(1 + x))
```

运行结果为：$1-x+x^2-x^3+x^4-x^5+O(x^6)$。

> **注释**：sympy.series()函数将一个函数展开成多项式函数(幂级数)。

【例 12.16】 将函数 $f(x)=\arctan x$ 展开成幂级数。

解　代码如下：

```
series(atan(x),n = 10)
```

运行结果为：$x-x^3/3+x^5/5-x^7/7+x^9/9+O(x^{10})$。

> **注释**：可选参数 n 指明展开式保留的项数，本例偶数次项(包括常数项)均为零。

【例 12.17】 将函数 $f(x)=(1-x)\ln(1+x)$展开成 x 的幂级数。

解　代码如下：

```
f = (1 - x) * log(1 + x)
series(f,n = 12)
```

请读者运行并观察其结果。

【例 12.18】 将函数 $f(x)=\sin x$ 展开成$\left(x-\frac{\pi}{4}\right)$的幂级数。

解　代码如下：

```
f = sin(x)
series(f,x0 = pi/4)
```

请读者运行并观察其结果。

【例 12.19】 将函数 $f(x)=\frac{1}{x^2+4x+3}$展开成$(x-1)$的幂级数。

解　代码如下：

```
f = 1/(x ** 2 + 4 * x + 3)
series(f,x0 = 1)
```

请读者运行并观察其结果。

12.4　傅里叶级数

由于现有的几个科学计算包没有发现连续函数的傅里叶展开式的相关函数，我们自定义一个函数来实现这一需求。首先导入库函数：from sympy import *，然后根据本节的求傅里叶展开式的方法，定义函数 series_fourier()，代码如下：

```
from sympy import *
#自定义函数,获得一个函数的傅里叶展开式
#参数 funs()为待展开的函数,x 为自变量,x_sections 为自变量的区间,周期 T 的默认值为 2 * pi,
#展开项数默认为 6
def series_fourier(funs,x,x_sections,T = 2 * pi,n = 6):
  result = 'result:  '
  a = 0
  for i in range(len(funs)):
     a += 2/T * integrate(funs[i],(x,x_sections[i],x_sections[i + 1]))
  if a!= 0:result += '[' + str(a/2) + '] + '
  for i in range(1,n + 1):
     a = 0
     b = 0
     for j in range(len(funs)):
         a += 2/T * integrate(funs[j] * cos(2 * pi/T * i * x),(x,x_sections[j],x_sections[j + 1]))
         b += 2/T * integrate(funs[j] * sin(2 * pi/T * i * x),(x,x_sections[j],x_sections[j + 1]))
     a,b = simplify(a),simplify(b)
     if a!= 0:result += '[' + str(a) + ' * cos({}{})'.format(2 * pi/T * i,str(x) if T == 2 * pi
else ' * ' + str(x)) + '] + '
     if b!= 0:result += '[' + str(b) + ' * sin({}{})'.format(2 * pi/T * i,str(x) if T == 2 * pi
else ' * ' + str(x)) + '] + '
  result += '...'
  return result
```

注释:(1) 参数 funs 为周期函数 $f(x)$,一般为分段函数;参数 x 为自变量的符号,第三个参数 x_sections 为自变量的分段列表;T 为 $f(x)$的周期,默认为 2π;n 为显示展开式的项数,默认为 6。

(2) 其中,参数 funs 及 x_sections 的使用方法结合下面的例子来理解。

【例 12.20】 设 $f(x)$是周期为 2π 的周期函数,它在$[-\pi,\pi)$上的表达式为:

$$f(x)=\begin{cases}-1, & -\pi\leqslant x<0\\ 1, & 0\leqslant x<\pi\end{cases}$$

将 $f(x)$展开成傅里叶级数,并讨论和函数的图形。

解 这是一个分段函数,funs=$[-1,1]$,x_sections=$[-\pi,0,\pi]$,列表 x_sections 的三个元素决定了两个区间$[-\pi,0]$与$[0,\pi]$,在这两个区间上的函数的表达式分别为 funs[0],funs[1]。在求积分时,分界点处(本例是 $x=0$)的表达式不影响整个积分的结果,代码如下:

```
x = Symbol('x')
funs = [ - 1,1]
x_sections = [ - pi,0,pi]
series_fourier(funs,x,x_sections)
```

运行结果如图 12.2 所示。

```
result:  [4/pi*sin(1x)]+[4/(3*pi)*sin(3x)]+[4/(5*pi)*sin(5x)]+...
```

图　12.2

下面展示和函数 $S(x)$ 当 n 取不同值时的图像，代码如下：

```
import numpy as np
import matplotlib.pyplot as plt
#和函数
def S(x,n):return sum([4/np.pi * np.sin((2 * k - 1) * x)/(2 * k - 1) for k in range(1,n + 1)])
x = np.linspace( - 1.5 * np.pi,1.5 * np.pi,600)
#n = 1,3,5,7
for n in range(1,8,2):
  plt.scatter(x,S(x,n),s = 2,label = 'n = {}'.format(n))
plt.legend()
plt.show()
```

运行结果如图 12.3 所示。

注释：认真观察图像，n 越大，图像与 $f(x)$ 越接近，现取 $n=30$，代码如下：

```
#n = 30
plt.scatter(x,S(x,30),s = 1)
plt.show()
```

运行结果如图 12.4 所示。

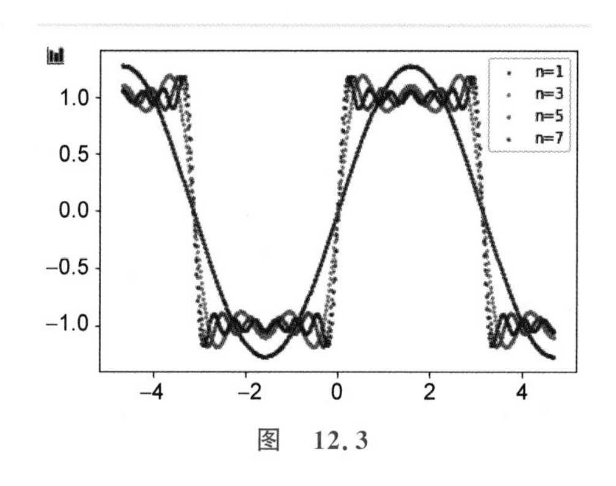

图　12.3

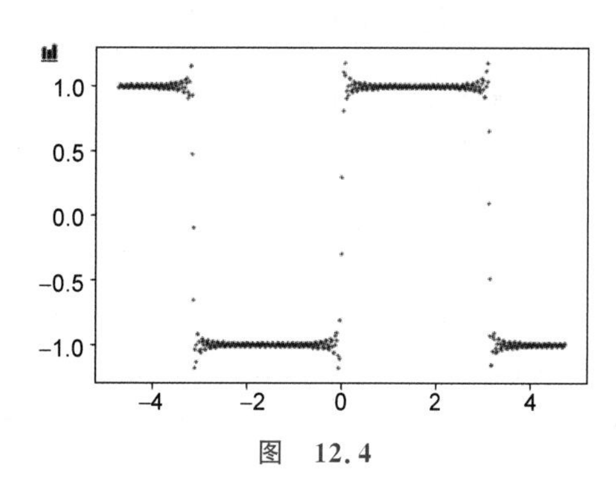

图　12.4

【例 12.21】　设 $f(x)$ 是周期为 2π 的周期函数，它在 $[-\pi,\pi)$ 上的表达式为：

$$f(x)=\begin{cases} x, & -\pi \leqslant x < 0 \\ 0, & 0 \leqslant x < \pi \end{cases}$$

将 $f(x)$ 展开成傅里叶级数。

解　代码如下：

```
x = Symbol('x')
funs = [x,0]
x_sections = [ - pi,0,pi]
series_fourier(funs,x,x_sections)
```

运行结果为：'result：[−pi/4]+[2/pi * cos(1x)]+[1 * sin(1x)]+[−1/2 * sin(2x)]+[2/(9 * pi) * cos(3x)]+[1/3 * sin(3x)]+[−1/4 * sin(4x)]+[2/(25 * pi) * cos(5x)]+[1/5 * sin(5x)]+[−1/6 * sin(6x)]+…'

【例 12.22】 将函数 $u(t)=E\left|\sin\frac{t}{2}\right|$，$-\pi\leqslant t\leqslant\pi$ 展开成傅里叶级数。

解　代码如下：

```
t,E = symbols('t E')
funs = [ - E * sin(t/2),E * sin(t/2)]
t_sections = [ - pi,0,pi]
series_fourier(funs,t,t_sections)
```

运行结果为：'result：[2 * E/pi]+[−4 * E/(3 * pi) * cos(1t)]+[4 * E/(15 * pi) * cos(2t)]+[−4 * E/(35 * pi) * cos(3t)]+[−4 * E/(63 * pi) * cos(4t)]+[−4 * E/(99 * pi) * cos(5t)]+[−4 * E/(143 * pi) * cos(6t)]+…'

【例 12.23】 设 $f(x)$是周期为 2π 的周期函数，它在$[-\pi,\pi)$上的表达式为 $f(x)=x$，将 $f(x)$展开成傅里叶级数。

解　代码如下：

```
x = Symbol('x')
funs = [x]
x_sections = [ - pi,pi]
series_fourier(funs,x,x_sections)
```

运行结果为：'result：[2 * sin(1x)]+[−1 * sin(2x)]+[2/3 * sin(3x)]+[−1/2 * sin(4x)]+[2/5 * sin(5x)]+[−1/3 * sin(6x)]+…'

【例 12.24】 设 $f(x)$是周期为 2π 的周期函数，它在$[-\pi,\pi)$上的表达式为 $f(x)=|x|$，将 $f(x)$展开成傅里叶级数。

解　代码如下：

```
x = Symbol('x')
funs = [ - x,x]
x_sections = [ - pi,0,pi]
series_fourier(funs,x,x_sections,n = 8)
```

运行结果为：'result：[pi/2]+[−4/pi * cos(1x)]+[−4/(9 * pi) * cos(3x)]+[−4/(25 * pi) * cos(5x)]+[−4/(49 * pi) * cos(7x)]+…'

【例 12.25】　将函数 $f(x)=\begin{cases}\cos x, & 0\leqslant x<\dfrac{\pi}{2}\\ 0, & \dfrac{\pi}{2}\leqslant x\leqslant\pi\end{cases}$ 分别展开成正弦级数及余弦级数。

解　(1) 展开成正弦级数,代码如下:

```
x = Symbol('x')
funs = [0, - cos(x),cos(x),0]
x_sections = [ - pi, - pi/2,0,pi/2,pi]
series_fourier(funs,x,x_sections)
```

运行结果为:'result:[1/pi * sin(1x)]+[4/(3 * pi) * sin(2x)]+[1/pi * sin(3x)]+[8/(15 * pi) * sin(4x)]+[1/(3 * pi) * sin(5x)]+[12/(35 * pi) * sin(6x)]+…'

(2) 展开成余弦级数,代码如下:

```
x = Symbol('x')
funs = [0,cos(x),0]
x_sections = [ - pi, - pi/2,pi/2,pi]
series_fourier(funs,x,x_sections)
```

运行结果为:'result:[1/pi]+[1/2 * cos(1x)]+[2/(3 * pi) * cos(2x)]+[-2/(15 * pi) * cos(4x)]+[2/(35 * pi) * cos(6x)]+…'

下面讨论一个一般周期函数的傅里叶展开问题。

【例 12.26】　设 $f(x)$是周期为 4 的周期函数,它在$[-2,2)$上的表达式为:

$$f(x)=\begin{cases}0, & -2\leqslant x<0\\ h, & 0\leqslant x<2\end{cases}\quad(\text{常数 } h\neq 0)$$

将 $f(x)$展开成傅里叶级数。

解　代码如下:

```
x = Symbol('x')
h = Symbol('h',positive = True)
funs = [0,h]
x_sections = [ - 2,0,2]
series_fourier(funs,x,x_sections,T = 4)
```

运行结果为:'result:[0.5 * h]+[2.0 * h/pi * sin(pi/2 * x)]+[0.666666666666667 * h/pi * sin(3 * pi/2 * x)]+[0.4 * h/pi * sin(5 * pi/2 * x)]+…'

第三部分

概率论与数理统计

本部分结合“概率论与数理统计”中的随机变量及其分布、随机变量的数字特征、样本的参数估计、假设检验及方差分析和回归分析等内容，详细介绍 scipy 库的 stats 模块，并对表数据进行处理的 pandas 库及数据分析库 sklearn 进行初步的介绍。

第13章

概率论的基本概念

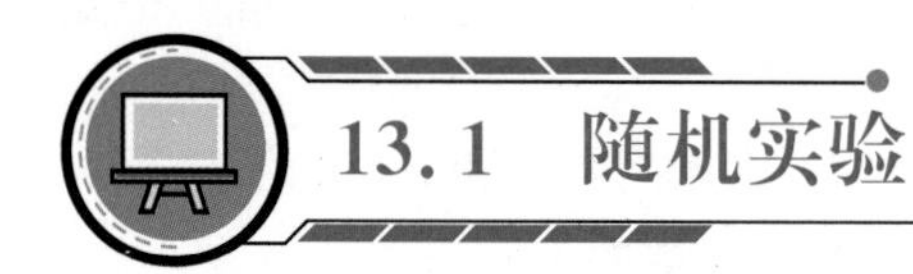

13.1 随机实验

自然界与社会活动中会发生各种各样的现象，人们总是想深入研究这些现象产生的原理与规律。有些现象可以引入一些相关变量，就问题的实际情况对这些变量之间的关系进行推导，最后得到变量与关注的目标变量(因变量)之间的某个函数关系(就像高等数学中微分方程的解)；有些现象相关因素(变量)之间的这种函数关系并不明显，人们往往要借助经验或过往数据对当前的情势给出指导，而这些经验及数据必须要通过实验获得。

例如，抛掷一枚硬币，观察出现正面H、反面T的情况。

在没有计算机辅助的情况下，这样的实验尽管简单，但非常烦琐。尽管如此，人们也曾在真实的环境下做过这个实验，并记录了实验结果。可以想象得到，如果抛掷10次硬币为一次实验，那么这个结果随机性可能会较强，我们期望的正反面各5次出现的可能性不会太大；如果以抛掷10 000次为一次实验，并将这样的实验做10 000次会得到什么结果呢?这正是人们通过实验获得经验的基本方法，使用计算机辅助的手段会使此类实验变为现实。

下面尝试模拟该实验。

首先从抛掷10次开始，代码如下：

```
#导入numpy库，并依惯例将其重命名为np
import numpy as np

#多次调用np.random时的一种简化方法
r1 = np.random
```

```
#新建一个列表保存实验结果
a = []

#一般情况是 for i in range(10):由于循环体中没有用到变量 i,所以以符号'_'代替 i .
for _ in range(10):
    #np.random.randint(m)随机产生一个 0~m-1 的整数
    #a.append(x)将 x 附加至列表 a 的末尾
    a.append(r1.randint(2))
a
```

[1, 0, 1, 0, 0, 1, 0, 1, 0, 1]

图 13.1

运行结果如图 13.1 所示。

由于实验的随机性,读者计算机上产生的结果可能与图 13.1 不一样。

现在详细学习函数 randint()的用法。

randint(low, high=None, size=None, dtype='l')可生成半开半闭区间[low,high)内的随机整数,若 high 值缺失,则取默认值 None,此时函数返回[0,low)内的随机整数。参数 size 用来传入返回值的个数(一维)或形状(多维),默认值为 None,此时仅生成一个随机整数,dtype 用于限定值的类型,可以是'int64', 'int'等。

如果参数中有等号,如 high=None,调用这个函数时此参数可以给出,也可以不给出,如果不给出,则使用其默认值。在下边的例子中,注意观察此函数的不同用法。

如果希望生成的随机数结果可以重现,需要设定随机数种子,代码如下:

```
#当指定相同的种子时,每次都生成一样的结果
r2 = np.random
#为 r1 指定随机种子 1
r1.seed(1)
#生成长度为 10 的随机数
b = r1.randint(2,size = 10)
print('b is {}'.format(b))
r2.seed(1)
c = r2.randint(2,size = 10)
print('c is {}'.format(c))
```

运行结果如图 13.2 所示。

```
b is [1 1 0 0 1 1 1 1 1 0]
c is [1 1 0 0 1 1 1 1 1 0]
```

图 13.2

模拟 10 000 次抛硬币的实验,并记录实验结果,代码如下:

```
#defaultdict 在科学计算中比 Python 内置的字典 dict 更为常用
from collections import defaultdict
r = np.random
myDict = defaultdict(int)
info = 'TH'
for _ in range(10000):
  myDict[info[r.randint(2)]] += 1
myDict['T'],myDict['H']
```

运行结果如图 13.3 所示。

(5018, 4982)

图　13.3

关于 defaultdict：

（1）collections 是 Python 的内置模块，提供了 list，dict，set，tuple 等容器的替代选择。

（2）使用 dict 时，如果引用的“键”不存在，就会抛出 KeyError，如果希望“键”不存在时返回一个默认值，就可以使用 defaultdict。defaultdict 是内置 dict 类的子类，它包含一个名为 default_factory 的属性 defaultdict(default_factory[,…])，构造时，第一个参数为该属性提供初始值，默认为 None，其他参数及使用方法与 dict 相同。default_factory 常设置为 Python 的内置类型 str、int、list 或 dict，这些内置类型在没有参数调用时返回空类型：''、0、[]、{}，代码如下：

```
dict1 = defaultdict(int)
dict1['abc']   #为'abc'提供默认值 0
dict1
```

运行结果如图 13.4 所示。

上述代码中的 randint()函数也可换成 choice()函数，代码如下：

```
myDict_another = defaultdict(int)
info = 'TH'
for _ in range(10000):
    #np.random.choice([m,n],p = [p1,p2])表示以概率 p1 选取数 m,以概率 p2 选取 n,其中 p1 +
    #p2 = 1
    myDict_another[info[np.random.choice([0,1],p = [0.5,0.5])]] += 1
myDict_another['T'],myDict_another['H']
```

运行结果如图 13.5 所示。

defaultdict(int, {'abc': 0})

图　13.4

(5007, 4993)

图　13.5

13.2　样本空间、随机事件

我们把随机实验所有可能结果组成的集合称为样本空间，如投掷硬币的样本空间为{'T','H'}；样本空间的子集称为随机事件。由于随机事件的本质是集合，所以随机事件之间的关系和运算就可以转换为集合之间的关系和运算，本节使用 Python 探究集合之间的运算。

把 26 个大写英文字母构成的集合作为全集 S_ALL，代码如下：

```
#新建一个空集
S_ALL = set()
#将整数 65~90 转换成 Unicode 字符,添加到集合 S_ALL 中
for i in range(65,91):
```

```
  #为集合添加元素时使用add()函数
  S_ALL.add(chr(i))
print(S_ALL)
```

运行结果如图 13.6 所示。

```
{'G', 'Z', 'N', 'M', 'T', 'S', 'D', 'O', 'U', 'Y', 'E', 'C', 'V',
'W', 'X', 'R', 'I', 'F', 'P', 'L', 'B', 'H', 'J', 'Q', 'A', 'K'}
```

图 13.6

取全集的两个子集 S_1 和 S_2,代码如下:

```
import numpy as np
r = np.random
r.seed(0)
S_1 = set()
S_2 = set()
for i in range(18):
  S_1.add(chr(r.randint(65,91)))
  S_2.add(chr(r.randint(65,91)))
print(S_1)
print(S_2)
```

运行结果如图 13.7 所示。

```
{'M', 'T', 'G', 'S', 'X', 'D', 'H', 'Y', 'F', 'P', 'V', 'J', 'N'}
{'G', 'B', 'R', 'D', 'H', 'O', 'Z', 'I', 'Y', 'U', 'P', 'E', 'V', 'J', 'A', 'Q', 'F'}
```

图 13.7

注意集合中的元素互不相同。

求集合 S_1 与 S_2 的交集有两种方法,代码如下:

```
print(S_1.intersection(S_2))
print(S_1&S_2)
```

运行结果如图 13.8 所示。

```
{'G', 'D', 'H', 'Y', 'F', 'P', 'V', 'J'}
{'G', 'D', 'H', 'Y', 'F', 'P', 'V', 'J'}
```

图 13.8

类似地,求两个集合的并集,代码如下:

```
print(S_1.union(S_2))
print(S_1|S_2)
```

运行结果如图 13.9 所示。

```
{'G', 'X', 'R', 'Z', 'I', 'F', 'Q', 'P', 'N', 'M', 'T', 'S', 'B', 'D', 'H', 'O', 'Y', 'U', 'E', 'V', 'J', 'A'}
{'G', 'X', 'R', 'Z', 'I', 'F', 'Q', 'P', 'N', 'M', 'T', 'S', 'B', 'D', 'H', 'O', 'Y', 'U', 'E', 'V', 'J', 'A'}
```

图 13.9

两个集合差集的求法,代码如下:

```
print(S_1.difference(S_2))
print(S_1 - S_2)
```

运行结果如图 13.10 所示。

```
{'M', 'T', 'S', 'X', 'N'}
{'M', 'T', 'S', 'X', 'N'}
```

图　13.10

两个集合对称差(两个集合的并集减去这两个集合的交集)的求法,代码如下:

```
print((S_1|S_2) - (S_1&S_2))
print(S_1.symmetric_difference(S_2))
```

运行结果如图 13.11 所示。

```
{'E', 'X', 'B', 'N', 'I', 'M', 'T', 'Z', 'R', 'O', 'Q', 'A', 'U', 'S'}
{'S', 'B', 'N', 'T', 'Z', 'E', 'X', 'M', 'R', 'U', 'I', 'O', 'Q', 'A'}
```

图　13.11

最后,验证德摩根律,代码如下:

```
S_ALL - (S_1|S_2) == (S_ALL - S_1)&(S_ALL - S_2),\
S_ALL - (S_1&S_2) == (S_ALL - S_1)|(S_ALL - S_2)
```

运行结果如图 13.12 所示。

图　13.12

注释:代码过长需换行时,可使用"\"换行。

13.3　频率与概率

频率描述事件发生的频繁程度。当重复试验的次数逐渐增大时,事件发生的频率逐渐稳定于某个常数,这种现象称为"频率的稳定性",即通常所说的统计规律性。下面来看两个例子。

【例 13.1】　模拟抛硬币的试验。将硬币抛掷 10 次,100 次,1000 次,10 000 次,100 000 次,1 000 000 次,观察正面向上(H)的频率。

解　代码如下:

```
import numpy as np
from collections import defaultdict
test_times = [10,100,1000,10000,100000,1000000]
r = np.random
r.seed(0)
for i in range(len(test_times)):
  occur_H_times = 0
  for _ in range(test_times[i]):
     is_H = r.randint(0,2)
```

```
        if is_H: # is_H 为 1 时表示正面向上
            occur_H_times += 1   # 正面向上的次数加 1
    print('总实验次数为{},H 发生的频数为{},频率为{}'\
    .format(test_times[i],occur_H_times,\
    np.round(occur_H_times/test_times[i],5)))
```

运行结果如图 13.13 所示。

np.round(x,decimals=0)返回浮点数 x 指定小数位数的四舍五入值,参数 decimals 缺失时,返回四舍五入后的整数。

【例 13.2】 阅读英文原著 *Les Miserables*(《悲惨世界》),统计每个字母(A～Z)出现的频率。

原著的 txt 文件和本章的资源文件在同一目录,如图 13.14 所示。

```
总试验次数为10,H发生的频数为8,频率为0.8
总试验次数为100,H发生的频数为52,频率为0.52
总试验次数为1000,H发生的频数为494,频率为0.494
总试验次数为10000,H发生的频数为5091,频率为0.5091
总试验次数为100000,H发生的频数为49908,频率为0.49908
总试验次数为1000000,H发生的频数为499489,频率为0.49949
```

图 13.13

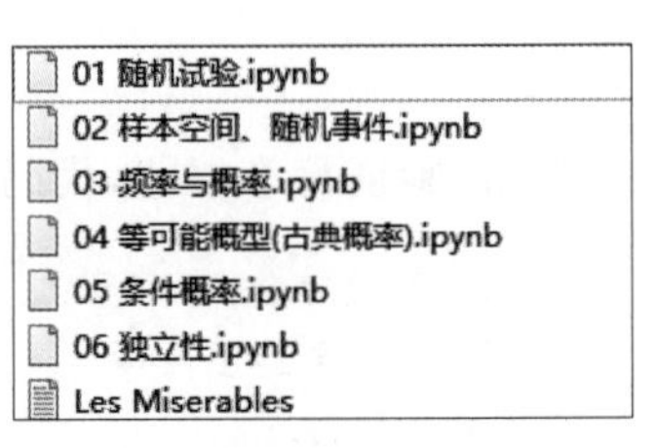

图 13.14

解 统计每个字母出现的概率,代码如下:

```
from collections import defaultdict
chars_num = 0.
myDict = defaultdict(int)
with open("Les Miserables.txt") as f:   # 打开文件并将其命名为 f
  ftext = f.read()                      # 读取文件全部内容,以 str 类型存入 ftext 中
for i in range(len(ftext)):
  char = ftext[i].upper()               # 将字符改写为大写形式,便于统计
  if char >= 'A' and char <= 'Z':       # 判断是否为大写英文字母
     myDict[char] += 1                  # 统计每个字母出现的次数
     chars_num += 1.0                   # 统计字母的总数
print("The total chars_num is {}".format(chars_num))
print(myDict)
```

运行结果如图 13.15 所示。

```
The total chars_num is 2668506.0
defaultdict(<class 'int'>, {'P': 45025, 'R': 155953, 'E': 350204,
 'F': 59287, 'A': 218220, 'C': 70324, 'S': 171145, 'O': 194394,
 'L': 104824, 'N': 178921, 'G': 51034, 'T': 247905, 'H': 186855,
 'X': 4144, 'I': 184082, 'B': 39687, 'Y': 41146, 'V': 27421, 'U': 7
1744, 'W': 59832, 'D': 114858, 'M': 65472, 'Z': 2018, 'K': 15324,
 'J': 6031, 'Q': 2656})
```

图 13.15

上述输出结果杂乱无章，不便于分析，我们把结果按字母出现的频率由高到低进行排序，代码如下：

```
#对字母排序
from operator import itemgetter
#参数 key = itemgetter(1),1 表示按值排序; 0 为按键排序
sorted_dict = sorted(myDict.items(),key = itemgetter(1),reverse = True)
for i in range(len(sorted_dict)):
  print('字母 \'{}\' 发生的频数为: {}, 频率为: {}'\
     .format(sorted_dict[i][0],sorted_dict[i][1],\
        np.round(sorted_dict[i][1]/chars_num,5)))
```

运行结果如图 13.16 所示。

```
字母 'E' 发生的频数为: 350204, 频率为: 0.13124
字母 'T' 发生的频数为: 247905, 频率为: 0.0929
字母 'A' 发生的频数为: 218220, 频率为: 0.08178
字母 'O' 发生的频数为: 194394, 频率为: 0.07285
字母 'H' 发生的频数为: 186855, 频率为: 0.07002
字母 'I' 发生的频数为: 184082, 频率为: 0.06898
字母 'N' 发生的频数为: 178921, 频率为: 0.06705
字母 'S' 发生的频数为: 171145, 频率为: 0.06414
字母 'R' 发生的频数为: 155953, 频率为: 0.05844
字母 'D' 发生的频数为: 114858, 频率为: 0.04304
字母 'L' 发生的频数为: 104824, 频率为: 0.03928
字母 'U' 发生的频数为: 71744, 频率为: 0.02689
字母 'C' 发生的频数为: 70324, 频率为: 0.02635
字母 'M' 发生的频数为: 65472, 频率为: 0.02454
字母 'W' 发生的频数为: 59832, 频率为: 0.02242
字母 'F' 发生的频数为: 59287, 频率为: 0.02222
字母 'G' 发生的频数为: 51034, 频率为: 0.01912
字母 'P' 发生的频数为: 45025, 频率为: 0.01687
字母 'Y' 发生的频数为: 41146, 频率为: 0.01542
字母 'B' 发生的频数为: 39687, 频率为: 0.01487
字母 'V' 发生的频数为: 27421, 频率为: 0.01028
字母 'K' 发生的频数为: 15324, 频率为: 0.00574
字母 'J' 发生的频数为: 6031, 频率为: 0.00226
字母 'X' 发生的频数为: 4144, 频率为: 0.00155
字母 'Q' 发生的频数为: 2656, 频率为: 0.001
字母 'Z' 发生的频数为: 2018, 频率为: 0.00076
```

图　13.16

注释：(1) operator 模块提供的 itemgetter()函数返回一个可调用对象，用来获取运算对象的某些项，其用法代码如下：

```
r = [2,3,4]
f = itemgetter(1)   #定义用于获取第 1 项的可调用对象 f
f(r)                #取出列表 r 中第 1 项的值 r[1]
```

运行结果如图 13.17 所示。

```
3
```

图　13.17

(2) items()方法以列表形式返回可遍历的“(键,值)”元组数组。

(3) sorted()函数用来排序，sorted(iterable, key=None, reverse=False)返回一个新的列表，其中包含可迭代对象数据 iterable 中的所有项目，并按升序排列。参数 key 可传入一个函数或者 lambda 函数，也可以取 itemgetter，指定按待排序元素的哪一项进行排序，reverse 默认为 False，当设置为 True 时，返回结果按降序排列。

本例的统计是有意义的，可以观察字母出现的频率与其在键盘上的位置的大致关系，频率较高的字母应该出现在手指最容易碰触的位置。

基于频率的稳定性，我们让实验重复大量次数，计算事件的频率，用它来表示事件发生的可能性大小是合适的，这便是概率的近似计算方法。

13.4 等可能概型(古典概型)

满足如下两个特点的实验称为等可能概型，也叫古典概型。

(1) 实验的样本空间中只包含有限个元素。

(2) 实验中每个基本事件发生的可能性相同。

等可能概型中事件概率的计算有其特有的公式：

$$P(A)=\frac{A\text{ 包含的基本事件个数 }n_A}{\text{样本空间中基本事件总数 }n}$$

本节比较大量重复实验的情况下事件发生的频率与事件发生的概率之间的差异，以检验频率作为概率近似的合理性。

【例 13.3】 将一枚硬币抛掷三次。事件 A_1 为“恰有一次出现正面”，事件 A_2 为“至少有一次出现正面”，求两事件发生的概率。

解　由等可能概型概率计算公式可得：

$$P(A_1)=\frac{3}{8},P(A_2)=\frac{7}{8}$$

现将“一枚硬币抛掷三次”的实验重复进行 100 000 次，计算两事件发生的频率，代码如下：

```
from collections import defaultdict
import numpy as np
test_times = 100000
ex_1_dict = defaultdict(int)
r = np.random
r.seed(1)
for _ in range(test_times):
  test = r.randint(2,size = 3)   #1 表示出现正面,0 为反面
  if sum(test) == 1:ex_1_dict['==1'] += 1
  if sum(test)> 0:ex_1_dict['>=1'] += 1
ex_1_dict['==1']/test_times,ex_1_dict['>=1']/test_times
```

运行结果如图 13.18 所示。

```
(0.37531, 0.87387)
```

图　13.18

从输出结果可以看到，100 000 次实验下，两事件发生的频率与两事件发生的概率是非常接近的。也可以尝试构造实验的样本空间并统计两事件中包含的基本事件个数，代码如下：

```
import numpy as np
S = set()
one_coin_result = ['T','H']
r = np.random
r.seed(1)
for _ in range(1000):
  outcome = ''
  for i in range(3):
     outcome += one_coin_result[r.randint(2)]
  S.add(outcome)
S
```

运行结果如图 13.19 所示。

```
{'HHH', 'HHT', 'HTH', 'HTT', 'THH', 'THT', 'TTH', 'TTT'}
```

图 13.19

上述代码将“一枚硬币抛掷三次”的实验重复进行了 1000 次,并把所有可能发生的结果放入集合 S 中,S 就构成了该实验的样本空间,共包含 8 个基本事件。接下来统计两事件 A_1 及 A_2 中包含的基本事件个数,代码如下:

```
only_1_H = 0
at_least_1_H = 0
for s in S:
  count_H = list(s).count('H')  #统计 H 的个数
  if count_H == 1:only_1_H += 1
  if count_H > 0:at_least_1_H += 1
only_1_H,at_least_1_H
```

运行结果如图 13.20 所示。

```
(3, 7)
```

图 13.20

事件 A_1 中包含 3 个基本事件,A_2 中包含 7 个基本事件。

【例 13.4】 一个口袋装有 6 只球,其中 4 只白球,2 只红球。从袋中取球两次,每次随机地取一只。试分别就放回抽样与不放回抽样两种情况求:①取到的两只球都是白球的概率;②取到的两只球颜色相同的概率;③取到的两只球中至少有一只是白球的概率。

解 将“从袋中取球两次,每次随机地取一只”的实验重复进行 100 000 次,计算放回抽样与不放回抽样两种情况下上述三个事件发生的频率,代码如下:

```
from collections import defaultdict
import numpy as np
test_times = 100000
r = np.random
r.seed(1)
ex_2_dict = defaultdict(int)
for _ in range(test_times):
  Balls = ['W'] * 4 + ['R'] * 2  #4 个 W 与 2 个 R 构成的列表
  first_replacement, second_replacement = \
```

```
    Balls[r.randint(len(Balls))],Balls[r.randint(len(Balls))]
    if first_replacement == 'W' and second_replacement == 'W':
        ex_2_dict['ww_r'] += 1       #有放回时,抽到两只球都是白球的次数
      if first_replacement == second_replacement:
        ex_2_dict['wr_r'] += 1       #有放回时,抽到两只球颜色相同的次数
    if first_replacement == 'W' or second_replacement == 'W':
        ex_2_dict['wx_r'] += 1       #有放回时,两只至少一只是白球的次数
    first_not_replacement = Balls[r.randint(len(Balls))]
    Balls.remove(first_not_replacement)   #将第一次抽到的球剔除
    second_not_replacement = Balls[r.randint(len(Balls))]
    if first_not_replacement == 'W' and second_not_replacement == 'W':
        ex_2_dict['ww_nr'] += 1      #无放回时,抽到两只球都是白球的次数
    if first_not_replacement == second_not_replacement:
        ex_2_dict['wr_nr'] += 1      #无放回时,抽到两只球颜色相同的次数
    if first_not_replacement == 'W' or second_not_replacement == 'W':
        ex_2_dict['wx_nr'] += 1      #无放回时,两只至少一只是白球的次数
#将 list 转换为 np.array 以行显示数据,更规范
np.array([ex_2_dict['ww_r'],ex_2_dict['wr_r'],ex_2_dict['wx_r']
,ex_2_dict['ww_nr'],ex_2_dict['wr_nr'],ex_2_dict['wx_nr']])/test_times
```

运行结果如图 13.21 所示。

```
array([0.4432 , 0.55434, 0.88886, 0.39806, 0.46574, 0.93232])
```

图 13.21

事件发生的概率的理论值计算,代码如下:

```
np.round(np.array([4/6 * 4/6,4/6 * 4/6 + 2/6 * 2/6,1 - 1/9,4/6 * 3/5,4/6 * 3/5 + 2/6 * 1/5,1 -
2/6 * 1/5]),5)
```

运行结果如图 13.22 所示。

```
array([0.44444, 0.55556, 0.88889, 0.4    , 0.46667, 0.93333])
```

图 13.22

差异都不超过 0.01。

【例 13.5】 计算一个班同学,至少有两人生日在同一天的概率。

解 分别计算班级人数从 20～100 时相应的概率近似值,并绘制概率随人数变化的折线图,代码如下:

```
from collections import defaultdict
import numpy as np
import matplotlib.pyplot as plt
r = np.random
r.seed(1)
probabilities = []
```

```
number_classmates = list(range(20,101))
test_times = 10000
ex_3_dict = defaultdict(int)
for n in range(20,101):
  for _ in range(test_times):
     birthdays = r.randint(365,size = n)
     if len(set(birthdays))< n:   #将列表强制转换为集合可消除重复元素
         ex_3_dict[n] += 1
  probabilities.append(ex_3_dict[n]/test_times)
plt.plot(number_classmates,probabilities)
plt.xlabel('number of classmates')
plt.ylabel('probability of having the same birthday')
plt.show()
```

图形输出如图 13.23 所示。

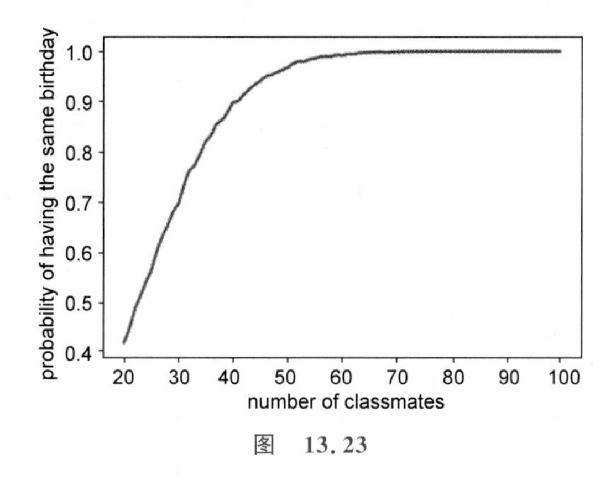

图　13.23

从输出结果可以看到,班级人数在 60 人以上时,至少两人生日相同的概率便与 1 相差无几。

【例 13.6】　在 1～2000 的整数中随机地取一个数,问取到的整数既不能被 6 整除,又不能被 8 整除的概率是多少?

解　该题可直接使用等可能概型的概率计算公式,代码如下:

```
nums = list(range(1,2001))
original_length = len(nums)
#剔除可以被 6 或 8 整除的整数
for element in nums:
  if element % 6 == 0 or element % 8 == 0:
     #remove(a)将 a 从列表中删除
     nums.remove(element)
len(nums)/original_length
```

运行结果如图 13.24 所示。

使用概率计算公式求事件概率时,免不了会遇到组合、排列以及阶乘的计算,本节最后简单介绍几个相应的函数,代码如下:

```
from scipy.special import comb,perm
from math import factorial
#C(5,2),P(5,3),6!
comb(5,2),perm(5,3),factorial(6)
```

运行结果如图 13.25 所示。

scipy 是基于 Python 的 numpy 扩展构建的数学算法和函数的工具包,它可用于统计、优化、线性代数、傅里叶变换、信号和图像处理及常微分方程求数值解等方面,后面用到时会对它的某些功能做详细介绍。

组合数和排列数在科学计算中并不是整数类型,代码如下:

```
comb(100,50)
```

运行结果如图 13.26 所示。

```
0.75
```

图 13.24

```
(10.0, 60.0, 720)
```

图 13.25

```
1.0089134454556415e+29
```

图 13.26

13.5 条件概率

条件概率考虑的是事件 A 已经发生的情况下事件 B 的概率,记为 $P(B|A)$,它是概率论中一个重要而实用的概念。条件概率的计算可使用缩减样本空间法或直接套用条件概率计算公式:

$$P(B \mid A)=\frac{P(AB)}{P(A)}$$

【例 13.7】 抛掷硬币,观察其出现正反面的情况。

实验 1:一枚硬币抛掷两次。设事件 A_1 为"至少有一次为 H",事件 B_1 为"两次掷出同一面",求事件 A_1 已经发生的条件下事件 B_1 发生的概率。

实验 2:一枚硬币抛掷三次。设事件 A_2 为"至少两次为 H",事件 B_2 为"三次为 H",求事件 A_2 已经发生的条件下事件 B_2 发生的概率。

解 使用随机实验法,将试验 1 与试验 2 各重复进行 10 000 次,统计上述四个事件发生的次数,代码如下:

```
from collections import defaultdict
import numpy as np
```

```
test_times = 10000
ex_1_dict = defaultdict(lambda:[0] * 2) #见注释
r = np.random
r.seed(0)
for _ in range(test_times):
  two_0_1 = r.randint(2,size = 2)
  three_0_1 = r.randint(2,size = 3)
  if sum(two_0_1)>0:
     ex_1_dict['1x'][0] += 1
     if two_0_1[0] == two_0_1[1]:
        ex_1_dict['1x'][1] += 1
  if sum(three_0_1)>1:
     ex_1_dict['11x'][0] += 1
  if sum(three_0_1) == 3:
     ex_1_dict['11x'][1] += 1
ex_1_dict['1x'],ex_1_dict['11x']
```

运行结果如图 13.27 所示。

注释：defaultdict(lambda:[0] * 2)给字典的"键"默认赋值为一个列表[0,0]，因为要传入索引，所以这里需使用关键字 lambda，这是字典的值为列表时的特定用法，请读者务必掌握。

上述两个条件概率的近似值计算，代码如下：

```
ex_1_dict['1x'][1]/ex_1_dict['1x'][0],\
ex_1_dict['11x'][1]/ex_1_dict['11x'][0]
```

运行结果如图 13.28 所示。

```
([7491, 2458], [5029, 1273])
```

图 13.27

```
(0.32812708583633693, 0.2531318353549413)
```

图 13.28

【例 13.8】 一盒子内装有 4 只乒乓球，其中有 3 只一等品，1 只二等品。从中取球两次，每次任取一只，做不放回抽样。设事件 A 为"第一次取到的是一等品"，事件 B 为"第二次取到的是一等品"。试求条件概率 $P(B|A)$。

解 试验重复进行 200 次，统计样本空间 S 以及事件 A，AB 中包含的基本事件个数，代码如下：

```
import numpy as np
samples = set()
r = np.random
```

```
r.seed(0)
test_times = 200
for _ in range(test_times):
    #1,2,3 为正品,0 为次品
    describes = list('1230')                                    #注释(1)
    first = describes[r.randint(4)]
    #不放回抽样
    describes.remove(first)
    second = describes[r.randint(3)]
    samples.add(first + second)                                 #注释(2)
#S,A,AB 中包含的事件个数
len(samples),sum([1 if s[0]!= '0' else 0 for s in samples]),\
sum([1 if int(s[0]) * int(s[1]) else 0 for s in samples])       #注释(3)
```

运行结果如图 13.29 所示。

注释：(1) list('1230')将字符串'1230'转换为列表['1', '2', '3', '0'],列表中的每个元素都是字符。

(2) first+second 实现字符串的拼接。

(3) 输出事件 A 与 AB 包含的基本事件个数时使用了列表解析式。列表解析式是 Python 迭代机制的一种应用,它使用已有列表,高效创建新列表。列表解析式分为无条件子句与有条件子句两种形式,相应的语法结构为[expression for iter_val in iterable],[expression for iter_val in iterable if cond_expr]或者[expression if cond_expr else expression for iter_val in iterable]。需要注意的是,在有条件子句时,如果条件子句在 for 前面,必须带上 else,条件子句在 for 后面时,不带 else。上述代码中的列表解析式可作等价替换,代码如下：

```
sum([1 for s in samples if s[0]!= '0']),\
sum([1 for s in samples if int(s[0]) * int(s[1])])
```

运行结果如图 13.30 所示。

```
(12, 9, 6)
```

图 13.29

```
(9, 6)
```

图 13.30

套用条件概率计算公式,可得：

$$P(B \mid A)=\frac{P(AB)}{P(A)}=\frac{6/12}{9/12}=\frac{2}{3}$$

【例 13.9】 某工厂所用元件是由三家元件制造厂提供的。据以往的记录有以下的数据,如表 13.1 所示。

表 13.1

元件制造厂	次　品　率	提供元件的份额
1	0.02	0.15
2	0.01	0.80
3	0.03	0.05

设这三家工厂的产品在仓库中是均匀混合的,且无区别的标志。①在仓库中随机地取一只元件,求它是次品的概率;②在仓库中随机地取一只元件,若已知取到的是次品,为分析此次品出自何厂,需求出此次品由三家工厂生产的概率分别是多少。试求这些概率。

解 按工厂的元件提供份额模拟随机抽取 1 000 000 件元件,统计来自每厂的元件个数、合格品个数以及次品个数,代码如下:

```
from collections import defaultdict
import numpy as np
numbers_sampling = 1000000
r = np.random
r.seed(0)
ex_3_dict = defaultdict(lambda:[0] * 3)  #默认值为[0,0,0]
#每家工厂的合格率、次品率
qualityrate_dict = {'1':[0.98,0.02],'2':[0.99,0.01],'3':[0.97,0.03]}
for _ in range(numbers_sampling):
  factory = r.choice(['1','2','3'],p = [.15,.8,.05])  #按元件提供份额抽取
  ex_3_dict[factory][0] += 1                          #统计来自每厂元件个数
  zero_one = r.choice([1,0],p = qualityrate_dict[factory]) #1 为合格品,0 为次品
  ex_3_dict[factory][2 - zero_one] += 1     #统计每厂合格品个数,次品个数
ex_3_dict
```

运行结果如图 13.31 所示。

```
defaultdict(<function __main__.<lambda>()>,
            {'2': [799945, 791986, 7959],
             '3': [49923, 48346, 1577],
             '1': [150132, 147068, 3064]})
```

图 13.31

注释:输出结果表明,1 000 000 件元件中有 150 132 件来自制造厂 1,其中 147 068 件合格品,3064 件次品,其余数据可做类似解读。

所求概率的近似值代码如下:

```
total = ex_3_dict['1'][2] + ex_3_dict['2'][2] + ex_3_dict['3'][2]   #总次品数
np.round(np.array([total/numbers_sampling,ex_3_dict['1'][2]/total,\
      ex_3_dict['2'][2]/total,ex_3_dict['3'][2]/total]),5)
```

运行结果如图 13.32 所示。

```
array([0.0126 , 0.24317, 0.63167, 0.12516])
```

图 13.32

注释：0.0126 是抽到次品的概率近似，0.243 17，0.631 67，0.125 16 分别是次品来自三家工厂的概率近似，它们与使用全概率公式以及贝叶斯公式求出的实际概率值相差无几。

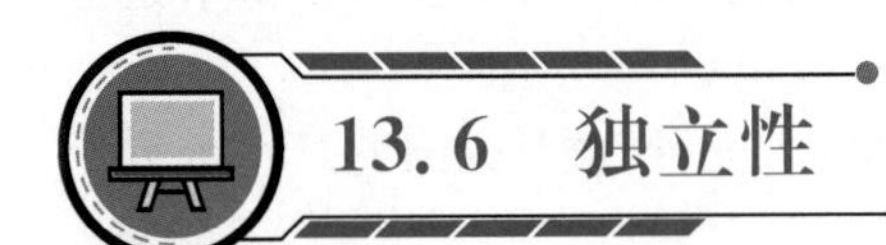

13.6 独立性

如果事件 A 的发生与否对事件 B 的发生没有影响，有 $P(AB)=P(A)P(B)$，此时称事件 A 与事件 B 相互独立。

【例 13.10】 甲、乙两人进行乒乓球比赛，每局甲胜的概率为 p，$p\geqslant\frac{1}{2}$。问对甲而言，采用三局二胜制有利，还是采用五局三胜制有利。设各局胜负相互独立。

解 采用三局二胜制时，甲获胜的情况有“甲甲”“乙甲甲”“甲乙甲”，至少比赛两局，且最后一局必须是甲胜，由独立性得甲获胜的概率为：

$$p_1=p^2+C_2^1p^2(1-p)$$

类似地，可分析出五局三胜制时，甲获胜的概率为：

$$p_2=p^3+C_3^2p^3(1-p)+C_4^2p^3(1-p)^2$$

比较这两个概率的大小，代码如下：

```
from scipy.special import comb
from sympy import symbols,solve,init_printing
init_printing()                        #启动环境中可用的最佳打印资源
p = symbols('p',positive = True)   #变量 p 限定取正值
p1 = p ** 2 + comb(2,1) * p * p * (1 - p)
p2 = p ** 3 + comb(3,2) * p * p * (1 - p) * p + comb(4,2) * p * p * (1 - p) * (1 - p) * p
f = p1 - p2
solve(f,p)                             #默认 f = 0,求 p 值
```

运行结果如图 13.33 所示。

```
[0.5, 1.0]
```

图 13.33

注释：(1) sympy 是 Python 的一个符号计算库，它支持以表达式的形式进行精确的数学运算而不是近似计算，可进行符号计算、高精度计算、模式匹配、绘图、解方程、微积分、组合数学、离散数学、几何学、概率与统计、物理学等方面的运算。

(2) sympy 中定义变量必须使用 symbols()或 Symbol()，其中仅定义一个变量时使用后者。symbols()函数可接收一系列由空格或逗号分隔的变量名字符串，并将其赋给相应的变量名，例如：x,y,z=symbols('x y z')。同时，对于所有新建变量，都可附上相应的限制条件。

(3) init_printing()功能在于启动环境中可用最佳打印资源，并以最好的方式输出或打印结果。

(4) 求解 $f=0$ 时的 p 值使用 solve()函数。solve(f, * symbols)中 f 可以是等于0的表达式、等式、关系式或者它们的组合，symbols 是要求解的对象，可以是一个也可以是多个(用列表表示)。

从输出结果来看，p 取 0.5 与 1 时，两概率大小相同，对甲来说取哪种赛制都一样，但 $p=1$ 意味着不论采取什么赛制甲都必胜，不考虑这种情况。当 $0.5<p<1$ 时，取 $p=0.6$ 代入 f，判断其符号，代码如下：

```
f.subs(p,0.6)
```

结果如图 13.34 所示。

注释：求函数在某一点处的函数值，可以使用 subs()函数，它可将表达式中某个对象替换为其他对象，这里将表达式 f 中的 p 替换为 0.6。

−0.03456

图 13.34

输出值为负，这说明当 $0.5<p<1$ 时，对甲来说五局三胜制比三局二胜制更有利。

进一步，可以探讨高低水平队员对三局二胜赛制的渴望程度，代码如下：

```
import numpy as np
import matplotlib.pyplot as plt
epsilon = 1e - 5
victory_rates = np.linspace(epsilon,1 - epsilon,201)
eager_vals = [ ]
for rate in victory_rates:
  eager_vals.append(f.subs(p,rate))       #用 f 值表示对三局二胜赛制的渴望程度
plt.plot(victory_rates,eager_vals)
plt.xlabel('Victory rate')
plt.ylabel('Eager to 3/2')
plt.show()
```

运行结果如图 13.35 所示。

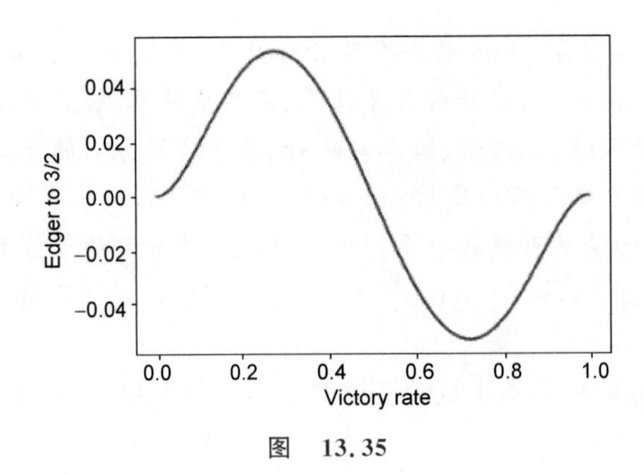

图 13.35

由图 13.35 可知,胜率大致为 0.28 的选手对三局二胜制的渴望程度达到最大(未必就会赢得比赛),而此时对方(胜率 0.72)最不渴望这种"殊死一搏"型的赛制。

第14章 随机变量及其分布

14.1 随机变量

有些随机实验的结果是用数值表示的,有些不是。当实验结果不是用数值表示时,很难对其进行描述和研究,所以有必要将实验结果数值化,这便是引入随机变量的初衷。

【例 14.1】 将一枚硬币抛掷三次,观察正面和反面出现的情况,样本空间是 $S=\{HHH,HHT,HTH,THH,HTT,THT,TTH,TTT\}$。以 X 记三次投掷得到正面 H 的总数,那么,对于样本空间 S 中的每一个样本点 e,X 都有一个数与之对应。X 是定义在样本空间 S 上的一个实值单值函数,它的定义域是样本空间 S,值域是实数集合 $\{0,1,2,3\}$。这样的 X 称为随机变量。

解 代码如下:

```
from collections import defaultdict
import numpy as np
result = 'TH'
#新建一个空集合,用于存放观察结果
observations = set()
#numpy.random.RandomState()是一个伪随机数生成器,和设置 seed 的效果是一样的
np.random.RandomState(1)

#新建一个空字典,字典中不存在的"键",默认"值"为空集
X = defaultdict(set)
for _ in range(100):
  #生成长度为 3 的随机数
  three_0_1 = np.random.randint(2,size = 3)
  #result[0]表示 T,result[1]表示 H,生成观察结果
```

```
    observation = result[three_0_1[0]] + result[three_0_1[1]] + result[three_0_1[2]]
    #将观察结果加入集合
    observations.add(observation)

    #以 H 出现个数作为"键",将相应的观察结果加入"值"集合中
    X[sum(three_0_1)].add(observation)

print('Samples space is {}.'.format(observations))
for i in (0,1,2,3):
    print('X({}) = {}'.format(i,X[i]))
```

运行结果如图 14.1 所示。

```
Samples space is {'THH', 'THT', 'HTH', 'HHT', 'TTT', 'HTT', 'HHH', 'TTH'}.
X(0)={'TTT'}
X(1)={'THT', 'HTT', 'TTH'}
X(2)={'THH', 'HTH', 'HHT'}
X(3)={'HHH'}
```

图 14.1

注释：numpy.random.RandomState()是一个伪随机数生成器，和设置 seed 的效果是一样的。

随机变量按其取值情况可分为离散型随机变量与连续型随机变量。离散型随机变量的取值可以一一列举，连续型随机变量的取值不能一一列举。

14.2 离散型随机变量及其分布律

要掌握一个离散型随机变量 X 的统计规律，必须且只须知道 X 的所有可能取值以及取每个可能值的概率。本节引入 scipy 的 stats 子模块介绍离散型随机变量。

首先引入 stats，查看 stats 包含哪些离散型随机变量的分布，代码如下：

```
#引入 stats,查看 stats 包含哪些离散型随机变量分布
from scipy import stats
print([k for k,v in stats.__dict__.items() if isinstance(v,stats.rv_discrete)])
```

运行结果如图 14.2 所示。

```
['binom', 'bernoulli', 'betabinom', 'nbinom', 'geom', 'hypergeom', 'logser',
'poisson', 'planck', 'boltzmann', 'randint', 'zipf', 'dlaplace', 'skellam',
'yulesimon']
```

图 14.2

这里列出了 15 种离散型分布，仅介绍其中的三种——bernoulli，binom，poisson。

14.2.1　0-1 分布

0-1 分布也叫伯努利(Bernoulli)分布。设随机变量 X 只可能取两个值 0 和 1,它的分布律是：

$$P\{X=k\}=p^k(1-p)^{1-k}, k=0,1 \quad (0<p<1)$$

则称 X 服从参数为 p 的(0-1)分布或伯努利分布。scipy 中 bernoulli()对应(0-1)分布,代码如下：

```
#引入 bernoulli 分布
from scipy.stats import bernoulli
p = 0.3
#bernoulli(p)指参数为 p 的(0 - 1)分布,如需多次调用可将其"冻结"起来,即赋给 rv,以简化后方
#代码
rv = bernoulli(p)
#rv. rvs(size = 10,random_state = 0)从服从参数为 p 的(0 - 1)分布中生成 10 个随机变量值,随机
#种子为 0
rv.rvs(size = 10,random_state = 0)
```

运行结果如图 14.3 所示。

```
#100000 个随机变量值中 1 所占的比例
sum(rv.rvs(size = 100000))/100000
```

运行结果如图 14.4 所示。

```
array([0, 1, 0, 0, 0, 0, 0, 1, 1, 0])
```

图　14.3

```
0.30022
```

图　14.4

14.2.2　二项分布

设 X 为 n 重伯努利实验中某事件 A 发生的次数,X 可取 $k=0,1,2,\cdots,n$。若 $P(A)=p$,则 X 的分布律为：

$$P\{X=k\}=C_n^k p^k(1-p)^{n-k}, \quad k=0,1,2,\cdots,n$$

称 X 服从参数为 n,p 的二项分布。scipy 中 binom 对应二项分布,使用方法代码如下：

```
from scipy.stats import binom
n,p = 5,0.3
x = [0,1,2,3,4,5]
#rv 服从参数为 n = 5,p = 0.3 的二项分布
rv = binom(n,p)
#rv.pmf(x)返回 rv 取值为 0,1,2,3,4,5 时的概率值
rv.pmf(x)
```

运行结果如图 14.5 所示。

```
array([0.16807, 0.36015, 0.3087 , 0.1323 , 0.02835, 0.00243])
```

图 14.5

注释：pmf是概率质量函数。rv服从参数为5,0.3的二项分布,rv.pmf(x)返回随机变量rv取值为0,1,2,3,4,5时的概率值,与使用分布律公式算得的值是一致的,代码如下：

```
#comb用于计算组合数
from scipy.special import comb
n,p = 5,0.3
for k in range(6):
  print('{:.5f}'.format(comb(n,k) * p ** k * (1 - p) ** (n - k)),end = ' ')
```

运行结果如图14.6所示。

```
0.16807 0.36015 0.30870 0.13230 0.02835 0.00243
```

图 14.6

【例14.2】 某种型号电子元件的使用寿命如果超过1500小时,则为一级品。已知某一大批产品的一级品率为0.2,现在从中随机地抽查20只。问20只元件中恰有k只($k=0,1,\cdots,10$)为一级品的概率是多少?

解 由题意可得,20只元件中一级品的只数服从参数为20,0.2的二项分布,所求概率代码如下：

```
from scipy.stats import binom
n,p = 20,0.2
rv = binom(n,p)
#用列表解析式生成列表
[(k,rv.pmf(k)) for k in range(11)]
```

运行结果如图14.7所示。

进一步,可作上述结果的图形,以便对该结果有一个直观的了解,代码如下：

```
import numpy as np
import matplotlib.pyplot as plt
x = np.arange(11)
#subplots用于一个图中需绘制多个子图的情况
fig,ax = plt.subplots(1,1)
#绘制散点图
ax.plot(x,rv.pmf(x),'ro',ms = 8,label = 'binom pmf')
#绘制垂直线
ax.vlines(x,0,rv.pmf(x),colors = 'g',lw = 5,alpha = 0.5)
#添加图例
ax.legend()
#显示图形
plt.show()
```

运行结果如图 14.8 所示。

```
[(0, 0.01152921504606847),
 (1, 0.057646075230342306),
 (2, 0.136909428672063),
 (3, 0.2053641430080944),
 (4, 0.21819940194610007),
 (5, 0.1745595215568796),
 (6, 0.10909970097304993),
 (7, 0.0545498504865252),
 (8, 0.022160876760150824),
 (9, 0.007386958920050272),
 (10, 0.002031413703013826)]
```

图　14.7

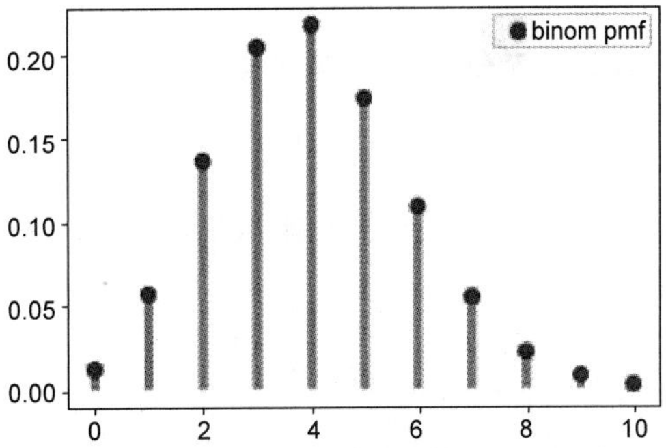

图　14.8

注释：(1) subplots()函数返回一个包含 figure 和 axes 对象的元组，因此，使用 fig,ax=plt.subplots()将元组分解为 fig 和 ax 两个变量。fig 变量可用来修改 figure 层级的属性，ax 变量中保存着子图的可操作 axes 对象。

(2) ax.plot(x,rv.pmf(x),'ro',ms=8,label='binom pmf')使用红色圆圈标记绘制 x 与 rv.pmf(x)，标记大小为 8，标签为 binom pmf。

(3) ax.vlines(x,0,rv.pmf(x),colors='g',lw=5,alpha=0.5)在 x 处绘制从 0 到 rv.pmf(x)的垂直线，线条颜色为绿色，线条宽度为 5，透明度为 0.5。

从图形输出结果可以看到，当 k 增加时，相应概率先是随之增加，增大到最大值($k=4$ 时)后单调减少。

【例 14.3】 某人进行射击，设每次射击的命中率为 0.02，独立射击 400 次，试求至少击中两次的概率。

解　代码如下：

```
from scipy.stats import binom
#x用于存放击中次数
x = [0,1]
n,p = 400,0.02
#sum([binom.pmf(k,n,p) for k in x])指"没有击中或只击中一次"的概率
1 - sum([binom.pmf(k,n,p) for k in x])
```

运行结果如图 14.9 所示。

```
0.9971654733929229
```

图　14.9

14.2.3 泊松分布

设随机变量 X 所有可能的取值为 $0,1,2,\cdots$，取各个值的概率为

$$P\{X=k\}=\frac{\lambda^k e^{-\lambda}}{k!},\quad k=0,1,2,\cdots$$

其中，$\lambda>0$ 是常数。则称 X 服从参数为 λ 的泊松分布。scipy 中 poisson 对应泊松分布，代码如下：

```
from scipy.stats import poisson
lamda = 0.3
#参数为 lamda 的泊松分布
rv = poisson(lamda)
x = np.arange(5)
#rv 取 0～4 时所相应的概率
k_prbs = [[k,rv.pmf(k)] for k in x]
k_prbs,'Sum probability is {:.6f} from k = 0 to k = 4.'.format(np.sum(np.array(k_prbs)[:,1]))
```

运行结果如图 14.10 所示。

```
([[0, 0.7408182206817179],
  [1, 0.22224546620451532],
  [2, 0.033336819930677296],
  [3, 0.0033336819930677277],
  [4, 0.00025002614948007934]],
 'Sum probability is 0.999984 from k=0 to k=4.')
```

图 14.10

【例 14.4】 某公司制造一种特殊型号的微芯片，次品率达 0.1%，各芯片成为次品相互独立。求在 1000 只产品中至少有 2 只次品的概率。

解 由题可知，产品中的次品数服从参数为 $n=1000$，$p=0.001$ 的二项分布，这里 n 很大，p 很小，该二项分布可用参数为 n、p 的泊松分布来逼近，我们尝实验证这一结论，代码如下：

```
from scipy.stats import binom
from scipy.stats import poisson
n,p = 1000,0.001
rv_binom = binom(n,p)
lamda = 1   # n * p = 1
rv_poisson = poisson(lamda)
x = [0,1]
1 - sum(rv_poisson.pmf(x)),1 - sum(rv_binom.pmf(x))
```

运行结果如图 14.11 所示。

```
(0.26424111765711533, 0.2642410869694465)
```

图 14.11

从输出结果可以看到，两种分布下所得概率相差无几。

14.3　随机变量的分布函数

对于非离散型随机变量 X，由于其可能的取值不能一一列举，因而就不能像离散型随机变量那样描述它。另外，非离散型随机变量取某一指定值的概率往往为零，实际应用中更关心随机变量落在某个区间的概率，所以引入随机变量的分布函数。

设 X 为一随机变量，对任意实数 x，称函数

$$F(x)=P\{X\leqslant x\}$$

为 X 的分布函数。scipy 中的 cdf()方法用来求累积分布函数，即上述定义的分布函数。来看三种离散型随机变量的分布函数。

14.3.1　0-1 分布的分布函数

0-1 分布的累积分布函数，代码如下：

```
from scipy.stats import bernoulli
p = 0.3
rv = bernoulli(p)
x = [0,1]
#概率质量函数 pmf,概率累积函数 cdf
rv.pmf(x),rv.cdf(x)
```

运行结果如图 14.12 所示。

```
(array([0.7, 0.3]), array([0.7, 1. ]))
```

图　14.12

注释：

$$F(0)=P\{X\leqslant 0\}=P\{X=0\}=0.7$$
$$F(1)=P\{X\leqslant 1\}=P\{X=0\}+P\{X=1\}=1$$

14.3.2　二项分布

二项式分布的累积概率分布，代码如下：

```
from scipy.stats import binom
n,p = 5,0.3
x = range(6)
rv = binom(n,p)
print(rv.pmf(x))
print(rv.cdf(x))
```

运行结果如图 14.13 所示。

```
[0.16807 0.36015 0.3087  0.1323  0.02835 0.00243]
[0.16807 0.52822 0.83692 0.96922 0.99757 1.     ]
```

图 14.13

注释：

$F(0)=P\{X\leqslant 0\}=P\{X=0\}=0.16807$

$F(1)=P\{X\leqslant 1\}=P\{X=0\}+P\{X=1\}=0.16807+0.36015=0.52822$

…

$F(5)=P\{X\leqslant 5\}=P\{X=0\}+\cdots+P\{X=5\}=0.16807+\cdots+0.00243=1$

14.3.3 泊松分布

泊松分布的累积概率分布函数使用方法，代码如下：

```
from scipy.stats import poisson
lamda = 3.0
rv = poisson(lamda)
x = range(6)
print(rv.pmf(x))
print(rv.cdf(x))
```

运行结果如图 14.14 所示。

```
[0.04978707 0.14936121 0.22404181 0.22404181 0.16803136 0.10081881]
[0.04978707 0.19914827 0.42319008 0.64723189 0.81526324 0.91608206]
```

图 14.14

注释：

$F(0)=P\{X\leqslant 0\}=P\{X=0\}=0.04978707$

$F(1)=P\{X\leqslant 1\}=P\{X=0\}+P\{X=1\}=0.04978707+0.14936121$
$=0.19914827$

…

$F(5)=P\{X\leqslant 5\}=P\{X=0\}+\cdots+P\{X=5\}$
$=0.04978707+\cdots+0.10081881=0.91608206$

简单提一下，scipy 中的百分位点函数 ppf()是 cdf()的反函数，相当于已知 $f(x)$的值，求 x。在上述代码的基础上使用 ppf()的结果，代码如下：

```
#百分位点函数 ppf()是 cdf()的反函数
rv.ppf(rv.cdf(x))
```

运行结果如图 14.15 所示。

```
array([0., 1., 2., 3., 4., 5.])
```

图　14.15

14.4　连续型随机变量及其概率密度

设随机变量 X 的分布函数为 $F(x)$，如果存在一个非负函数 $f(x)$，使得对任意实数 x，有

$$F(x)=\int_{-\infty}^{x} f(t)\mathrm{d}t$$

则称 X 为连续型随机变量，且称 $f(x)$ 为 X 的概率密度函数。

下面介绍三种重要的连续型随机变量。

14.4.1　均匀分布

如果连续型随机变量的概率密度函数为：

$$f(x)=\begin{cases}\dfrac{1}{b-a}, & a<x<b \\ 0, & 其他\end{cases}$$

则称 X 在区间 (a,b) 上服从均匀分布。概率密度函数在边界 a 和 b 处的取值通常是不重要的，因为它们不改变任何 $f(x)\mathrm{d}x$ 的积分值。上述概率密度函数也可写为：

$$f(x)=\begin{cases}\dfrac{1}{b-a}, & a\leqslant x\leqslant b \\ 0, & 其他\end{cases}$$

称 X 在区间 $[a,b]$ 上服从均匀分布。scipy 中的 uniform()对应均匀分布，其用法代码如下：

```
from scipy.stats import uniform
import numpy as np
#生成从 0 到 1.2(包含 1.2)等间隔的 7 个数
x = np.linspace(0,1.2,7)
#rv 为[0,1]区间上的均匀分布
rv = uniform()
print(x)
#概率密度函数 pdf,仅适用于连续型随机变量
print(rv.pdf(x))
print(rv.cdf(x))
print(rv.ppf(rv.cdf(x)))
```

运行结果如图 14.16 所示。

注释：(1) uniform()不带参数时，默认为标准均匀分布，即[0,1]区间上的均匀分布；带参数 loc 与 scale 时，表示[loc,loc+scale]区间上的均匀分布。

(2) pdf()是概率密度函数，仅适用于连续型随机变量。

(3) 累积分布函数 cdf()以及百分位点函数 ppf()对于连续型随机变量依旧适用。但概率质量函数 pmf()不适用于连续型，仅适用于离散型随机变量。

【例 14.5】 设电阻值 R 是一个随机变量，均匀分布在 900～1100Ω。求 R 落在 950～1050Ω 的概率。

解　代码如下：

```
from scipy.stats import uniform
#[loc,loc + scale]区间上的均匀分布
rv = uniform(loc = 900,scale = 200)
#rv 取值落在区间[950,1050]的概率
rv.cdf(1050) - rv.cdf(950)
```

运行结果如图 14.17 所示。

```
[0.  0.2 0.4 0.6 0.8 1.  1.2]
[1. 1. 1. 1. 1. 1. 0.]
[0.  0.2 0.4 0.6 0.8 1.  1. ]
[0.  0.2 0.4 0.6 0.8 1.  1. ]
```

图　14.16

```
0.5
```

图　14.17

14.4.2　指数分布

若连续型随机变量 X 的概率密度为

$$f(x)=\begin{cases}\dfrac{1}{\theta}\mathrm{e}^{-x/\theta}, & x>0\\ 0, & \text{其他}\end{cases}$$

其中，$\theta>0$ 为常数，则称 X 服从参数为 θ 的指数分布。scipy 中的 expon 对应指数分布，其用法代码如下：

```
from scipy.stats import expon
#expon()参数缺失时，默认为参数为 1 的指数分布
rv = expon()
rv.pdf(1),rv.cdf(3),rv.ppf(0.5)
```

运行结果如图 14.18 所示。

```
(0.36787944117144233, 0.950212931632136, 0.6931471805599453)
```

图　14.18

注释：expon 中参数 scale 可用来接收 θ 值，默认 scale=1，参数 loc 默认值为 0。

绘制 $\theta=\frac{1}{3},\theta=1,\theta=2$ 时的概率密度函数 $f(x)$的图像，代码如下：

```
from scipy.stats import expon
import numpy as np
import matplotlib.pyplot as plt
x = np.linspace(0,5,200)
thetas = [1/3,1,2]
for i in range(len(thetas)):
  rv = expon(scale = thetas[i])   #scale 接收参数值
  #绘制概率密度曲线
  plt.plot(x,rv.pdf(x),label = 'theta = {:.3f}'.format(thetas[i]))
plt.legend()
plt.show()
```

运行结果如图 14.19 所示。

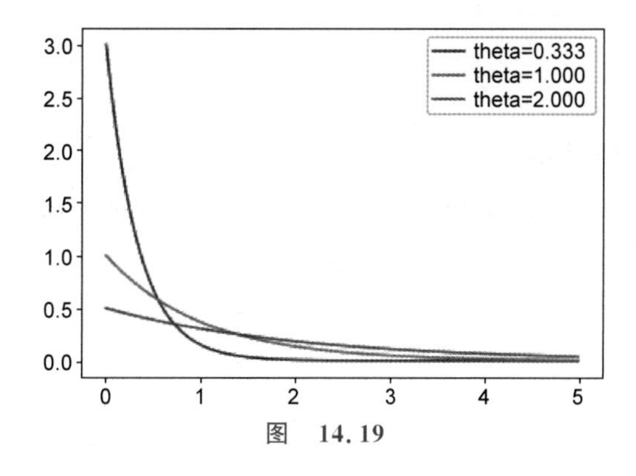

图 14.19

14.4.3 正态分布

若连续型随机变量 X 的概率密度函数为

$$f(x)=\frac{1}{\sqrt{2\pi}\sigma}e^{-\frac{(x-\mu)^2}{2\sigma^2}},\quad -\infty<x<\infty$$

其中，$\mu,\sigma(\sigma>0)$为常数，则称 X 服从参数为 μ,σ 的正态分布。特别地，当 $\mu=0,\sigma=1$ 时，称随机变量 X 服从标准正态分布。scipy 中的 norm 对应正态分布，norm 中的参数 loc 用于接收 μ 值，scale 用于接收 σ 值，默认 loc=0，scale=1，即当参数缺失时，norm()表示标准正态分布。

绘制标准正态分布的概率密度函数以及分布函数的图像，代码如下：

```
from scipy.stats import norm
import numpy as np
import matplotlib.pyplot as plt
```

```
#rv 为标准正态分布
rv = norm()
x = np.linspace( - 3.5,3.5,141)
pdf_x = rv.pdf(x)
cdf_x = rv.cdf(x)

#绘制一行两列的子图
fig,(ax1,ax2) = plt.subplots(1,2,figsize = (9,4))

#绘制标准正态分布的概率密度图像
ax1.plot(x,pdf_x)
ax1.set_xlabel('x')
ax1.set_ylabel('f(x)')
ax1.set_title('pdf of Standard Norm')

#绘制标准正态分布的累积分布图像
ax2.plot(x,cdf_x)
ax2.set_xlabel('x')
ax2.set_ylabel('F(x)')
ax2.set_title('cdf of Standard Norm')

plt.show()
```

运行结果如图 14.20 所示。

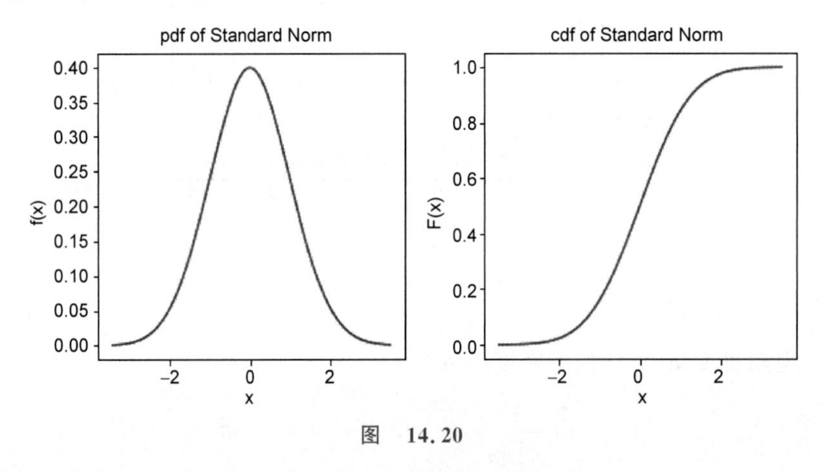

图 14.20

注释：(1) fig(ax1,ax2)=plt.subplots(1,2,figsize=(9,4))中的参数 1 表示子图的行数,2 表示列数。ax1,ax2 用来接收两个不同的 axes 对象,figsize()用来设置图的大小。

(2) 标准正态分布的概率密度函数图像关于 $x=0$ 对称,中间高两端低。其分布函数记为 $\Phi(x)$,满足等式 $\Phi(-x)=1-\Phi(x)$,代码如下:

```
x = [ - 3, - 2, - 1,0,1,2,3]
cdf_x = rv.cdf(x)
cdf_x[0] + cdf_x[6],cdf_x[1] + cdf_x[5],cdf_x[2] + cdf_x[4]
```

运行结果如图 14.21 所示。

```
(1.0, 1.0, 1.0)
```

图　14.21

求 $\Phi(1)-\Phi(-1)$，$\Phi(2)-\Phi(-2)$，$\Phi(3)-\Phi(-3)$的值，代码如下：

```
cdf_x[6] - cdf_x[0],cdf_x[5] - cdf_x[1],cdf_x[4] - cdf_x[2]
```

运行结果如图 14.22 所示。

```
(0.9973002039367398, 0.9544997361036416, 0.6826894921370859)
```

图　14.22

可以看到 $\Phi(3)-\Phi(-3)=99.74\%$，标准正态分布取值落在该范围几乎是肯定的，这就是所谓的“3σ”准则。

正态分布的参数 μ 是 $f(x)$的位置参数，即固定 σ，改变 μ 的值，图形沿 x 轴平移，而不改变其形状，代码如下：

```
from scipy.stats import norm
import numpy as np
import matplotlib.pyplot as plt
locs = [ - 1,0,2]
x = np.linspace( - 4,6,200)

#绘制不同位置参数的概率密度曲线
for i in range(len(locs)):
  rv = norm(loc = locs[i])   #loc 是位置参数,表示正态分布的均值
  plt.plot(x,rv.pdf(x),label = r' $ \mu $  = {}'.format(locs[i]))
plt.legend()
plt.show()
```

运行结果如图 14.23 所示。

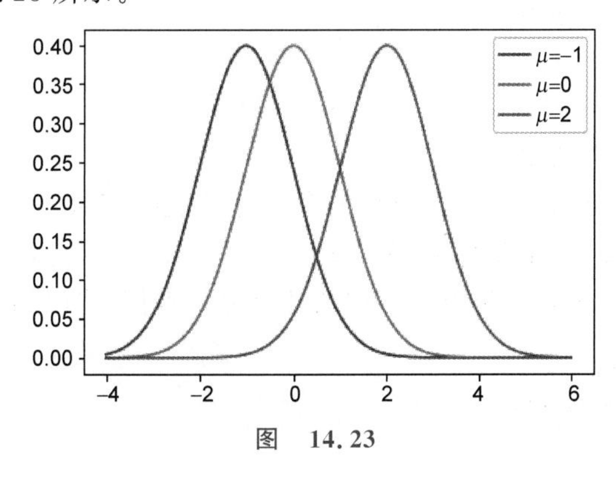

图　14.23

σ 是 $f(x)$ 的形状参数，即固定 μ，改变 σ 的值，当 σ 越小时，曲线越陡峭，当 σ 越大时，曲线越平缓。代码如下：

```
from scipy.stats import norm
import numpy as np
import matplotlib.pyplot as plt
loc,scales = 1,[0.5,1.0,1.5]
x = np.linspace( - 2,4,200)

#绘制不同形状参数的概率密度曲线
for i in range(len(scales)):
  rv = norm(loc = loc,scale = scales[i])   #scale是形状参数,表示正态分布的标准差
  plt.plot(x,rv.pdf(x),label = r'$\sigma$ = {}'.format(scales[i]))
plt.legend()
plt.show()
```

运行结果如图 14.24 所示。

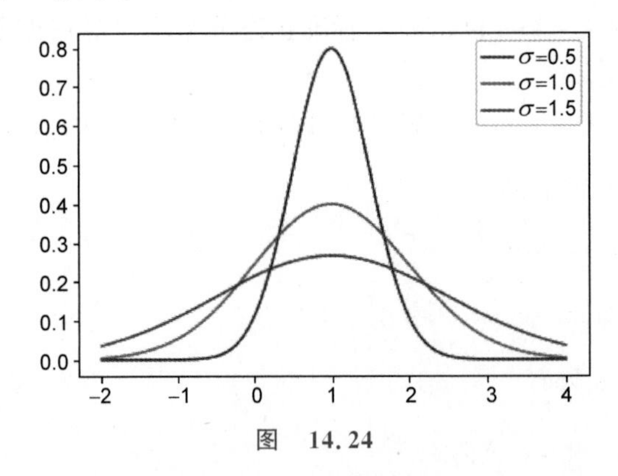

图 14.24

【例 14.6】 将一温度调节器放置在储存着某种液体的容器内。调节器整定在 d℃，液体的温度 X（以℃计）是一个随机变量，且 X：$N(d,0.5^2)$。若 $d=90$℃，求 X 小于 89℃的概率。

解 代码如下：

```
from scipy.stats import norm
#小于 89 的概率
norm(90,0.5).cdf(89)
```

运行结果如图 14.25 所示。

0.022750131948179195

图 14.25

下面引入标准正态分布的上 α 分位点的定义。设随机变量 X 服从标准正态分布，若 z_α 满足条件 $P\{X>z_\alpha\}=\alpha$，$0<\alpha<1$，则称点 z_α 为标准正态分布的上 α 分位点。常用的几个分位点值，代码如下：

```
from scipy.stats import norm
#概率密度曲线下右侧概率值
```

```
alpha = [0.001,0.005,0.01,0.025,0.05,0.1]
#由于 ppf 函数接收的是左侧概率值,故用 1 - alpha
alpha_left = 1 - np.array(alpha)
#输出上 alpha 分位点,保留三位小数
np.round(norm().ppf(alpha_left),3)
```

运行结果如图 14.26 所示。

```
array([3.09 , 2.576, 2.326, 1.96 , 1.645, 1.282])
```

图 14.26

14.5 随机变量的函数分布

本节讨论求连续型随机变量函数的概率密度的方法(仅对 $Y=g(X)$),其中,$g(\ )$是严格单调函数的情况,写出一般结果。

设随机变量 X 具有概率密度函数 $f_X(x)$,$-\infty<x<\infty$,又设函数 $g(x)$处处可导且恒有 $g'(x)>0$(或 $g'(x)<0$),则 $Y=g(X)$是连续型随机变量,其概率密度函数为:

$$f_Y(y)=\begin{cases} f_X[h(y)]\,|h'(y)|, & \alpha<y<\beta \\ 0, & \text{其他} \end{cases}$$

其中,$h(y)$是 $g(x)$的反函数,$\alpha=\min\{g(-\infty),g(\infty)\}$,$\beta=\max\{g(-\infty),g(\infty)\}$。若 $f_X(x)$在有限区间$[a,b]$以外等于零,则只需假设在$[a,b]$上恒有 $g'(x)>0$(或 $g'(x)<0$),此时 $\alpha=\min\{g(a),g(b)\}$,$\beta=\max\{g(a),g(b)\}$。上述结论的代码如下:

```
#导入 sympy,'*'表示引入所有内容
from sympy import *
#定义函数,求 y = g(x)严格单调时的概率密度函数
def pdf_y(f_x,x,x_section,eq_xy,y,g_increase = True):
  #求 y = g(x)的表达式
  g_x = solve(eq_xy,y)[0]
  #计算 y 的概率密度函数的非 0 区间
  alpha = g_x.subs(x,x_section[0]) if g_increase else g_x.subs(x,x_section[1])
  beta = g_x.subs(x,x_section[1]) if g_increase else g_x.subs(x,x_section[0])
  #求 g(x)的反函数 h(y)
  h = solve(eq_xy,x)[0]
  #求 y 的概率密度函数
  f_y = f_x.subs(x,h) * Abs(h.diff(y))
  return f_y,[alpha,beta]
```

【例 14.7】 设随机变量 X 具有概率密度

$$f_X(x)=\begin{cases} \dfrac{x}{8}, & 0<x<4 \\ 0, & \text{其他} \end{cases}$$

求随机变量 $Y=2X+8$ 的概率密度。

解　代码如下：

```
from sympy import *
#启用环境中的最佳打印资源
init_printing()
x,y = symbols('x y',real = True)
#X的概率密度函数
f_x = x/8
#Y的概率密度函数
pdf_y(f_x,x,[0,4],y - 2 * x - 8,y)
```

运行结果如图 14.27 所示。

即

$$f_Y(y)=\begin{cases}\dfrac{y}{32}-\dfrac{1}{4}, & 8<y<16\\ 0, & \text{其他}\end{cases}$$

【例 14.8】　设随机变量 $X: N(\mu,\sigma^2)$。试证明 X 的线性函数 $Y=aX+b(a\neq 0)$ 也服从正态分布。

解　不妨假设 $a>0$，代码如下：

```
from sympy import *
init_printing()
x,y = symbols('x y',real = True)
mu,b = symbols('mu b',real = True)
sigma,a = symbols('sigma a',real = True,positive = True)
#X的概率密度函数
f_x = E ** ( - (x - mu) ** 2/(2 * sigma ** 2))/(sqrt(2 * pi) * sigma)
#Y的概率密度函数
pdf_y(f_x,x,[ - oo,oo],y - a * x - b,y)
```

运行结果如图 14.28 所示。

(y/32 − 1/4, [8, 16])

图　14.27

$$\left(\frac{\sqrt{2}e^{-\frac{\left(-\mu+\frac{-b+y}{a}\right)^2}{2\sigma^2}}}{2\sqrt{\pi}a\sigma},\ [-\infty,\ \infty]\right)$$

图　14.28

即有 $Y=aX+b: N(a\mu+b,(a\sigma)^2)$。

【例 14.9】　设电压 $V=A\sin\theta$，其中，A 为正常数，θ 是一个随机变量，且有 $\theta: U\left(-\frac{\pi}{2},\frac{\pi}{2}\right)$，求电压 V 的概率密度。

解　代码如下：

```
from sympy import *
init_printing()
```

```
theta,v = symbols('theta v',real = True)
A = Symbol('A',real = True,positive = True)
#相角的概率密度函数
f_theta = 1/pi
#电压的概率密度函数
pdf_y(f_theta,theta,[ - pi/2,pi/2],v - A * sin(theta),v)
```

运行结果如图 14.29 所示。

$$\left(\left|\frac{1}{\sqrt{1-\frac{v^2}{A^2}}}\right|/\pi A,\ [-A,\ A]\right)$$

图 14.29

即

$$f_Y(y)=\begin{cases}\dfrac{1}{\pi}\cdot\dfrac{1}{\sqrt{A^2-v^2}}, & -A<v<A\\ 0, & 其他\end{cases}$$

第15章

多维随机变量及其分布

15.1 二维随机变量

许多实际问题中,对于随机实验的结果需要使用多个随机变量来描述。一般地,设 E 是一个随机实验,$S=\{e\}$是其样本空间,$X=X(e)$和 $Y=Y(e)$是定义在 S 上的随机变量,由它们构成的向量(X,Y)叫作二维随机向量或二维随机变量。二维随机变量也分为离散型与连续型两种情况,这里仅讨论二维连续型随机变量。

对于二维随机变量(X,Y)的分布函数 $F(x,y)$,如果存在非负可积函数 $f(x,y)$,使对于任意 x,y 有:

$$F(x,y)=\int_{-\infty}^{y}\int_{-\infty}^{x}f(u,v)\mathrm{d}u\mathrm{d}v$$

则称(X,Y)是连续型的二维随机变量,函数 $f(x,y)$称为二维随机变量(X,Y)的概率密度,或称为随机变量 X 和 Y 的联合概率密度。该定义给出了二维随机变量已知概率密度求分布函数的方法,代码如下:

```
from sympy import *
init_printing()
#定义函数,求二维随机变量的分布函数
def f2F(f,x,y,x_section,y_section,x_integrate_first=True):
  if x_integrate_first:  #判断是否先关于 x 积分,默认为是
    return integrate(f,(x,x_section[0],x_section[1]),(y,y_section[0],y_section[1]))
  else:                  #当 x_integrate_first 设为 False 时,先关于 y 积分
    return integrate(f,(y,y_section[0],y_section[1]),(x,x_section[0],x_section[1]))
```

注释：(1) 可根据概率密度函数的具体形式选择方便的积分次序。

(2) integrate()函数用于求积分。

integrate(f,(x,x_section[0],x_section[1]),(y,y_section[0],y_section[1]))对函数 f 先关于 x 积分，积分区间为 x_section[0]～x_section[1]，然后关于 y 积分，积分区间为 y_section[0]～y_section[1]。

integrate(f,(y,y_section[0],y_section[1]),(x,x_section[0],x_section[1]))则反过来，先关于 y 后关于 x 积分。

【例 15.1】 二维随机变量(X,Y)具有概率密度为：

$$f(x,y)=\begin{cases}2\mathrm{e}^{-(2x+y)}, & x>0,y>0\\ 0, & \text{其他}\end{cases}$$

(1) 求分布函数 $F(x,y)$；(2) 求概率 $P\{Y\leqslant X\}$。

解　(1) 根据分布函数定义有 $F(x,y)=\int_0^y \mathrm{d}y\int_0^x f(x,y)\mathrm{d}x$，代码如下：

```
init_printing()
x,y = symbols('x y',real = True)
#概率密度函数
f = 2*E**(-2*x-y)
#调用自定义函数 f2F()求分布函数,先关于 x 积分,积分区间为 0 到 x,再关于 y 积分,积分区间为
#0 到 y
result = f2F(f,x,y,[0,x],[0,y])
#化简积分结果
simplify(result)
```

运行结果如图 15.1 所示。

$e^{-2x-y}+1-e^{-y}-e^{-2x}$

图　15.1

即有

$$F(x,y)=\begin{cases}\mathrm{e}^{-2x-y}+1-\mathrm{e}^{-y}-\mathrm{e}^{-2x}, & x>0,\quad y>0\\ 0, & \text{其他}\end{cases}$$

(2) 将(X,Y)看作平面上随机点的坐标，$\{Y\leqslant X\}$相当于平面上直线 $y=x$ 及其下方的部分，故：

$$P\{Y\leqslant X\}=\int_0^{\infty}\int_y^{\infty}2\mathrm{e}^{-(2x+y)}\mathrm{d}x\mathrm{d}y$$

使用 f2F()函数，代码如下：

```
f2F(f,x,y,[y,oo],[0,oo])
```

运行结果如图 15.2 所示。

上述积分也可以交换积分的次序，代码如下：

```
f2F(f,x,y,[0,oo],[0,x],x_integrate_first = False)
```

所得结果一致,如图 15.3 所示。

1/3

图 15.2

1/3

图 15.3

15.2 边缘分布

二维随机变量(X,Y)中的 X 和 Y 也都是随机变量,也有各自的分布函数,称为边缘分布函数。

【例 15.2】 一整数 N 等可能地在 1,2,3,…,10 十个值中取一个值。设 $D=D(N)$是能整除 N 的正整数的个数,$F=F(N)$是能整除 N 的素数的个数。试写出 D 和 F 的联合分布律,并求边缘分布率。

解 首先,编写函数 is_prime(),判断一个整数是否为素数,代码如下:

```
from math import sqrt,floor
#定义函数,判断一个整数是否为素数
def is_prime(n):
  #assert: 简易的 try…except…机制,确保 n 是大于或等于 2 的整数
  assert n>= 2 and isinstance(n,int),'n is an integer and n>= 2'
  #初始因子个数为 0
  num_factors = 0
  for i in range(1,floor(sqrt(n)) + 1):
     if n % i == 0:  #如果 n 可以整除 i,因子个数加 1
        num_factors += 1
        #如果因子个数大于 1,循环中止,返回 False,n 不是素数
        if num_factors > 1:return False
  #若循环没被中止,自然结束,最终因子个数为 1(n 总可以整除 1),此时返回 True,n 是素数
  return num_factors == 1
```

注释:floor(x)返回小于或等于 x 的最大整数。如果 n 是素数返回 True,否则返回 False。

接下来,确定 $D(N)$的值,代码如下:

```
#sum([1 for i in range(1,n+1) if n%i == 0])表示 1~n 中可整除 n 的正整数个数
D = [sum([1 for i in range(1,n+1) if n%i == 0]) for n in range(1,11)]
D
```

运行结果如图 15.4 所示。

[1, 2, 2, 3, 2, 4, 2, 4, 3, 4]

图 15.4

输出整数 1,2,3,…,10 十个值中的素数,代码如下:

```
#筛选出 2~10 中的素数
primes = [n for n in range(2,11) if is_prime(n)]
primes
```

运行结果如图 15.5 所示。

确定 $F(N)$的值,代码如下:

```
#sum([1 for prime in primes if n % prime == 0])表示可整除 n 的素数个数
F = [sum([1 for prime in primes if n % prime == 0]) for n in range(1,11)]
F
```

运行结果如图 15.6 所示。

```
[2, 3, 5, 7]
```

图　15.5

```
[0, 1, 1, 1, 1, 2, 1, 1, 1, 2]
```

图　15.6

列出(D,F)的所有取值,及每个值出现的个数,代码如下:

```
from collections import defaultdict
myDict = defaultdict(int)
#以(D,F)的取值作为字典的"键",统计每种取值出现的次数
for i in range(10):
  key = tuple((D[i],F[i]))
  myDict[key] += 1
myDict
```

运行结果如图 15.7 所示。

```
defaultdict(int, {(1, 0): 1, (2, 1): 4, (3, 1): 2, (4, 2): 2, (4, 1): 1})
```

图　15.7

可以得到 D 和 F 的联合分布律,如表 15.1 所示。

表　15.1

F	**D**				$P\{F=j\}$
	1	**2**	**3**	**4**	
0	1/10	0	0	0	1/10
1	0	4/10	2/10	1/10	7/10
2	0	0	0	2/10	2/10
$P\{D=i\}$	1/10	4/10	2/10	3/10	1

即有边缘分布率,如表 15.2 及表 15.3 所示。

表 15.2

D	1	2	3	4
P	$\frac{1}{10}$	$\frac{4}{10}$	$\frac{2}{10}$	$\frac{3}{10}$

表 15.3

F	0	1	2
P	$\frac{1}{10}$	$\frac{7}{10}$	$\frac{2}{10}$

【例 15.3】 设随机变量 X 和 Y 具有联合密度

$$f(x,y)=\begin{cases}6, & x^2\leqslant y\leqslant x\\0, & \text{其他}\end{cases}$$

求边缘密度 $f_X(x),f_Y(y)$。

解 二维连续型随机变量的边缘概率密度 $f_X(x)=\int_{-\infty}^{\infty}f(x,y)\mathrm{d}y,f_Y(y)=\int_{-\infty}^{\infty}f(x,y)\mathrm{d}x$,实现函数代码如下:

```
from sympy import *
#X的边缘密度
def f_xy2f_X(f,y,y_section):
  return integrate(f,(y,y_section[0],y_section[1]))
#Y的边缘密度
def f_xy2f_Y(f,x,x_section):
  return integrate(f,(x,x_section[0],x_section[1]))
```

将本例中的联合密度函数代入,代码如下:

```
init_printing()
x,y = symbols('x,y',real = True)
f = 6
f_xy2f_X(f,y,[x ** 2,x]),f_xy2f_Y(f,x,[y,sqrt(y)])
```

运行结果如图 15.8 所示。

$\left(-6x^2+6x,\ 6\sqrt{y}-6y\right)$

图 15.8

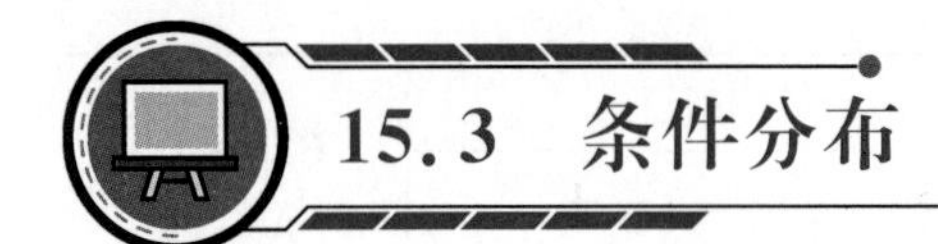

15.3 条件分布

由条件概率可引出条件概率分布,仅看一个例子。

【例 15.4】 在一汽车工厂中,一辆汽车有两道工序是由机器人完成的,其一是紧固三只螺栓,其二是焊接两处焊点。以 X 表示由机器人紧固的螺栓紧固的不良的数目,以 Y 表示由机器人焊接的不良焊点的数目。据积累的资料知(X,Y)具有分布律,如表 15.4 所示。

(1) 求在 $X=1$ 的条件下,Y 的条件分布律。

(2) 求在 $Y=0$ 的条件下,X 的条件分布律。

表　15.4

Y	X				$P\{Y=j\}$
	0	1	2	3	
0	0.840	0.030	0.020	0.010	0.900
1	0.060	0.010	0.008	0.002	0.080
2	0.010	0.005	0.004	0.001	0.020
$P\{X=i\}$	0.910	0.045	0.032	0.013	1.0

解　在 $X=1$ 的条件下，$Y=0$ 的概率，代码如下：

```
import numpy as np
#X 与 Y 的联合分布
prbs_XY = np.array([[0.84,0.03,0.02,0.01],
          [0.06,0.01,0.008,0.002],
          [0.01,0.005,0.004,0.001]])
#X = 1 的条件下,Y = 0 的概率
p_y0_x1 = prbs_XY[0,1]/np.sum(prbs_XY[:,1])
p_y0_x1
```

运行结果如图 15.9 所示。

注释：这里使用了 numpy 的切片技术。prbs_XY[0,1]对应数组中第 0 行第 1 列的元素 0.03，np.sum(prbs_XY[:,1])表示对数组中第 1 列元素求和，得 0.045。

类似可得 $X=1$ 的条件下，$Y=1,2$ 的概率，代码如下：

```
prbs_XY[1,1]/np.sum(prbs_XY[:,1]),prbs_XY[2,1]/np.sum(prbs_XY[:,1])
```

运行结果如图 15.10 所示。

```
0.6666666666666666
```

图　15.9

```
(0.22222222222222224, 0.11111111111111112)
```

图　15.10

$Y=0$ 的条件下，X 的取值概率，代码如下：

```
#prbs_XY[0]表示数组中第 0 行元素
[prbs_XY[0,k]/sum(prbs_XY[0]) for k in range(len(prbs_XY[0]))]
```

运行结果如图 15.11 所示。

```
[0.9333333333333332,
 0.03333333333333333,
 0.022222222222222223,
 0.011111111111111112]
```

图　15.11

15.4 相互独立的随机变量

设 $F(x,y)$ 和 $F_x(x)$，$F_y(y)$ 分别是二维随机变量 (X,Y) 的分布函数与边缘分布函数，若对所有 x,y 有 $F(x,y)=F_x(x)F_y(y)$，则称随机变量 X 和 Y 是相互独立的。

【例 15.5】 负责人 A 到达办公室的时间均匀分布在 8～12 时，其助手 B 到达办公室的时间均匀分布在 7～9 时，设 A 与 B 到达的时间是相互独立的，求他们到达办公室的时间相差不超过 5min(1/12h)的概率。

解 A 与 B 到达办公室的时间均服从均匀分布，且相互独立，随机生成 1 000 000 个符合相应分布的样本点，统计满足条件的样本个数并求其近似概率，代码如下：

```
from scipy.stats import uniform
#A 到达办公室的时间服从[8,12]均匀分布
rv_leader = uniform(loc = 8,scale = 4)
#B 到达办公室的时间服从[7,9]均匀分布
rv_secretary = uniform(loc = 7,scale = 2)
#随机生成 1000000 个符合相应分布的样本点
nums_sampling = 1000000
leader_samples = rv_leader.rvs(size = nums_sampling)
secretary_samples = rv_secretary.rvs(size = nums_sampling)
#时间差
interval = 1/12
#相差不超过 5min 的样本个数/总样本个数
sum([1 for idx in range(nums_sampling) if \
abs(leader_samples[idx] - secretary_samples[idx])< = interval])/nums_sampling
```

运行结果如图 15.12 所示。

所得结果与实际概率值 1/48 相差无几。

```
0.020701
```

图 15.12

15.5 两个随机变量的函数分布

本节仅讨论两个随机变量的和 $X+Y$ 的分布。

【例 15.6】 设 X 和 Y 是两个相互独立的随机变量。它们均服从 $N(0,1)$ 分布，其概率密度为：

$$f_X(x)=\frac{1}{\sqrt{2\pi}}e^{-x^2/2},\quad -\infty<x<\infty$$

$$f_Y(y)=\frac{1}{\sqrt{2\pi}}e^{-y^2/2},\quad -\infty<y<\infty$$

求 $Z=X+Y$ 的概率密度。

解 一般地，若 $X:N(\mu_1,\sigma_1^2)$；$Y:N(\mu_2,\sigma_2^2)$ 且相互独立，则 $Z=X+Y$ 也服从正态分

布，且有 $Z: N(\mu_1+\mu_2, \sigma_1^2+\sigma_2^2)$，检验代码如下：

```
import numpy as np
from scipy.stats import norm
num_Samples = 100000
np.random.seed(0)
X = norm().rvs(num_Samples)
Y = norm().rvs(num_Samples)
Z = X + Y
#拟合正态分布情况下,均值以及标准差的极大似然估计
mu,sigma = norm.fit(Z)
mu,sigma ** 2
```

运行结果如图 15.13 所示。

```
(0.006669941831421074, 1.993564023787316)
```

图　15.13

从输出结果来看，Z 的均值近似为 0，方差近似为 2。

> **注释**：norm.fit(data)返回拟合正态分布的情况下，其均值以及标准差的极大似然估计值。fit()方法是所有连续型随机变量分布的通用方法。

【例 15.7】　在一简单电路中，两电阻 R_1 与 R_2 串联，设 R_1, R_2 相互独立，概率密度均为：

$$f(x)=\begin{cases}\dfrac{10-x}{50}, & 0 \leqslant x \leqslant 10 \\ 0, & \text{其他}\end{cases}$$

求总电阻 $R=R_1+R_2$ 的概率密度。

解　R 的概率密度为：

$$f_R(z)=\int_{-\infty}^{\infty} f(x) f(z-x) \mathrm{d} x=\begin{cases}\int_0^z f(x) f(z-x) \mathrm{d} x, & 0 \leqslant z<10 \\ \int_{z-10}^{10} f(x) f(z-x) \mathrm{d} x, & 10 \leqslant z \leqslant 20 \\ 0, & \text{其他}\end{cases}$$

其理论概率密度函数，代码如下：

```
from sympy import *
import numpy as np
import matplotlib.pyplot as plt
x = symbols('x',postive = True,real = True)
def f(x):
    return (10 - x)/50
#定义 R 的概率密度函数
def f_R(z):
    if z >= 0 and z < 10:
```

```
        return integrate(f(x) * f(z - x),(x,0,z))
    elif z >= 10 and z <= 20:
        return integrate(f(x) * f(z - x),(x,z - 10,10))
#绘制R的概率密度函数图像
plt.plot(np.linspace(0,20,200),[f_R(z) for z in np.linspace(0,20,200)])
plt.show()
```

运行结果如图 15.14 所示。

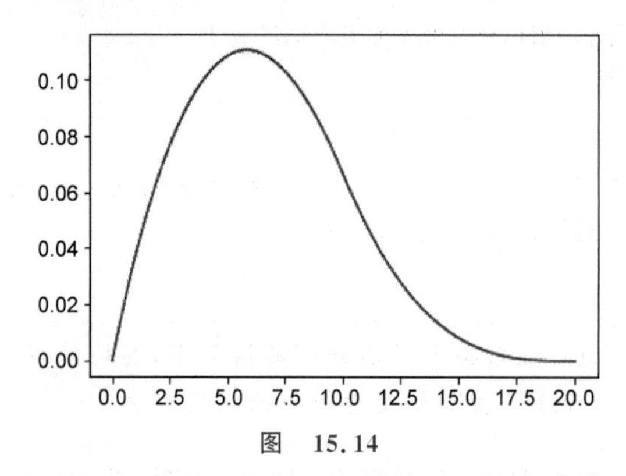

图 15.14

也可以使用 np.random.choice()函数模拟本题，代码如下：

```
import matplotlib.pyplot as plt
import seaborn as sns
#对连续型随机变量R1与R2进行离散化,其可取的值记为X,取值相应的概率记为P,这里P的计算
#使用了定积分定义中的"分割 - 近似代替"思想
X = np.linspace(0,10,10000)
P = 0.001 * (0.2 - X/50)
#抽取样本点
Z1 = np.random.choice(X,p = P,size = 1000000)
Z2 = np.random.choice(X,p = P,size = 1000000)
Z = Z1 + Z2
#sns.kdeplot(Z)根据数据Z绘制其近似的概率密度函数图
sns.kdeplot(Z)
plt.show()
```

运行结果如图 15.15 所示。

注释：sns.kdeplot(Z)根据数据 Z 绘制其近似的概率密度函数图。

【例 15.8】 设随机变量 X,Y 相互独立，且分别服从参数为 $\alpha,\theta;\beta,\theta$ 的 Γ 分布（X：$\Gamma(\alpha,\theta)$，Y：$\Gamma(\beta,\theta)$）。X,Y 的概率密度分别为

$$f_X(x)=\begin{cases}\dfrac{1}{\theta^{\alpha}\Gamma(\alpha)}x^{\alpha-1}\mathrm{e}^{-x/\theta}, & x>0,\\ 0, & \text{其他},\end{cases}\quad \alpha>0,\theta>0$$

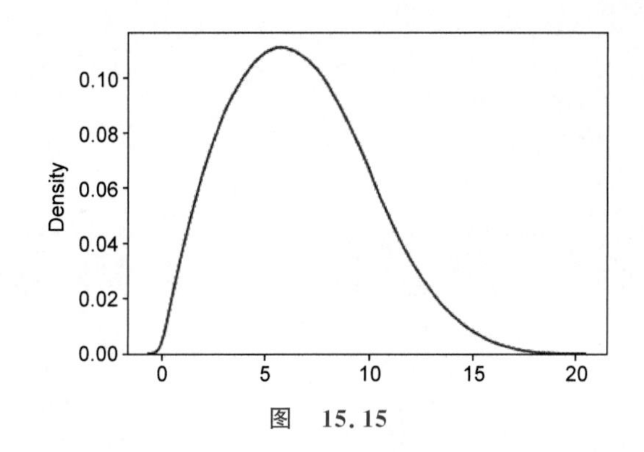

图　15.15

$$f_Y(y)=\begin{cases}\dfrac{1}{\theta^{\beta}\Gamma(\beta)}x^{\beta-1}\mathrm{e}^{-y/\theta}, & y>0,\\ 0, & \text{其他},\end{cases}\quad \beta>0,\theta>0$$

试证明 $Z=X+Y$ 服从参数为 $\alpha+\beta,\theta$ 的 Γ 分布，即 $X+Y$: $\Gamma(\alpha+\beta,\theta)$。

解　参数 α,β,θ 分别取特殊值 1,3,5，代码如下：

```
from scipy.stats import gamma
import numpy as np
alpha,beta,theta = 1,3,5
#生成符合相应分布的样本点
np.random.seed(0)
rv1,rv2 = gamma(alpha,0,theta),gamma(beta,0,theta)
num_Samples = 100000
Z = rv1.rvs(num_Samples) + rv2.rvs(num_Samples)
#拟合 gamma 分布，返回相应参数
a,loc,scale = gamma.fit(Z)
a,scale
```

运行结果如图 15.16 所示。

```
(4.026489454088667, 4.972702779179141)
```

图　15.16

第16章 随机变量的数字特征

16.1 数学期望

设离散型随机变量 X 的分布律为

$$P\{X=x_k\}=p_k, k=1,2,\cdots$$

若级数 $\sum_{k=1}^{\infty}x_k p_k$ 绝对收敛，则称级数 $\sum_{k=1}^{\infty}x_k p_k$ 的和为随机变量 X 的数学期望。定义函数 EX_D() 用于求离散型随机变量的数学期望，代码如下：

```
import numpy as np
def EX_D(X,prbs):
return np.dot(X,prbs)
```

注释：np.dot(a,b)表示两个数组的点积。当 a 与 b 都是一维数组时，对应两向量的内积；当 a 与 b 都是二维数组时，对应矩阵的乘积；当 a 与 b 都是标量时，对应两数的乘积。

【例 16.1】 当新生儿诞生时，医生要根据婴儿的皮肤颜色、肌肉弹性、反应的敏感性、心脏的搏动等方面的情况进行评分，新生儿的得分 X 是一个随机变量。以往的资料表明 X 的分布律如表 16.1 所示。

表 16.1

X	0	1	2	3	4	5	6	7	8	9	10
p_k	0.002	0.001	0.002	0.005	0.02	0.04	0.18	0.37	0.25	0.12	0.01

试求 X 的数学期望 $E(X)$。

解 代码如下：

```
#随机变量的取值
X = range(11)
#随机变量取值所相应的概率值
prbs = [0.002,.001,.002,.005,.02,.04,.18,.37,.25,.12,.01]
#调用函数 EX_D,求期望
EX_D(X,prbs)
```

运行结果如图 16.1 所示。

```
7.1499999999999995
```

图 16.1

设连续型随机变量 X 的概率密度为 $f(x)$，若积分

$$\int_{-\infty}^{\infty} xf(x)\mathrm{d}x$$

绝对收敛，则称积分 $\int_{-\infty}^{\infty} xf(x)\mathrm{d}x$ 的值为随机变量X的数学期望。定义函数 EX_C()，求连续型随机变量的数学期望，代码如下：

```
from sympy import *
init_printing()
def EX_C(funs,x,x_sections):
  result = sum([integrate(x * funs[i],(x,x_sections[i],x_sections[i+1])) \
       for i in range(len(funs))])
  return simplify(result)
```

注释：(1) 当随机变量的概率密度 $f(x)$ 是分段函数时，可将不同的函数表达式以列表的形式传给参数 funs。

(2) simplify()函数用于化简，它试图以智能的方式应用到所有函数上，以获得最简单的表达式形式。

【例 16.2】 有两个相互独立工作的电子装置，它们的寿命(以小时计)$X_k(k=1,2)$服从同一指数分布，其概率密度为：

$$f(x)=\begin{cases}\dfrac{1}{\theta}\mathrm{e}^{-x/\theta}, & x>0, \\ 0, & \text{其他}, \end{cases} \quad \theta>0$$

若将这两个电子装置串联组成整机，求整机寿命 N 的数学期望。

解 $X_k(k=1,2)$的分布函数为：

$$F(x)=\begin{cases}1-\mathrm{e}^{-x/\theta}, & x>0 \\ 0, & x\leqslant 0\end{cases}$$

$N=\min\{X_1,X_2\}$的分布函数为：

$$F_{\min}=1-[1-F(x)]^2=\begin{cases}1-\mathrm{e}^{-2x/\theta}, & x>0 \\ 0, & x\leqslant 0\end{cases}$$

故 N 的概率密度为：

$$f_{\min}(x)=\begin{cases}\dfrac{2}{\theta}\mathrm{e}^{-2x/\theta}, & x>0\\ 0, & x\leqslant 0\end{cases}$$

代入函数 EX_C()，代码如下：

```
x,theta = symbols('x theta',positive = True)
#概率密度函数以列表形式传入
funs = [2/theta * E ** ( - 2 * x/theta)]
#概率密度函数非零区间的区间端点
x_sections = [0,oo]
#调用函数 EX_C,求期望
EX_C(funs,x,x_sections)
```

运行结果如图 16.2 所示。

θ/2

图　16.2

【例 16.3】 某商店对某种家用电器的销售采用先使用后付款的方式。记使用寿命为 X(以年计)，规定：

$X\leqslant 1$，一台付款 1500 元；$1<X\leqslant 2$，一台付款 2000 元；

$2<X\leqslant 3$，一台付款 2500 元；$X>3$，一台付款 3000 元。

设寿命 X 服从指数分布，概率密度为

$$f(x)=\begin{cases}\dfrac{1}{10}\mathrm{e}^{-x/10}, & x>0\\ 0, & x\leqslant 0\end{cases}$$

试求该商店一台这种家用电器收费 Y 的数学期望。

解　代码如下：

```
Y = [1500,2000,2500,3000]
sections = [[0,1],[1,2],[2,3],[3,oo]]
x = symbols('x',positive = True)
#为了借用 EX_C 函数,将寿命的概率密度函数除以 x
fun = .1 * E ** ( - x/10)/x
#求寿命落在各个时间区间的概率
prbs = [float(EX_C([fun],x,sections[i])) for i in range(len(sections))]
#收费的数学期望
EX_D(Y,prbs)
```

运行结果如图 16.3 所示。

2732.19319589783

图　16.3

函数 EX_D()与 EX_C()都是自定义函数，它们使用期望的定义来求期望，scipy 中求随机变量的期望可直接使用 mean()方法。本节最后，来看两个特殊分布的期望。

【例 16.4】 设 X：$\pi(3)$，求 $E(X)$。

解　代码如下：

```
from scipy.stats import poisson
#参数为 3 的泊松分布
rv_poisson = poisson(3.0)
rv_poisson.mean()
```

运行结果如图 16.4 所示。

【例 16.5】 设 $X:U(1,5)$,求 $E(X)$。

解　代码如下:

```
from scipy.stats import uniform
a,b = 1,5
uniform(loc = a,scale = b - a).mean()
```

运行结果如图 16.5 所示。

3.0

图　16.4

3.0

图　16.5

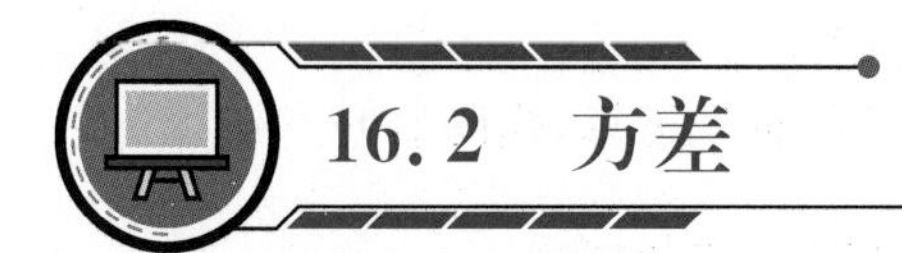

16.2　方差

本节不再自定义用于求方差的函数,直接使用 scipy 中的 var()以及 std()方法来求随机变量的方差和标准差。

【例 16.6】 设随机变量 X 具有 0-1 分布,参数 $p=0.3$,求 $E(X)$,$D(X)$。

解　代码如下:

```
from scipy.stats import bernoulli
p = .3
rv_bernoulli = bernoulli(p)
rv_bernoulli.mean(),rv_bernoulli.var(),rv_bernoulli.std()
```

运行结果如图 16.6 所示。

注释:若 X 服从参数为 p 的(0-1)分布,则 $E(X)=p$,$D(X)=p(1-p)$。

【例 16.7】 设 $X:b(10,0.4)$,求 $E(X)$,$D(X)$。

解　代码如下:

```
from scipy.stats import binom
n,p = 10,0.4
rv_binom = binom(n,p)
rv_binom.mean(),rv_binom.var(),rv_binom.std()
```

运行结果如图 16.7 所示。

```
(0.3, 0.21, 0.458257569495584)
```

图 16.6

```
(4.0, 2.4, 1.5491933384829668)
```

图 16.7

注释：若 X 服从参数为 n,p 的二项分布，则 $E(X)=np$，$D(X)=np(1-p)$。

【例 16.8】 设 X：$\pi(3)$，求 $E(X)$，$D(X)$。

解 代码如下：

```
from scipy.stats import poisson
lamda = 3.0
rv_poisson = poisson(lamda)
rv_poisson.mean(),rv_poisson.var(),rv_poisson.std()
```

运行结果如图 16.8 所示。

注释：若 X 服从参数为 λ 的泊松分布，则 $E(X)=\lambda$，$D(X)=\lambda$。

【例 16.9】 设随机变量 X：$U(a,b)$，求 $E(X)$，$D(X)$。

解 由于不知道 a，b 的具体值，本题使用 sympy 进行符号运算，代码如下：

```
from sympy import integrate,symbols,simplify,factor,init_printing
init_printing()
a,b,x = symbols('a b x')
#期望
EX = simplify(integrate(x/(b-a),(x,a,b)))
#方差
DX = factor((integrate(x**2/(b-a),(x,a,b))) - EX**2)
EX,DX
```

结果如图 16.9 所示。

```
(3.0, 3.0, 1.7320508075688772)
```

图 16.8

$\left(a/2+b/2,\ (a-b)^2/12\right)$

图 16.9

注释：factor()可将函数分解为有理数域上的不能再分解的因子乘积。

【例 16.10】 设 X 服从参数为 2 的指数分布，求 $E(X)$，$D(X)$。

解 代码如下：

```
from scipy.stats import expon
theta = 2.0
#scale接收指数分布的参数
rv_expon = expon(scale = theta)
rv_expon.mean(),rv_expon.var(),rv_expon.std()
```

运行结果如图 16.10 所示。

注释：若 X 服从参数为 θ 的指数分布，则 $E(X)=\theta, D(X)=\theta^2$。

【例 16.11】 设 $X: N(1,4)$，求 $E(X), D(X)$。

解　代码如下：

```
from scipy.stats import norm
loc,scale = 1,2
rv_norm = norm(loc,scale)
rv_norm.mean(),rv_norm.var(),rv_norm.std()
```

运行结果如图 16.11 所示。

(2.0, 4.0, 2.0)

图　16.10

(1.0, 4.0, 2.0)

图　16.11

注释：若 X 服从参数为 μ,σ^2 的正态分布，则 $E(X)=\mu, D(X)=\sigma^2$。

16.3　协方差及相关系数

本节讨论描述两个随机变量 X 与 Y 之间相互关系的数字特征：协方差与相关系数。

变量 $E\{[X-E(X)][Y-E(Y)]\}$ 称为随机变量 X 与 Y 的协方差，记为 $\mathrm{Cov}(X,Y)$。可自定义协方差函数，代码如下：

```
import numpy as np
def covariance(x,y):
  return np.mean((x - np.mean(x)) * (y - np.mean(y)))
```

可对该函数进行测试，代码如下：

```
x = np.arange(1,10)
covariance(x,x)  #[(-4)^2 + (-3)^2 + (-2)^2 + (-1)^2 + 0^2 + 1^2 + 2^2 + 3^2 + 4^2]/9 = 20/3
```

运行结果如图 16.12 所示。

继续测试，代码如下：

```
y = 2 * x
covariance(x,y)
```

运行结果如图 16.13 所示。

6.666666666666667

图　16.12

13.333333333333334

图　16.13

也可用该函数检验协方差的性质,代码如下:

```
#Cov(aX,bY) = abCov(X,Y)
u = 6 * x
v = 3 * y
covariance(u,v) #6 * 3 * covariance(x,y)
```

运行结果如图 16.14 所示。

继续检验,代码如下:

```
#Cov(X1 + X2,Y) = Cov(X1,Y) + Cov(X2,Y)
covariance(x + y,x)
```

运行结果如图 16.15 所示。

240.0

图 16.14

20.0

图 16.15

随机变量 X 与 Y 的相关系数记为 ρ_{XY}:

$$\rho_{XY}=\frac{\mathrm{Cov}(X,Y)}{\sqrt{D(X)D(Y)}}$$

$|\rho_{XY}|\leqslant 1$,并且 $|\rho_{XY}|$ 越大时表明 X 与 Y 就线性关系来说联系越紧密,特别当 $|\rho_{XY}|=1$ 时,X 与 Y 之间存在完全线性关系。可以自定义相关系数函数,代码如下:

```
import numpy as np
def corr_coef(x,y):
  return np.round(covariance(x,y)/np.var(x) ** .5/np.var(y) ** .5,3)
```

先来看两个完全线性关系。线性关系 1,代码如下:

```
#完全正相关
x = np.arange(1,10)
corr_coef(x,x)
```

运行结果如图 16.16 所示。

线性关系 2,代码如下:

```
#完全负相关
z = - 2 * x + 1
corr_coef(x,z)
```

运行结果如图 16.17 所示。

1.0

图 16.16

-1.0

图 16.17

再来看一般情况，代码如下：

```
#正相关
r = np.random
r.seed(0)
w = r.randint(10,size = 9)
corr_coef(x,w)
```

运行结果如图 16.18 所示。

另一种一般情况，代码如下：

```
#两正态随机变量间的负相关
from scipy.stats import norm
loc_1,scale_1 = 1,2
loc_2,scale_2 = 0,3
np.random.seed(0)
X = norm(loc_1,scale_1).rvs(size = 10000)
Y = norm(loc_2,scale_2).rvs(size = 10000)
corr_coef(X,Y)
```

运行结果如图 16.19 所示。

需要注意的是，当遇到随机变量方差为 0 时，上述相关系数函数分母为 0，此时函数返回 nan，代码如下：

```
#q 的方差为 0
q = np.array([5] * 9)
corr_coef(x,q)
```

运行结果如图 16.20 所示。

0.151

图　16.18

-0.008

图　16.19

nan

图　16.20

16.4　协方差矩阵

本节介绍 n 维随机变量的协方差矩阵。随机变量的协方差矩阵可借助 numpy 中的 cov()函数来实现，代码如下：

```
import numpy as np
a = [ - 1,0,1]
np.cov(a),np.cov(a,bias = True),np.var(a)
```

运行结果如图 16.21 所示。

```
(array(1.), array(0.66666667), 0.6666666666666666)
```

图 16.21

注释：(1) np.cov(a)中 a 是一维的，此时函数返回的是 a 的方差。

(2) cov 中参数 bias 默认为 False，表示无偏估计(计算协方差时分母为 $n-1$)，即

$$\mathrm{Cov}(X,Y)=\frac{\sum_{i=1}^{n}[X_i-E(X)][Y_i-E(Y)]}{n-1}$$

这里 n 是观测值的个数。当 bias 设置为 True 时，对应有偏估计，此时上式的分母为 n。

(3) 参数 bias=True 的一种等效做法是设置 ddof=0，代码如下：

```
np.cov(a,ddof = 0)
```

运行结果如图 16.22 所示。

先来看二维随机变量(X,Y)的协方差矩阵，代码如下：

```
import numpy as np
x = np.arange(1,11)
y = -2 * x + 1
np.cov(x,y,bias = True)
```

运行结果如图 16.23 所示。

```
array(0.66666667)
```

图 16.22

```
array([[  8.25, -16.5 ],
       [-16.5 ,  33.  ]])
```

图 16.23

注释：(1) np.cov(x,y,bias=True)接收了两个一维数组，并返回它们的协方差矩阵。另一种等效的做法是将 x 与 y 拼接成二维数组，传给 cov，返回结果相同。代码如下：

```
import numpy as np
x = np.arange(1,11)
y = -2 * x + 1
#x 与 y 的垂直拼接
a = np.vstack((x,y))
np.cov(a,bias = True)
```

运行结果如图 16.24 所示。

(2) 协方差矩阵的主对角线元素分别是 X、Y 的方差，副对角线是 X 与 Y(或 Y 与 X)的协方差，代码如下：

```
var_X = np.var(x)
var_Y = np.var(y)
cov_XY = np.mean((x - np.mean(x)) * (y - np.mean(y)))
var_X,cov_XY,var_Y
```

运行结果如图 16.25 所示。

```
array([[  8.25, -16.5 ],
       [-16.5 ,  33.  ]])
```

图 16.24

```
(8.25, -16.5, 33.0)
```

图 16.25

numpy 中与 cov()用法类似的另一个函数是 corrcoef(),它用来求相关系数矩阵。再来看上述随机变量 X 与 Y 的相关系数矩阵,代码如下:

```
import numpy as np
x = np.arange(1,11)
y = - 2 * x + 1
np.corrcoef(x,y)
```

运行结果如图 16.26 所示。

代码如下:

```
import numpy as np
x = np.arange(1,11)
y = - 2 * x + 1
np.corrcoef(np.vstack((x,y)))
```

运行结果如图 16.27 所示。

```
array([[ 1., -1.],
       [-1.,  1.]])
```

图 16.26

```
array([[ 1., -1.],
       [-1.,  1.]])
```

图 16.27

本节最后来看三个随机变量的协方差矩阵以及相关系数矩阵,首先看协方差矩阵,代码如下:

```
import numpy as np
from scipy.stats import uniform,expon,norm
rand_numers = 1000
np.random.seed(0)
u = uniform().rvs(size = rand_numers)   # 服从[0,1]均匀分布
v = expon().rvs(size = rand_numers)     # 服从参数为 1 的指数分布
w = norm().rvs(size = rand_numers)      # 服从标准正态分布
np.cov(np.vstack((u,v,w)),bias = True)
```

运行结果如图 16.28 所示。

```
array([[ 8.44476867e-02, -5.39555598e-04, -6.35486006e-03],
       [-5.39555598e-04,  1.13730658e+00, -5.10737061e-02],
       [-6.35486006e-03, -5.10737061e-02,  9.47279857e-01]])
```

图 16.28

相关系数矩阵代码如下：

```
np.corrcoef(np.vstack((u,v,w)))
```

运行结果如图 16.29 所示。

```
array([[ 1.        , -0.00174102, -0.02246844],
       [-0.00174102,  1.        , -0.04920616],
       [-0.02246844, -0.04920616,  1.        ]])
```

图 16.29

为了更好地理解相关系数矩阵的含义(协方差矩阵类似)，将上一节的两个自定义函数复制过来，并将第二个函数的返回值保留小数点后 8 位，代码如下：

```
def covariance(x,y):
  return np.mean((x - np.mean(x)) * (y - np.mean(y)))
def corr_coef(x,y):
  return np.round(covariance(x,y)/np.var(x) ** .5/np.var(y) ** .5,8)
```

调用函数 corr_coef()，与上述相关系数矩阵做比较，即可明确相关系数矩阵中各个元素的含义，代码如下：

```
corr_coef(u,v),corr_coef(v,w),corr_coef(u,w),corr_coef(v,v)
```

运行结果如图 16.30 所示。

```
(-0.00174102, -0.04920616, -0.02246844, 1.0)
```

图 16.30

第17章

大数定律及中心极限定理

17.1 大数定律

大数定律是一种描述当实验次数很大时所呈现的概率性质的定律。本节给出弱大数定理以及伯努利大数定理的验证。

弱大数定理(辛钦大数定理)　设 $X_1, X_2, \cdots$ 是相互独立、服从同一分布的随机变量序列,且具有数学期望 $E(X_k)=\mu(k=1,2,\cdots)$。作前 n 个变量的算术平均 $\frac{1}{n}\sum_{k=1}^{n}X_k$,则对于任意 $\varepsilon>0$,有:

$$\lim_{n\to\infty}P\left\{\left|\frac{1}{n}\sum_{k=1}^{n}X_k-\mu\right|<\varepsilon\right\}=1$$

取随机变量序列独立且服从区间[0,2]上的均匀分布,检验弱大数定理。代码如下:

```
from scipy.stats import uniform
import numpy as np
import matplotlib.pyplot as plt
rand_uniform = uniform(0,2)
#新建空列表,用于存放样本的平均值
means = []
#将容量为n的样本平均值添加入列表
for n in range(1,10001):
  means.append(np.mean(rand_uniform.rvs(size = n)))
#以容量n为横轴,绘制均值曲线
plt.plot(means)
#绘制水平参考线,表示[0,2]均匀分布的均值
plt.plot([0,10000],[1,1],c = 'r',lw = 2.0)
plt.show()
```

运行结果如图 17.1 所示。

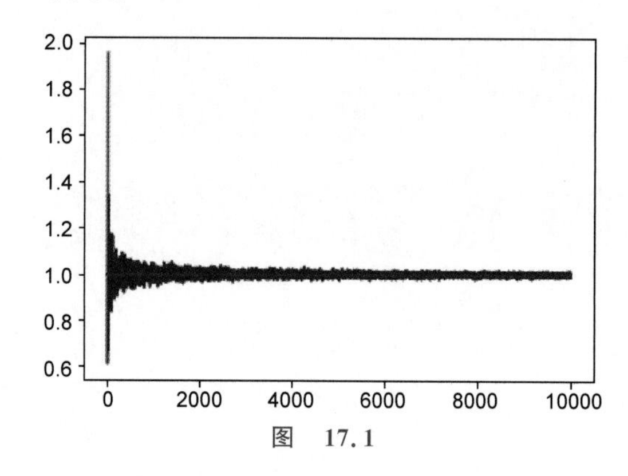

图 17.1

从输出结果可以看到,随着 n 值的增大,算术平均值与该均匀分布的数学期望 1 越来越接近。

伯努利大数定理 设 f_A 是 n 次独立重复实验中事件 A 发生的次数,p 是事件 A 在每次实验中发生的概率,则对于任意正数 $\varepsilon>0$,有

$$\lim_{n\to\infty}P\left\{\left|\frac{f_A}{n}-p\right|<\varepsilon\right\}=1$$

模拟独立重复实验,事件 A 发生记为 1,不发生记为 0,取每次实验中事件 A 发生的概率 $p=0.3$,检验伯努利大数定理。代码如下:

```
import numpy as np
import matplotlib.pyplot as plt
np.random.seed(0)
#用于存放独立重复实验中事件发生的频率
rand_freq = []
#事件发生的概率
p = .3
#用 1 表示事件发生,将 n 次实验中事件发生的频率添加入列表
for n in range(1,10001):
  rand_freq.append(np.sum(np.random.choice([1,0],p = [p,1 - p],size = n))/n)
#以容量 n 为横轴,绘制"频率 - 概率"差值的散点图
plt.scatter(np.arange(1,10001,50),np.array(rand_freq)[::50] - p,s = 10)
#绘制水平参考线
plt.plot([0,10005],[0,0],c = 'r',lw = 2)
plt.show()
```

运行结果如图 17.2 所示。

> **注释**:np.array(rand_freq)[::50]将列表 rand_freq 转换为 numpy 的 array,并对其使用切片。一维数组切片的标准形式为"[start:end:step]",表示以步长 step 取索引为 start 到 end(不包括 end)的元素,当 start 与 end 缺失时,表示以步长 step 取索引为 0 到末尾的元素。

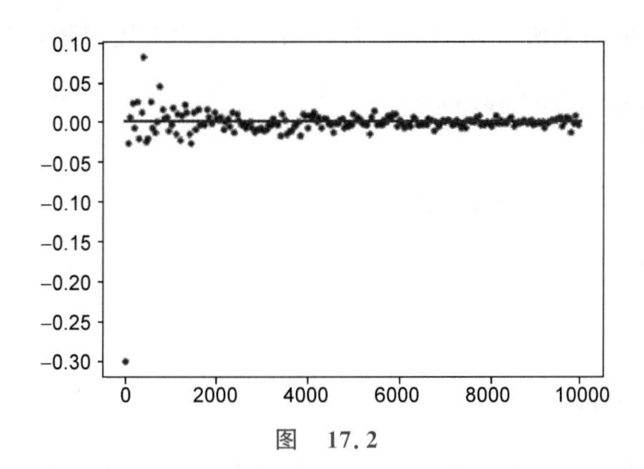

图　17.2

从上述输出结果可以看到，随着 n 的增大，事件发生的频率与事件发生的概率之差越来越接近于 0。

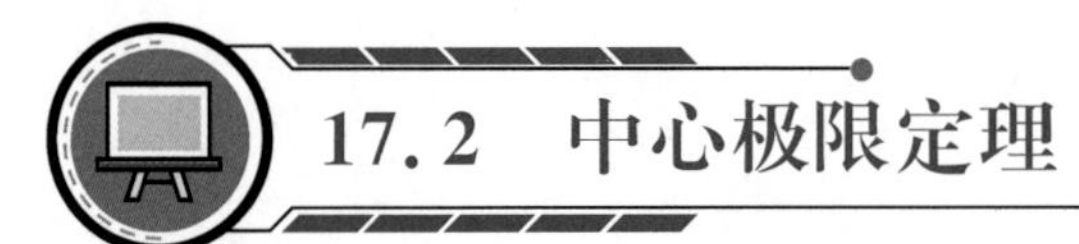

17.2　中心极限定理

中心极限定理指出大量随机变量近似服从正态分布的条件，是概率论中最重要的一类定理，实际应用广泛。

独立同分布的中心极限定理　设随机变量 $X_1,X_2,\cdots$ 相互独立，服从同一分布，且具有数学期望和方差：$E(X_k)=\mu,D(X_k)=\sigma^2>0(k=1,2,\cdots)$，则随机变量之和 $\sum_{k=1}^{n}X_k$ 的标准化变量

$$Y_n=\frac{\sum_{k=1}^{n}X_k-E(\sum_{k=1}^{n}X_k)}{\sqrt{D(\sum_{k=1}^{n}X_k)}}=\frac{\sum_{k=1}^{n}X_k-n\mu}{\sqrt{n}\sigma}$$

的分布函数 $F_n(x)$，对于任意的 x 满足：

$$\lim_{n\to\infty}F_n(x)=\lim_{n\to\infty}P\left\{\frac{\sum_{k=1}^{n}X_k-n\mu}{\sqrt{n}\sigma}\leqslant x\right\}=\int_{-\infty}^{x}\frac{1}{\sqrt{2\pi}}\mathrm{e}^{-\frac{t^2}{2}}\mathrm{d}t=\Phi(x)$$

上述定理表明，均值为 μ，方差为 $\sigma^2>0$ 的独立同分布随机变量序列 $X_1,X_2,\cdots,X_n$ 之和 $\sum_{k=1}^{n}X_k$ 的标准化变量，当 n 充分大时，有：

$$\frac{\sum_{k=1}^{n}X_k-n\mu}{\sqrt{n}\sigma}\overset{\text{近似地}}{:}N(0,1)$$

取随机变量序列独立且服从均匀分布 $U(5,15)$，检验上述定理，代码如下：

```
from scipy.stats import uniform,norm
import numpy as np
np.random.seed(0)
#用于存放随机变量和的标准化变量值
Y = []
test_times = 10000
loc,scale = 5,10
n = 1000
#均匀分布的期望和方差
EX = (loc + (loc + scale))/2
DX = scale ** 2/12
#进行 test_times 抽样,每次抽样样本容量为 n,计算相应的标准化变量值添加入列表 Y
for _ in range(test_times):
  X = uniform(loc,scale).rvs(size = n)
  Y.append((sum(X) - n * EX)/(np.sqrt(n * DX)))
#拟合正态分布,返回均值及标准差
mu,sigma = norm.fit(Y)
mu,sigma
```

运行结果如图 17.3 所示。

```
(-4.8232819872616875e-05, 0.9940198392944051)
```

图 17.3

从输出结果可以看到，Y 近似服从标准正态分布。

棣莫弗-拉普拉斯(**De Moivre-Laplace**)定理　设随机变量 η_n $(n=1,2,\cdots)$ 服从参数为 $n,p(0<p<1)$ 的二项分布，则对于任意 x，有：

$$\lim_{n\to\infty} P\left\{\frac{\eta_n - np}{\sqrt{np(1-p)}} \leqslant x\right\} = \int_{-\infty}^{x} \frac{1}{\sqrt{2\pi}} \mathrm{e}^{-\frac{t^2}{2}} \mathrm{d}t = \Phi(x)$$

取随机变量服从参数为 $n=10000,p=0.3$ 的二项分布，检验代码如下：

```
from scipy.stats import binom,norm
import numpy as np
np.random.seed(0)
n,p = 10000,0.3
X = binom(n,p).rvs(size = 10000)
#二项分布的期望与方差
EX = n * p
DX = n * p * (1 - p)
#X 的标准化变量
Y = (X - EX)/np.sqrt(DX)
#拟合正态分布,返回均值及标准差
norm.fit(Y)
```

运行结果如图17.4所示。

```
(0.006601091179638766, 1.0044234531383094)
```

图　17.4

可以看到 Y 近似服从标准正态分布。

De Moivre-Laplace 定理表明正态分布是二项分布的极限分布，当 n 充分大时，可以用正态分布来计算二项分布的概率。

第18章

样本及抽样分布

前边5章讲述了概率论的基本内容，本章开始进入数理统计的范畴。数理统计以概率论作为理论基础，通过实验或观察得到的数据来研究随机现象的统计规律性。

18.1 随机样本

统计学中把研究对象的全体构成的集合称为总体，单个研究对象称为个体。实际应用中，人们往往并不关心总体或个体本身，而是关心总体或个体的某项数量指标。因此，可把总体理解为研究对象的某项数量指标的全体。总体中包含的个体的个数称为总体容量，容量有限称为有限总体，容量无限称为无限总体。

对一个总体，若用X表示数量指标，则X对不同的个体取不同的值，因此，从总体中随机抽取个体，X就会随抽取个体的不同而取不同的值。所以X是一个随机变量，我们把X的分布称为总体的分布。今后，将不区分总体与其相应的随机变量X，笼统称为总体X。实际中，总体的分布一般是未知的，或者已知其分布类型，但分布中某些参数是未知的。这时，往往从总体中抽取一部分个体，根据这部分个体的数据去推断总体的某些特征，被抽出的这部分个体称为样本，其包含的个体个数称为样本容量。

设$X_1,X_2,\cdots,X_n$是从总体X中抽取的样本，如果①$X_1,X_2,\cdots,X_n$相互独立；②每一个$X_i(i=1,2,\cdots,n)$的分布都与总体X的分布相同，则称$X_1,X_2,\cdots,X_n$为容量为n的简单随机样本。对于有限总体，采用放回抽样就能得到简单随机样本，但放回抽样使用起来不方便，有时也不可能，所以当总体容量比样本容量大得多时，可将不放回抽样近似当作放回抽样处理。对于无限总体，总是采用不放回抽样。

由于后续章节中要用到 pandas 中的某些方法，这里先对 pandas 做个简单介绍。

pandas是基于numpy的库，用来处理表格型或异质型数据，可实现数据的导入、清洗、整理、统计和输出。pandas中常用的类有Series和DataFrame。

18.1.1 Series

Series是一维数组型对象，它由一组值序列以及与之相关的数据索引(index)构成，代码如下：

```
import numpy as np
#导入pandas并依惯例将其重命名为pd
import pandas as pd
#np.arange(5) * 10 + 1 对数组中每一个元素均乘以10再加1
s = pd.Series(np.arange(5) * 10 + 1)
s
```

运行结果如图18.1所示。

注释：左侧一列0～4为索引，右侧1～41为数据值，由于没有对数据指定索引，默认生成的索引为0～$n-1$(n是数据长度)。

若要创建索引序列，可指定index，代码如下：

```
#指定index,创建索引序列
s = pd.Series(np.arange(5) * 10 + 1,index = ['a','b','c','d','e'])
s
```

运行结果如图18.2所示。

与numpy数组类似，当要从值序列中选取一部分数据时，可使用索引，代码如下：

```
s['a']
```

运行结果如图18.3所示。

使用索引也可以，代码如下：

```
s[['d','c','b']]
```

运行结果如图18.4所示。

```
0      1
1     11
2     21
3     31
4     41
dtype: int32
```

图 18.1

```
a      1
b     11
c     21
d     31
e     41
dtype: int32
```

图 18.2

```
1
```

图 18.3

```
d     31
c     21
b     11
dtype: int32
```

图 18.4

18.1.2 DataFrame

DataFrame表示矩阵形式的数据表,它的每一列可以是不同的数据类型,它既有行索引也有列索引。DataFrame的创建有多种形式,例如,使用二维numpy数组来创建DataFrame,代码如下:

```
np.random.seed(0)
#size=(10,4)表示生成数组的形状,10行4列
df = pd.DataFrame(np.random.randint(50,101,size=(10,4)))
df
```

运行结果如图18.5所示。

> **注释**:这里np.random.randint(50,101,size=(10,4))表示从[50,100]中随机生成整数,构成10行4列的数组。

也可以指定列索引与行索引,指定列索引代码如下:

```
#columns指定列索引
df.columns = ['高数','线代','统计','英语']
df
```

运行结果如图18.6所示。

	0	1	2	3
0	94	97	50	53
1	53	89	59	69
2	71	100	86	73
3	56	74	74	62
4	51	88	89	73
5	96	74	67	87
6	75	63	58	59
7	70	66	55	65
8	97	50	68	85
9	74	99	79	69

图 18.5

	高数	线代	统计	英语
0	94	97	50	53
1	53	89	59	69
2	71	100	86	73
3	56	74	74	62
4	51	88	89	73
5	96	74	67	87
6	75	63	58	59
7	70	66	55	65
8	97	50	68	85
9	74	99	79	69

图 18.6

指定行索引代码如下:

```
#index指定行索引
df.index = map(str,range(202001001,202001011))
df
```

运行结果如图18.7所示。

	高数	线代	统计	英语
202001001	94	97	50	53
202001002	53	89	59	69
202001003	71	100	86	73
202001004	56	74	74	62
202001005	51	88	89	73
202001006	96	74	67	87
202001007	75	63	58	59
202001008	70	66	55	65
202001009	97	50	68	85
202001010	74	99	79	69

图 18.7

注释：这里使用了map()函数。map()是Python的内置函数，会根据提供的函数对指定的序列做映射，其一般形式为map(func, iterables)。这里map(str,range(202001001,202001011))表示将后方数组中的每一个数都转换为字符串形式。

如果需要调换行与列的位置，可使用类似numpy的语法对DataFrame进行转置操作，代码如下：

```
df.T
```

运行结果如图18.8所示。

	202001001	202001002	202001003	202001004	202001005	202001006	202001007	202001008	202001009	202001010
高数	94	53	71	56	51	96	75	70	97	74
线代	97	89	100	74	88	74	63	66	50	99
统计	50	59	86	74	89	67	58	55	68	79
英语	53	69	73	62	73	87	59	65	85	69

图 18.8

对于大型的DataFrame，head()方法会返回头部的行，代码如下：

```
#返回头部的行,默认5行
df.head()
```

运行结果如图18.9所示。

tail()方法返回尾部的行，代码如下：

```
#返回尾部2行
df.tail(2)
```

运行结果如图18.10所示。

	高数	线代	统计	英语
202001001	94	97	50	53
202001002	53	89	59	69
202001003	71	100	86	73
202001004	56	74	74	62
202001005	51	88	89	73

图 18.9

	高数	线代	统计	英语
202001009	97	50	68	85
202001010	74	99	79	69

图 18.10

有时需要从DataFrame中选取部分数据来分析，可按列名选取列，按列名选取一列，代码如下：

```
#按列名选取一列
df['高数']
```

运行结果如图18.11所示。

按列名选取多列，代码如下：

```
#按列名取多列
df[['统计','高数']]
```

运行结果如图18.12所示。

```
202001001     94
202001002     53
202001003     71
202001004     56
202001005     51
202001006     96
202001007     75
202001008     70
202001009     97
202001010     74
Name: 高数, dtype: int32
```

图 18.11

	统计	高数
202001001	50	94
202001002	59	53
202001003	86	71
202001004	74	56
202001005	89	51
202001006	67	96
202001007	58	75
202001008	55	70
202001009	68	97
202001010	79	74

图 18.12

也可按行名选取行，此时要使用索引符号loc，按行名选取一行，代码如下：

```
#按行名选取一行
df.loc['202001005']
```

运行结果如图18.13所示。

按行名选取多行，代码如下：

```
#按行名取多行
df.loc[['202001005','202001008']]
```

运行结果如图 18.14 所示。

```
高数     51
线代     88
统计     89
英语     73
Name: 202001005, dtype: int32
```

图　18.13

	高数	线代	统计	英语
202001005	51	88	89	73
202001008	70	66	55	65

图　18.14

还可按行名与列名选取行列交叉位置的元素，代码如下：

```
#按行名和列名选取行列交叉位置元素
df.loc[['202001004','202001007'], ['线代', '统计']]
```

运行结果如图 18.15 所示。

或者按行列号选取数据，此时使用索引符号 iloc，代码如下：

```
#按行列号索引
df.iloc[0,0] #0 行 0 列位置
```

运行结果如图 18.16 所示。

对多行和列索引，代码如下：

```
#前 3 行与前 2 列
df.iloc[:3,0:2] #注意不包含结束点
```

运行结果如图 18.17 所示。

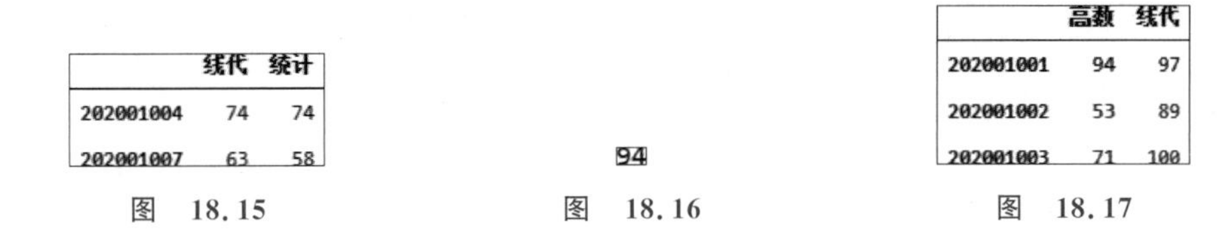

	线代	统计
202001004	74	74
202001007	63	58

图　18.15

94

图　18.16

	高数	线代
202001001	94	97
202001002	53	89
202001003	71	100

图　18.17

当选取连续的多行时，可简写为 df[from:to]，代码如下：

```
#连续的多行
df[0:2]  #前 2 行,不包含结束点
```

运行结果如图 18.18 所示。

再来看数据的修改，常见的有重新赋值、添加新的行或列。对数据进行重新赋值，代码如下：

```
#把所有小于 60 的数据修改为 60
df_copy = df.copy() #复制数据
df_copy[df_copy < 60] = 60
df_copy
```

运行结果如图 18.19 所示。

	高数	线代	统计	英语
202001001	94	97	50	53
202001002	53	89	59	69

图 18.18

	高数	线代	统计	英语
202001001	94	97	60	60
202001002	60	89	60	69
202001003	71	100	86	73
202001004	60	74	74	62
202001005	60	88	89	73
202001006	96	74	67	87
202001007	75	63	60	60
202001008	70	66	60	65
202001009	97	60	68	85
202001010	74	99	79	69

图 18.19

添加新的列，代码如下：

```
#添加列
df_copy['政治'] = range(70,80)
df_copy
```

运行结果如图 18.20 所示。

添加新的行，代码如下：

```
#添加行
df_copy.loc['202001011'] = range(70,80,2)
df_copy
```

运行结果如图 18.21 所示。

	高数	线代	统计	英语	政治
202001001	94	97	60	60	70
202001002	60	89	60	69	71
202001003	71	100	86	73	72
202001004	60	74	74	62	73
202001005	60	88	89	73	74
202001006	96	74	67	87	75
202001007	75	63	60	60	76
202001008	70	66	60	65	77
202001009	97	60	68	85	78
202001010	74	99	79	69	79

图 18.20

	高数	线代	统计	英语	政治
202001001	94	97	60	60	70
202001002	60	89	60	69	71
202001003	71	100	86	73	72
202001004	60	74	74	62	73
202001005	60	88	89	73	74
202001006	96	74	67	87	75
202001007	75	63	60	60	76
202001008	70	66	60	65	77
202001009	97	60	68	85	78
202001010	74	99	79	69	79
202001011	70	72	74	76	78

图 18.21

最后来看统计数据时常用的一些方法。mean()方法用于求均值,求一列的均值,代码如下:

```
#求每一列的均值
df.mean()
```

运行结果如图18.22所示。

求一行的均值,代码如下:

```
#求每一行的均值
df.mean(axis = 1)
```

运行结果如图18.23所示。

注释: axis=0 是行向,表示按列操作; axis=1 是列向,表示按行操作,默认 axis=0。

std()方法用于求标准差,代码如下:

```
#求每一列的标准差
df.std()
```

运行结果如图18.24所示。

```
高数      73.7
线代      80.0
统计      68.5
英语      69.5
dtype: float64
```

图 18.22

```
202001001    73.50
202001002    67.50
202001003    82.50
202001004    66.50
202001005    75.25
202001006    81.00
202001007    63.75
202001008    64.00
202001009    75.00
202001010    80.25
dtype: float64
```

图 18.23

```
高数      17.423165
线代      17.165858
统计      13.310397
英语      10.700467
dtype: float64
```

图 18.24

对于数值型数据,describe()方法可一次性给出计数、均值、标准差、最小值、最大值、四分位数等信息,代码如下:

```
df.describe()
```

运行结果如图18.25所示。

如果要求每列的极差(最大值与最小值之差),可使用apply()函数,代码如下:

```
#求极差
df.apply(lambda x:max(x) - min(x))
```

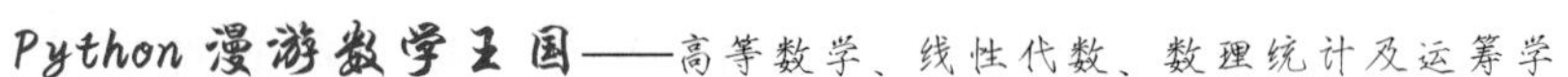

	高数	线代	统计	英语
count	10.000000	10.000000	10.000000	10.000000
mean	73.700000	80.000000	68.500000	69.500000
std	17.423165	17.165858	13.310397	10.700467
min	51.000000	50.000000	50.000000	53.000000
25%	59.500000	68.000000	58.250000	62.750000
50%	72.500000	81.000000	67.500000	69.000000
75%	89.250000	95.000000	77.750000	73.000000
max	97.000000	100.000000	89.000000	87.000000

图 18.25

运行结果如图 18.26 所示。

注释：函数 lambda x：max(x)-min(x)计算最大值与最小值之差，会被 df 中的每一列调用一次，结果是以 df 的列作为索引的 Series。

value_counts 计算 Series 包含的值的个数，代码如下：

```
#高数不同分数出现的次数
df['高数'].value_counts()
```

运行结果如图 18.27 所示。

```
高数    46
线代    50
统计    39
英语    34
dtype: int64
```

图 18.26

```
94    1
75    1
74    1
56    1
71    1
70    1
53    1
51    1
97    1
96    1
Name: 高数, dtype: int64
```

图 18.27

18.2 直方图和箱线图

对于杂乱无章的数据，数据的整理与描述显得尤为重要。本节通过例子介绍频数分布表、直方图，以及箱线图的绘制。

【例 18.1】 下面列出了 84 个伊特拉斯坎(Etruscan)人男子的头颅的最大宽度(mm)，试画出这些数据的“频率直方图”。

141 148 132 138 154 142 150 146 155 158

150 140 147 148 144 150 149 145 149 158

143	141	144	144	126	140	144	142	141	140
145	135	147	146	141	136	140	146	142	137
148	154	137	139	143	140	131	143	141	149
148	135	148	152	143	144	141	143	147	146
150	132	142	142	143	153	149	146	149	138
142	149	142	137	134	144	146	147	140	142
140	137	152	145						

解　这些数据杂乱无章，先对它们进行整理。首先引入 numpy 与 pandas，代码如下：

```
import numpy as np
import pandas as pd
```

统计数据的最小值与最大值，代码如下：

```
X_Etruscan = np.array([141,148,132,138,154,142,150,146,155,158,
            150,140,147,148,144,150,149,145,149,158,
            143,141,144,144,126,140,144,142,141,140,
            145,135,147,146,141,136,140,146,142,137,
            148,154,137,139,143,140,131,143,141,149,
            148,135,148,152,143,144,141,143,147,146,
            150,132,142,142,143,153,149,146,149,138,
            142,149,142,137,134,144,146,147,140,142,
            140,137,152,145])
#统计数据的最小值与最大值
X_min,X_max = min(X_Etruscan),max(X_Etruscan)
X_min,X_max
```

运行结果如图 18.28 所示。

(126, 158)

图　18.28

可以看到，所有的数据落在区间[126,158]上，现取区间[124.5,159.5]，将其等分为 7 个小区间，代码如下：

```
#生成从 124.5 到 159.5(包含)距离相等的 8 个数，作为区间端点
bins = np.linspace(X_min - 1.5,X_max + 1.5,8)
bins
```

运行结果如图 18.29 所示。

array([124.5, 129.5, 134.5, 139.5, 144.5, 149.5, 154.5, 159.5])

图　18.29

统计落在每个区间的数据频数，代码如下：

```
#以 bins 为区间端点，统计落在每个区间的数据频数
uniform_divide = pd.cut(X_Etruscan,bins,include_lowest = True).value_counts()
uniform_divide
```

运行结果如图 18.30 所示。

```
(124.499, 129.5]     1
(129.5, 134.5]       4
(134.5, 139.5]      10
(139.5, 144.5]      33
(144.5, 149.5]      24
(149.5, 154.5]       9
(154.5, 159.5]       3
dtype: int64
```

图 18.30

注释：cut()函数用于将数据进行离散化，即将连续的变量放入离散区间。cut(x, bins, right: bool = True, labels=None, retbins: bool = False, precision: int = 3, include_lowest: bool = False, duplicates: str = 'raise')中参数 x 是待离散化的一维数组；bins 可以是整数，表示将 x 的范围划分为多少个等距的区间，也可以是一个序列，表示划分的区间端点；right 表示是否包含右端点，默认为 True；labels 表示是否用标签代替返回的区间；precision 表示区间端点值的精度；include_lowest 表示第一个区间是否包含左端点。

接下来，计算每组的频率以及累计频率，每组频率代码如下：

```
#计算频率
freq = uniform_divide.values                #每组频数
frequency = freq/sum(freq)                  #频数/总个数
frequency = np.round(frequency,5)           #保留 5 位小数
frequency
```

运行结果如图 18.31 所示。

```
array([0.0119 , 0.04762, 0.11905, 0.39286, 0.28571, 0.10714, 0.03571])
```

图 18.31

计算累积频率，代码如下：

```
#计算累积频率
cumfreq = np.cumsum(frequency)   #cumsum 求累积和
cumfreq = np.round(cumfreq,4)    #保留 4 位小数
cumfreq
```

运行结果如图 18.32 所示。

```
array([0.0119, 0.0595, 0.1786, 0.5714, 0.8571, 0.9643, 1.    ])
```

图 18.32

注释：(1) Series 的 values 属性可获取其值的数组表示形式。

(2) cumsum()用于求累积和。

绘制频数分布表，代码如下：

```
#绘制频数分布表
df = pd.DataFrame()
df['Freq'] = freq                             #频数
df['Frequency'] = np.round(frequency,4)       #频率
df['CumFreq'] = cumfreq                       #累积频率
#以组限作为索引
df.index = uniform_divide.index
df
```

运行结果如图 18.33 所示。

	Freq	Frequency	CumFreq
(124.499, 129.5]	1	0.0119	0.0119
(129.5, 134.5]	4	0.0476	0.0595
(134.5, 139.5]	10	0.1190	0.1786
(139.5, 144.5]	33	0.3929	0.5714
(144.5, 149.5]	24	0.2857	0.8571
(149.5, 154.5]	9	0.1071	0.9643
(154.5, 159.5]	3	0.0357	1.0000

图　18.33

最后，用矩形的面积表示频率，绘制频率直方图，代码如下：

```
#绘制频率直方图
import matplotlib.pyplot as plt
#hist 绘制直方图,bins 为区间端点,density = True 矩形面积表示频率,alpha 设置透明度
plt.hist(X_Etruscan,bins = bins,density = True,alpha = 0.8)
plt.title('frequency histograms')
#以区间端点作为 x 轴刻度
plt.xticks(bins)
plt.show()
```

运行结果如图 18.34 所示。

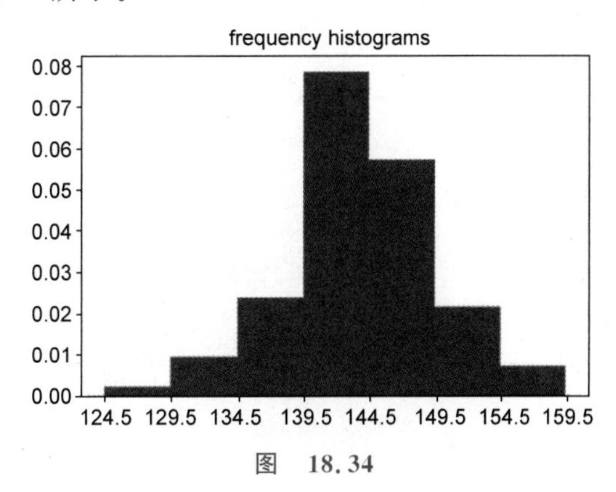

图　18.34

也可以同时给出数据的核密度估计曲线，代码如下：

```
import seaborn as sns
# distplot 绘制直方图以及核密度估计曲线
sns.distplot(X_Etruscan, bins = bins)
plt.title('frequency histograms')
plt.xticks(bins)
plt.show()
```

运行结果如图 18.35 所示。

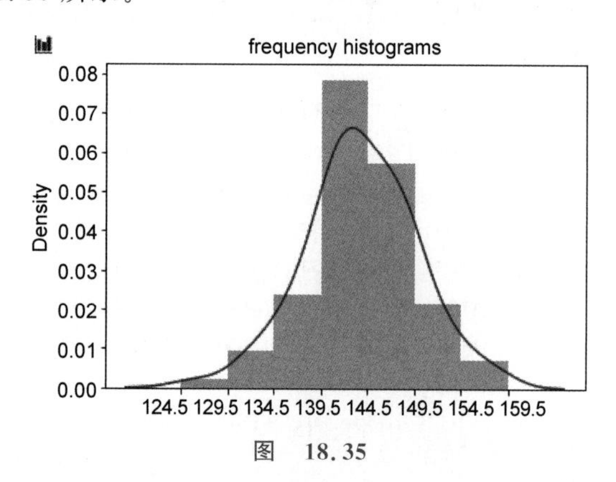

图 18.35

或者拟合正态分布，给出估计的概率密度函数，代码如下：

```
from scipy.stats import norm
# kde = False 关闭核密度估计, fit = norm 拟合正态分布相应的概率密度曲线
sns.distplot(X_Etruscan, bins = bins, kde = False, fit = norm)
plt.title('frequency histograms')
plt.xticks(bins)
plt.show()
```

运行结果如图 18.36 所示。

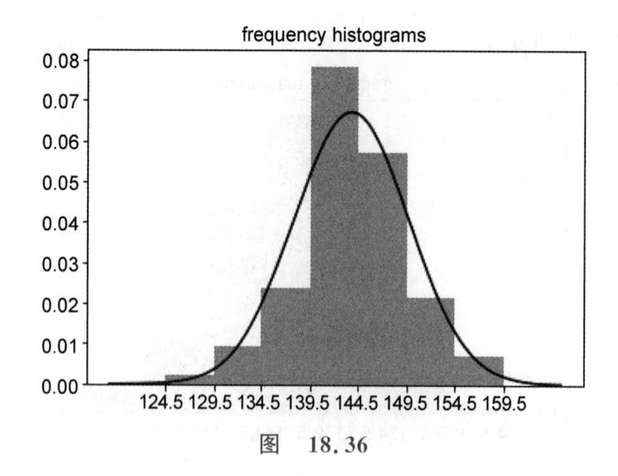

图 18.36

注释：(1) seaborn是基于matplotlib的数据可视化库。它提供了一个高度交互式界面，用于绘制有吸引力和信息丰富的统计图形。

(2) distplot()集合了matplotlib的hist()与seaborn的kdeplot()以及rugplot()。它也可利用scipy库的fit拟合分布，并给出估计的概率密度函数。更多distplot的用法可在jupyter单元格中输入“sns. distplot?”查看。

【例18.2】 设一组容量为18的样本值如下(已经过排序)：

122 126 133 140 145 145 149 150 157

162 166 175 177 177 183 188 199 212

求样本分位数：$x_{0.2}$，$x_{0.25}$，$x_{0.5}$。

解 求百分位数可使用numpy中的percentile()，也可使用pandas中的quantile()。

使用percentile()求分位数，代码如下：

```
X = np.array([122,126,133,140,145,145,149,150,157,
        162,166,175,177,177,183,188,199,212])
np.percentile(X,q = [20,25,50])
```

运行结果如图18.37所示。

注释：np.percentile(X,q=[20,25,50])中q指要计算的百分位数或百分位数序列，必须介于0和100(含0和100)。

再来看使用quantile()求分位数，代码如下：

```
#将数据转为DataFrame形式,用quantile()求分位数
dfX = pd.DataFrame()
dfX['X'] = np.array([122,126,133,140,145,145,149,150,157,
            162,166,175,177,177,183,188,199,212])
dfX.quantile(q = [0.2,0.25,0.5])   #分位数的表示形式与percentile()不同
```

运行结果如图18.38所示。

```
array([142. , 145. , 159.5])
```

图 18.37

	X
0.20	142.0
0.25	145.0
0.50	159.5

图 18.38

注释：(1) quantile()中分位数的表示形式与percentile()不同。

(2) 不同的软件计算的分位数值可能会有出入，原因是计算分位数值时所采取的算法不同。上述两种方法可通过调整参数 interpolation，选取不同的插值方法，默认为线性“linear”，还可选取“lower”“higher”“midpoint”“nearest”来实现。

【例 18.3】 以下是已经过排序的 8 个病人的血压(mmHg)数据，试画出箱线图。

102 110 117 118 122 123 132 150

解 代码如下：

```
X_mmHg = [102,110,117,118,122,123,132,150]
#绘制箱线图
plt.boxplot(X_mmHg, labels = ['mmHg'])
plt.show()
```

运行结果如图 18.39 所示。

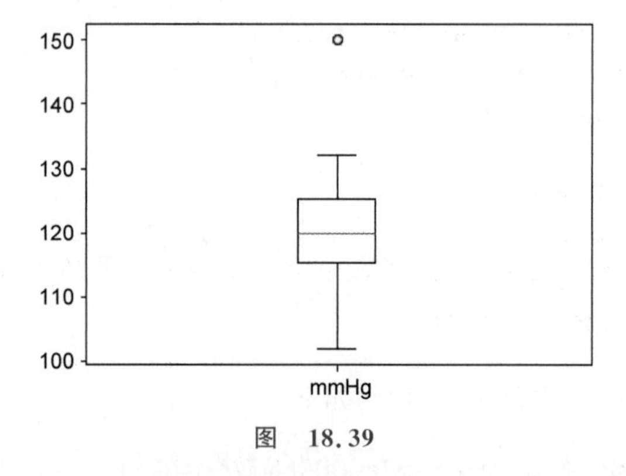

图 18.39

注释：(1) boxplot()用于绘制箱线图，它由五个数值点组成：最小值，下四分位数，中位数，上四分位数，最大值。下四分位数、中位数、上四分位数组成一个“带有隔间的盒子”，也可以往盒子里面加入平均值。箱子两侧的延伸线称为“胡须”，揭示数据的范围，“胡须”外部的点称为离群点。

(2) boxplot()参数众多，这里截取一部分来看：plt.boxplot(x,notch=None,sym=None,vert=None,whis=None,positions=None,widths=None,patch_artist=None,meanline=None,showmeans=None,showcaps=None,showbox=None,showfliers=None,labels=None,)中参数 x 指定要绘制箱线图的数据，可以是一个数组，或一个数组序列；notch 表示是否取凹口的形式展现箱线图，默认非凹口；sym 用于指定异常点的形状；vert 表示是否将箱线图垂直摆放，默认为垂直摆放；whis 指定上下须与上下四分位的距离，默认为 1.5 倍的四分位间距；positions 指定箱线图的位置，默认为[0,1,2,…]；widths 指定箱线图的宽度；patch_artist 表示是否填充箱体的颜色；meanline

表示是否用线的形式表示均值,默认用点来表示；showmeans 表示是否显示均值,默认不显示；showcaps 表示是否显示箱线图顶端和末端的两条线,默认显示；showbox 表示是否显示箱线图的箱体,默认显示；showfliers 表示是否显示离群值,默认显示；labels 为箱线图添加标签,类似于图例的作用。

【例 18.4】 下面给出了 25 个男子和 25 个女子的肺活量(已排序)。

女子组	2.7	2.8	2.9	3.1	3.1	3.1	3.2	3.4	3.4
	3.4	3.4	3.4	3.5	3.5	3.5	3.6	3.7	3.7
	3.7	3.8	3.8	4.0	4.1	4.2	4.2		
男子组	4.1	4.1	4.3	4.3	4.5	4.6	4.7	4.8	4.8
	5.1	5.3	5.3	5.3	5.4	5.4	5.5	5.6	5.7
	5.8	5.8	6.0	6.1	6.3	6.7	6.7		

试分别画出这两组数据的箱线图。

解 代码如下：

```
import matplotlib.pyplot as plt
X_F = [2.7,2.8,2.9,3.1,3.1,3.1,3.2,3.4,3.4,
  3.4,3.4,3.4,3.5,3.5,3.5,3.6,3.7,3.7,
  3.7,3.8,3.8,4.0,4.1,4.2,4.2]
X_M = [4.1,4.1,4.3,4.3,4.5,4.6,4.7,4.8,4.8,
  5.1,5.3,5.3,5.3,5.4,5.4,5.5,5.6,5.7,
  5.8,5.8,6.0,6.1,6.3,6.7,6.7]
X = [X_F,X_M]
plt.boxplot(X,labels = ['female','male'])
plt.show()
```

运行结果如图 18.40 所示。

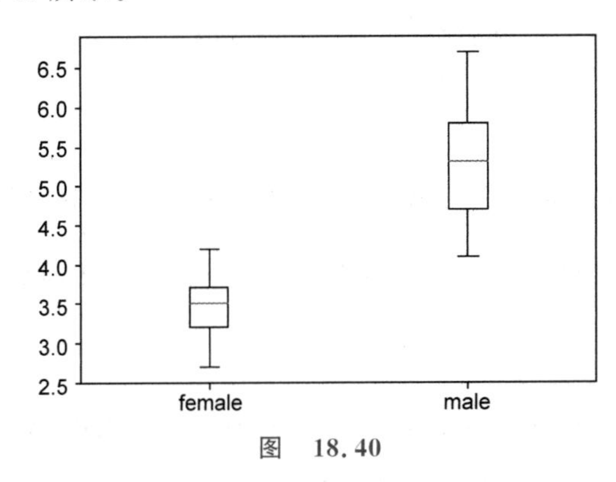

图 18.40

注释：箱线图特别适用于比较两个或两个以上数据集的性质,因此,常将几个数据集的箱线图画在同一个数轴上。此时只需将参数 x 设置成数组序列即可,每一个数组表示一个数据集。

18.3 抽样分布

我们把不含未知参数的样本的函数称为统计量，常用的统计量有样本均值、样本方差、样本标准差、样本 k 阶原点矩、样本 k 阶中心距等。样本均值、方差与标准差在 numpy 与 pandas 中求法不尽相同，先来看 numpy 中的情形，代码如下：

```
#numpy 中求样本均值、方差与标准差
import numpy as np
X = list(range( - 5,6))
np.mean(X),np.var(X,ddof = 1),np.std(X,ddof = 1)
```

运行结果如图 18.41 所示。

注释：在求方差与标准差时，有一个参数 ddof(Delta Degrees of Freedom)，它表示计算中使用的除数是 N-ddof，其中，N 表示元素的数量，ddof 默认取值为 0，与样本方差与样本标准差的计算公式不符，这里修改 ddof 为 1。

再来看 pandas 中，代码如下：

```
#pandas 中求样本均值、方差与标准差
import pandas as pd
df = pd.DataFrame()
df['data'] = list(range( - 5,6))
df['data'].mean(),df['data'].var(),df['data'].std()
```

运行结果如图 18.42 所示。

```
(0.0, 11.0, 3.3166247903554)
```

图 18.41

```
(0.0, 11.0, 3.3166247903554)
```

图 18.42

注释：pandas 中求样本方差与标准差时，默认 ddof=1，不需要额外设定。

统计量的分布称为抽样分布。下边来看几个来自正态总体的抽样分布。

18.3.1 χ^2 分布

设 $X_1,X_2,\cdots,X_n$ 是来自正态总体 $N(0,1)$ 的样本，则称统计量

$$\chi^2 = X_1^2 + X_2^2 + \cdots + X_n^2$$

服从自由度为 n 的 χ^2 分布，记为 $\chi^2:\chi^2(n)$。

随着自由度 n 的不同，χ^2 分布的概率密度函数图像也不同，代码如下：

```
import matplotlib.pyplot as plt
#scipy 中的 chi2 表示卡方分布
from scipy.stats import chi2
#不同的自由度
n=[1,2,4,6,11]
x=np.linspace(0,15,200)
#设置 y 轴的上下限
plt.ylim(0,0.4)
#不同自由度的卡方分布的概率密度曲线
for i in n:
    #chi2(i).pdf(x)表示自由度为 i 的卡方分布的概率密度函数值
    plt.plot(x,chi2(i).pdf(x),label='n={}'.format(i))
plt.title('pdf of chi2')
plt.legend()
plt.show()
```

运行结果如图 18.43 所示。

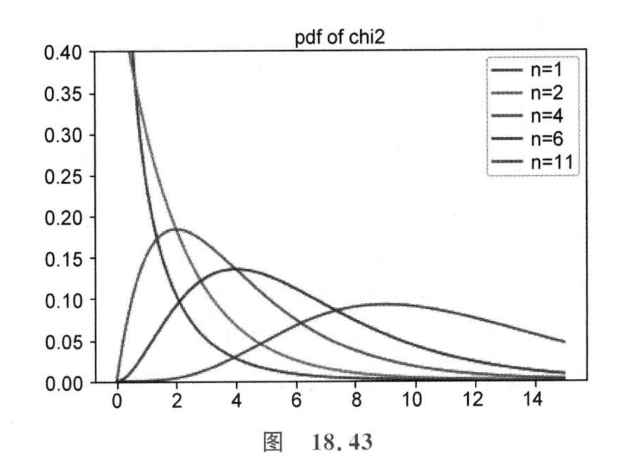

图　18.43

χ^2 分布的数学期望等于其自由度 n，方差等于 $2n$，检验代码如下：

```
from scipy.stats import chi2
chi2(3).mean(),chi2(5).var()
```

运行结果如图 18.44 所示。

```
(3.0, 10.0)
```

图　18.44

对于给定的正数 α，$0<\alpha<1$，称满足 $P\{\chi^2>\chi^2_\alpha(n)\}=\alpha$ 的点 $\chi^2_\alpha(n)$ 是自由度为 n 的 χ^2 分布上的 α 分位点。$\chi^2_{0.05}(4)$ 的代码如下：

```
#自由度为 4 的卡方分布的上 0.05 分位数
from scipy.stats import chi2
import numpy as np
import matplotlib.pyplot as plt
x=np.linspace(0,100,100000)
y=chi2.pdf(x,4)
chi2_alpha=chi2.isf(0.05,4)
```

```
#绘制卡方分布的概率密度曲线
plt.plot(x,y)
#绘制上 0.05 分位数的垂直参考线,即点(chi2_alpha,0)与点(chi2_alpha,chi2.pdf(chi2_alpha,4))
#之间的连线
plt.plot([chi2_alpha,chi2_alpha],[0,chi2.pdf(chi2_alpha,4)])
#设置坐标轴范围
plt.xlim((0,15))
plt.ylim((0,0.25))
plt.show()
```

运行结果如图 18.45 所示。

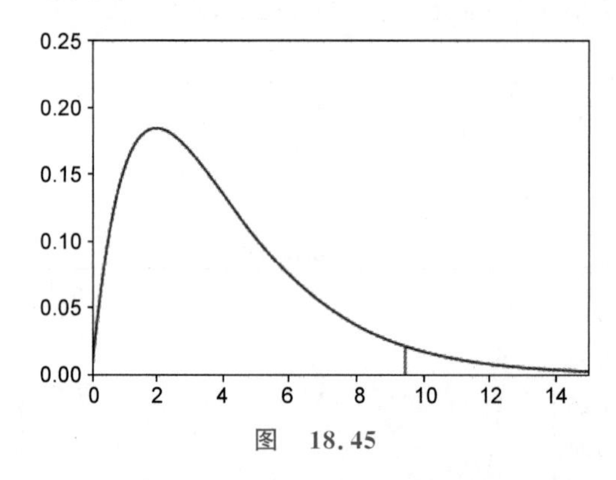

图 18.45

注释:(1) scipy 中的 sf 是生存函数,sf(x)=1−cdf(x),指随机变量取值大于 x 的概率。isf()是 sf()的反函数,称为逆生存函数,可用于求上分位数。

(2) 图形输出结果中,概率密度曲线下侧,垂直参考线右侧,以及 x 轴上方所围区域的面积等于 0.05。

18.3.2 t 分布

设 $X:N(0,1)$;$Y:\chi^2(n)$,且 X 与 Y 相互独立,则称随机变量

$$t=\frac{X}{\sqrt{Y/n}}$$

服从自由度为 n 的 t 分布,记为 $t:t(n)$。

绘制 t 分布的概率密度函数图像,代码如下:

```
from scipy.stats import t
#不同自由度
n=[2,9,25]
x=np.linspace(-4,4,201)
#不同线条样式
```

```
lines_style = ['','r-- ','g-.']
#线条样式的索引从 0 开始
style_index = 0
#不同自由度的概率密度曲线
for i in n:
   #t(i).pdf(x)表示自由度为 i 的 t 分布的概率密度函数值
   plt.plot(x,t(i).pdf(x),lines_style[style_index],\
         label = 'n = {}'.format(i))
   #线条样式的索引加 1
   style_index += 1
plt.title('pdf of t')
plt.legend()
plt.show()
```

运行结果如图 18.46 所示。

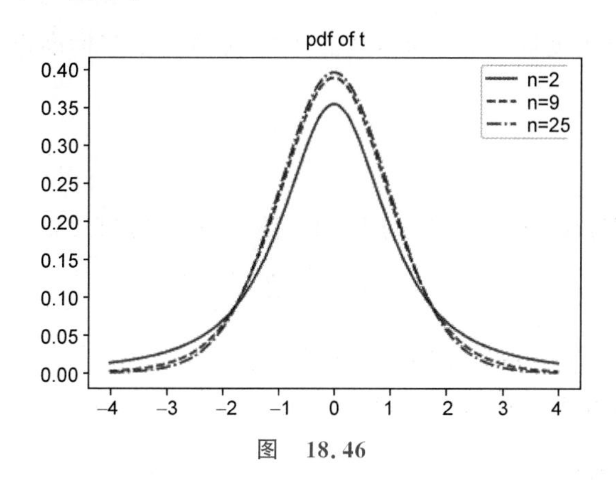

图　18.46

注释：(1) t 分布的概率密度函数图形关于 $t=0$ 对称，代码如下：

```
rv = t(9)
#rv.cdf(0),rv.cdf( - 2),rv.sf(2)分别表示随机变量取值小于 0 的概率,取值小于 - 2 的概率
#以及取值大于 2 的概率
np.round([rv.cdf(0),rv.cdf( - 2),rv.sf(2)],5)
```

运行结果如图 18.47 所示。

```
array([0.5     , 0.03828, 0.03828])
```

图　18.47

可以看到，随机变量取值小于 0 的概率为 0.5；随机变量取值小于 -2 与大于 2 的概率相等，都为 0.03828。

(2) 随着 t 分布自由度的增大,其概率密度函数图形越来越陡峭,当自由度充分大时,t 分布的概率密度曲线接近于标准正态分布的概率密度曲线,代码如下:

```
from scipy.stats import norm
#自由度为10000的t分布
rv_10000 = t(10000)
#标准正态分布
rv_norm = norm()
#对比两者的上0.05分位数
rv_10000.isf(0.05),rv_norm.isf(0.05)
```

运行结果如图 18.48 所示。

```
(1.645006018069243, 1.6448536269514729)
```

图 18.48

可见,当 t 分布自由度取 10 000 时,其上 0.05 分位点值与标准正态分布的分位点值相差无几。

18.3.3 F 分布

设 U: $\chi^2(n_1)$; V: $\chi^2(n_2)$,且 U 与 V 相互独立,则称随机变量

$$F = \frac{U/n_1}{V/n_2}$$

服从自由度为 (n_1, n_2) 的 F 分布,记为 F: $F(n_1, n_2)$。

绘制 F 分布的概率密度函数图像,代码如下:

```
from scipy.stats import f
x = np.linspace(0,3.5,200)
#f(m,n)表示第一自由度为m,第二自由度为n的f分布
rv_f = [f(10,40),f(11,3)]
labels = ['(n1,n2) = (10,40)','(n1,n2) = (11,3)']
plt.ylim(0,1)
#绘制不同自由度f分布的概率密度曲线
for i in range(len(rv_f)):
  plt.plot(x,rv_f[i].pdf(x),label = labels[i])
plt.title('pdf of F ditribution')
plt.legend()
plt.show()
```

运行结果如图 18.49 所示。

由 F 分布定义可知,若 F: $F(n_1, n_2)$; 则 $\frac{1}{F}$: $F(n_2, n_1)$。由此可得 F 分布的上 α 分位点的重要性质:

$$F_{1-\alpha}(n_1, n_2) = \frac{1}{F_\alpha(n_2, n_1)}$$

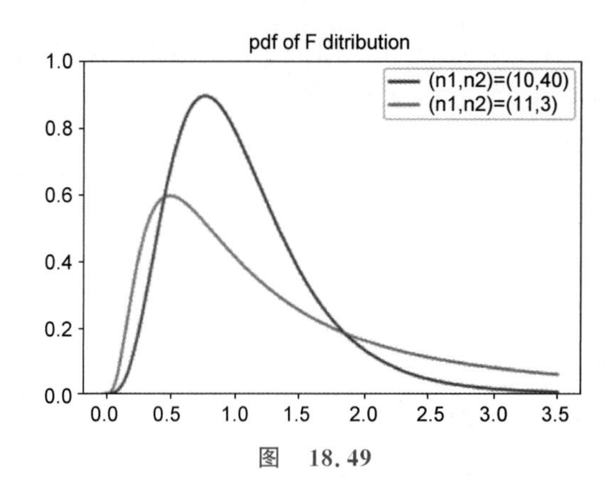

图 18.49

举例，代码如下：

```
n1,n2 = 9,12
#交换第一与第二自由度
rv_f1 = f(n1,n2)
rv_f2 = f(n2,n1)
alpha = 0.05
rv_f2.isf(1 - alpha),1/rv_f1.isf(alpha)
```

运行结果如图 18.50 所示。

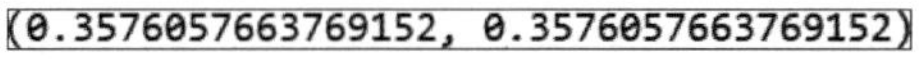

```
(0.3576057663769152, 0.3576057663769152)
```

图 18.50

即，$F_{0.95}(12,9)=\dfrac{1}{F_{0.05}(9,12)}=0.3576$。

18.3.4 正态总体样本均值与样本方差的分布

定理一 设 $X_1,X_2,\cdots,X_n$ 是来自正态总体 $N(\mu,\sigma^2)$ 的样本，$\overline{X}$ 是样本均值，则有

$$\overline{X}:N(\mu,\sigma^2/n)$$

定理的拟合验证过程代码如下：

```
np.random.seed(0)
#均值,标准差,样本容量
mu,sigma,n = 1,2,4
#生成 500 行 4 列的数组,每一行是一组容量为 4 的样本
X = np.array([norm(mu,sigma).rvs(size = n) for _ in range(500)])
#按行求均值
mean_X = np.mean(X,axis = 1)
#对样本均值拟合正态分布,返回均值及标准差
norm.fit(mean_X)  #理论值应为(1,1)
```

运行结果如图 18.51 所示。

注释：[norm(10,10).rvs(size=100) for_in range(500)]是列表解析式，该列表中包含 500 个一维 array 数组，每个数组的长度为 100。

定理二 设 $X_1, X_2, \cdots, X_n$ 是来自正态总体 $N(\mu, \sigma^2)$ 的样本，$\overline{X}$，S^2 分别是样本均值和样本方差，则有

(1) $\dfrac{(n-1)S^2}{\sigma^2}: \chi^2(n-1)$。

(2) $\overline{X}$ 与 S^2 相互独立。

该定理结论(1)的拟合验证过程代码如下：

```
import numpy as np
from scipy.stats import norm,chi2
np.random.seed(0)
mu,sigma,n = 1,2,10
#生成 1000*10 的数组,每一行是一组容量为 10 的样本
X = np.array([norm(mu,sigma).rvs(size = n) for _ in range(1000)])
#按行求样本方差
S2 = np.var(X,axis = 1,ddof = 1)
#对(n-1)*S2/sigma**2 拟合卡方分布,返回其自由度 df
df,loc,scale = chi2.fit((n-1)*S2/sigma**2,floc = 0,fscale = 1)
df,loc,scale   #df 理论值应为 9
```

运行结果如图 18.52 所示。

```
(0.9683602328259682, 0.9843859004332948)
```

图 18.51

```
(8.871289062500018, 0, 1)
```

图 18.52

注释：chi2.fit 返回三个值，分别对应 df、loc 以及 scale。chi2.fit((n−1)*S2/sigma**2,floc=0,fscale=1)是在固定 loc=0,scale=1("标准化"形式)的情况下去拟合相应的自由度。

定理三 设 $X_1, X_2, \cdots, X_n$ 是来自正态总体 $N(\mu, \sigma^2)$ 的样本，$\overline{X}$，S^2 分别是样本均值和样本方差，则有

$$\frac{\overline{X}-\mu}{S/\sqrt{n}}: t(n-1)$$

定理的拟合验证过程代码如下：

```
import numpy as np
from scipy.stats import norm,t
np.random.seed(0)
mu,sigma,n = 1,2,10
#生成 2000*10 的数组,每一行是一组容量为 10 的样本
```

```
x = np.array([norm(mu,sigma).rvs(size = n) for _ in range(2000)])
#按行求样本均值,样本标准差
mean_x = np.mean(x,axis = 1)
S = np.std(x,axis = 1,ddof = 1)
X = (mean_x - mu) * np.sqrt(n)/S
#对 X 拟合 t 分布,返回其自由度 df
df,loc,scale = t.fit(X,floc = 0,fscale = 1)
df,loc,scale    #df 理论值为 9
```

运行结果如图 18.53 所示。

```
(9.250781250000017, 0, 1)
```

图　18.53

> **注释**：t.fit()返回的第一个值也是自由度 df。

定理四　设 $X_1,X_2,\cdots,X_{n_1}$ 与 $Y_1,Y_2,\cdots,Y_{n_2}$ 分别是来自正态总体 $N(\mu_1,\sigma_1^2)$和 $N(\mu_2,\sigma_2^2)$的样本，且这两个样本相互独立。设 $\overline{X},\overline{Y}$ 分别是两样本的样本均值；S_1^2,S_2^2 分别是这两个样本的样本方差，则有

(1) $\dfrac{S_1^2/S_2^2}{\sigma_1^2/\sigma_2^2}:F(n_1-1,n_2-1)$。

(2) 当 $\sigma_1^2=\sigma_2^2=\sigma^2$ 时，

$$\frac{(\overline{X}-\overline{Y})-(\mu_1-\mu_2)}{S_w\sqrt{\dfrac{1}{n_1}+\dfrac{1}{n_2}}}:t(n_1+n_2-2)$$

其中，$S_w^2=\dfrac{(n_1-1)S_1^2+(n_2-1)S_2^2}{n_1+n_2-2}$，$S_w=\sqrt{S_w^2}$。

定理中结论(1)的拟合验证过程代码如下：

```
import numpy as np
from scipy.stats import norm,f
n1,n2 = 4,5
mu1,mu2,sigma1,sigma2 = 1,2,3,4
np.random.seed(0)
#生成两组样本 X,Y
X = np.array([norm(mu1,sigma1).rvs(size = n1) for _ in range(1000)])
Y = np.array([norm(mu2,sigma2).rvs(size = n2) for _ in range(1000)])
#按行求样本均值以及样本方差
meanX = np.mean(X,axis = 1)
meanY = np.mean(Y,axis = 1)
S1_2 = np.var(X,axis = 1,ddof = 1)
S2_2 = np.var(Y,axis = 1,ddof = 1)
#对(S1_2/S2_2)/(sigma1 ** 2/sigma2 ** 2)拟合 F 分布,返回第一自由度 df1,第二自由度 df2
df1,df2,loc,scale = f.fit((S1_2/S2_2)/(sigma1 ** 2/sigma2 ** 2),floc = 0,fscale = 1)
df1,df2,loc,scale    #df1 理论值为 3,df2 理论值为 4
```

运行结果如图 18.54 所示。

```
(3.0911763047227048, 4.072398588237663, 0, 1)
```

图　18.54

注释：f.fit()返回4个值，分别对应第一自由度df1，第二自由度df2，loc以及scale。

定理中结论(2)的拟合验证过程代码如下：

```
import numpy as np
from scipy.stats import norm,t
n1,n2 = 4,5
#sigma1 = sigma2
mu1,mu2,sigma1,sigma2 = 1,2,4,4
np.random.seed(0)
#生成两组样本X,Y
X = [norm(mu1,sigma1).rvs(size = n1) for _ in range(3000)]
Y = [norm(mu2,sigma2).rvs(size = n2) for _ in range(3000)]
#按行求样本均值以及样本方差
meanX = np.mean(X,axis = 1)
meanY = np.mean(Y,axis = 1)
S1_2 = np.var(X,axis = 1,ddof = 1)
S2_2 = np.var(Y,axis = 1,ddof = 1)

Sw_2 = ((n1 - 1) * S1_2 + (n2 - 1) * S2_2)/(n1 + n2 - 2)
Sw = np.sqrt(Sw_2)
datas = ((meanX - meanY) - (mu1 - mu2))/(Sw * np.sqrt(1/n1 + 1/n2))

#对datas拟合t分布,返回自由度df
df,loc,scale = t.fit(datas,floc = 0,fscale = 1)
df,loc,scale  #df理论值为7
```

运行结果如图18.55所示。

```
(7.007421875000013, 0, 1)
```

图　18.55

参数估计

本章讨论总体参数的点估计和区间估计。

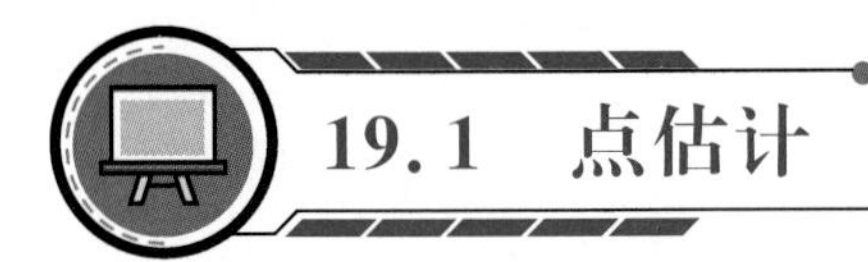

19.1 点估计

设总体 X 的分布类型已知，但它的一个或多个参数未知，借助总体 X 的一个样本来估计总体的未知参数称为参数的点估计。

【例 19.1】 某炸药制造厂一天中发生着火现象的次数 X 是一个随机变量，假设它服从以 $\lambda>0$ 为参数的泊松分布，参数 λ 未知。现有以下的样本值，如表 19.1 所示。

表 19.1

着火次数 k	0	1	2	3	4	5	6	7	
发生 k 次着火的天数 n_k	75	90	54	22	6	2	1	0	$\sum n_k = 250$

试估计参数 λ。

解 由于 X 服从参数为 λ 的泊松分布，有 $\lambda=E(X)$。用样本均值估计总体均值，可得 λ 的估计值，代码如下：

```
import numpy as np
#着火次数k
k=[0,1,2,3,4,5,6,7]
#发生k次着火的天数
n_k=[75,90,54,22,6,2,1,0]
#np.dot(k,n_k)是总着火次数,sum(n_k)是总天数,两者的商为平均着火次数,即样本均值
```

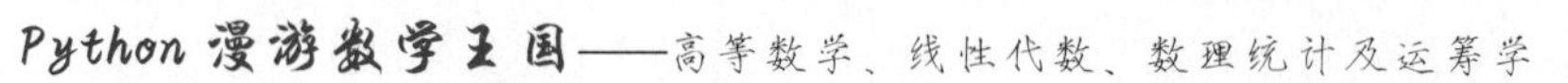


```
#用样本均值估计总体均值 lambda
lambda = np.dot(k,n_k)/sum(n_k)
lambda
```

运行结果如图 19.1 所示。

1.216

图 19.1

> **注释**：np.dot(k,n_k)指 k 与 n_k 的点积。

上述例子中，用样本均值估计总体均值，也可以用样本方差估计总体方差，这种估计方法称为数字特征法。除此之外，还有两种常用的估计方法：矩估计法和最大似然估计法。

19.1.1 矩估计法

用样本矩估计相应的总体矩，或用样本矩的连续函数估计相应总体矩的连续函数，这种方法称为矩估计法。

【例 19.2】 设总体 X 在$[a,b]$上服从均匀分布，a,b 未知。$X_1,X_2,\cdots,X_n$ 是来自 X 的样本，试求 a,b 的矩估计量。

解

$$\begin{aligned}\mu_1 &= E(X) = (a+b)/2 \\ \mu_2 &= E(X^2) = D(X) + [E(X)]^2 \\ &= (b-a)^2/12 + (a+b)^2/4\end{aligned}$$

从方程组中解出 a 与 b，代码如下：

```
from sympy import symbols, init_printing, solve
#启动环境中最佳打印资源
init_printing()
mu1,mu2,a,b = symbols('mu1 mu2 a b',real = True)
#求解 a,b
#dict = True,使结果以字典形式返回
solve([mu1 - a/2 - b/2,mu2 - (b - a) ** 2/12 - (a + b) ** 2/4],a,b,dict = True)[0]
```

运行结果如图 19.2 所示。

$$\left\{a: \mu_1 - \sqrt{3}\sqrt{-\mu_1^2+\mu_2},\ b: \mu_1 + \sqrt{3}\sqrt{-\mu_1^2+\mu_2}\right\}$$

图 19.2

> **注释**：由题可知，$b>a$。故这里从 solve()返回的两组解中挑选出了符合实际情况的一种，即索引[0]。

以样本一阶矩 $\boldsymbol{A}_1$，二阶矩 $\boldsymbol{A}_2$，分别代替总体一、二阶矩 μ_1 与 μ_2，即可得到 a 与 b 的矩估计量：

$$\hat{a} = A_1 - \sqrt{3(A_2 - A_1^2)} = \overline{X} - \sqrt{\frac{3}{n}\sum_{i=1}^{n}(X_i - \overline{X})^2}$$

$$\hat{b} = A_1 + \sqrt{3(A_2 - A_1^2)} = \overline{X} + \sqrt{\frac{3}{n}\sum_{i=1}^{n}(X_i - \overline{X})^2}$$

这里 $\frac{1}{n}\sum_{i=1}^{n}(X_i - \overline{X})^2$ 是样本的二阶中心矩。

取 $a=5, b=10$，检验矩估计法，代码如下：

```
from scipy.stats import uniform,moment
np.random.seed(0)
a,b,n = 5,10,1000
#从[5,10]区间上的均匀分布中,生成容量为 1000 的样本
datas = uniform(a,b - a).rvs(size = n)
mean_datas = np.mean(datas)
#moment(datas,moment = 2)求数据的二阶中心矩
estimate_a = mean_datas - np.sqrt(3 * moment(datas,moment = 2))
estimate_b = mean_datas + np.sqrt(3 * moment(datas,moment = 2))
estimate_a,estimate_b
```

运行结果如图 19.3 所示。

```
(4.962947880840739, 9.99626746287709)
```

图　19.3

注释：scipy 中的 moment()可用于求中心矩，其中参数 moment=2，指明所求中心矩的阶为 2。

从上述输出结果来看，a, b 的矩估计值与真值相差无几。

【例 19.3】　设总体 X 的均值 μ 及方差 σ^2 都存在，且有 $\sigma^2>0$，但 μ, σ^2 均为未知。又设 $X_1, X_2, \cdots, X_n$ 是来自 X 的样本。试求 μ, σ^2 的矩估计量。

解

$$\begin{cases} \mu_1 = E(X) = \mu \\ \mu_2 = E(X^2) = D(X) + [E(X)]^2 = \sigma^2 + \mu^2 \end{cases}$$

解得：

$$\begin{cases} \mu = \mu_1 \\ \sigma^2 = \mu_2 - \mu_1^2 \end{cases}$$

以 A_1, A_2 分别代替 μ_1 与 μ_2，即可得 μ 及 σ^2 的矩估计量：

$$\hat{\mu} = A_1 = \overline{X}$$

$$\hat{\sigma}^2 = A_2 - A_1^2 = \frac{1}{n}\sum_{i=1}^{n}(X_i - \overline{X})^2$$

例如,假设总体 X 服从标准正态分布,可计算 μ,σ^2 的矩估计值,代码如下:

```
from scipy.stats import norm
#从标准正太分布中生成容量为1000的样本
X = norm.rvs(size = 1000)
#计算样本一阶矩与二阶矩
A_1 = np.mean(X)
A_2 = np.mean(X ** 2)
#估计总体均值及方差
mu,sigma2 = A_1,A_2 - A_1 ** 2
mu,sigma2
```

运行结果如图 19.4 所示。

(0.029044182857118864, 0.9334822098945599)

图 19.4

19.1.2 最大似然估计法

固定样本观测值 $x_1,x_2,\cdots,x_n$,在未知参数 θ 取值的可能范围内挑选使似然函数 $L(x_1,x_2,\cdots,x_n;\theta)$ 达到最大值的参数 $\hat{\theta}$,作为参数 θ 的估计值,该方法称为最大似然估计法。

【例 19.4】 设 $X:b(1,p)$,$X_1,X_2,\cdots,X_n$ 是来自 X 的一个样本,试求参数 p 的最大似然估计。

解 设 p 的真值为 0.3,生成一个容量为 10 的样本,代码如下:

```
from scipy.stats import binom
np.random.seed(0)
X = binom.rvs(1,0.3,size = 10)
X
```

运行结果如图 19.5 所示。

求该样本下,p 的最大似然估计值,代码如下:

```
from sympy import diag,det,log,diff
p = symbols('p',positive = True)
#以每个样本值出现的概率为主对角线,生成对角阵,目的在于借助对角阵行列式的计算公式构造
#连乘
A = diag([p ** X[i] * (1 - p) ** (1 - X[i]) for i in range(len(X))],unpack = True)
#似然函数
L = det(A)
#求似然函数的最大值点与求对数似然函数的最大值点等价
ln_L = log(L)
#返回对数似然函数关于p的一阶导数为0的点,即最大值点
solve(ln_L.diff(p))
```

运行结果如图 19.6 所示。

`array([0, 1, 0, 0, 0, 0, 0, 1, 1, 0])`

图　19.5

`[3/10]`

图　19.6

注释：(1) diag([p * * X[i] * (1－p) * * (1－X[i]) for i in range(len(X))], unpack＝True)将列表中的元素作为主对角线元素，返回一个对角阵。

(2) det(A)表示求对角阵 **A** 的行列式，即上述列表中所有元素的连乘，构成似然函数。

(3) ln_L. diff(p)指对数似然函数关于 p 的一阶导数。

从输出结果可以看到，p 的最大似然估计值与 p 的真值相等。

【例 19.5】　设 X：$N(\mu,\sigma^2)$，但 μ,σ^2 均未知，$x_1,x_2,\cdots,x_n$ 是来自 X 的一个样本值。试求 μ,σ^2 的最大似然估计。

解　取 μ 与 σ 的值分别为 1，2，生成一组样本，并在该样本下，求两参数的最大似然估计，代码如下：

```
from sympy import E,sqrt,pi
np.random.seed(1)
#在均值为 1,标准差为 2 的正态分布下,生成容量为 20 的一组样本
X = norm(1,2).rvs(size = 20)
mu = symbols('mu',real = True)
sigma = symbols('sigma',positive = True)
#主对角线为不同样本值所相应的正态分布下的概率密度函数值
A = diag([E ** ( - (X[i] - mu) ** 2/2/sigma ** 2)/sqrt(2 * pi)/sigma \
    for i in range(len(X))],unpack = True)
L = det(A)
ln_L = log(L)
#返回总体均值以及标准差的最大似然估计值
solve([ln_L.diff(mu),ln_L.diff(sigma)])
```

运行结果如图 19.7 所示。

上述代码的另一种等价形式为：norm. fit(X)，结果一样，代码如下：

```
np.random.seed(1)
X = norm(1,2).rvs(size = 20)
#fit 方法默认返回最大似然估计值
norm.fit(X)
```

如图 19.8 所示。

$\{\mu: 0.733270727078538,\ \sigma: 2.19961091962075\}$

图　19.7

`(0.7332707270785411, 2.199610919620748)`

图　19.8

【例 19.6】 设总体 X 在$[a,b]$上服从均匀分布,a,b 未知。$x_1,x_2,\cdots,x_n$ 是来自 X 的一个样本值,试求 a,b 的最大似然估计。

解 取 $X:U(1,10)$,生成一组样本,并在该样本下,求 a,b 的最大似然估计,代码如下:

```
X = uniform.rvs(1,9,size = 100)
#uniform(loc,scale)服从区间[loc,loc + scale]上的均匀分布
loc,scale = uniform.fit(X)
#a,b的最大似然估计
a,b = loc,loc + scale
a,b
```

运行结果如图 19.9 所示。

(1.0258329432804307, 9.975905654063325)

图 19.9

19.2 基于截尾样本的最大似然估计

本节仅通过一个例子介绍截尾样本的最大似然估计。

【例 19.7】 电池的寿命服从指数分布,设其概率密度为:

$$f(t)=\begin{cases}\dfrac{1}{\theta}\mathrm{e}^{-t/\theta}, & t>0\\ 0, & ,t\leqslant 0\end{cases}$$

$\theta>0$ 未知。随机地取 50 只电池投入寿命实验,规定实验进行到其中有 15 只失效时结束实验,测得失效时间(h)为:

115 119 131 138 142 147 148 155

158 159 163 166 167 170 172

试求电池的平均寿命 θ 的最大似然估计。

解 该样本为定数截尾样本。记 15 只电池的失效时间分别为 $t_1,t_2,\cdots,t_{15}$,有 $0\leqslant t_1\leqslant t_2\leqslant\cdots\leqslant t_{15}$,令有 35 只电池的寿命超过 t_{15}。一个产品在$(t_i,t_i+\mathrm{d}t_i]$失效的概率近似为 $f(t_i)\mathrm{d}t_i=\dfrac{1}{\theta}\mathrm{e}^{-t_i/\theta}\mathrm{d}t_i$,其余 35 个产品寿命超过 t_{15} 的概率为 $\left(\int_{t_{15}}^{\infty}\dfrac{1}{\theta}\mathrm{e}^{-t/\theta}\mathrm{d}t\right)^{35}=(\mathrm{e}^{-t_{15}/\theta})^{35}$,故观察结果出现的概率近似为:

$$\begin{aligned}&\mathrm{C}_{50}^{15}\left(\frac{1}{\theta}\mathrm{e}^{-t_1/\theta}\mathrm{d}t_1\right)\left(\frac{1}{\theta}\mathrm{e}^{-t_2/\theta}\mathrm{d}t_2\right)\cdots\left(\frac{1}{\theta}\mathrm{e}^{-t_{15}/\theta}\mathrm{d}t_{15}\right)(\mathrm{e}^{-t_{15}/\theta})^{35}\\&=\mathrm{C}_{50}^{15}\frac{1}{\theta^{15}}\mathrm{e}^{-\frac{1}{\theta}[t_1+t_2+\cdots+t_{15}+35t_{15}]}\mathrm{d}t_1\mathrm{d}t_2\cdots\mathrm{d}t_{15}\end{aligned}$$

其中,$\mathrm{d}t_1\mathrm{d}t_2\cdots\mathrm{d}t_{15}$ 为常数。因忽略一个常数因子不影响 θ 的最大似然估计,故可取似然

函数

$$L(\theta)=\frac{1}{\theta^{15}}\mathrm{e}^{-\frac{1}{\theta}[t_1+t_2+\cdots+t_{15}+35t_{15}]}$$

对数似然函数为：

$$\ln L(\theta)=-15\ln\theta-\frac{1}{\theta}[t_1+t_2+\cdots+t_{15}+35t_{15}]$$

令

$$\frac{\mathrm{d}}{\mathrm{d}\theta}\ln L(\theta)=-\frac{15}{\theta}+\frac{1}{\theta^2}[t_1+t_2+\cdots+t_{15}+35t_{15}]=0$$

可得 θ 的最大似然估计为：

$$\hat{\theta}=\frac{t_1+t_2+\cdots+t_{15}+35t_{15}}{15}$$

代入数据，可得 θ 的最大似然估计值。代码如下：

```
#失效个数与样本个数
m,n = 15,50
#失效时间
X = [115,119,131,138,142,147,148,155,158,159,163,166,167,170,172]
#参数 theta 的最大似然估计值
s = sum(X) + (n - m) * max(X)
theta = s/m
theta
```

运行结果如图 19.10 所示。

551.3333333333334

图　19.10

19.3　估计量的评选标准

对于同一参数，用不同的估计方法得到的估计量可能不相同。评价估计量好坏的常用标准有：无偏性，有效性，相合性。

样本均值 $\overline{X}$ 是总体均值 μ 的无偏估计，样本方差 S^2 是总体方差 σ^2 的无偏估计，而将样本方差分母 $n-1$ 修改为 n，所得的估计量 $\hat{\sigma}^2=\frac{1}{n}\sum_{i=1}^{n}(X_i-\overline{X})^2$，不是总体方差 σ^2 的无偏估计。拟合验证代码如下：

```
from scipy.stats import norm
import numpy as np
MeanX,S2,Sigma2_hat = [],[],[]
for i in range(5000):
```

```
    np.random.seed(i)
    #正态分布下生成容量为 n 的样本
    loc,scale,n = 5,10,10
    rand_X = norm(loc,scale).rvs(size = n)
    #计算样本均值与样本方差
    mean_X = np.mean(rand_X)
    s2 = np.var(rand_X,ddof = 1)
    #ddof 默认为 0,此时分母为 n
    sigma2_hat = np.var(rand_X)
    #将不同样本下算得的值添加入相应列表
    MeanX.append(mean_X)
    S2.append(s2)
    Sigma2_hat.append(sigma2_hat)
#不同列表的均值
np.mean(MeanX),np.mean(S2),np.mean(Sigma2_hat)
```

运行结果如图 19.11 所示。

```
(4.969598146966803, 99.72832110152297, 89.75548899137067)
```

图 19.11

从输出结果可以看到,样本均值的期望接近于总体均值 5,样本方差的期望接近于总体方差 100,$\hat{\sigma}^2 = \frac{1}{n}\sum_{i=1}^{n}(X_i - \overline{X})^2$ 的期望 89.76 与总体方差 100 之间还有一定的偏差。

【例 19.8】 设总体 X 服从指数分布,其概率密度为

$$f(x,\theta) = \begin{cases} \frac{1}{\theta}e^{-x/\theta}, & x > 0 \\ 0, & x \leqslant 0 \end{cases}$$

其中,参数 $\theta>0$ 未知,又设 $X_1,X_2,\cdots,X_n$ 是来自 X 的一个样本,试证 $\overline{X}$ 和 $nZ=n(\min\{X_1,X_2,\cdots,X_n\})$ 都是 θ 的无偏估计量,并且当 $n>1$ 时,$\overline{X}$ 较 nZ 有效。

解 取 $\theta=1$,拟合验证代码如下:

```
from scipy.stats import expon
theta = 1.0
MeanX,nZ = [],[]
#反复 100 次生成容量为 10 的样本,计算样本均值及 nZ 值放入相应列表
for i in range(100):
  np.random.seed(i)
  size = 10
  rand_X = expon(scale = theta).rvs(size = size)
  MeanX.append(np.mean(rand_X))
  nZ.append(min(rand_X) * size)
np.mean(MeanX),np.mean(nZ),np.var(MeanX),np.var(nZ)
```

运行结果如图 19.12 所示。

```
(0.9651493421025489,
 1.0325612840534983,
 0.10541716945510324,
 0.898114607747147)
```

图 19.12

可以看到 $\overline{X}$ 和 nZ 的期望都在参数 θ 的真值 1 附近，$\overline{X}$ 的方差较 nZ 的方差要小。

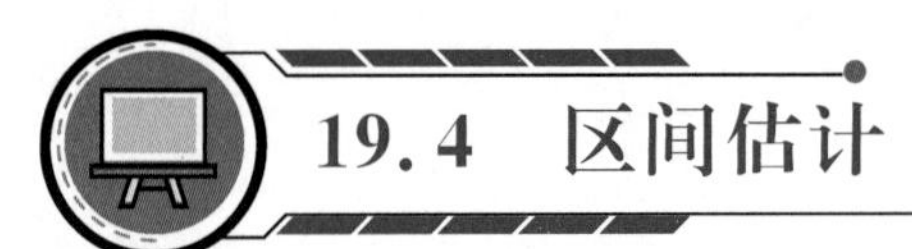

19.4 区间估计

对于未知参数 θ，除了给出它的点估计外，还需要知道做出相应估计的误差是多少，即估计出一个范围，并希望知道这个范围包含参数 θ 真值的可信程度。这样的范围通常以区间的形式给出，称为区间估计。

【例 19.9】 设总体 $X: N(\mu,1)$，μ 为未知，设 $X_1,X_2,\cdots,X_{16}$ 是来自 X 的容量为 16 的样本，求 μ 的置信水平为 0.95 的置信区间。

解 已知 $\overline{X}$ 是 μ 的无偏估计，且

$$\frac{\overline{X}-\mu}{1/\sqrt{16}}: N(0,1)$$

按照标准正态分布的上 α 分位点的定义，有：

$$P\left\{\left|\frac{\overline{X}-\mu}{1/\sqrt{16}}\right|<z_{0.05/2}\right\}=0.95$$

即

$$P\left\{\overline{X}-\frac{1}{\sqrt{16}}z_{0.05/2}<\mu<\overline{X}+\frac{1}{\sqrt{16}}z_{0.05/2}\right\}=0.95$$

这样，就得到了 μ 的置信水平为 0.95 的置信区间：

$$\left(\overline{X}-\frac{1}{\sqrt{16}}z_{0.05/2},\overline{X}+\frac{1}{\sqrt{16}}z_{0.05/2}\right)$$

置信水平为 0.95 的置信区间，其含义是：若反复抽样多次，每组样本算得的样本均值的观察值代入上式都可确定一个区间(已经不是随机区间了，但仍称它为置信水平为 0.95 的置信区间)，在这么多区间中，包含 μ 的约占 95%。不包含 μ 的约占 5%。拟合验证代码如下：

```
from scipy.stats import norm
import numpy as np
#假设总体均值为 5
mu,sigma,n,alpha = 5,1,16,0.05
test_times = 1000
meanX = [ ]
```

```
#从总体中反复抽取容量为16的样本,计算样本均值,放入列表meanX中
for i in range(test_times):
  np.random.seed(i)
  rv = norm(mu,sigma)
  X = rv.rvs(size = n)
  meanX.append(np.mean(X))

ME = sigma/np.sqrt(n) * norm.isf(alpha/2)
#置信下限
left = meanX - ME
#置信上限
right = meanX + ME

#所有置信区间中包含总体均值的置信区间的比重
#sum([1 for i in range(len(meanX)) if left[i]< mu and right[i]> mu])表示包含总体均值的置信
#区间的个数
sum([1 for i in range(len(meanX)) if \
  left[i]< mu and right[i]> mu])/test_times
```

运行结果如图19.13所示。

0.952

图 19.13

从输出结果可以看到,在生成的1000个置信区间中,有95.2%是包含参数μ的,与95%非常接近。

19.5 正态总体均值与方差的区间估计

本节通过几个例子介绍正态总体均值与方差的区间估计。

19.5.1 单个总体$N(\mu,\sigma^2)$的情况

【例19.10】 从一大批糖果中随机地抽取16袋,称得重量(以g计)如下:

506 508 499 503 504 510 497 512

514 505 493 496 506 502 509 496

设袋装糖果的重量近似服从正态分布,试求总体均值μ的置信水平为0.95的置信区间。

解 该题属于单个正态总体,总体方差σ^2未知的情况下求总体均值μ的置信区间,代码如下:

```
from scipy.stats import t
import numpy as np
X = np.array([506,508,499,503,504,510,497,512,\
        514,505,493,496,506,502,509,496])

#定义函数求置信上下限
```

```
def t_conf(data,confidence = 0.95):
    #样本均值
    sample_mean = np.mean(data)
    #样本标准差
    sample_std = np.std(data,ddof = 1)
    #样本容量
    sample_size = len(data)
    #显著性水平
    alpha = 1 - confidence
    #t分布的分位数
    t_score = t.isf(alpha/2,df = sample_size - 1)
    ME = sample_std / np.sqrt(sample_size) * t_score
    #置信下限
    lower_limit = sample_mean - ME
    #置信上限
    upper_limit = sample_mean + ME
    return lower_limit, upper_limit

lower_limit,upper_limit = t_conf(X)
print('({0:.2f},{1:.2f})'.format(lower_limit, upper_limit))
```

运行结果如图 19.14 所示。

```
(500.45,507.05)
```

图　19.14

【例 19.11】　求例 19.10 中总体标准差 σ 的置信水平为 0.95 的置信区间。

解　该题属于单个正态总体，总体均值 μ 未知的情况下求总体方差 σ^2 的置信区间，代码如下：

```
from scipy.stats import chi2
X = np.array([506,508,499,503,504,510,497,512,\
       514,505,493,496,506,502,509,496])

#定义函数求置信上下限
def chi2_conf(data,confidence = 0.95):
    #样本方差
    sample_var = np.var(data,ddof = 1)
    #样本容量
    sample_size = len(data)
    #显著性水平
    alpha = 1 - confidence
    #chi2 分布的分位数(两侧)
    chi2_lscore = chi2.isf(1 - alpha/2,sample_size - 1)
    chi2_rscore = chi2.isf(alpha/2,sample_size - 1)
    #总体方差的置信上下限
    lower_limit = ((sample_size - 1) * sample_var)/chi2_rscore
    upper_limit = ((sample_size - 1) * sample_var)/chi2_lscore
```

```
    return lower_limit,upper_limit

lower_limit,upper_limit = chi2_conf(X)
print('({0:.2f},{1:.2f})'.format(np.sqrt(lower_limit),\
                    np.sqrt(upper_limit)))
```

运行结果如图 19.15 所示。

```
(4.58,9.60)
```

图 19.15

19.5.2 两个总体 $N(\mu_1,\sigma_1^2)$和 $N(\mu_2,\sigma_2^2)$的情况

【例 19.12】 为比较Ⅰ、Ⅱ两种型号步枪子弹的枪口速度，随机取Ⅰ型子弹 10 发，得到枪口速度的平均值为 $\bar{x}_1=500\text{m/s}$，标准差 $s_1=1.10\text{m/s}$，随机取Ⅱ型子弹 20 发，得到枪口速度的平均值为 $\bar{x}_2=496\text{m/s}$，标准差 $s_2=1.20\text{m/s}$。假设两总体都可认为近似地服从正态分布，且由生产过程可认为方差相等。求两总体均值差 $\mu_1-\mu_2$ 的一个置信水平为 0.95 的置信区间。

解 该题属于两个正态总体，两总体方差相等，但未知，求总体均值差的置信区间，代码如下：

```
#两样本均值
meanX1,meanX2 = 500,496
#两样本标准差
S1,S2 = 1.1,1.2
#两样本容量
n1,n2 = 10,20
#显著性水平
alpha = 0.05
#t分布的分位数
t_score = t.isf(alpha/2,df = n1 + n2 - 2)
Sw = np.sqrt(((n1 - 1) * S1 ** 2 + (n2 - 1) * S2 ** 2)/(n1 + n2 - 2))
ME = Sw * np.sqrt(1/n1 + 1/n2) * t_score
#置信上下限
lower_limit = meanX1 - meanX2 - ME
upper_limit = meanX1 - meanX2 + ME
np.round([lower_limit, upper_limit],3)
```

运行结果如图 19.16 所示。

```
array([3.073, 4.927])
```

图 19.16

由于置信区间下限大于零，实际中我们认为 μ_1 比 μ_2 大。

【例 19.13】 为提高某一化学生产过程的得率，工厂试图采用一种新的催化剂。为慎重起见，在实验工厂先进行实验。设采用原来的催化剂进行了 $n_1=8$ 次实验，得到得率的平均值 $\bar{x}_1=91.73$，样本方差 $s_1^2=3.89$；又采用新的催化剂进行

了 $n_2=8$ 次实验,得到得率的平均值 $\bar{x}_2=93.75$,样本方差 $s_2^2=4.02$。假设两总体都可认为服从正态分布,且方差相等,两样本独立。求两总体均值差 $\mu_1-\mu_2$ 的置信水平为 0.95 的置信区间。

解 该题与例 19.12 的情况完全相同,代码如下:

```
from scipy.stats import t
import numpy as np
meanX1,meanX2 = 91.73,93.75
S1_2,S2_2 = 3.89,4.02
n1,n2 = 8,8
alpha = 0.05
t_score = t.isf(alpha/2,df = n1 + n2 - 2)
Sw = np.sqrt(((n1 - 1) * S1_2 + (n2 - 1) * S2_2)/(n1 + n2 - 2))
ME = Sw * np.sqrt(1/n1 + 1/n2) * t_score
lower_limit = meanX1 - meanX2 - ME
upper_limit = meanX1 - meanX2 + ME
np.round([lower_limit, upper_limit],3)
```

运行结果如图 19.17 所示。

```
array([-4.153,  0.113])
```

图 19.17

所得置信区间包含零,实际中我们认为采用这两种催化剂所得的得率的均值没有显著差异。

【例 19.14】 研究由机器 A 和机器 B 生产的钢管的内径(单位: mm),随机抽取机器 A 生产的管子 18 只,测得样本方差 $s_1^2=0.34$;抽取机器 B 生产的管子 13 只,测得样本方差 $s_2^2=0.29$。设两样本相互独立,且设由机器 A、机器 B 生产的管子的内径分别服从正态分布 $N(\mu_1,\sigma_1^2)$,$N(\mu_2,\sigma_2^2)$,这里 $\mu_i,\sigma_i^2(i=1,2)$均未知。试求方差比 σ_1^2/σ_2^2 的置信水平为 0.90 的置信区间。

解 该题属于两个正态总体,两总体均值与方差都未知,求总体方差比的置信区间,代码如下:

```
from scipy.stats import f
#两样本容量
n1,n2 = 18,13
#两样本方差
S1_2,S2_2 = 0.34,0.29
#显著性水平
alpha = 0.1
#f 分布的分位数(两侧)
f_lscore = f.isf(1 - alpha/2,n1 - 1,n2 - 1)
f_rscore = f.isf(alpha/2,n1 - 1,n2 - 1)
#置信上下限
lower_limit = S1_2/S2_2/f_rscore
upper_limit = S1_2/S2_2/f_lscore
np.round([lower_limit, upper_limit],3)
```

运行结果如图19.18所示。

```
array([0.454, 2.791])
```

图 19.18

由于置信区间包含1,实际中我们认为σ_1^2,σ_2^2两者没有显著差别。

19.6 0-1分布参数的区间估计

已知参数为p的0-1分布,其期望与方差分别为:

$$\mu=p,\quad \sigma^2=p(1-p)$$

设$X_1,X_2,\cdots,X_n$是来自0-1分布的一个样本,当样本容量n较大(一般$n>50$)时,由中心极限定理有:

$$\frac{\sum_{i=1}^{n}X_i-np}{\sqrt{np(1-p)}}=\frac{n\bar{X}-np}{\sqrt{np(1-p)}}$$

近似服从$N(0,1)$分布,于是有:

$$P\left\{\left|\frac{n\bar{X}-np}{\sqrt{np(1-p)}}\right|<z_{\alpha/2}\right\}\approx 1-p$$

求解不等式:

$$\left|\frac{n\bar{X}-np}{\sqrt{np(1-p)}}\right|<z_{\alpha/2}$$

等价于:

$$\left(\frac{n\bar{X}-np}{\sqrt{np(1-p)}}\right)^2<z_{\alpha/2}^2$$

即可得p的置信水平为α的置信区间。

【例19.15】 从一大批产品中抽取100个样品中,得一级品60个,求这批产品的一级品率p的置信水平为0.95的置信区间。

解 由题可知,一级品率p是0-1分布的参数,样本容量$n=100$,样本均值$\bar{x}=60/100=0.6$,置信区间的求解代码如下:

```
from scipy.stats import norm
from sympy import init_printing,symbols,solve
init_printing()
p = symbols('p',positive = True)
#样本容量,样本均值,显著性水平
n,meanX,alpha = 100,0.6,0.05
#正态分布的分位数
z_score = norm().isf(alpha/2)
#置信上下限
p1,p2 = solve((n * meanX - n * p) ** 2/(n * p * (1 - p)) - z_score ** 2,p)
p1,p2
```

运行结果如图19.19所示。

(0.502002586791062, 0.690598713567541)

图　19.19

注释：solve()返回的是$\left(\frac{n\overline{X}-np}{\sqrt{np(1-p)}}\right)^2=z_{\alpha/2}^2$的两个根$p_1,p_2$。

p的置信水平为0.95的置信区间为(p_1,p_2)，即(0.50,0.69)。

19.7　单侧置信区间

对于某些实际问题，仅关心参数的置信下限或置信上限，这就引出了单侧置信区间的问题。

【例19.16】　从一批灯泡中随机抽取5只作寿命实验，测得寿命(以h计)为：

1050　1100　1120　1250　1280

设灯泡寿命服从正态分布。求灯泡寿命平均值的置信水平为0.95的单侧置信下限。

解　对于灯泡寿命来说，平均寿命长是我们所希望的，我们关心的是平均寿命的单侧置信下限。由

$$\frac{\overline{X}-\mu}{S/\sqrt{n}}:t(n-1)$$

有：

$$P\left\{\frac{\overline{X}-\mu}{S/\sqrt{n}}<t_\alpha(n-1)\right\}=1-\alpha$$

即

$$P\left\{\mu>\overline{X}-\frac{S}{\sqrt{n}}t_\alpha(n-1)\right\}=1-\alpha$$

于是μ的置信水平为α的单侧置信下限为$\overline{X}-\frac{S}{\sqrt{n}}t_\alpha(n-1)$。

将已知数据代入上式，代码如下：

```
from scipy.stats import t
import numpy as np
from sympy import init_printing,symbols,solve
init_printing()
mu = symbols('mu',real = True)
X = [1050,1100,1120,1250,1280]
#显著性水平
alpha = 0.05
#样本均值
```

```
meanX = np.mean(X)
#样本标准差
S = np.std(X,ddof = 1)
#样本容量
n = len(X)
#单侧置信下限
solve((meanX - mu)/(S/np.sqrt(n)) - t(n - 1).isf(alpha),mu)
```

运行结果如图 19.20 所示。

```
[1064.89955998421]
```

图 19.20

第20章 假设检验

20.1 假设检验方法

假设检验是统计推断的另一种重要方法。我们可对总体的分布或分布中的某些参数提出假设，并根据样本验证假设，从而做出最终决策。

【例 20.1】 某车间用一台包装机包装糖果。袋装糖的净重是一个随机变量，服从正态分布。当机器正常时，其均值为 0.5kg，标准差为 0.015kg。某日开工后为检验包装机是否正常，随机地抽取它所包装的糖 9 袋，称得净重分别为(kg)：

0.497 0.506 0.518 0.524 0.498 0.511 0.52 0.515 0.512

问机器是否正常？

解 建立假设 H_0：$\mu=0.5$；H_1：$\mu\neq0.5$。在 H_0 为真时，观察检验统计量的观察值是否落在拒绝域中，检验代码如下：

```
import numpy as np
from scipy.stats import norm
X = [.497,.506,.518,.524,.498,.511,.52,.515,.512]
#样本均值
meanX = np.mean(X)
#假设总体均值等于 0.5
mu = .5
#总体标准差
sigma = .015
#样本容量
n = len(X)
#显著性水平
```

```
alpha = 0.05
#检验统计量观察值
z = (meanX - mu) * np.sqrt(n)/sigma
#拒绝域临界点
k = norm().isf(alpha/2)
#np.abs(z)< k 为真时,说明检验统计量的观察值落在接受域
z,k,np.abs(z)< k
```

运行结果如图 20.1 所示。

```
(2.244444444444471, 1.9599639845400545, False)
```

图 20.1

注释：若$|z|<k$，说明检验统计量的观察值落在接受域中，应接受原假设H_0；反之，若$|z|\geqslant k$，说明检验统计量的观察值落在拒绝域中，此时拒绝H_0，接受H_1。

从输出结果可以看到，$|z|<k$ 的返回值为 False，说明 z 值没有落在接受域中，拒绝原假设 H_0，认为这天包装机工作不正常。

上述假设检验中的备择假设 H_1：$\mu\neq 0.5$，表示 μ 可能大于 0.5，也可能小于 0.5，称为双边备择假设，相应的假设检验称为双边假设检验。现在例 20.1 的基础上，绘制双边假设检验的示意图，代码如下：

```
import matplotlib.pyplot as plt
fig,ax = plt.subplots(1,1,figsize = (6,6))
#绘制标准正态分布的概率密度曲线
x = np.linspace( - 5,5,501)
y1 = norm.pdf(x)
ax.plot(x,y1,'w')

#绘制拒绝域与接受域

#借助拒绝域临界点 - k 与 k 将绘图区域分为左,中,右三部分
x_left = np.linspace( - 5, - k,100)
x_middle = np.linspace( - k,k,300)
x_right = np.linspace(k,5,100)
y_left = norm.pdf(x_left)
y_middle = norm.pdf(x_middle)
y_right = norm.pdf(x_right)
#左右两侧区域填充红色,表示拒绝域,中间区域填充绿色,代表接受域
ax.fill_between(x_left,y_left,color = 'r'\
           ,label = 'Rejection Region')
ax.fill_between(x_middle,y_middle,color = 'g'\
           ,alpha = 0.5,label = 'Acceptance Region')
ax.fill_between(x_right,y_right,color = 'r')
#绘制 z 值参考线
```

```
#plot绘图中取了横坐标相同的50个点,当点足够稠密时,会连成一条线,norm.pdf(z)-
#0.005修饰了绘图效果,使直线的顶端不超出上方的概率密度曲线
ax.plot([z] * 50,np.linspace(0,norm.pdf(z) - 0.005,50)\
     ,'b',lw = 3,label = 'Sample z - Value')

ax.set_title('2 sides z test')
ax.legend()
plt.show()
```

运行结果如图 20.2 所示。

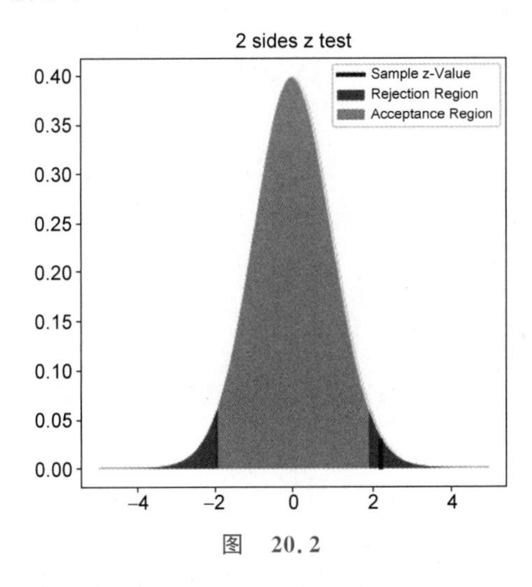

图 20.2

注释:(1) fill_between(x,y1,y2=0)用于填充两条水平曲线之间的区域,其水平曲线由(x,y1)与(x,y2)确定,y2 默认为 0。

(2) 红色区域是双边检验的拒绝域(左右两侧的面积各为 $\alpha/2$),绿色区域是接受域,蓝色实线表示检验统计量的观察值。从图中可以看到,检验统计量的观察值落在了拒绝域中。

与双边检验相对,有时只关心总体均值是否增大,例如检验假设

$$H_0: \mu \leqslant 0.5; \quad H_1: \mu > 0.5$$

这样的假设检验称为右边检验,其拒绝域只取右侧(面积为 α),即 $z \geqslant z_\alpha$。类似地,有时需检验假设

$$H_0: \mu \geqslant 0.5; \quad H_1: \mu < 0.5$$

这样的假设检验称为左边检验,其拒绝域只取左侧(面积为 α),即 $z \leqslant -z_\alpha$。右边检验与左边检验统称为单边检验。

【例 20.2】 供应商从生产商处购买牛奶。供应商怀疑生产商在牛奶中掺水以谋利。通过测定牛奶的冰点,可以检验出牛奶是否掺水。天然牛奶的冰点温度近似服从正态分

布，均值 $\mu_0=-0.545$℃，标准差 $\sigma=0.008$℃。牛奶掺水可使冰点温度升高而接近于水的冰点温度(0℃)。测得生产商提交的5批牛奶的冰点温度，其均值为 $\bar{x}=-0.535$℃，问是否可以认为生产商在牛奶中掺了水？

解　由题意提出假设

$$H_0: \mu \leqslant \mu_0 = -0.545;\quad H_1: \mu > \mu_0$$

这里只关心总体均值是否增大，这是单边检验中的右边检验问题，其拒绝域只取右侧。比较检验统计量的观察值与拒绝域的临界值，代码如下：

```
#样本均值
meanX = -0.535
#总体均值,标准差
mu,sigma = -0.545,0.008
#不同的显著性水平
alpha = [0.05,0.0025]
#样本容量
n = 5
#检验统计量观察值
z = (meanX - mu) * np.sqrt(n)/sigma
#不同显著性水平下的拒绝域临界值
k = [norm().isf(a) for a in alpha]
#单边检验,z < k 为真时,检验统计量观察值落在接受域中
z,k,z < k
```

运行结果如图20.3所示。

```
(2.7950849718747395,
 [1.6448536269514729, 2.8070337683438042],
 array([False,  True]))
```

图　20.3

注释：这里显著性水平 α 取了两个不同的值。可以看到，当 $\alpha=0.05$ 时，$z>k$，需拒绝 H_0，认为牛奶商在牛奶中掺了水，而当 $\alpha=0.0025$ 时，$z<k$，接受 H_0，认为牛奶商没掺水。不同的显著性水平可能造成完全相反的结论，实际应用中应结合具体问题，并同时考虑相应的功效进行选取。

20.2　正态总体均值的假设检验

20.2.1　单个总体 $N(\mu,\sigma^2)$ 均值 μ 的检验

总体方差 σ^2 已知时，关于 μ 的检验采用 Z 检验法，可参看20.1节中的两个例子。若总体方差 σ^2 未知，关于 μ 的检验则需采用 t 检验法，下面来看一个例子。

【例 20.3】　某元件的寿命 X(以 h 计)服从正态分布 $N(\mu,\sigma^2)$，μ,σ^2 均未知。现测得 16 只元件的寿命如下：

159　280　101　212　224　379　179　264

222　362　168　250　149　260　485　170

问是否有理由认为元件的平均寿命大于 225h?

解　按题意需检验

$$H_0: \mu \leqslant \mu_0 = 225; \quad H_1: \mu > 225$$

这是单边检验中的右边检验问题，检验代码如下：

```
import numpy as np
from scipy.stats import t
X = [159,280,101,212,224,379,179,264,
  222,362,168,250,149,260,485,170]
#样本均值，标准差，容量
meanX = np.mean(X)
S = np.std(X,ddof = 1)
n = len(X)
#显著性水平
alpha = 0.05
mu = 225
#检验统计量的观察值
t_value = (meanX - mu) * np.sqrt(n)/S
#拒绝域的临界点
k = t(n - 1).isf(alpha)
t_value,k,t_value < k
```

运行结果如图 20.4 所示。

```
(0.6685176967463559, 1.7530503556925552, True)
```

图　20.4

注释：该右边检验的拒绝域为 $t \geqslant t_\alpha(n-1)$。

从输出结果可以看到，t_value $<k$，即检验统计量的观察值落在接受域中，故接受 H_0，认为元件的平均寿命不大于 225h。

20.2.2　两个正态总体均值差的检验

当两个正态总体方差均为已知时，可采用 Z 检验法检验两总体均值差的假设问题。由于实际情况中，总体的方差往往是未知的，这里仅讨论两正态总体方差未知(相等)的情况下，均值差的假设检验。

【例 20.4】　用两种方法(A 和 B)测定冰自 -0.72℃转变为 0℃的水的融化热(以 cal/g 计)，测得以下的数据：

方法 A：79.98　80.04　80.02　80.04　80.03　80.03
　　　　80.04　79.97　80.05　80.03　80.02　80.00　80.02

方法 B：80.02　79.94　79.98　79.97　79.97　80.03　79.95　79.97

设这两个样本相互独立，且分别来自正态总体 $N(\mu_1,\sigma^2)$ 和 $N(\mu_2,\sigma^2)$，μ_1,μ_2,σ^2 均未知。试检验假设(取显著性水平 $\alpha=0.05$)。

解　由题意提出假设

$$H_0:\mu_1-\mu_2\leqslant 0;\quad H_1:\mu_1-\mu_2>0$$

画出对应方法 A 和方法 B 的箱线图，代码如下：

```
import matplotlib.pyplot as plt
A = [79.98,80.04,80.02,80.04,80.03,80.03,
  80.04,79.97,80.05,80.03,80.02,80.00,80.02]
B = [80.02,79.94,79.98,79.97,79.97,80.03,79.95,79.97]
plt.boxplot([A,B],labels = ['A','B'])
plt.show()
```

运行结果如图 20.5 所示。

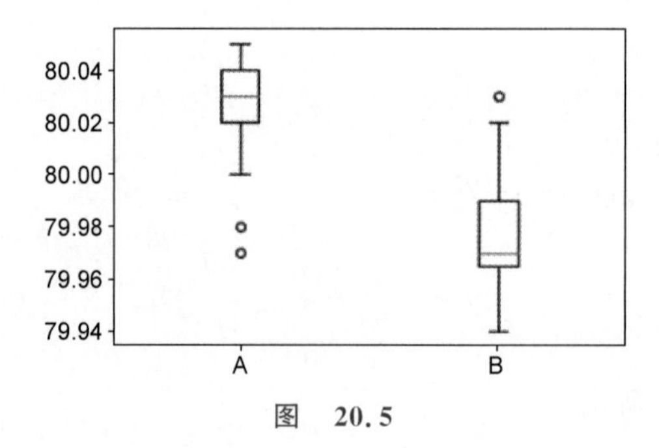

图　20.5

从图形来看，这两种方法所得到的结果是有明显差异的，现在来检验上述假设，代码如下：

```
#两样本容量
n1,n2 = len(A),len(B)
#两样本均值
meanA,meanB = np.mean(A),np.mean(B)
#两样本方差
SA2,SB2 = np.var(A,ddof = 1),np.var(B,ddof = 1)
Sw2 = ((n1 - 1) * SA2 + (n2 - 1) * SB2)/(n1 + n2 - 2)
Sw = np.sqrt(Sw2)
#两总体均值差,显著性水平
sub_mu,alpha = 0,0.05
#检验统计量观察值
t_value = (meanA - meanB - sub_mu)/Sw/np.sqrt(1/n1 + 1/n2)
#拒绝域临界值
k = t(n1 + n2 - 2).isf(alpha)
t_value,k,t_value < k
```

运行结果如图 20.6 所示。

```
(3.472244847094969, 1.7291328115213678, False)
```

图 20.6

注释：右边检验的拒绝域为 $t \geqslant t_\alpha(n_1+n_2-2)$。

从输出结果可以看到 t_value>k，检验统计量的观察值落在拒绝域中，故拒绝 H_0，可认为方法 A 比方法 B 测得的融化热要大。

20.2.3 基于成对数据的检验

有时为了比较两种产品、两种仪器、两种方法之间的差异，常在相同的条件下做对比实验，得到一批成对的观察值，然后分析观察数据做出推断。这种方法称为逐对比较法。

【例 20.5】 有两台光谱仪 I_x、I_y，用来测量材料中某种金属的含量，为鉴定它们的测量结果有无显著的差异，制备了 9 件试块（它们的成分、金属含量、均匀性等均各不相同），现在分别用这两台仪器对每一试块测量一次，得到 9 对观察值，如表 20.1 所示。

表 20.1

x/%	0.20	0.30	0.40	0.50	0.60	0.70	0.80	0.90	1.00
y/%	0.10	0.21	0.52	0.32	0.78	0.59	0.68	0.77	0.89
$d=x-y$/%	0.10	0.09	−0.12	0.18	−0.18	0.11	0.12	0.13	0.11

问能否认为这两台仪器的测量结果有显著的差异（取 $\alpha=0.01$）？

解 由于两台仪器是对相同的试块进行测量，所以本题中的数据是成对的。$D_i=X_i-Y_i$ 可看作来自同一正态总体 $N(\mu_D,\sigma_D^2)$ 的样本，其中 μ_D,σ_D^2 未知，检验假设：

$$H_0: \mu_D=0; \quad H_1: \mu_D \neq 0$$

检验代码如下：

```
x = [0.2,0.3,0.4,0.5,0.6,0.7,0.8,0.9,1.0]
y = [0.1,0.21,0.52,0.32,0.78,0.59,0.68,0.77,0.89]
d = np.array(x) - np.array(y)
#两样本差的均值,标准差,容量
mean_d = np.mean(d)
S_d = np.std(d,ddof = 1)
n = len(d)
#显著性水平
alpha = 0.01
#检验统计量观察值
t_value = mean_d * np.sqrt(n)/S_d
#拒绝域临界值
k = t(n - 1).isf(alpha/2)
t_value,k,abs(t_value)<k
```

运行结果如图 20.7 所示。

```
(1.4672504626906, 3.3553873313333966, True)
```

图 20.7

注释：该双边检验的拒绝域为$|t| \geqslant t_{\alpha/2}(n-1)$。

从输出结果可以看到，检验统计量的观察值落在接受域中，故接受 H_0，认为两台仪器的测量结果无显著差异。

【例 20.6】 做以下实验以比较人对红光或绿光的反应时间(以 s 计)。实验在点亮红光或绿光的同时，启动计时器，要求受试者见到红光或绿光点亮时，就按下按钮，切断计时器，这就能测得反应时间。测量的结果如表 20.2 所示。

表 20.2

红光(x)	0.30	0.23	0.41	0.53	0.24	0.36	0.38	0.51
绿光(y)	0.43	0.32	0.58	0.46	0.27	0.41	0.38	0.61
$d=x-y$	−0.13	−0.09	−0.17	0.07	−0.03	−0.05	0.00	−0.10

问能否认为这两台仪器的测量结果有显著的差异(取 $\alpha=0.01$)?

解 先作图观察数据，代码如下：

```
import matplotlib.pyplot as plt
x = np.array([.3,.23,.41,.53,.24,.36,.38,.51])
y = np.array([.43,.32,.58,.46,.27,.41,.38,.61])
plt.boxplot([x,y],labels = ['x','y'])
plt.show()
```

运行结果如图 20.8 所示。

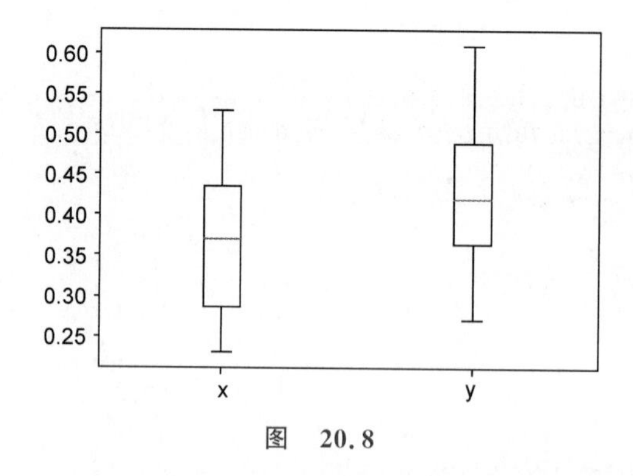

图 20.8

从图上可以看到人对红光的反应时间要比绿光的反应时间少，是否真的如此？需做进一步的检验。设 $D_i=X_i-Y_i$ 是来自同一正态总体 $N(\mu_D,\sigma_D^2)$的样本，其中 μ_D,σ_D^2 未知，检验假设：

$$H_0: \mu_D \geqslant 0; \quad H_1: \mu_D < 0$$

检验代码如下：

```
x = np.array([.3,.23,.41,.53,.24,.36,.38,.51])
y = np.array([.43,.32,.58,.46,.27,.41,.38,.61])
d = x - y
n = len(d)
S_d = np.std(d,ddof = 1)
#检验统计量观察值
t_value = np.mean(d) * np.sqrt(n)/S_d
alpha = 0.05
# - t(n - 1).isf(alpha)为左边检验的临界值
t_value, - t(n - 1).isf(alpha)
```

结果如图 20.9 所示。

```
(-2.311250817605121, -1.8945786050613054)
```

图 20.9

注释：该左边检验的拒绝域为 $t \leqslant -t_\alpha(n-1)$。

从输出结果可以看到，t_value $< -t_\alpha(n-1)$，检验统计量观察值落在左边检验的拒绝域中，故拒绝 H_0，认为人对红光的反应时间小于对绿光的反应时间，也就是人对红光的反应要比绿光快。

20.3 正态总体方差的假设检验

本节通过两个例子来讨论正态总体方差的假设检验问题。

20.3.1 单个正态总体的情况

【例 20.7】 某电池厂生产的某种型号的电池，其寿命(以 h 计)长期以来服从方差 $\sigma^2 = 5000$ 的正态分布，现有一批这种电池，从它的生产情况来看，寿命的波动性有所改变。现随机取 26 只电池，测出其寿命的样本方差 $s^2 = 9200$。问根据这一数据能否推断这批电池的寿命的波动性较以往的有显著的变化(取 $\alpha = 0.02$)？

解 由题意提出假设

$$H_0: \sigma^2 = 5000; \quad H_1: \sigma^2 \neq 5000$$

这是双边检验，取 χ^2 检验统计量，检验代码如下：

```
from scipy.stats import chi2
#总体方差,样本方差
```

```
sigma2,S2 = 5000,9200
#样本容量
n = 26
#显著性水平
alpha = 0.02
#卡方检验统计量观察值
Ch2 = (n - 1) * S2/sigma2
#判断检验统计量观察值是否落在拒绝域
Ch2 >= chi2(n - 1).isf(alpha/2) or Ch2 <= chi2(n - 1).isf(1 - alpha/2)
```

运行结果如图 20.10 所示。

```
True
```

图 20.10

注释：该双边检验的拒绝域为 $\chi^2 \geqslant \chi^2_{\alpha/2}(n-1)$ 或 $\chi^2 \leqslant \chi^2_{1-\alpha/2}(n-1)$。

从输出结果可以看到，检验统计量的观察值落在拒绝域中，故拒绝 H_0，认为这批电池寿命的波动性较以往的有显著的变化。

20.3.2 两个正态总体的情况

【例 20.8】 用两种方法(A 和 B)测定冰自－0.72℃转变为0℃的水的融化热(以 cal/g 计)。测得以下的数据：

方法 A：79.98　80.04　80.02　80.04　80.03　80.03
80.04　79.97　80.05　80.03　80.02　80.00　80.02

方法 B：80.02　79.94　79.98　79.97　79.97　80.03　79.95　79.97

设这两个样本相互独立，且分别来自正态总体 $N(\mu_A,\sigma_A^2)$ 和 $N(\mu_B,\sigma_B^2)$，试检验 $H_0: \sigma_A^2=\sigma_B^2$ 和 $H_1: \sigma_A^2 \neq \sigma_B^2$，以说明我们在例 20.4 中假设 $\sigma_A^2=\sigma_B^2$ 是合理的。(取显著性水平 $\alpha=0.01$。)

解　这是双边检验，取 F 检验统计量，检验代码如下：

```
import numpy as np
from scipy.stats import f
A = [79.98,80.04,80.02,80.04,80.03,80.03,
  80.04,79.97,80.05,80.03,80.02,80.00,80.02]
B = [80.02,79.94,79.98,79.97,79.97,80.03,79.95,79.97]
#两样本方差
S2_A,S2_B = np.var(A,ddof = 1),np.var(B,ddof = 1)
#两样本容量
n1,n2 = len(A),len(B)
#显著性水平
alpha = 0.01
#判断检验统计量观察值是否落在拒绝域
S2_A/S2_B >= f(n1 - 1,n2 - 1).isf(alpha/2) \
or S2_A/S2_B <= f(n1 - 1,n2 - 1).isf(1 - alpha/2)
```

运行结果如图 20.11 所示。

注释：该双边检验的拒绝域为 $F \geqslant F_{\alpha/2}(n_1-1, n_2-1)$ 或 $F \leqslant F_{1-\alpha/2}(n_1-1, n_2-1)$。

```
False
```

图 20.11

从输出结果可以看到，检验统计量的观察值没有落在拒绝域中，故接受 H_0，认为两总体方差相等。

20.4　置信区间与假设检验之间的关系

置信区间与假设检验之间有着明显的联系。对于双边检验来说，若显著性水平为 α 的假设检验：H_0：$\theta=\theta_0$；H_1：$\theta \neq \theta_0$ 的接受域为 $\underline{\theta}(x_1,\cdots,x_n)<\theta_0<\bar{\theta}(x_1,\cdots,x_n)$，则 $(\underline{\theta}(X_1,\cdots,X_n),\bar{\theta}(X_1,\cdots,X_n))$ 即为参数 θ 的置信水平为 $1-\alpha$ 的置信区间。反之，设 $(\underline{\theta}(X_1,\cdots,X_n),\bar{\theta}(X_1,\cdots,X_n))$ 是参数 θ 的置信水平为 $1-\alpha$ 的置信区间，则 $\underline{\theta}(x_1,\cdots,x_n)<\theta_0<\bar{\theta}(x_1,\cdots,x_n)$ 即为显著性水平为 α 的双边检验 H_0:$\theta=\theta_0$ 和 H_1：$\theta \neq \theta_0$ 的接受域。

还可验证，置信水平为 $1-\alpha$ 的单侧置信区间 $(-\infty,\bar{\theta}(X_1,\cdots,X_n))$ 与显著性水平为 α 的左边检验问题有类似的对应关系；置信水平为 $1-\alpha$ 的单侧置信区间 $(\underline{\theta}(X_1,\cdots,X_n),+\infty)$ 与显著性水平为 α 的右边检验问题有类似的对应关系。

【例 20.9】　设 X：$N(\mu,1)$，μ 未知，$\alpha=0.05$，$n=16$，且由一样本算得 $\bar{x}=5.20$，求参数 μ 的置信水平为 0.95 的置信区间。

解　代码如下：

```
import numpy as np
from scipy.stats import norm
#总体标准差
sigma = 1
#样本均值,容量,显著性水平
meanX,n,alpha = 5.2,16,0.05
ME = sigma/np.sqrt(n) * norm.isf(alpha/2)
#置信上下限
lower_limit = meanX - ME
upper_limit = meanX + ME
lower_limit,upper_limit
```

运行结果如图 20.12 所示。

现在考虑双边检验 H_0：$\mu=5.5$；H_1：$\mu \neq 5.5$。由于 $5.5 \in (4.71, 5.69)$，故接受 H_0。

【例 20.10】　数据如例 20.9。试求右边检验问题 H_0：$\mu \leqslant \mu_0$；H_1：$\mu>\mu_0$ 的接受域，并求 μ 的单侧置信下限（$\alpha=0.05$）。

解　求检验问题的接受域，代码如下：

```
from sympy import symbols,init_printing,solve
init_printing()
sigma = 1
```

```
meanX,n,alpha = 5.2,16,0.05
#设总体均值为 mu_0
mu_0 = symbols('mu_0',real = True)
z = (meanX - mu_0) * np.sqrt(n)/sigma
#z < norm().isf(alpha)为接受域,故 solve 解出的 mu_0 为可接受原假设的最小总体均值
solve(z - norm().isf(alpha),mu_0)
```

运行结果如图 20.13 所示。

(4.710009003864987, 5.6899909961350135)

图 20.12

[4.78878659326212]

图 20.13

注释：solve(z-norm().isf(alpha),mu_0)是从 $z=\dfrac{5.2-\mu_0}{1/\sqrt{16}}=z_{0.05}$ 中解出 μ_0。

故检验问题的接受域为 $\mu_0>4.79$,这样就得到 μ 的单侧置信区间(4.79,∞),单侧置信下限为 4.79。

20.5 样本容量的选取

在假设检验的过程中可能会犯两类错误,一类是原假设 H_0 为真时拒绝 H_0,这类"弃真"错误称为第Ⅰ类错误;另一类是当 H_0 不真时接受 H_0,称这类"取伪"错误为第Ⅱ类错误,我们希望犯两类错误的概率都很小。之前进行假设检验时,总是预先给定显著性水平以控制犯第Ⅰ类错误的概率,此时犯第Ⅱ类错误的概率则依赖于样本容量。本节以单个正态总体均值的 Z 检验法为例,介绍如何选取样本容量使犯第Ⅱ类错误的概率控制在预先给定的限度之内。

我们把 $\beta(\theta)=P_\theta$(接受 H_0)称为某检验法 C 的施行特征函数或 OC 函数,其图形称为 OC 曲线。绘制 OC 曲线,代码如下:

```
#右边检验问题
import numpy as np
import matplotlib.pyplot as plt
from scipy.stats import norm
#总体标准差
sigma = 3
#样本均值,容量
meanX,n = 1.3,10
#显著性水平
alpha = 0.05
#总体均值
u = np.linspace(0,5)
#假设中的常数
```

```
u0 = 1
# 右边检验的拒绝域临界值
z_alpha = norm().isf(alpha)
# OC 函数值
beta = norm().cdf(z_alpha - (u - u0) * np.sqrt(n)/sigma)
# OC 曲线
plt.plot(u,beta,label = 'beta(mu)')
# 总体均值 u = u0 时的垂直参考线
plt.vlines(u0,0,norm().cdf(z_alpha),colors = 'g'\
       ,label = 'u = {}'.format(u0))
# 水平参考线,u = u0 时的 OC 函数值
plt.hlines(norm().cdf(z_alpha),0,u0,colors = 'r'\
       ,linestyles = 'dashed',label = 'beta({}) = {}'\
       .format(u0,1 - alpha))
plt.xlim(0)
plt.ylim(0)
plt.xlabel('u')
plt.ylabel('beta(u)')
plt.title('OC Curve')
plt.legend()
plt.show()
```

运行结果如图 20.14 所示。

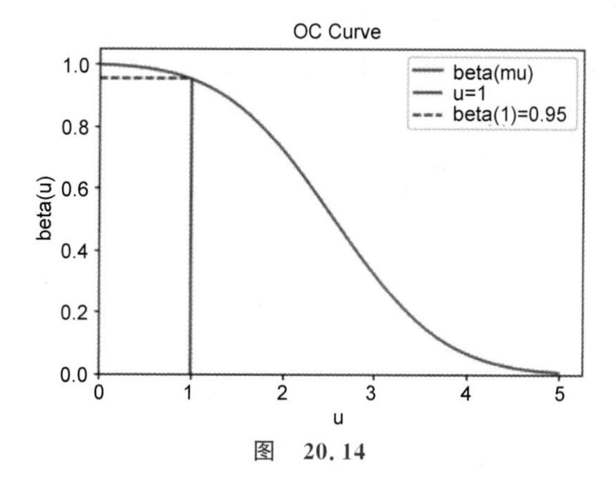

图 20.14

注释:(1) 右边检验 $H_0: \mu \leqslant \mu_0$; $H_1: \mu > \mu_0$ 的 OC 函数为

$$\beta(\mu) = P_\mu(\text{接受 } H_0) = P_\mu\left(\frac{\overline{X} - \mu_0}{\sigma / \sqrt{n}} < z_\alpha\right)$$

$$= P_\mu\left(\frac{\overline{X} - \mu}{\sigma / \sqrt{n}} < z_\alpha - \frac{\mu - \mu_0}{\sigma / \sqrt{n}}\right) = \Phi\left(z_\alpha - \frac{\mu - \mu_0}{\sigma / \sqrt{n}}\right)$$

(2) 左边检验与双边检验的 OC 曲线可类似绘制。

当真值 $\mu \in H_1$ 时，$\beta(\mu)$即为犯第Ⅱ类错误的概率。从输出图形可以看到，当 $\mu > \mu_0$ 且在 μ_0 附近时 $\beta(\mu)$的值很大，即犯第Ⅱ类错误的概率很大。这是不能控制的，但可以使 $\mu \geqslant \mu_0 + \delta$($\delta > 0$ 为取定的值)时犯第Ⅱ类错误的概率不超过给定的 β，只需样本容量 n 满足条件：

$$\sqrt{n} \geqslant \frac{(z_\alpha + z_\beta)\sigma}{\delta}$$

【例 20.11】 设有一大批产品，产品质量指标 $X: N(\mu, \sigma^2)$。以 μ 小者为佳，厂方要求所确定的验收方案对高质量的产品($\mu \leqslant \mu_0$)能以高概率 $1-\alpha$ 为买方所接受。买方则要求低质产品($\mu \geqslant \mu_0 + \delta, \delta > 0$)能以高概率 $1-\beta$ 被拒绝。α, β 由厂方与买方协商给出。并采取一次抽样以确定该批产品是否为买方所接受。问应怎样安排抽样方案。已知 $\mu_0 = 120$，$\delta = 20$，且由工厂长期经验知 $\sigma^2 = 900$。又经商定 α, β 均取为 0.05。

解　提出假设

$$H_0: \mu \leqslant \mu_0; \quad H_1: \mu > \mu_0$$

这是右边检验，确定样本容量 n，代码如下：

```
alpha,beta = 0.05,0.05
delta,sigma = 20,30
sqrt_n = (norm().isf(alpha) + norm().isf(beta)) * sigma/delta
#样本容量的最小值,这里向上取整
n = np.ceil(sqrt_n ** 2)
n
```

运行结果如图 20.15 所示。

注释：ceil()是上取整函数，ceil(x)返回大于或等于 x 的最小整数。

将 $n=25$ 代入 Z 检验的拒绝域，可确定样本均值的范围，代码如下：

```
u0 = 120
#拒绝原假设的最小样本均值
least_meanX = norm().isf(alpha) * sigma/np.sqrt(n) + u0
least_meanX
```

运行结果如图 20.16 所示。

```
25.0
```

图　20.15

```
129.86912176170884
```

图　20.16

注释：当 $\overline{x} \geqslant 129.87$ 时，买方就拒绝这批产品；$\overline{x} < 129.87$ 时，买方接受这批产品。

20.6　分布拟合检验

当总体分布未知时,需根据样本信息来检验关于总体分布的假设,本节通过实例来介绍 χ^2 拟合检验法。

20.6.1　单个分布的 χ^2 拟合检验法

【例 20.12】 表 20.3 列出了某一地区在夏季的一个月中由 100 个气象站报告的雷暴雨的次数。

表　20.3

i	0	1	2	3	4	5	≥6
f_i	22	37	20	13	6	2	0
A_i	A_0	A_1	A_2	A_3	A_4	A_5	A_6

其中,f_i 是报告雷暴雨次数为 i 的气象站数。试用 χ^2 拟合检验法检验雷暴雨的次数 X 是否服从均值 $\lambda=1$ 的泊松分布(取显著性水平 $\alpha=0.05$)。

解　依题意,需检验假设

$$H_0:P\{X=i\}=\frac{e^{-1}}{i!},\quad i=0,1,2,\cdots$$

在 H_0 为真时,X 所有可能取的值为 $\Omega=\{0,1,2,\cdots\}$,将 Ω 分成两两互不相交的子集 A_0,A_1,…,A_6,计算其发生的概率 p_i 以及 np_i。代码如下:

```
import numpy as np
from scipy.stats import poisson,chi2
freq = [22,37,20,13,6,2,0]
n = sum(freq)
#参数为 1 的泊松分布取值为 0～5 所相应的概率
p = [poisson(1).pmf(i) for i in range(len(freq) - 1)]
#1 - sum(p)为泊松分布取值大于或等于 6 的概率,将其添加入列表中
p.append(1 - sum(p))
#将列表 p 转换为 array 数组形式,以使用 array 数组的广播机制
p = np.array(p)
#n * p 对数组 p 中的每一个元素均乘以 n
print('n * p = {}'.format(n * p))
```

运行结果如图 20.17 所示。

```
n*p=[36.78794412 36.78794412 18.39397206  6.13132402  1.532831    0.3065662
 0.05941848]
```

图　20.17

注意：χ^2 拟合检验法在使用时需保证 n 不能小于 50。

从输出结果可以看到，$n*p$ 中后三项的值均小于 5，因此合并后四组，使 $n*p$ 中每一项的值均大于或等于 5，代码如下：

```
#hstack 用于水平方向拼接数组,freq[:3]表示列表 freq 中的前三项,sum(freq[3:])是后四项的和
freq = np.hstack((freq[:3],np.array(sum(freq[3:]))))
p = np.hstack((p[:3],np.array(sum(p[3:]))))
freq,p
```

运行结果如图 20.18 所示。

```
(array([22, 37, 20, 21]),
 array([0.36787944, 0.36787944, 0.18393972, 0.0803014 ]))
```

图 20.18

注释：hstack()用于水平方向拼接数组。

计算 χ^2 检验统计量的观察值以及拒绝域的临界点，代码如下：

```
#卡方检验统计量的观察值
Chi_2 = sum(freq**2/(n*p)) - n
#chi2(len(freq) - 1).isf(0.05)表示拒绝域的临界点
Chi_2,chi2(len(freq) - 1).isf(0.05)
```

运行结果如图 20.19 所示。

```
(27.034114984935727, 7.814727903251178)
```

图 20.19

可见，$\chi^2=27.03>7.815$，检验统计量观察值落在拒绝域中，故拒绝 H_0，认为样本不是来自均值 $\lambda=1$ 的泊松分布。

【例 20.13】 在研究牛的毛色与牛角的有无这样两对性状分离现象时，用黑色无角牛与红色有角牛杂交，子二代出现黑色无角牛 192 头，黑色有角牛 78 头，红色无角牛 72 头，红色有角牛 18 头，共 360 头，问这两对性状是否符合孟德尔遗传规律中 9∶3∶3∶1 的遗传比例？

解 以 X 记各种牛的序号，依题意，需检验假设：H_0：X 的分布律为

X	1	2	3	4
p_i	9/16	3/16	3/16	1/16

检验代码如下：

```
#实际频数
freq = np.array([192,78,72,18])
#理论频率
p = np.array([9/16,3/16,3/16,1/16])
#p * sum(freq)最小为 22.5 > 5,无须合并
Chi_2 = sum(freq ** 2/(sum(freq) * p)) - sum(freq)
Chi_2,chi2(len(freq) - 1).isf(0.1)
```

运行结果如图 20.20 所示。

(3.377777777777794, 6.2513886311703235)

图　20.20

可见,$\chi^2=3.38<6.251$,检验统计量观察值没有落在拒绝域中,故接受 H_0,认为两性状符合遗传规律中 9∶3∶3∶1 的遗传比例。

20.6.2　分布族的 χ^2 拟合检验

【例 20.14】 在一实验中,每隔一定时间观察一次由某种铀所放射的到达计数器上的 α 粒子数 X,共观察了 100 次,得结果如表 20.4 所示。

表　20.4

i	0	1	2	3	4	5	6	7	8	9	10	11	≥12
f_i	1	5	16	17	26	11	9	9	2	1	2	1	0
A_i	A_0	A_1	A_2	A_3	A_4	A_5	A_6	A_7	A_8	A_9	A_{10}	A_{11}	A_{12}

其中,f_i 是观察到有 i 个 α 粒子的次数。从理论上考虑,知 X 应服从泊松分布

$$P\{X=i\}=\frac{\lambda^i \mathrm{e}^{-\lambda}}{i!},\quad i=0,1,2,\cdots$$

问是否符合实际(取显著性水平 $\alpha=0.05$)?

解　依题意,需检验假设

$$H_0:P\{X=i\}=\frac{\lambda^i \mathrm{e}^{-\lambda}}{i!},\quad i=0,1,2,\cdots$$

检验代码如下:

```
#实际频数
freq = np.array([1,5,16,17,26,11,9,9,2,1,2,1,0])
n = sum(freq)
#100 次观察所得总的粒子数
#为便于计算,这里将粒子数'>= 12'改写为' = 12'
particle_number = np.dot(freq,np.arange(len(freq)))
#泊松分布参数 lambda 的最大似然估计,420/100
lambda_hat = particle_number/n
```

```
#合并n*p小于5的组(前两组,后五组)
merge_p = [sum([poisson(lambda_hat).pmf(i) for i in range(2)])]
merge_f = [sum(freq[:2])]
merge_p += [poisson(lambda_hat).pmf(i) for i in range(2,8)]
merge_f += list(freq[2:8])
merge_p += [sum([poisson(lambda_hat).pmf(i) for i in range(8,13)])]
merge_f += [sum(freq[8:])]
#将列表转换为np.array形式
fi = np.array(merge_f)
npi = np.array(merge_p) * n
#检验统计量观察值
Chi_2 = sum(fi ** 2/npi) - n
#理论分布中待估参数的个数
r = 1
#合并后的组数
k = len(fi)
alpha = 0.05
#判断检验统计量观察值是否落在接受域中
Chi_2 < chi2(k - r - 1).isf(alpha)
```

运行结果如图20.21所示 。

```
True
```

图 20.21

注释:(1) 该题检验代码占用一个单元格,当我们用的变量名和前面的例子一样时(例如freq),一个例题或一段完整功能的代码占用一个单元格就非常必要。如果需要观察中间数据,可以在下一个单元格中运行,例如,想合并 $n*p$ 小于5的组,可以在下一个单元格中输入代码np.array([poisson(lambda_hat).pmf(i) for i in range(13)])*100,以观察数据。

(2) 由于 H_0 中的参数 λ 未具体给出,需先估计 λ。

从输出结果可以看到,检验统计量观察值没有落在拒绝域中,故接受 H_0,认为样本来自泊松分布总体。

【例20.15】 自1965年1月1日至1971年2月9日共2231天中,全世界记录到里氏震级4级和4级以上地震162次,统计如表20.5所示。

表 20.5

相继两次地震间隔天数 x	0～4	5～9	10～14	15～19	20～24	25～29	30～34	35～39	≥40
出现的频数	50	31	26	17	10	8	6	6	8

试检验相继两次地震间隔的天数 X 服从指数分布($\alpha=0.05$)。

```
from datetime import datetime as dt
from scipy.stats import expon
#dt 获取日期和时间信息
dt1 = dt(1965,1,1)
dt2 = dt(1971,2,10)
#计算天数差值,共 2231 天
total_days = (dt2 - dt1).days
#实际频数
f = np.array([50,31,26,17,10,8,6,6,8])
#指数分布中参数 theta 的最大似然估计值
theta_estimate = total_days/sum(f)

#计算每组的概率,组限取 0,4.5,9.5,…,44.5
p = [expon(scale = theta_estimate).cdf(i) for i in \
     [0] + list(np.arange(4.5,44.6,5))]
pi = [p[i + 1] - p[i] for i in range(len(p) - 1)]
#最后一组的概率修正为 X 大于或等于 39.5 的概率
pi[len(pi) - 1] = 1 - sum(np.array(pi)[0: - 1])

#合并组(后两组),索引[ - 1],[ - 2]分别表示列表最后一位及倒数第二位元素
#合并后每组理论概率
merge_pi = pi[: - 2] + [pi[ - 2] + pi[ - 1]]
#合并后每组实际频数
merge_f = np.array(list(f)[: - 2] + [f[ - 1] + f[ - 2]])
#合并后每组理论频数
npi = np.array(merge_pi) * sum(f)
#检验统计量观察值
Chi_2 = sum(merge_f ** 2/npi) - sum(f)
alpha = 0.05
#组数,理论分布中待估参数个数
k,r = len(merge_f),1
Chi_2,chi2(k - r - 1).isf(alpha)
```

运行结果如图 20.22 所示。

```
(1.5635664523391881, 12.59158724374398)
```

图　20.22

> **注释**：datetime()可获得日期和时间信息。

从输出结果可以看到,检验统计量观察值没有落在拒绝域中,故接受 H_0,认为 X 服从指数分布。

【例 20.16】　下面列出了 84 个伊特拉斯坎(Etruscan)人男子的头颅的最大宽度(mm)。

141　148　132　138　154　142　150　146　155　158　150　140　147　148
144　150　149　145　149　158　143　141　144　144　126　140　144　142

141　140　145　135　147　146　141　136　140　146　142　137　148　154
137　139　143　140　131　143　141　149　148　135　148　152　143　144
141　143　147　146　150　132　142　142　143　153　149　146　149　138
142　149　142　137　134　144　146　147　140　142　140　137　152　145

试检验它们是否来自正态总体 X(取显著性水平 $\alpha=0.1$)。

解　需检验假设 H_0：X的概率密度为

$$f(x)=\frac{1}{\sqrt{2\pi}}e^{-\frac{(x-\mu)^2}{2\sigma^2}},\quad -\infty<x<\infty$$

检验代码如下：

```
from scipy.stats import norm
X = [141,148,132,138,154,142,150,146,155,158,150,140,147, 148,144,150,149,145,149,158,
143,141,144,144,126,140,144,142,141,140,145,135,147,146,141,136,140,146,142,137,148,
154,137,139,143,140,131,143,141,149,148,135,148,152,143,144,141,143,147,146,150,132,
142,142,143,153,149,146,149,138,142,149,142,137,134,144,146,147,140,142,140,137,152,
145]
#正态分布均值及标准差的最大似然估计值
mu,sigma = norm.fit(X)
#将X可能取值分为"<134.5,134.5～139.5,139.5～144.5,144.5～149.5,>149.5"几个组
#每组对应的实际频数
fi = np.array([5,10,33,24,12])

#计算每组的理论频数
p = [norm(loc = mu,scale = sigma).cdf(i) for i in \
    np.arange(134.5,149.6,5)]
pi = [p[0]] + [p[i+1] - p[i] for i in range(len(p) - 1)]
pi = pi + [1 - sum(np.array(pi))]
n = 84
npi = n * np.array(pi)  #每组理论频数

#检验统计量观察值
Chi_2 = sum(fi ** 2/npi) - n
#组数,理论分布中待估参数的个数
k,r = len(fi),2
alpha = 0.1
Chi_2,chi2(k - r - 1).isf(alpha)
```

运行结果如图20.23所示。

```
(3.671415717603111, 4.605170185988092)
```

图　20.23

从输出结果可以看到，检验统计量观察值没有落在拒绝域中，故接受 H_0，认为数据来自正态分布总体。

本节最后介绍一下样本的偏度与峰度计算方法。以例 20.16 中的数据为例，代码如下：

```
from scipy.stats import skew,kurtosis
X = [141,148,132,138,154,142,150,146,155,158,
  150,140,147,148,144,150,149,145,149,158,
  143,141,144,144,126,140,144,142,141,140,
  145,135,147,146,141,136,140,146,142,137,
  148,154,137,139,143,140,131,143,141,149,
  148,135,148,152,143,144,141,143,147,146,
  150,132,142,142,143,153,149,146,149,138,
  142,149,142,137,134,144,146,147,140,142,
  140,137,152,145]
#skew 与 kurtosis 分别用来计算样本偏度和样本峰度
s,k = skew(X),kurtosis(X,fisher = False)
s,k
```

运行结果如图 20.24 所示。

```
(-0.13612781023846643, 3.3705078876140915)
```

图　20.24

注释：(1) skew()与 kurtosis()分别用来计算样本偏度和样本峰度。

(2) skew()计算样本偏度采用的是 Fisher-Pearson 偏态系数公式，即 $G_1=B_3/B_2^{3/2}$，其中，B_k 是样本 k 阶中心距，正态分布的偏度为 0。

(3) 样本峰度指样本 4 阶中心矩与样本方差平方的商，即 $G_2=B_4/B_2^2$，正态分布的峰度为 3。当 kurtosis()中参数 fisher 设置为 True 时，返回的是 Fisher 定义下的峰度，即 G_2-3，此时正态分布的峰度为 0。

20.7　秩和检验

秩和检验是非参数统计中一种常用的检验方法。本节介绍 Wilcoxon 秩和检验法，它可用来检验两组测量值所在总体的分布位置有无显著差异。当两组样本的样本容量 n_1，$n_2 \leqslant 10$ 时，可通过查秩和临界值表确定检验拒绝域的临界点，这种情况这里不再讨论，仅看 $n_1, n_2 \geqslant 10$ 的情况。

【例 20.17】　某商店为确定向公司 A 或公司 B 购买某种商品，将 A，B 公司以往各次进货的次品率进行比较，数据如表 20.6 所示。

表　20.6

A	7.0	3.5	9.6	8.1	6.2	5.1	10.4	4.0	2.0	10.5			
B	5.7	3.2	4.2	11	9.7	6.9	3.6	4.8	5.6	8.4	10.1	5.5	12.3

两样本独立，问两公司的商品的质量有无显著差异？设两公司的商品的次品率的密度至多只差一个平移，取显著性水平 $\alpha=0.05$。

解　设公司 A，B 的商品次品率总体均值分别为 μ_A,μ_B，依题意，需检验

$$H_0:\mu_A=\mu_B,\quad H_1:\mu_A\neq\mu_B$$

检验代码如下：

```
from scipy.stats import ranksums,norm
alpha = 0.05
A = [7.0,3.5,9.6,8.1,6.2,5.1,10.4,4,2,10.5]
B = [5.7,3.2,4.2,11,9.7,6.9,3.6,4.8,5.6,8.4,10.1,5.5,12.3]
# ranksums 接收两组样本值,返回 Wilcoxon 秩和检验的检验统计量观察值 z 以及 p 值(双侧)
z,p = ranksums(A,B)
# 判断检验统计量观察值是否落在拒绝域中
abs(z)> = norm().isf(alpha/2)
```

False

图　20.25

运行结果如图 20.25 所示。

注释：ranksums()接收两组样本值，返回 Wilcoxon 秩和检验的检验统计量观察值 z 以及 p 值(双侧)。

从输出结果可以看到，$|z|<z_{\alpha/2}$，故接受 H_0，认为两个公司商品的质量无显著的差别。

【例 20.18】　两位化验员各自读得某种液体黏度如下。

化验员 A：82　73　91　84　77　98　81　79　87　85

化验员 B：80　76　92　86　74　96　83　79　80　75　79

设数据可以认为分别来自仅均值可能有差异的两个总体，试在 $\alpha=0.05$ 下，检验假设

$$H_0:\mu_1=\mu_2,\quad H_1:\mu_1>\mu_2$$

其中，μ_1,μ_2 分别为两总体的均值。

解　这是右边检验问题，检验代码如下：

```
alpha = 0.05
a = [82,73,91,84,77,98,81,79,87,85]
b = [80,76,92,86,74,96,83,79,80,75,79]
z,p = ranksums(a,b)
# 右边检验的拒绝域为右侧
z > norm().isf(alpha)
```

运行结果如图 20.26 所示。

False

图　20.26

从输出结果可以看到，检验统计量的观察值没有落在拒绝域中，故接受 H_0，认为两位化验员所测得的数据无显著差异。

20.8　假设检验问题的 p 值法

以上讨论的假设检验方法称为临界值法。本节简单介绍以下另一种检验方法，即 p 值检验法，在现代计算机软件中，一般都给出检验问题的 p 值。先来看一个例子。

【例 20.19】　设总体 X：$N(\mu,\sigma^2)$，μ 未知，$\sigma^2=100$，现有样本 $x_1,x_2,\cdots,x_{52}$，算得 $\bar{x}=62.75$，现在来检验假设

$$H_0:\mu\leqslant\mu_0=60;\quad H_1:\mu>60$$

使用 Z 检验法，计算检验统计量的观察值并给出相应的 p 值。代码如下：

```
import numpy as np
from scipy.stats import norm
#检验统计量观察值
z0 = (62.75 - 60) * np.sqrt(52)/10
#z > z0 的概率，即右边检验的 p 值
p = norm().sf(z0)
z0,p
```

运行结果如图 20.27 所示。

```
(1.983053201505194, 0.023680743614172484)
```

图　20.27

注释：(1) sf()表示生存函数，sf(x)＝1－cdf(x)。

(2) 对该右边检验来说，$p=P\{Z\geqslant z_0\}$，即标准正态曲线下位于 z_0 右边的尾部面积。

若显著性水平 $\alpha\geqslant p$，则意味着检验统计量的观察值 z_0 落在拒绝域内，因而拒绝 H_0；若显著性水平 $\alpha<p$，则意味着检验统计量的观察值 z_0 不落在拒绝域内，因而接受 H_0。可以说，假设检验问题的 p 值是由检验统计量的样本观察值得出的原假设可被拒绝的最小显著性水平。

【例 20.20】　用 p 值法检验例 20.2 的检验问题

$$H_0:\mu\leqslant\mu_0=-0.545;\quad H_1:\mu>\mu_0,\quad \alpha=0.05$$

解　代码如下：

```
#检验统计量观察值
z0 = ( - 0.535 - ( - .545)) * 5 ** .5/.008
#p 值
p = norm().sf(z0)
z0,p
```

运行结果如图 20.28 所示。

(2.7950849718747395, 0.002594303776157767)

图 20.28

从输出结果可以看到 $p<\alpha$,故拒绝 H_0。

【例 20.21】 用 p 值法检验例 20.3 的检验问题

$$H_0: \mu \leqslant \mu_0 = 225; \quad H_1: \mu > 225, \quad \alpha = 0.05$$

解 该题用 t 检验法。这里直接调用 scipy 中提供的用于 t 检验的函数,代码如下:

```
from scipy.stats import ttest_1samp
alpha = 0.05
X = [159,280,101,212,224,379,179,264,
  222,362,168,250,149,260,485,170]
#t 检验统计量的样本观察值以及双边 t 检验的 p 值
t_value,two_sides_p = ttest_1samp(X,225)
#该题要求的 p 值
p = two_sides_p/2
p,alpha
```

运行结果如图 20.29 所示。

(0.2569800715875837, 0.05)

图 20.29

注释:(1) ttest_1samp 用于单个正态总体均值的双边 t 检验,返回 t 检验统计量的样本观察值以及双边 t 检验的 p 值。ttest_1samp(X,225)中 X 是样本值,225 是待检验的总体均值。

(2) 由于 ttest_1samp 返回的是双边 t 检验的 p 值,而本题是单边检验中的右边检验问题,故返回值 two_sides_p 需除以 2,才是该题要求的 p 值。

从输出结果可以看到,$p>\alpha$,故接受 H_0。

scipy 中关于 t 检验的函数还有 ttest_ind、ttest_rel,分别用于两个正态总体方差相等,均值差的双边检验以及基于成对数据的双边检验,具体使用方法可在单元格中输入“ttest_ind?”“ttest_rel?”查看。

第21章

方差分析及回归分析

实际中，经常会遇到多个样本均值比较的问题，方差分析是处理这类问题的一种常用的统计方法。

21.1 单因素方差分析

单因素方差分析假定所有的样本相互独立，且都来自同方差的正态分布总体。

【例 21.1】 设有三台机器，用来生产规格相同的金属薄板。取样时，测量薄板的厚度精确至千分之一厘米，得结果如表 21.1 所示。

表 21.1

机 器 Ⅰ	机 器 Ⅱ	机 器 Ⅲ
0.236	0.257	0.258
0.238	0.253	0.264
0.248	0.255	0.259
0.245	0.254	0.267
0.243	0.261	0.262

表中数据可看成来自三个不同总体的样本值。将各个总体的均值依次记为 μ_1,μ_2,μ_3，检验假设($\alpha=0.05$)：

$$H_0: \mu_1=\mu_2=\mu_3$$

$$H_1: \mu_1,\mu_2,\mu_3 \text{ 不全相等}$$

解 该题的试验指标是薄板的厚度，机器为因素，不同的三台机器是因素的三个不同水平。先绘制箱线图来观察数据，代码如下：

```
import numpy as np
import matplotlib.pyplot as plt
datas = np.array([[.236,.238,.248,.245,.243],
     [.257,.253,.255,.254,.261],
     [.258,.264,.259,.267,.262]])
levels = list('123')
plt.boxplot(list(datas),labels = levels)
plt.show()
```

运行结果如图 21.1 所示。

注释：datas 是一个 3 行 5 列的二维数组，每一行代表一个水平。

从箱线图可以看出，水平间的均值是有差异的，这种差异是否有统计学意义，需做进一步的检验。检验代码如下：

```
from scipy.stats import f
meanX = datas.mean()                                    #数据的总平均值
ST = np.sum((datas - meanX) ** 2)                       #总变差
meanXj = np.mean(datas,axis = 1)                        #不同水平下的样本均值
nj = len(datas[0])                                      #各水平下的试验次数(均为5)
n = len(datas) * len(datas[0])                          #总的试验次数
s = len(datas)                                          #水平个数
SA = sum(nj * meanXj ** 2) - n * meanX ** 2             #效应平方和
SE = ST - SA                                            #误差平方和
print('SA:{},\nSE:{},\ns - 1:{},\nn - s:{}.\n'.format(SA,SE,s - 1,n - s))
f_alpha = f(s - 1,n - s).isf(0.05)                      #拒绝域临界点
testVal = SA/(s - 1)/(SE/(n - s))                       #检验统计量的观察值
print('f_alpha = {},\ntestValue = {}.'.format(f_alpha,testVal))
f_alpha < testVal
```

运行结果如图 21.2 所示。

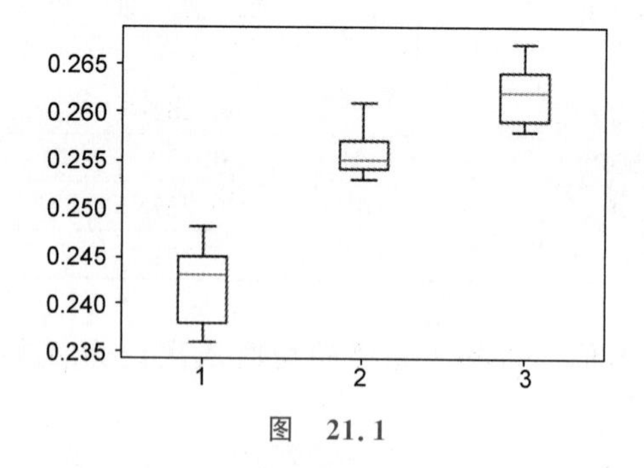

图 21.1

```
SA:0.0010533333333332395,
SE:0.00019200000000009617,
s-1:2,
n-s:12.

f_alpha=3.8852938346523933,
testValue=32.916666666647245.

True
```

图 21.2

注释：np.mean(datas,axis=1)表示按行取平均值，得到的是不同水平下的样本均值。

从输出结果可以看到,检验统计量的观察值大于拒绝域临界点,故拒绝 H_0,认为各台机器生产的薄板厚度有显著的差异。

单因素实验的方差分析也可使用一些封装好的函数或方法。先来看 scipy 中的 f_oneway()函数,直接调用 f_oneway(),代码如下:

```
from scipy.stats import f_oneway
data1 = [.236,.238,.248,.245,.243]
data2 = [.257,.253,.255,.254,.261]
data3 = [.258,.264,.259,.267,.262]
f_oneway(data1,data2,data3)
```

运行结果如图 21.3 所示。

```
F_onewayResult(statistic=32.91666666666668, pvalue=1.3430546820459112e-05)
```

图　21.3

注释:f_oneway()接收各组的样本观察值,返回检验统计量观察值以及相应的 p 值。从输出结果来看,$p<0.05$,即检验统计量的观察值落在拒绝域中。

再来看 statsmodels,statsmodels 中提供了有着更详细输出结果的方差分析的实现。先引入数据,代码如下:

```
#使用 statsmodels.stats.anova
datas = np.array([[.236,.238,.248,.245,.243],
                  [.257,.253,.255,.254,.261],
                  [.258,.264,.259,.267,.262]])
```

转换数据格式,代码如下:

```
import pandas as pd
df = pd.DataFrame()
levels = list('123')
for i in [0,1,2]:
  df[levels[i]] = datas[i]
df
```

运行结果如图 21.4 所示。

也可将宽数据转换为长数据,代码如下:

```
df_melt = df.melt()
df_melt.columns = ['Level','Value']
df_melt
```

运行结果如图 21.5 所示。

	1	2	3
0	0.236	0.257	0.258
1	0.238	0.253	0.264
2	0.248	0.255	0.259
3	0.245	0.254	0.267
4	0.243	0.261	0.262

图 21.4

	Level	Value
0	1	0.236
1	1	0.238
2	1	0.248
3	1	0.245
4	1	0.243
5	2	0.257
6	2	0.253
7	2	0.255
8	2	0.254
9	2	0.261
10	3	0.258
11	3	0.264
12	3	0.259
13	3	0.267
14	3	0.262

图 21.5

注释：melt()方法用于将宽数据转换为长数据。

最后，创建线性模型并进行方差分析，代码如下：

```
from statsmodels.formula.api import ols
from statsmodels.stats.anova import anova_lm
model = ols('Value~Level',data = df_melt).fit()
anova_result = anova_lm(model)
anova_result
```

运行结果如图 21.6 所示。

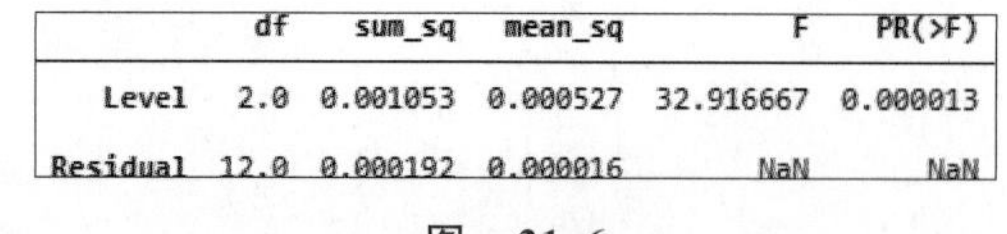

	df	sum_sq	mean_sq	F	PR(>F)
Level	2.0	0.001053	0.000527	32.916667	0.000013
Residual	12.0	0.000192	0.000016	NaN	NaN

图 21.6

注释：(1) statsmodels是用于统计分析的一个包，它提供了许多不同模型估计的类和函数，可用于统计学数据探索和检验。

(2) ols()方法可基于给定公式和数据框创建模型。

(3) anova_lm()返回线性模型的方差分析表，该表中除了包含检验统计量的观察值以及相应的 p 值外，还包含自由度、平方和、均方等其他信息。

【例 21.2】 求例 21.1 中的未知参数 $\sigma^2,\mu_j,\delta_j(j=1,2,3)$的点估计以及均值差的置信水平为 0.95 的置信区间。(σ^2 是各总体方差，$\delta_j=\mu_j-\mu$，μ 为总平均。)

解　代码如下：

```
from scipy.stats import t
sigma2_estimate = SE/(n - s)
print('sigma2_estimate is {:.6f}.'.format(sigma2_estimate))
mus = np.mean(datas,axis = 1) #不同水平的样本均值
print('estimate mu1 = {:.3f},estimate mu2 = {:.3f}\
    estimate mu3 = {:.3f}.'.format(mus[0],mus[1],mus[2]))
print('estimate deltas is {}.'.format(np.mean(datas,axis = 1) - np.mean(datas)))
#均值差的置信区间
sub_mu = [mus[0] - mus[1],mus[0] - mus[2],mus[1] - mus[2]]
ME = t(n - s).isf(0.05/2) * np.sqrt(SE/(n - s) * 2/5)
np.round([(sub_mu[i] - ME,sub_mu[i] + ME) for i in [0,1,2]],3)
```

运行结果如图 21.7 所示。

```
sigma2_estimate is 0.000016.
estimate mu1=0.242,estimate mu2=0.256       estimate mu3=0.262.
estimate deltas is [-0.01133333  0.00266667  0.00866667].

array([[-0.02 , -0.008],
       [-0.026, -0.014],
       [-0.012, -0.   ]])
```

图　21.7

注释：这里使用了例 21.1 代码中的某些变量值。

【例 21.3】 表 21.2 列出了随机选取的、用于某电子设备的四种类型的电路的响应时间(以 ms 计)。

表　21.2

类　型　Ⅰ	类　型　Ⅱ	类　型　Ⅲ	类　型　Ⅳ
19	20	16	18
22	21	15	22
20	33	18	19
18	27	26	
15	40	17	

设四种类型电路的响应时间的总体均为正态，且各总体的方差相同，但参数均未知。又设各样本相互独立，试取显著性水平 $\alpha=0.05$ 检验各类型电路的响应时间是否有显著差异。

解　代码如下：

```
import pandas as pd
from statsmodels.formula.api import ols
```

```
from statsmodels.stats.anova import anova_lm
df = pd.DataFrame()
df['1'] = [19,22,20,18,15]
df['2'] = [20,21,33,27,40]
df['3'] = [16,15,18,26,17]
df['4'] = [18,22,19,None,None]
df_melt = df.melt()
df_melt.columns = ['Type','Value']
model = ols('Value~Type',data = df_melt).fit()
anova_res = anova_lm(model)
anova_res
```

运行结果如图 21.8 所示。

	df	sum_sq	mean_sq	F	PR(>F)
Type	3.0	318.977778	106.325926	3.764067	0.035866
Residual	14.0	395.466667	28.247619	NaN	NaN

图 21.8

从输出结果可以看到，$p<0.05$，即检验统计量的观察值落在拒绝域中，故拒绝 H_0，认为各类型电路的响应时间有显著差异。

21.2 双因素方差分析

双因素方差分析假定各水平搭配下的样本相互独立，且都来自同方差的正态分布总体。双因素方差分析有等重复实验的方差分析以及无重复实验的方差分析两种情况。我们尝试构造出这两种情况通用的函数，首先引入需要用到的库，代码如下：

```
import pandas as pd
import numpy as np
from scipy.stats import f
```

自定义双因素方差分析函数代码如下：

```
#定义双因素方差分析函数
def anova_2_factor(datas,factor_names = ['A','B'],repeat_type = 1):
  """
  parameters:
     datas:list -- dimention is r * s * t or r * s
     factor_names:default = ['A','B']
     repeat_type:0 -- no repeat(Dimention of datas is r * s),
             1 -- repeat(Dimention of datas is r * s * t),
             defualt:1
  return:
```

```
    A DataFrame contains basic information like ST,SE,SA,SB,F,P_value
    and so on.
"""
#无重复实验时数据为二维数组,为便于统一运算,将数据转换为三维数组形式
if repeat_type == 0:
    datas = np.expand_dims(datas,axis = 2)
r,s,t = len(datas),len(datas[0]),len(datas[0][0])
#总均值
meanX = np.mean(datas)
#各水平搭配的均值
meanX_ij = np.mean(datas,axis = 2)
#'A'因素各水平的均值
meanX_i = np.mean(meanX_ij,axis = 1)
#'B'因素各水平的均值
meanX_j = np.mean(meanX_ij,axis = 0)
#总变差
ST = np.sum((datas - meanX) ** 2)
#等重复实验的误差平方和
SE = np.sum((datas - np.expand_dims(meanX_ij,axis = 2)) ** 2)
#因素A效应平方和
SA = s * t * np.sum((meanX_i - meanX) ** 2)
#因素B效应平方和
SB = r * t * np.sum((meanX_j - meanX) ** 2)
#等重复实验的交互效应平方和
SAB = ST - SE - SA - SB
#无重复实验的误差平方和
if repeat_type == 0:
    SE = ST - SA - SB
#创建数据框
df = pd.DataFrame(columns = ['平方和','自由度','均方','F比','P值'])
if repeat_type == 1:  #设定等重复实验时的行数据
    #因素A的"平方和,自由度,均方,F比,P值"
    df.loc[factor_names[0]] = SA,r - 1,SA/(r - 1),SA * r * s * (t - 1)/SE/(r - 1),\
          f(r - 1,r * s * (t - 1)).sf(SA * r * s * (t - 1)/SE/(r - 1))
    #因素B的"平方和,自由度,均方,F比,P值"
    df.loc[factor_names[1]] = SB,s - 1,SB/(s - 1),SB * r * s * (t - 1)/SE/(s - 1),\
          f(s - 1,r * s * (t - 1)).sf(SB * r * s * (t - 1)/SE/(s - 1))
    #因素A与B交互效应的"平方和,自由度,均方,F比,P值"
    df.loc[factor_names[0] + 'X' + factor_names[1]] = SAB,(r - 1) * (s - 1),\
        SAB/(r - 1)/(s - 1),SAB * r * s * (t - 1)/SE/(r - 1)/(s - 1),\
        f((r - 1) * (s - 1),r * s * (t - 1)).sf(SAB * r * s * (t - 1)/SE/(r - 1)/(s - 1))
    #误差的"平方和,自由度,均方"
    df.loc['E'] = SE,r * s * (t - 1),SE/r/s/(t - 1),None,None
    #总平方和与自由度
```

```
        df.loc['T'] = ST,r * s * t - 1,None,None,None
    else:  #设定无重复实验时的行数据
        #因素 A 的"平方和,自由度,均方,F 比,P 值"
        df.loc[factor_names[0]] = SA,r - 1,SA/(r - 1),SA * (s - 1)/SE,\
            f(r - 1,(r - 1) * (s - 1)).sf(SA * (s - 1)/SE)
        #因素 B 的"平方和,自由度,均方,F 比,P 值"
        df.loc[factor_names[1]] = SB,s - 1,SB/(s - 1),SB * (r - 1)/SE,\
            f(s - 1,(r - 1) * (s - 1)).sf(SB * (r - 1)/SE)
        #误差的"平方和,自由度,均方"
        df.loc['E'] = SE,(r - 1) * (s - 1),SE/(r - 1)/(s - 1),None,None
        #总平方和与自由度
        df.loc['T'] = ST,r * s - 1,None,None,None
    return df
```

注释：expand_dims()函数用于扩张数组的维数，例如，对一个(4,3)的二维数组 x，expand_dims(x,axis=2)将 x 变成(4,3,1)的三维数组。

接下来，通过几个例子测试一下函数 def anova_2_factor()。

【例 21.4】 一火箭使用四种燃料，三种推进器做射程实验。每种燃料与每种推进器的组合各发射火箭两次，得射程如表 21.3 所示。

表 21.3

燃料(A)	推进器(B)		
	B_1	B_2	B_3
A_1	58.2 52.6	56.2 41.2	65.3 60.8
A_2	49.1 42.8	54.1 50.5	51.6 48.4
A_3	60.1 58.3	70.9 73.2	39.2 40.7
A_4	75.8 71.5	58.2 51.0	48.7 41.4

假设符合双因素方差分析模型所需的条件，试在显著性水平 0.05 下，检验不同燃料、不同推进器下的射程是否有显著差异？交互作用是否显著？

解 代码如下：

```
#等重复试验时,数据用三维数组表示
data = [
    [[58.2,52.6],[56.2,41.2],[65.3,60.8]],
    [49.1,42.8],[54.1,50.5],[51.6,48.4]],
    [[60.1,58.3],[70.9,73.2],[39.2,40.7]],
    [[75.8,71.5],[58.2,51.0],[48.7,41.4]]
  ]
#调用方差分析函数,返回方差分析表
anova_2_factor(data)
```

运行结果如图 21.9 所示。

	平方和	自由度	均方	F比	P值
A	261.675000	3.0	87.225000	4.417388	0.025969
B	370.980833	2.0	185.490417	9.393902	0.003506
AXB	1768.692500	6.0	294.782083	14.928825	0.000062
E	236.950000	12.0	19.745833	NaN	NaN
T	2638.298333	23.0	NaN	NaN	NaN

图 21.9

从输出结果可以看到,因素 A、因素 B 以及交互作用 $A \times B$ 的 p 值均小于 0.05,故认为不同燃料或不同推进器下的射程有显著差异,交互作用的效应也是高度显著的。

【例 21.5】 在某金属材料的生产过程中,对热处理温度(因素 B)与时间(因素 A)各取两个水平,产品强度的测定结果(相对值)如表 21.4 所示。

表 21.4

A	B	
	B_1	B_2
A_1	38.0　38.6	47.0　44.8
A_2	45.0　43.8	42.4　40.8

设各水平搭配下强度的总体服从正态分布且方差相同。各样本独立。问热处理温度、时间以及这两者的交互作用对产品强度是否有显著的影响(取 $\alpha=0.05$)?

解　代码如下:

```
x = [
  [[38,38.6],[47,44.8]],
  [[45,43.8],[42.4,40.8]]
]
anova_2_factor(x)
```

运行结果如图 21.10 所示。

	平方和	自由度	均方	F比	P值
A	1.62	1.0	1.62	1.408696	0.300945
B	11.52	1.0	11.52	10.017391	0.034020
AXB	54.08	1.0	54.08	47.026087	0.002367
E	4.60	4.0	1.15	NaN	NaN
T	71.82	7.0	NaN	NaN	NaN

图 21.10

从输出结果可以看到,因素 A 的 p 值大于 0.05,认为时间对强度的影响不显著;因素 B 以及交互作用 $A \times B$ 的 p 值均小于 0.05,认为温度与交互作用对强度的影响显著。

【例 21.6】 下面给出了在某 5 个不同地点、不同时间空气中的颗粒状物(以 mg/m^3 计)的含量的数据,如表 21.5 所示。

表 21.5

因素 A(时间)	因素 B(地点)				
	1	2	3	4	5
1975 年 10 月	76	67	81	56	51
1976 年 1 月	82	69	96	59	70
1976 年 5 月	68	59	67	54	42
1976 年 8 月	63	56	64	58	37

设本题符合双因素无重复实验模型中的条件，试在显著性水平 0.05 下检验：在不同时间下颗粒状物含量的均值有无显著差异，在不同地点下颗粒状物含量的均值有无显著差异。

解　代码如下：

```
#无重复实验时,数据用二维数组表示
data = [
  [76,67,81,56,51],
  [82,69,96,59,70],
  [68,59,67,54,42],
  [63,56,64,58,37]
]
#repeat_type 默认为 1,无重复实验时需设为 0
anova_2_factor(data,factor_names = ['时间','地点'],repeat_type = 0)
```

运行结果如图 21.11 所示。

	平方和	自由度	均方	F比	P值
时间	1182.95	3.0	394.316667	10.722411	0.001033
地点	1947.50	4.0	486.875000	13.239293	0.000234
E	441.30	12.0	36.775000	NaN	NaN
T	3571.75	19.0	NaN	NaN	NaN

图 21.11

从输出结果可以看到，因素时间与地点的 p 值均小于 0.05，故认为不同时间下颗粒状物含量的均值有显著差异，也认为不同地点下颗粒状物含量的均值有显著差异。

21.3 一元线性回归

回归分析是研究相关关系的一种数学工具，当回归分析只涉及两个变量时，称为一元回归分析，它通过建立两变量之间的数学表达式，帮助我们从一个变量的取值去估计另一个变量的取值。当两变量之间的数学表达式是直线方程时，相应的一元回归分析就称为一元线性回归分析。

【例 21.7】 为研究某一化学反应过程中，温度 X(℃)对产品得到率 Y(%)的影响，测得数据如表 21.6 所示。

表　21.6

温度 X/℃	100	110	120	130	140	150	160	170	180	190
得率 Y/%	45	51	54	61	66	70	74	78	85	89

绘制数据的散点图，代码如下：

```
import matplotlib.pyplot as plt
X = [100,110,120,130,140,150,160,170,180,190]
y = [45,51,54,61,66,70,74,78,85,89]
plt.scatter(X,y,color = 'r')
plt.show()
```

运行结果如图 21.12 所示。

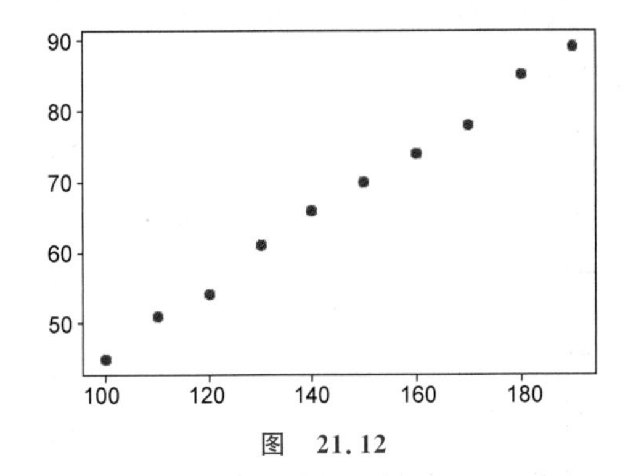

图　21.12

从散点图大致看出变量 X 与 Y 之间具有线性函数 $Y=a+bX$ 的形式，因此，创建两变量之间的线性回归模型，并返回截距 a 以及回归系数 b 的估计值。代码如下：

```
import numpy as np
from sklearn import linear_model
#将数据转换为一列
dataX = np.array(X).reshape( - 1,1)
#建立线性回归模型
reg = linear_model.LinearRegression()
#使用线性回归模型拟合数据
reg.fit(dataX, y)
#输出截距与回归系数
a,b = reg.intercept_,reg.coef_
a,b
```

运行结果如图 21.13 所示。

```
(-2.7393939393939775, array([0.4830303]))
```

图　21.13

注释：(1) sklearn 是 Python 重要的机器学习库，它支持分类、回归、降维和聚类等机器学习算法。sklearn 中的 linear_model 模块提供多种线性模型，这里使用的 LinearRegression 指线性回归模型。

(2) fit()方法用于拟合相应的线性模型。fit(X,y)中参数 X 是训练集(必须是二维数组，每一行对应一个样本，每一列表示一个特征)，参数 y 是目标值。代码 dataX= np. array(X). reshape(－1,1)实现了从一维数组 X 到二维数组 dataX 的转换，reshape(－1,1)中的 1 指明只有 1 列，－1 表示行数可根据实际情况自动生成。

(3) intercept_与 coef_分别用来获取截距与回归系数。

最后来看一下回归方程的拟合效果，代码如下：

```
plt.scatter(X,y,color = 'r')
plt.plot(X,a + b * np.array(X))
plt.show()
```

运行结果如图 21.14 所示。

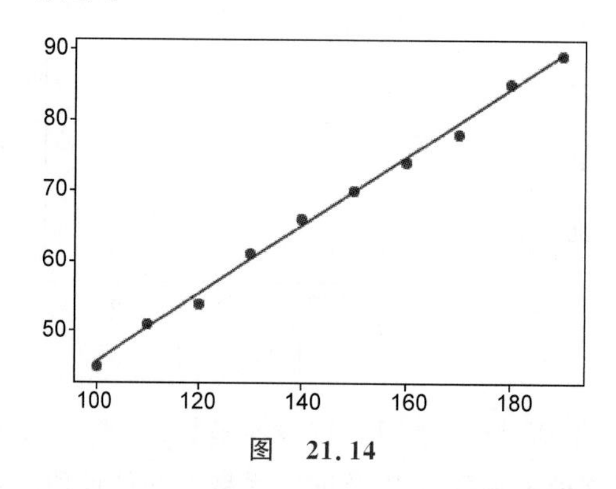

图　21.14

直观来看，散点基本都落在回归直线上，说明回归方程拟合效果不错。

实际问题中，有些实测值的散点并不像例 21.7 那样呈直线关系，不能直接使用一元线性回归来处理，但某些情况下，可通过适当的变量变换，将它转换成一元线性回归来处理。

【例 21.8】 表 21.7 是某年美国二手轿车价格的调查资料，今以 X 表示轿车的使用年数，Y 表示相应的平均价格(美元)，求 Y 关于 X 的回归方程。

表　21.7

年数 X	1	2	3	4	5	6	7	8	9	10
均价 Y	2651	1943	1494	1087	765	538	484	290	226	204

解　作散点图，代码如下：

```
import matplotlib.pyplot as plt
X = list(range(1,11))
y = [2651,1943,1494,1087,765,538,484,290,226,204]
plt.scatter(X,y)
plt.show()
```

运行结果如图 21.15 所示。

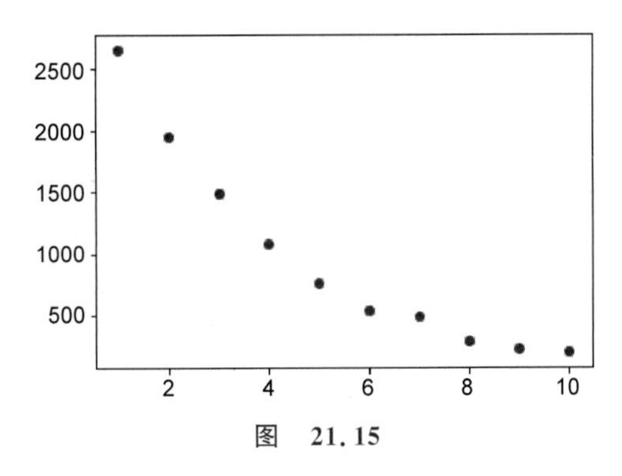

图　21.15

看起来两变量之间呈指数关系，取 $Y'=\ln Y$，再作变量 X，Y'之间的散点图。代码如下：

```
import numpy as np
y_prime = np.log(y)
plt.scatter(X,y_prime,color = 'r')
plt.show()
```

运行结果如图 21.16 所示。

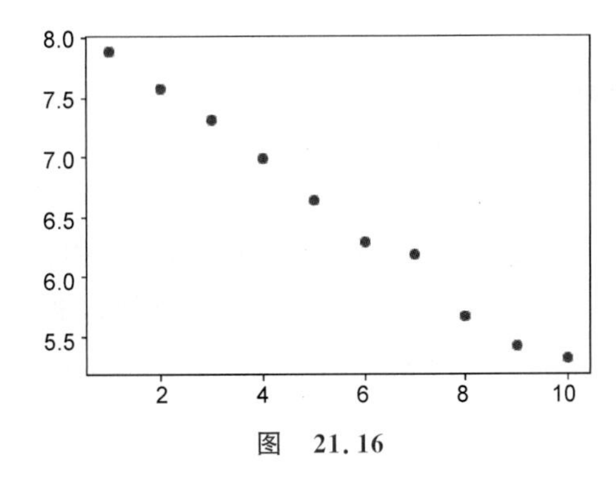

图　21.16

大致呈直线关系。我们对变量 X 与 Y'进行一元线性回归，代码如下：

```
from sklearn import linear_model
reg = linear_model.LinearRegression()
reg.fit(np.array(X).reshape( - 1,1),y_prime)
a,b = reg.intercept_,reg.coef_
a,b
```

运行结果如图 21.17 所示。

```
(8.164584995567543, array([-0.29768045]))
```

图 21.17

得到 X 与 Y' 之间的回归方程 $\hat{y}'=8.164585-0.29768x$，代回原变量，得曲线回归方程

$$y=3514.26\mathrm{e}^{-0.29768x}$$

最后看一下回归方程拟合效果，代码如下：

```
plt.scatter(X,y)
#y = np.e ** (y_prime) = np.e ** (a + b * X)实现数据的逆变换
plt.plot(X,np.e ** (a + b * X),'r')
plt.show()
```

运行结果如图 21.18 所示。效果还不错。

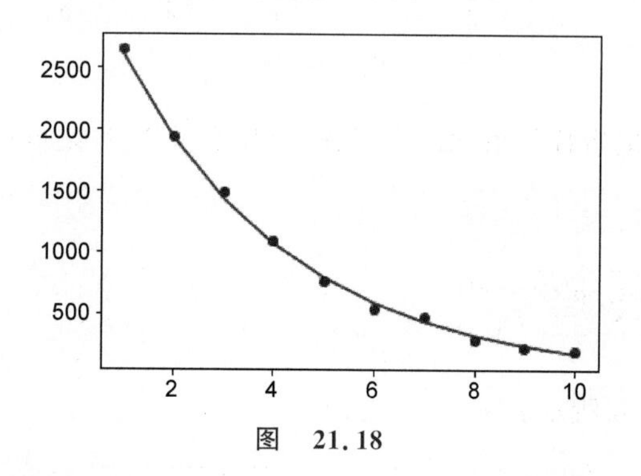

图 21.18

21.4 多元线性回归

在实际中还会遇到一个因变量与两个或两个以上自变量相关关系的问题，这就要用到多元回归分析。本节仅讨论多元回归分析中的多元线性回归，来看一个例子。

【例 21.9】 下面给出了某种产品每件平均单价 Y(元)与批量 X(件)之间关系的一组数据，如表 21.8 所示。

表 21.8

x	20	25	30	35	40	50	60	65	70	75	80	90
y	1.81	1.7	1.65	1.55	1.48	1.4	1.3	1.26	1.24	1.21	1.2	1.18

画出散点图，代码如下：

```
import matplotlib.pyplot as plt
X = [20,25,30,35,40,50,60,65,70,75,80,90]
y = [1.81,1.7,1.65,1.55,1.48,1.4,1.3,1.26,1.24,1.21,1.2,1.18]
plt.scatter(X,y)
plt.show()
```

运行结果如图 21.19 所示。

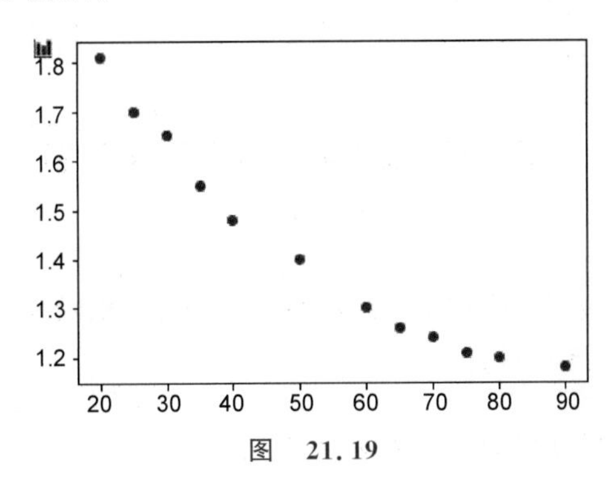

图　21.19

选取模型 $Y=b_0+b_1X+b_2X^2+\varepsilon,\varepsilon: N(0,\sigma^2)$来拟合它，现在来求回归方程，代码如下：

```
import numpy as np
from sklearn import linear_model
squareX = [x ** 2 for x in X]
data = np.array([X,squareX]).T
reg = linear_model.LinearRegression()
reg.fit(data,y)
a,b = reg.intercept_,reg.coef_
a,b
```

运行结果如图 21.20 所示。

```
(2.1982662875745147, array([-0.02252236,  0.00012507]))
```

图　21.20

注释：np.array([X,squareX]).T 表示对数组 np.array([X,squareX])取转置，转置后 X 与 squareX 位于两列。

从返回值可得回归方程 $\hat{y}=2.19826629-0.02252236x+0.00012507x^2$。再来看回归方程的拟合效果，代码如下：

```
plt.scatter(X,y)
X = np.array(X)
plt.plot(X,a + b[0] * X + b[1] * X ** 2,'r')
plt.show()
```

运行结果如图 21.21 所示。

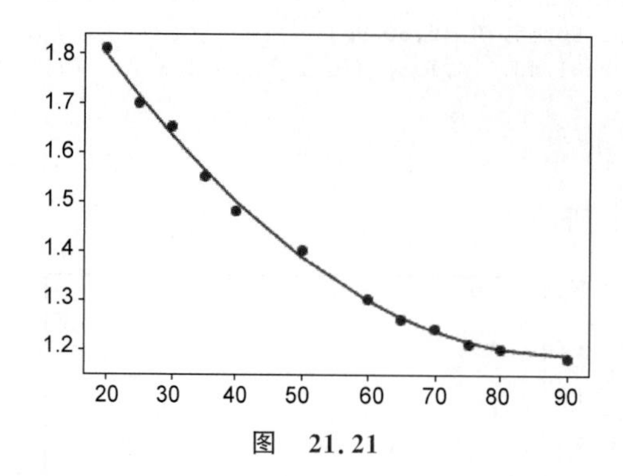

图 21.21

注释：X＝np. array(X)将列表 X 转换为 numpy 中的 array 形式，目的是使用 numpy 中数组运算的广播机制。

从输出结果来看，回归方程的拟合效果还不错。

第四部分

运 筹 学

本部分结合"运筹学"中的线性规划、非线性规划、动态规划、图与网络计划及排队论等内容，详细介绍 scipy 的优化模块 optimize，并对动态规划、图与网络计划及排队论中的一些特定问题给出了计算机求解的方法。

第22章

线性规划与单纯形法

scipy.optimize 模块提供了许多数值优化算法。

linprog(c,A_ub=None,b_ub=None,A_eq=None,b_eq=None,bounds=None,method='interior-point',callback=None,options=None,x0=None)用于求解如下形式的线性规划问题。

$$\min z=\boldsymbol{C}\boldsymbol{X}$$
$$\begin{cases}\boldsymbol{A}_{\text{ub}}\boldsymbol{X}\leqslant\boldsymbol{b}_{\text{ub}}\\\boldsymbol{A}_{\text{eq}}\boldsymbol{X}=\boldsymbol{b}_{\text{eq}}\\\boldsymbol{l}\leqslant\boldsymbol{X}\leqslant\boldsymbol{u}\end{cases}$$

其中,$\boldsymbol{X}$ 是决策变量向量,$\boldsymbol{C}$、$\boldsymbol{b}_{\text{ub}}$、$\boldsymbol{b}_{\text{eq}}$、$\boldsymbol{l}$、$\boldsymbol{u}$ 是向量,$\boldsymbol{A}_{\text{ub}}$、$\boldsymbol{A}_{\text{eq}}$ 是矩阵:

主要参数如下:

$\boldsymbol{C}$:价值向量。

$\boldsymbol{A}_{\text{ub}}$:不等式约束条件的系数矩阵。

$\boldsymbol{b}_{\text{ub}}$:不等式约束条件的资源向量。

$\boldsymbol{A}_{\text{eq}}$:等式约束条件的系数矩阵。

$\boldsymbol{b}_{\text{eq}}$:等式约束条件的资源向量。

bounds:[(min,max),(min,max),…,(min,max)]序列,规定每一个决策变量的最小值与最大值,默认所有决策变量均是非负变量,即(0,None)。当所有决策变量具有相同的最小值与最大值时,只需写一个元组(min,max)即可。

method:提供了三种求解方法,即内点法、单纯形法、修正单纯形法。默认是内点法。可以根据问题需要更改,本书主要使用单纯形法。

x_0:初始基本可行解,目前此参数仅在修正单纯形法时使用。

返回值如下:

con：等式约束条件的差值向量，即 $\boldsymbol{b}_{eq}-\boldsymbol{A}_{eq}\boldsymbol{X}$。

fun：目标函数的最优值，通常用字母 z 表示。

message：算法退出状态的描述。

nit：所有阶段中执行的迭代总数。

slack：松弛变量向量，即 $\boldsymbol{b}_{ub}-\boldsymbol{A}_{ub}\boldsymbol{X}$。

status：算法退出时的状态整数，用 0、1、2、3、4 分别代表：优化成功终止、达到最大迭代限制、问题无可行解、问题具有无界解、遇到数值困难。

success：True 或者 False，当算法成功找到最优解时为 True。

x：约束条件下目标函数最小化的决策变量值。

【例 22.1】 某工厂安排生产Ⅰ、Ⅱ两种产品，已知生产单位产品所需的设备台时及 A、B 两种原材料的消耗如表 22.1 所示。

表 22.1

资源/产品	产 品 Ⅰ	产 品 Ⅱ	现有条件
设备	1 台时/件	2 台时/件	8 台时
原材料 A	4 千克/件	0	16 千克
原材料 B	0	4 千克/件	12 千克

该工厂每生产一件Ⅰ产品可获利 2 元，每生产一件Ⅱ产品可获利 3 元。问：如何安排生产使该工厂利润最大？

解 根据题意，写出问题对应的数学模型：

$$\text{目标函数：}\min z=-2x_1-3x_2 \quad (\Leftrightarrow \max z=2x_1+3x_2)$$

$$\text{满足约束条件：}\begin{cases}x_1+2x_2\leqslant 8\\ 4x_1+0x_2\leqslant 16\\ 0x_1+4x_2\leqslant 12\\ x_1,x_2\geqslant 0\end{cases}$$

代码如下：

```
from scipy.optimize import linprog
import numpy as np
#价值向量,当目标函数为求最大值时,需要先求出目标函数相反数的最小值
c = np.array([2,3])
c = -c
#不等式系数矩阵
A_ub = np.array([[1,2],[4,0],[0,4]])
#资源向量
b_ub = np.array([8,16,12])
#method = 'simplex'为单纯形法
result = linprog(c,A_ub = A_ub,b_ub = b_ub,method = 'simplex')
#输出结果
result
```

运行结果如图 22.1 所示。

如果想详细了解 linprog()的用法，可以新建一个单元格，运行"linprog?"就可以看到这个函数的详细说明。

代码如下：

```
linprog?
```

运行结果如图 22.2 所示。

```
con: array([], dtype=float64)
     fun: -14.0
 message: 'Optimization terminated successfully.'
     nit: 3
   slack: array([0., 0., 4.])
  status: 0
 success: True
       x: array([4., 2.])
```

图　22.1

```
Signature:
linprog(
    c,
    A_ub=None,
    b_ub=None,
    A_eq=None,
    b_eq=None,
    bounds=None,
    method='interior-point',
    callback=None,
    options=None,
    x0=None,
)
```

图　22.2

回到原题目本身——求最大值，目标函数值应为-result.fun。

代码如下：

```
result.success,result.x, - result.fun.round(3)
```

运行结果如图 22.3 所示。

【例 22.2】 求解线性规划问题。

$$\min z = -3x_1 + x_2 + x_3$$

$$\begin{cases} x_1 - 2x_2 + x_3 \leqslant 11 \\ -4x_1 + x_2 + 2x_3 \geqslant 3 \\ -2x_1 + x_3 = 1 \\ x_1, x_2, x_3 \geqslant 0 \end{cases}$$

解　代码如下：

```
c = np.array([ - 3,1,1])
a_ub = np.array([[1, - 2,1],[4, - 1, - 2]])
b_ub = np.array([11, - 3])
# 等式约束的系数矩阵
a_eq = np.array([[ - 2,0,1]])
# 等式约束的资源向量
b_eq = np.array([1])
result = linprog(c,A_ub = a_ub,b_ub = b_ub,A_eq = a_eq, b_eq = b_eq,method = 'simplex')
result.success,result.x,result.fun.round(3)
```

运行结果如图 22.4 所示。

```
(True, array([4., 2.]), 14.0)
```

图 22.3

```
(True, array([4., 1., 9.]), -2.0)
```

图 22.4

注释：(1) 直接调用 linprog()函数就可以了，无须添加人工变量，这和手工求解不一样。

(2) 约束不等式方向必须为：$\sum a_i x_i \leqslant b_j$，注意第二个约束不等式的处理方法。

【例 22.3】 合理利用线材问题。现需做 100 套钢架，每套用长为 2.9m、2.1m 和 1.5m 的元钢各一根。已知原料长 7.4m。问：如何下料使原材料最省？

解　有以下几种套裁方案可以采用：

方案 1：1×2.9+0×2.1+3×1.5 剩余：0

方案 2：2×2.9+0×2.1+1×1.5 剩余：0.1

方案 3：1×2.9+2×2.1+0×1.5 剩余：0.3

方案 4：1×2.9+1×2.1+1×1.5 剩余：0.9

方案 5：0×2.9+3×2.1+0×1.5 剩余：1.1

方案 6：0×2.9+2×2.1+2×1.5 剩余：0.2

方案 7：0×2.9+1×2.1+3×1.5 剩余：0.8

方案 1～方案 7 的决策变量分别记为 $x_1 \sim x_7$。

代码如下：

```
c = np.array([0,0.1,0.3,0.9,1.1,0.2,0.8])
a_eq = np.array([
               [1,2,1,1,0,0,0],
               [0,0,2,1,3,2,1],
               [3,1,0,1,0,2,3]
               ])
b_eq = np.array([100,100,100])
result = linprog(c,A_eq = a_eq,b_eq = b_eq,method = 'simplex')
result.success,result.x,result.fun.round(3)
```

运行结果如图 22.5 所示。

```
(True, array([30., 10., 50.,  0.,  0.,  0.,  0.]), 16.0)
```

图 22.5

当按照方案 1 下料 30 根，方案 2 下料 10 根，方案 3 下料 50 根时，用料最省，剩余料头为 16m。

【例 22.4】 配料问题。某化工厂要用三种原材料 C、P、H 混合调配出三种不同规格的产品 A、B、D。已知产品的规格要求、产品单价、每天能供应的原材料数量及原材料单价分别如表 22.2 和表 22.3 所示。该厂应如何安排生产使利润最大？

表　22.2

产品名称	规格要求	单价/(元·千克$^{-1}$)
A	$C \geqslant 50\%, P \leqslant 25\%$	50
B	$C \geqslant 25\%, P \leqslant 50\%$	35
D	不限	25

表　22.3

原材料名称	每天最多供应量/千克	单价/(元·千克$^{-1}$)
C	100	65
P	100	25
H	60	35

分析：设 A_C 为产品 A 中原材料 C 的数量(kg)，同理，A_P 为产品 A 中原材料 P 的数量(kg)，A_H 为产品 A 中原材料 H 的数量(kg)，则 $A_C+A_P+A_H=A$。由于 $A_C \geqslant 50\% \times A$，所以，$A_C+A_P+A_H \leqslant 2A_C$，即

$$-A_C + A_P + A_H \leqslant 0$$

同理，由规格要求中其他三个不等式可以得到如下三个约束：

$$-A_C + 3A_P - A_H \leqslant 0$$

$$-3B_C + B_P + B_H \leqslant 0$$

$$-B_C + B_P - B_H \leqslant 0$$

记$(A_C, A_P, \cdots, D_H)$为$(x_1, x_2, \cdots, x_9)$，结合原材料限制及利润数据信息：

目标函数 $\max z = -15x_1 + 25x_2 + 15x_3 - 30x_4 + 10x_5 - 40x_7 - 10x_9$

约束方程：

$$\begin{cases} -x_1 + x_2 + x_3 \leqslant 0 \\ -x_1 + 3x_2 - x_3 \leqslant 0 \\ -3x_4 + x_5 + x_6 \leqslant 0 \\ -x_4 + x_5 - x_6 \leqslant 0 \\ x_1 + x_4 + x_7 \leqslant 100 \\ x_2 + x_5 + x_8 \leqslant 100 \\ x_3 + x_6 + x_9 \leqslant 60 \\ \forall x_i \geqslant 0 \end{cases}$$

解　代码如下：

```
c = np.array([ - 15,25,15, - 30,10,0, - 40,0, - 10])
c = - c
a_ub = np.array([[ - 1,1,1,0,0,0,0,0,0],
          [ - 1,3, - 1,0,0,0,0,0,0],
          [0,0,0, - 3,1,1,0,0,0],
```

```
            [0,0,0,-1,1,-1,0,0,0],
            [1,0,0,1,0,0,1,0,0],
            [0,1,0,0,1,0,0,1,0],
            [0,0,1,0,0,1,0,0,1]])
b_ub = np.array([0,0,0,0,100,100,60])
result = linprog(c = c,A_ub = a_ub,b_ub = b_ub,method = 'simplex')
result
```

运行结果如图 22.6 所示。

```
con: array([], dtype=float64)
     fun: -500.0
 message: 'Optimization terminated successfully.'
     nit: 9
   slack: array([ 0.,  0.,  0.,  0.,  0.,  0., 10.])
  status: 0
 success: True
       x: array([100.,  50.,  50.,   0.,   0.,   0.,   0.,  50.,   0.])
```

图 22.6

注释：(1) 生产 200kg 的 A，其中原材料 C、P、H 的数量分别为 100kg、50kg、50kg。

(2) 50kg 的产品 D，其中仅用原材料 P，但原材料 P 的价格和产品 D 的价格相等，均为 25 元/千克，不产生利润。故仅生产 200kg 产品 A 即可，利润为 500 元/天。

【例 22.5】 某快递公司下设一个快件分拣部，处理每天到达的快件。根据统计资料可预测每天各时段快件数量如表 22.4 所示。

表 22.4

时　段	到达快件数/件	时　段	到达快件数/件
10:00 前	5000	14:00—15:00	3000
10:00—11:00	4000	15:00—16:00	4000
11:00—12:00	3000	16:00—17:00	4500
12:00—13:00	4000	17:00—18:00	3500
13:00—14:00	2500	18:00—19:00	2500

资源限制：

(1) 快件分拣由机器操作，分拣效率为 500 件/小时，每台机器操作时需要配一名职工，共有 11 台机器。

(2) 在分拣部，一部分是全日制职工，每天上班 8 小时，上班时间分别是 10:00—18:00、11:00—19:00、12:00—20:00，每人每天工资为 150 元。另一部分是非全日制职工，每天上班 5 小时，上班时间分别为 13:00—18:00、14:00—19:00、15:00—20:00，每人每天工资为 80 元。

(3) 12:00 之前到达的快件必须在 14:00 以前处理完；15:00 以前到达的快件必须在

17:00 以前处理完；全部快件必须在 20:00 以前处理完。

问：该分拣部要完成快件处理任务，应设多少名全日制及非全日制职工，并使总的工资支出为最少？

解　用 x_1、x_2、x_3 分别表示 10:00—18:00，11:00—19:00，12:00—20:00 上班的全日制职工，x_4、x_5、x_6 分别表示 13:00—18:00，14:00—19:00，15:00—20:00 上班的非全日制职工。

代码如下：

```
c = np.array([150,150,150,80,80,80])
a_ub = np.array([
          [500,0,0,0,0,0],
          [1000,500,0,0,0,0],
          [1500,1000,500,0,0,0],
          [2000,1500,1000,500,0,0],
          [2500,2000,1500,1000,500,0],
          [3000,2500,2000,1500,1000,500],
          [3500,3000,2500,2000,1500,1000],
          [4000,3500,3000,2500,2000,1500],
          [4000,4000,3500,2500,2500,2000],
          [-4000,-4000,-4000,-2500,-2500,-2500],
          [-2000,-1500,-1000,-500,0,0],
          [-3500,-3000,-2500,-2000,-1500,-1000],
          [1,1,1,1,1,1]
      ])
b_ub = np.array([5000,9000,12000,16000,18500,21500,25500,\
          30000,33500,-36000,-12000,-21500,11])
result = linprog(c,A_ub = a_ub,b_ub = b_ub,method = 'simplex')
result.success,result.x,result.fun.round(3)
```

运行结果如图 22.7 所示。

```
(True, array([2., 2., 5., 0., 0., 0.]), 1350.0)
```

图　22.7

注释：

当 10:00—18:00 时段的全日制职工为 2 人，11:00—19:00 时段的全日制职工为 2 人，12:00—20:00 时段的全日制职工为 5 人时，总工资日支出最少，为 1350 元。

【例 22.6】　连续投资问题。某部门在今后五年内考虑给下列项目投资，已知：

项目 A，从第 1 年至第 4 年每年年初需要投资，并于次年年末收回本利 115%。

项目 B，第 3 年年初需要投资，到第 5 年年末收回本利 125%，但规定最大投资额不超过 4 万元。

项目 C，第 2 年年初需要投资，到第 5 年年末收回本利 140%，但规定最大投资额不超过 3 万元。

项目 D,5 年内每年年初可购买公债,于当年年末归还,并附加利息 6%。

现部门有资金 10 万元,问:它应如何确定给这些项目每年的投资额,使到第 5 年年末所获资本利润最大?

分析:设投资额度表如表 22.5 所示。

表 22.5

项　目	第 1 年	第 2 年	第 3 年	第 4 年	第 5 年
A	x_{11}	x_{12}	x_{13}	x_{14}	
B			x_{23}		
C		x_{32}			
D	x_{41}	x_{42}	x_{43}	x_{44}	x_{45}

线性模型如下:

$$\max z = 1.15x_{14} + 1.25x_{23} + 1.4x_{32} + 1.06x_{45}$$

$$\begin{cases} x_{11} + x_{41} = 100000 \\ 1.06x_{41} - x_{12} - x_{32} - x_{42} = 0 \\ 1.15x_{11} + 1.06x_{42} - x_{13} - x_{23} - x_{43} = 0 \\ 1.15x_{12} + 1.06x_{43} - x_{14} - x_{44} = 0 \\ 1.15x_{13} + 1.06x_{44} - x_{45} = 0 \\ x_{23} \leqslant 40000 \\ x_{32} \leqslant 30000 \end{cases}$$

结果用矩阵的形式来表示。

代码如下:

```
#构造价值向量
c = np.zeros(20)
c[3] = 1.15
c[7] = 1.25
c[11] = 1.4
c[19] = 1.06
c = -c

#构造等式约束矩阵
a_eq = np.zeros((5,20))

# x11 + x41 = 100000
a_eq[0][0] = 1.0
a_eq[0][15] = 1.0

# 1.06 * x41 - x12 - x32 - x42 = 0
a_eq[1][15] = 1.06
a_eq[1][1] = -1.0
a_eq[1][11] = -1.0
```

```
a_eq[1][16] = -1.0

# 1.15 * x11 + 1.06 * x42 - x13 - x23 - x43 = 0
a_eq[2][0] = 1.15
a_eq[2][16] = 1.06
a_eq[2][2] = -1
a_eq[2][7] = -1
a_eq[2][17] = -1

# 1.15 * x12 + 1.06 * x43 - x14 - x44 = 0
a_eq[3][1] = 1.15
a_eq[3][17] = 1.06
a_eq[3][3] = -1
a_eq[3][18] = -1

# 1.15 * x13 + 1.06 * x44 - x45 = 0
a_eq[4][2] = 1.15
a_eq[4][18] = 1.06
a_eq[4][19] = -1

#等式约束资源向量
b_eq = np.array([100000,0,0,0,0])

#不等式约束矩阵
a_ub = np.zeros((2,20))
a_ub[0][7] = 1
a_ub[1][11] = 1

#不等式约束资源向量
b_ub = np.array([40000,30000])

#求解
result = linprog(c = c,A_ub = a_ub,b_ub = b_ub,A_eq = a_eq,\
    b_eq = b_eq,method = 'simplex')
print('fun = {},and X is:'.format( - result.fun.round(0)))
np.round(result.x,0).reshape((4,5))
```

运行结果如图 22.8 所示。

```
fun=143750.0,and X is:

(array([[34783., 39130.,     0., 45000.,     0.],
        [    0.,     0., 40000.,     0.,     0.],
        [    0., 30000.,     0.,     0.,     0.],
        [65217.,     0.,     0.,     0.,     0.]]),)
```

图　22.8

第23章

对偶理论和灵敏度分析

本章通过例题展开对偶理论和灵敏度分析。

【例 23.1】 写出原问题：$\max z=2x_1+3x_2$

$$\begin{cases} x_1+2x_2\leqslant 8 \\ 4x_1\leqslant 16 \\ 4x_2\leqslant 12 \\ x_1,x_2\geqslant 0 \end{cases}$$

的对偶问题,并求解。

解　将资源与价值的角色调换一下,原问题的对偶问题为：

$$\min z=8y_1+16y_2+12y_3$$

$$\begin{cases} y_1+4y_2\geqslant 2 \\ 2y_1+4y_3\geqslant 3 \\ y_1,y_2,y_3\geqslant 0 \end{cases}$$

代码如下：

```
import numpy as np
from scipy.optimize import linprog
import matplotlib.pyplot as plt
c = np.array([2,3])
c = -c
A = np.array([[1,2],[4,0],[0,4]])
b = np.array([8,16,12])
#取 A 为 A 的负矩阵的转置
A = (-A).T
result = linprog(c = b,A_ub = A,b_ub = c,method = 'simplex')
result.success,result.x.round(3),result.fun.round(3)
```

运行结果如图 23.1 所示。

```
(True, array([1.5  , 0.125, 0.   ]), 14.0)
```

图　23.1

注释：此例 23.1 对应于第 22 章的例 22.1，这说明设备台时的边际贡献为 1.5，原材料 A 的边际贡献为 0.125，而原材料 B 的边际贡献为 0。这在以贵重的生产设备为主导的市场竞争中，厂方的感受尤其明显，此时，原材料的供应可能属于买方市场（供大于需）。

【例 23.2】　分别求原问题 $\min z=2x_1+3x_2-5x_3+x_4$

$$\begin{cases}x_1+x_2-3x_3+x_4\geqslant 5\\2x_1+2x_3-x_4\leqslant 4\\x_2+x_3+x_4=6\\x_1\leqslant 0;x_2,x_3\geqslant 0;x_4\text{ 无约束}\end{cases}$$

的解和其对偶问题的解。

解　求原问题的解，代码如下：

```
c = np.array([2,3, - 5,1])
A_ub = np.array([
        [ - 1, - 1,3, - 1],
        [2,0,2, - 1]
      ])
b_ub = np.array([ - 5,4])
A_eq = np.array([[0,1,1,1]])
b_eq = np.array([6])
result = linprog(c = c,A_ub = A_ub,b_ub = b_ub,\
        A_eq = A_eq,b_eq = b_eq,\
  bounds = [(None,0),(0,None),(0,None),(None,None)])
result.success,result.x.round(3),result.fun.round(3)
```

运行结果如图 23.2 所示。

```
(True, array([-1.,  0.,  0.,  6.]), 4.0)
```

图　23.2

注释：参数 A_ub、b_ub 为约束中的不等式，A_eq，b_eq 为约束中的等式，bounds 为变量的取值区间列表。

其对偶问题为：$\max z=5y_1+4y_2+6y_3$

$$\begin{cases} y_1 + 2y_2 \geqslant 2 \\ y_1 + y_3 \leqslant 3 \\ -3y_1 + 2y_2 + y_3 \leqslant -5 \\ y_1 - y_2 + y_3 = 1 \\ y_1 \geqslant 0, y_2 \leqslant 0, y_3 \text{ 无约束} \end{cases}$$

代码如下：

```
c = np.array([5,4,6])
c = - c
A_ub = np.array([[ - 1, - 2,0],[1,0,1],[ - 3,2,1]])
b_ub = np.array([ - 2,3, - 5])
A_eq = np.array([[1, - 1,1]])
b_eq = np.array([1])
result = linprog(c = c,A_ub = A_ub,b_ub = b_ub,\
  A_eq = A_eq,b_eq = b_eq,\
  bounds = [(0,None),(None,0),(None,None)])
result.success,result.x.round(3), - result.fun.round(3)
```

运行结果如图 23.3 所示。

```
(True, array([ 2., -0., -1.]), 4.0)
```

图　23.3

注释：这里 linprog()函数没有使用参数 method='simplex'，而是使用了默认的“interior-point”（内点法），有时可以根据问题的具体要求，调整此参数。例如，我们希望变量结果为整数，但输出的为小数，此时需要调整一些参数去碰碰运气，例如 method 或者 bounds 参数。

【例 23.3】 已知原问题 $\max z = x_1 + x_2$

$$\begin{cases} -x_1 + x_2 + x_3 \leqslant 2 \\ -2x_1 + x_2 - x_3 \leqslant 1 \\ x_1, x_2, x_3 \geqslant 0 \end{cases}$$

试用对偶理论证明上述问题无最优解。

解　用 linprog()解原问题，代码如下：

```
c = np.array([1,1,0])
C = - c
A_ub = np.array([[ - 1,1,1],[ - 2,1, - 1]])
b_ub = np.array([2,1])
#价值向量是 linprog()函数的必填参数，既可以写成 c = C，也可以直接写为 C
result_1 = linprog(C,A_ub = A_ub,b_ub = b_ub)
result_1.success,result_1.x, - result_1.fun
```

运行结果如图 23.4 所示。

```
(False,
 array([3.69202533e+09, 1.50247736e+09, 1.07300027e+09]),
 5194502688.953184)
```

图　23.4

注释：由结果可以看到，success 为 False，这说明在规定搜索步数内，结果没有收敛，即满足约束的变量可以很容易找到，但目标函数却无限制地增大。也即：有可行解，但无最优解。

其对偶问题可以在原问题的基础上做如下调换，代码如下：

```
result_2 = linprog(c = b_ub,A_ub = A_ub.T,b_ub = c)
result_2.success,result_2.x.round(3),result_2.fun
```

运行结果如图 23.5 所示。

```
(True, array([0., 0.]), 5.103354446526835e-10)
```

图　23.5

注释：虽然 success 返回的值为 True，但实际上，linprog()函数从(0,0)开始搜索(前进)，它始终找不到满足约束的其他值(例如(0,0.001))，然后返回(0,0)：最后，等搜索步数用完后，无奈地返回了[0.,0.]这个结果，这里的 success＝True 很有欺骗性，要多加注意。它不会认错而做这样的返回：success＝False，x＝array[None,None]，fun＝None。

【例 23.4】 下面以例 22.1 为例对灵敏度加以分析，从可用资源 b、价值系数 c 及技术系数 A 的变化分别讨论。

首先，讨论可用资源 b 的变化。

目标函数：$\min z=-2x_1-3x_2(\Leftrightarrow \max z=2x_1+3x_2)$

$$\text{约束条件：}\begin{cases} x_1+2x_2\leqslant 8 \\ 4x_1+0x_2\leqslant 16 \\ 0x_1+4x_2\leqslant 12 \\ x_1,x_2\geqslant 0 \end{cases}$$

由对偶理论知道，设备的台时数边界贡献最大，现在讨论增加设备台时数对目标函数的影响。把约束条件中第一个不等式右边的 8 逐步增大，并观察目标函数的变化。

代码如下：

```
c = np.array([ - 2, - 3])
A_ub = np.array([[1,2],[4,0],[0,4]])
b_ub = np.array([8,16,12])
device_lim = []
profit = []
for i in range(8):
  device_lim.append(b_ub[0])
  profit.append( - linprog(c,A_ub = A_ub,b_ub = b_ub).fun)
  b_ub[0] += 1
plt.plot(device_lim,profit)
plt.xlabel('Available devices')
plt.ylabel('Profit')
plt.show()
```

运行结果如图 23.6 所示。

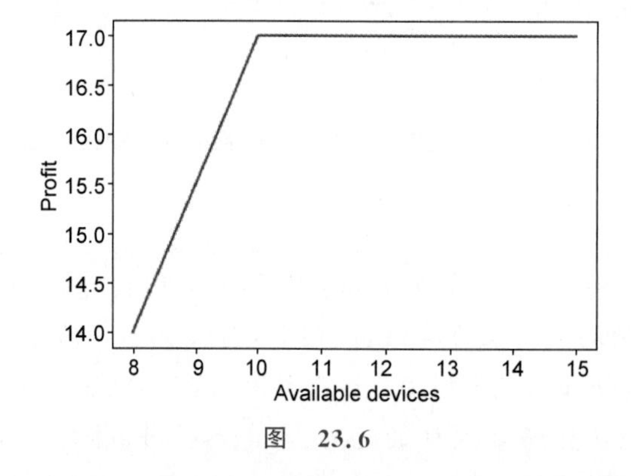

图　23.6

注释：由图 23.6 可以看出，当设备的台时数为 8～10 时，目标函数由 14 增加至 17，和其边际贡献是一致的，但当继续增加台时数时，目标函数由于受其他资源的限制（原材料），而没有继续增加。

其次，讨论价值系数 c 的变化。

对于价值系数 c_2 的变化，将 c_2 的范围扩充至[0,10]，观察变量的输出。

代码如下：

```
c = np.array([ - 2,0])
A_ub = np.array([[1,2],[4,0],[0,4]])
b_ub = np.array([8,16,12])
for _ in range(11):
  result = linprog(c = c,A_ub = A_ub,b_ub = b_ub)
  print('c2 = {}\tx = {}\tfun = {}'.format( - c[1],\
     result.x.round(3), - result.fun.round(3)))
  c[1] -= 1
```

运行结果如图 23.7 所示。

> **注释**：当产品Ⅱ的利润超过 4 时，需要调整生产方案。

最后，讨论技术系数 A 的变化。

【例 22.1 续】 现有一种新品Ⅲ，每件需要原材料 A，B 各为 6kg，3kg，使用设备 2 台时，每件获利 5 元；问该厂是否应该生产该产品和生产多少？

代码如下：

```
c = [ - 2, - 3, - 5]
A_ub_new = np.array([[1,2,2],[4,0,6],[0,4,3]])
b_ub = np.array([8,16,12])
result = linprog(c,A_ub = A_ub_new,b_ub = b_ub,method = 'simplex')
result.x.round(3), - result.fun.round(3)
```

运行结果如图 23.8 所示。

```
c2=0     x=[4.     1.192] fun=8.0
c2=1     x=[4. 2.]        fun=10.0
c2=2     x=[4. 2.]        fun=12.0
c2=3     x=[4. 2.]        fun=14.0
c2=4     x=[2.921 2.539] fun=16.0
c2=5     x=[2. 3.]        fun=19.0
c2=6     x=[2. 3.]        fun=22.0
c2=7     x=[2. 3.]        fun=25.0
c2=8     x=[2. 3.]        fun=28.0
c2=9     x=[2. 3.]        fun=31.0
c2=10    x=[2. 3.]        fun=34.0
```

图　23.7

```
(array([1. , 1.5, 2. ]), 16.5)
```

图　23.8

> **注释**：这说明安排生产产品Ⅲ是有利的，在资源不变的情况下，比原来多盈利 2.5(元)。

【例 23.5】 讨论参数线性规划问题，当参数 $t\geqslant 0$ 时，$\max z(t)=(3+2t)x_1+(5-t)x_2$

$$\begin{cases} x_1 \leqslant 4 \\ 2x_2 \leqslant 12 \\ 3x_1 + 2x_2 \leqslant 18 \\ x_1, x_2 \geqslant 0 \end{cases}$$

的最优解的变化。

解　令参数 t 为 0～9 的整数，分析最优解的大致变化。

代码如下：

```
A = np.array([[1,0],[0,2],[3,2]])
b = np.array([4,12,18])
for t in range(10):
    c = np.array([ - 3 - 2 * t,t - 5])
```

```
    result = linprog(c,A_ub = A,b_ub = b)
    print(t,result.x.round(3), - result.fun.round(3))
```

运行结果如图 23.9 所示。

```
0 [2. 6.] 36.0
1 [2. 6.] 34.0
2 [4. 3.] 37.0
3 [4. 3.] 42.0
4 [4. 3.] 47.0
5 [4.    1.537] 52.0
6 [4. 0.] 60.0
7 [4. 0.] 68.0
8 [4. 0.] 76.0
9 [4. 0.] 84.0
```

图 23.9

注释：当参数 t 在(1,2)和(4,6)之间取值时，最优解发生变化；当参数 t 大于 6 时，最优解不再变化。

下面对参数 t 进一步细化，描绘参数 t 与目标函数之间的关系。

代码如下：

```
import matplotlib.pyplot as plt
tt = []
funs = []
A = np.array([[1,0],[0,2],[3,2]])
b = np.array([4,12,18])
for t in np.linspace(0,7,100):
  c = np.array([ - 3 - 2 * t,t - 5])
  result = linprog(c,A_ub = A,b_ub = b)
  if result.success:
     tt.append(t)
     funs.append( - result.fun)
plt.plot(tt,funs)
plt.xlabel('t')
plt.ylabel('z')
plt.title('Curve to describe z = z(t)')
plt.show()
```

运行结果如图 23.10 所示。

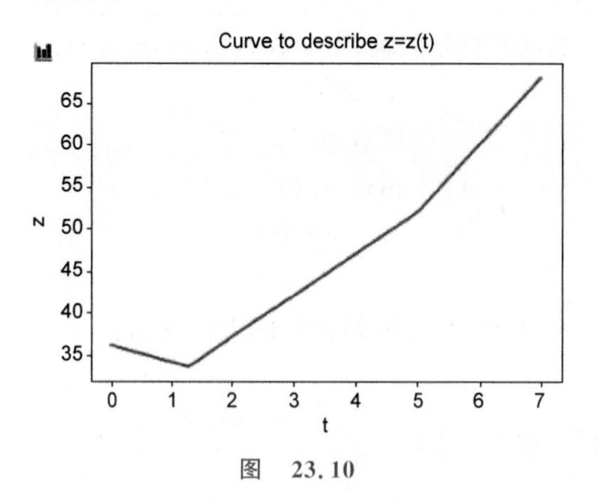

图 23.10

【例 23.6】 讨论当参数 $t\geqslant 0$ 时，线性规划问题 $\max\ z=x_1+3x_2$

$$\begin{cases}x_1+x_2\leqslant 6-t\\-x_1+2x_2\leqslant 6+t\\x_1,x_2\geqslant 0\end{cases}$$

的最优解变化。

解　代码如下：

```
import matplotlib.pyplot as plt
tt = []
funs = []
c = np.array([ - 1, - 3])
A = np.array([[1,1],[ - 1,2]])
for t in np.linspace(0,10,100):
  b = np.array([6 - t,6 + t])
  result = linprog(c,A_ub = A,b_ub = b)
  if result.success:
     tt.append(t)
     funs.append( - result.fun)
plt.plot(tt,funs)
plt.xlabel('t')
plt.ylabel('z')
plt.title('z = z(t)')
plt.show()
```

运行结果如图 23.11 所示。

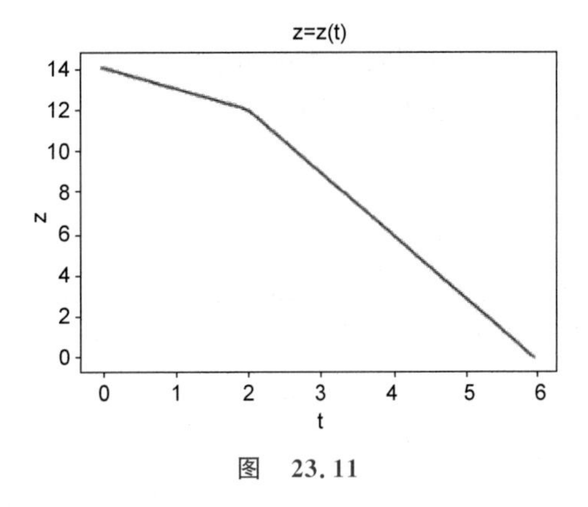

图　23.11

注释：本例仅给出了参数 t 与目标函数的关系。注意当参数 $t>6$ 时，没有对应的图像，这说明，当参数 $t>6$ 时，线性规划问题无可行解。

运 输 问 题

本章使用 scipy. optimize. linprog()和 pulp. LpProblem(). solve()两种方法来解决运输问题。

导入需要的函数库,代码如下：

```
from scipy.optimize import linprog
import pulp
import numpy as np
```

【例 24.1】 首先,以例 22.1 为例来具体说明 pulp 方法。

解 使用 pulp 求解此线性规划问题,代码如下：

```
c = [2,3]
A = [[1,2],[4,0],[0,4]]
b = [8,16,12]
#新建一个线性规划问题,LpMaximize 指明为求最大值
m = pulp.LpProblem(sense = pulp.LpMaximize)
#添加变量
x = [pulp.LpVariable(f'x{i}',lowBound = 0) for i in [1,2]]
#目标函数
m += pulp.lpDot(c,x)
#添加约束
for i in range(len(A)):
    m += (pulp.lpDot(A[i],x)<= b[i])
#求解
m.solve()
#显示目标函数及对应变量值
pulp.value(m.objective),[pulp.value(var) for var in x]
```

运行结果如图 24.1 所示。

(14.0, [4.0, 2.0])

图　24.1

注释：(1) 定义问题 m=pulp.LpProblem()，如果求目标函数的最小值，不用写入参数；如果为求最大值，需要参数 sense=−1 或 sense=pulp.LpMaximize。

(2) 定义变量列表，如果变量的数量较多，例如 10 个变量，可以这样定义 x：

```
x = [pulp.LpVariable(f'x{i}',lowBound = 0) for i in range(1,11)]
```

(3) 为问题 m 添加目标函数：m+=pulp.lpDot(c,x)。

(4) 为问题 m 添加约束，根据约束的“≤”“≥”“=”，在代码中分别使用“<=”“>=”“==”。

运输问题为线性规划问题，描述为：已知有 m 个生产地点 A_i，$i=1,2,\cdots,m$，可供应某种物资，其供应量分别记为 a_i，$i=1,2,\cdots,m$；有 n 个销地 B_j，$j=1,2,\cdots,n$，其需要量分别记为 b_j，$j=1,2,\cdots,n$；从 A_i 到 B_j 运输单位物资的运价为 c_{ij}；求在产销不平衡(产≥销)的条件下，使总运费最小(考虑到产销不平衡的适用面更广，这里不讨论产销平衡的特殊情况)。

设 x_{ij} 为从 A_i 到 B_j 的运量，其对应的数学模型为：

$$\min z=\sum_{i=1}^{m}\sum_{j=1}^{n}c_{ij}x_{ij}$$

$$\begin{cases}\sum_{j=1}^{n}x_{ij}\leqslant a_i, & i=1,2,\cdots,m\\ \sum_{i=1}^{m}x_{ij}=b_j, & j=1,2,\cdots,n\\ x_{ij}\geqslant 0\end{cases}$$

这是一个包含 $m\times n$ 个变量，$m+n$ 个约束的线性规划问题。

编写自定义函数 transport_linprog()函数，代码如下：

```
#使用 linprog()函数求运输问题
def transport_linprog(costs,supply,demand):
  m = len(supply)
  n = len(demand)
  A_ub = np.zeros((m,m * n))
  for row in np.arange(m):
    for col in np.arange(row * n,row * n + n):
        A_ub[row][col] = 1
  A_eq = np.zeros((n,m * n))
  for row in np.arange(n):
     for col in np.arange(m):
        A_eq[row][row + n * col] = 1
    c = np.ravel(costs)
  result = linprog(c,A_ub = A_ub,b_ub = supply,A_eq = A_eq,\
              b_eq = demand,method = 'simplex')
```

```
    #以字典的形式返回结果
    return {'success':result.success,'fun':result.fun.round(3),\
            'x':result.x.round(3).reshape((m,n))}
```

注释：(1) 两个循环分别产生两个0-1矩阵,对应着模型中两个约束的系数矩阵。(2) c=np.ravel(costs)将运输费用矩阵costs变成一维数组c。

【例24.2】 某公司加工销售某产品,下设三个加工厂。这三个加工厂每日的产量('t')分别为:A_1:7、A_2:4、A_3:9;该公司把这些产品分别运往四个销售点,各个销售点的日销量分别为:B_1:3、B_2:6、B_3:5,B_4:6,其运价矩阵$\boldsymbol{C}_{ij}=\begin{pmatrix}3 & 11 & 3 & 10\\1 & 9 & 2 & 8\\7 & 4 & 10 & 5\end{pmatrix}$,其中$c_{ij}$表示从$A_i$运至$B_j$的单位运价。

解　调用自定义函数transport_linprog(),代码如下:

```
c = [[3,11,3,10],[1,9,2,8],[7,4,10,5]]
supply = [7,4,9]
demand = [3,6,5,6]
result = transport_linprog(c,supply,demand)
#显示结果
print(result['success'])
print(result['fun'])
print(result['x'])
```

运行结果如图24.2所示。

```
True
85.0
[[0. 0. 5. 2.]
 [3. 0. 0. 1.]
 [0. 6. 0. 3.]]
```

图　24.2

我们希望使用pulp库来解决这个问题,正如你将看到的:pulp和scipy.optimize各有自己的内部算法以及可选参数,自定义函数transport_pulp()如下:

```
#使用pulp求解运输问题
def  transport_pulp(costs,supply,demand,cat = pulp.LpContinuous):
#提供给使用人的函数基本信息描述
"""
=================================================
运筹学之运输问题:
参数:
costs:运输单价表
supply:(各点)可供应量
demand:(各点)需求量
cat = pulp.LpContinuous(default),pulp.LpInteger or pulp.Binary
=================================================
返回:
{'fun': fun ,'x': x }
 =================================================
```

```
    """
    rows = len(costs)
    cols = len(costs[0])
    problem = pulp.LpProblem('trans_p', sense = pulp.LpMinimize)
    var = [[pulp.LpVariable(f'x{i}{j}', lowBound = 0, cat = cat) for j in \
      range(cols)] for i in range(rows)]
    problem += sum([pulp.lpDot(costs[row], var[row]) for row in \
      range(rows)])
    for row in range(rows):
      problem += (pulp.lpSum(var[row]) <= supply[row])
    for col in range(cols):
      problem += (pulp.lpSum([var[row][col] for row in range(rows)])\
          == demand[col])
    problem.solve()
    fun = pulp.value(problem.objective)
    x = [[pulp.value(var[row][col]) for col in range(cols)] for row in \
      range(rows)]
    return {'fun':fun, 'x':x}
```

注释：(1) 三对双引号内的内容为函数注释。当别人调用这个函数时，可以通过在单元格中运行“transport_pulp?”以了解这个函数的功能、参数及返回值。

(2) 变量的参数 cat＝pulp. LpContinuous 为默认值(连续值)，但如果是以下两种情况：①变量的性质必须为整数；②变量仅为 0 和 1，例如，一个储藏大型设备的仓库，由于受装卸能力的限制，每天至多出库 1 台设备，此时就需要调整参数 cat，以匹配实际问题。

【例 24.3】 问题如例 24.2。

解 代码如下：

```
c = [[3,11,3,10],[1,9,2,8],[7,4,10,5]]
supply = [7,4,9]
demand = [3,6,5,6]
result = transport_pulp(c, supply, demand)
print(result['fun'])
print(np.array(result['x']))
```

运行结果如图 24.3 所示。

注释：与例 24.2 相比，目标函数的结果一致，但运送方案稍有区别。这说明 linprog()和 pulp. LpProblem(). solve()的内部算法不一样。我们应该为不同的方案而欣慰！

```
85.0
[[2. 0. 5. 0.]
 [1. 0. 0. 3.]
 [0. 6. 0. 3.]]
```

图 24.3

下面讨论较为复杂的产销不平衡问题。

【例 24.4】 设有三个化肥厂(A、B、C)供应四个地区(Ⅰ、Ⅱ、Ⅲ、Ⅳ)的农用化肥。假定等量的化肥在这些地区使用效果相同。各化肥厂年产量,各地区年需要量及各化肥厂到各地区运送单位化肥的运价如表 24.1 所示。试求出总的运费最节省的化肥调拨方案。

表 24.1

化肥厂	需求地区				产量
	Ⅰ	Ⅱ	Ⅲ	Ⅳ	
A	16	13	22	17	50
B	14	13	19	15	60
C	19	20	23	—	50
最低需求	30	70	0	10	
最高需求	50	70	30	不限	

解 这个问题比前几个例子稍微复杂一些,首先排除以下两个干扰项。

(1) C 厂至地区Ⅳ的单位运费为“—”,可能 C 至这个地区没有路,或者运送成本特别高。

此时,可以指定一个较大的数字作为此运送单价,例如 10 000。程序在搜索时,如果试图为此运送路线添加 0.1 个单位的运量,则会造成总运送成本提高 1000,程序一定会退回原来的搜索位置,调换搜索方向。

(2) 地区Ⅳ的最高需求不限,但由于 A、B、C 三个厂的总产量才 160,扣掉Ⅰ、Ⅱ、Ⅲ的最低需求,最多能为地区Ⅳ提供的运量为 60。

将中间表格显示出来,如表 24.2 所示。

表 24.2

化肥厂	需求地区				产量
	Ⅰ	Ⅱ	Ⅲ	Ⅳ	
A	16	13	22	17	50
B	14	13	19	15	60
C	19	20	23	10 000	50
最低需求	30	70	0	10	
最高需求	50	70	30	60	

下面解决最低需求与最高需求的问题,目标是转换为“产≥销”的模型。

这里举例使用“产=销”的特殊情形:四个地区的最高需求之和为 210,A、B、C 三个厂的总产量为 160,我们虚拟一个 D 厂,其产量为 50;由于Ⅰ、Ⅳ两个销售点的最低需求大于 0 且不等于最高需求,在这两个销售点附近分别虚拟一个销售分点Ⅰ'、Ⅳ',这两个销售分点的需求分别为 20、50,如表 24.3 所示。

表 24.3

化肥厂	需求地区						产量
	Ⅰ	Ⅰ'	Ⅱ	Ⅲ	Ⅳ	Ⅳ'	
A	16		13	22	17		50
B	14		13	19	15		60
C	19		20	23	10 000		50
D							50
需求	30	20	70	30	10	50	

由于厂 D 根本不存在，所以我们不希望由 D 至Ⅰ、Ⅱ、Ⅳ销售点的运送事件发生，所以将相关运费单价设为比较大的数值，这里设为 10 000，如表 24.4 所示。

表 24.4

化肥厂	需求地区						产量
	Ⅰ	Ⅰ'	Ⅱ	Ⅲ	Ⅳ	Ⅳ'	
A	16		13	22	17		50
B	14		13	19	15		60
C	19		20	23	10 000		50
D	10 000		10 000		10 000		50
需求	30	20	70	30	10	50	

销售点Ⅲ情况特殊一些，由于其最低需求为 0，所以它可以接受来自厂 A、B、C、D 的运送，而且由 D 至Ⅲ的运费为 0。由虚拟厂到虚拟销售点的单位运费为 0。最后完善表格，如表 24.5 所示。

表 24.5

化肥厂	需求地区						产量
	Ⅰ	Ⅰ'	Ⅱ	Ⅲ	Ⅳ	Ⅳ'	
A	16	16	13	22	17	17	50
B	14	14	13	19	15	15	60
C	19	19	20	23	10 000	10 000	50
D	10 000	0	10 000	0	10 000	0	50
需求	30	20	70	30	10	50	

依此表格，分别调用 transport_linprog()和 transport_pulp()，代码如下：

```
M = 10000
c = [[16,16,13,22,17,17],[14,14,13,19,15,15],[19,19,20,23,M,M],\
  [M,0,M,0,M,0]]
supply = [50,60,50,50]
```

```
demand = [30,20,70,30,10,50]
result_1 = transport_linprog(c,supply,demand)
print('By trandport_linprog:\nfun:{}\nx:{}'.format(result_1['fun'],\
  np.array(result_1['x'])))
result_2 = transport_pulp(c,supply,demand)
print('\n\nBy trandport_pulp:\nfun:{}\nx:{}'.format(result_2['fun'],\
  np.array(result_2['x'])))
```

运行结果如图 24.4 所示。

```
By trandport_linprog:
fun:2460.0
x:[[ 0.  0. 50.  0.  0.  0.]
 [ 0.  0. 20.  0. 10. 30.]
 [30. 20.  0.  0.  0.  0.]
 [ 0.  0.  0. 30.  0. 20.]]


By trandport_pulp:
fun:2460.0
x:[[ 0.  0. 50.  0.  0.  0.]
 [ 0.  0. 20.  0. 10. 30.]
 [30. 20.  0.  0.  0.  0.]
 [ 0.  0.  0. 30.  0. 20.]]
```

图 24.4

注释：两种算法得到的结果一致，方案满足了Ⅰ的最高需求50、Ⅱ的最低(高)需求70、Ⅲ的最低需求0及为Ⅳ提供运量40。进一步，计算机程序只对给出的约束和目标函数负责，它不会做某种权衡，例如，这里它满足了Ⅰ的最高需求50，但对Ⅲ仅满足了其最低需求0。

【例 24.5】 某厂按合同规定必须于当年每个季度末分别提供10、15、25、20台同一规格的设备A。已知该厂各季度的生产能力及生产每台设备A的成本，如表24.6所示。如果生产出来的设备当季不交货，每积压一个季度，每台需存储、维护等费用0.15万元。要求在完成合同的情况下，做出使该厂全年生产(包括存储、维护)费用最小的决策。

表 24.6

季　度	生产能力/台	单位成本/万元
Ⅰ	25	10.8
Ⅱ	35	11.1
Ⅲ	30	11.0
Ⅳ	10	11.3

解　从表面看，此问题不像运输问题，从约束条件开始分析：假设 $x_{ij}(i \leqslant j)$ 为第 i 季生产的用于第 j 季季末交货的设备台数，则根据生产能力可以得到不等式约束：

$$\begin{cases} x_{11}+x_{12}+x_{13}+x_{14}\leqslant 25 \\ x_{22}+x_{23}+x_{24}\leqslant 35 \\ x_{33}+x_{34}\leqslant 30 \\ x_{44}\leqslant 10 \\ x_{ij}\geqslant 0 \end{cases}$$

由合同规定，可以得到等式约束：

$$\begin{cases} x_{11}=10 \\ x_{12}+x_{22}=15 \\ x_{13}+x_{23}+x_{33}=25 \\ x_{14}+x_{24}+x_{34}+x_{44}=20 \\ x_{ij}\geqslant 0 \end{cases}$$

可以将每个季度的生产车间理解为产方，需按时交货的合同条目理解为销售点，这个问题就可以看作一个产销不平衡的运输问题，将每台设备的生产费用加上存储、维护费理解为运费，表 24.7 为此运输问题的详细信息。

表　24.7

产地	销　　地				产　　量
	1 季度交付	2 季度交付	3 季度交付	4 季度交付	
Ⅰ	10.8	10.8+0.15	10.8+0.3	10.8+0.45	25
Ⅱ	10 000	11.1	11.1+0.15	11.1+0.3	35
Ⅲ	10 000	10 000	11.0	11.0+0.15	30
Ⅳ	10 000	10 000	10 000	11.3	10
销量	10	15	25	20	

下面使用 transport_pulp()函数解决此问题，代码如下：

```
M = 10000
c = [[10.8,10.95,11.1,11.25],[M,11.1,11.25,11.4],\
  [M,M,11.0,11.15],[M,M,M,11.3]]
supply = [25,35,30,10]
demand = [10,15,25,20]
result = transport_pulp(c,supply,demand,\
  cat = pulp.LpInteger)
result['fun'],np.array(result['x'])
```

运行结果如图 24.5 所示。

```
(773.0, array([[10., 10.,  0.,  5.],
       [ 0.,  5.,  0.,  0.],
       [ 0.,  0., 25.,  5.],
       [ 0.,  0.,  0., 10.]]))
```

图　24.5

就我们可能遇到的问题的规模（变量和约束的个数），对计算机来讲，大部分是小规模问题，下面的代码演示了由 30 个不等式约束和 45 个等式约

束及规模为 $C_{30\times45}$ 的价值矩阵的求解问题，考虑到在函数 transport_linprog()内部还要转换成(30+45,30×45)的稀疏矩阵，所以问题的规模已经比较大了，代码如下：

```
from time import time
start = time()
np.random.RandomState(0)
supply_num = 30
demand_num = 45
c = np.random.randint(0,10,size = (supply_num,demand_num))
supply = np.random.randint(20000,25000,size = supply_num)
demand = np.random.randint(10000,20000,size = demand_num)
result = transport_linprog(c,supply,demand)
#因为随机性及主机运行速度原因,显示的结果会有差别
print((time() - start))
print(result['success'])
```

运行结果如图 24.6 所示。

```
0.9684271812438965
True
```

图 24.6

第25章

线性目标规划

在前几章中所建立的模型均为在给定资源和价值时，求最小费用或最大利润。但在现实情境中，如此理想或苛刻的情况是不多见的——产品及原材料的市场供需变化、工人连续加班所带来的生产效率问题以及对设备持续运行带来的折旧问题等，均需要为这些隐性问题预留一定的弹性空间。

首先通过例 25.1 来学习目标规划的原理。

【例 25.1】 某工厂生产Ⅰ、Ⅱ两种产品，有关数据如表 25.1 所示。

表 25.1

	产品Ⅰ	产品Ⅱ	拥有量
原材料/千克	2	1	11
设备生产能力/小时	1	2	10
利润/元·件$^{-1}$	8	10	

试求获利最大的方案。

解　其数学模型为 $\max z=8x_1+10x_2$

$$\begin{cases}2x_1+x_2\leqslant 11\\ x_1+2x_2\leqslant 10\\ x_1,x_2\geqslant 0\end{cases}$$

代码如下：

```
import numpy as np
from scipy.optimize import linprog
c = np.array([8,10])
A = np.array([[2,1],[1,2]])
```

```
b = np.array([11,10])
c = -c
result = linprog(c,A_ub = A,b_ub = b)
-result.fun.round(3),result.x.round(3)
```

运行结果如图25.1所示。

> **注释**：当产品Ⅰ、Ⅱ的产量分别为4、3时，利润达到最大值62，此时原材料和设备生产能力均被消耗完。

```
(62.0, array([4., 3.]))
```

图 25.1

【例25.2】 如果决策人员还要考虑如下几个因素(接例25.1)。

(1) 根据市场信息，产品Ⅰ的销售量有下降的趋势，故考虑产品Ⅰ的产量不大于产品Ⅱ。

(2) 超过计划供应的原材料时，需要高价采购，会使成本大幅度增加。

(3) 应尽可能充分利用设备台时，但不希望加班。

(4) 应尽可能达到并超过计划利润指标56元。

解 下面逐一处理上述四个因素。

(1) 设超出(x_1-x_2)的部分为d_1^+，不足的部分为d_1^-，其中，$d_1^+,d_1^-\geqslant 0$，实际上二者必有一个为0，从而得到第一个等式约束：$x_1-x_2+d_1^--d_1^+=0$。

(2) 设超出原材料使用的部分为d_2^+，不足的部分为d_2^-，从而得到第二个等式约束：$2x_1+x_2+d_2^--d_2^+=11$。

(3) 设超出台时的部分为d_3^+，不足的部分为d_3^-，从而得到第三个等式约束：$x_1+2x_2+d_3^--d_3^+=10$。

(4) 同样的方式可以得到第四个等式约束：$8x_1+10x_2+d_4^--d_4^+=56$。

这里，我们的目标不是利润或成本，而是最小化目标变量d_1^+、d_2^+、$d_3^-+d_3^+$(注意对第3个因素的描述)及d_4^-，根据这四个因素的优先级，分别为其赋予权重。在此，按顺序为这四个因素分别赋予权重8、4、2、1。从而其数学模型为：

$$\min z=8d_1^++4d_2^++2(d_3^-+d_3^+)+1\times d_4^-$$

$$\begin{cases}x_1-x_2+d_1^--d_1^+=0\\2x_1+x_2+d_2^--d_2^+=11\\x_1+2x_2+d_3^--d_3^+=10\\8x_1+10x_2+d_4^--d_4^+=56\\x_1,x_2,\quad d_i^{\pm}\geqslant 0\end{cases}$$

其求解代码如下：

```
c = np.array([0,0,0,8,0,4,2,2,1,0])
A_eq = np.array([
        [1,-1,1,-1,0,0,0,0,0,0],
        [2,1,0,0,1,-1,0,0,0,0],
```

```
        [1,2,0,0,0,0,1,-1,0,0],
        [8,10,0,0,0,0,0,0,1,-1]
       ])
b_eq = np.array([0,11,10,56])
result = linprog(c,A_eq = A_eq,b_eq = b_eq,method = 'simplex')
result.x.round(3),result.fun
```

运行结果如图 25.2 所示。

```
(array([2., 4., 2., 0., 3., 0., 0., 0., 0., 0.]), 0.0)
```

图　25.2

注释：决策变量对应($x_1,x_2,d_1^-,d_1^+,d_2^-,d_2^+,d_3^-,d_3^+,d_4^-,d_4^+$)，目标函数的值为 0。

【例 25.3】 某电视机厂装配黑白和彩色两种电视机。每装配一台电视机需占用装配线 1h，装配线每周计划开动 40h。预计市场每周彩色电视机的销量是 24 台，每台可获利 80 元；黑白电视机的销量是 30 台，每台可获利 40 元。该厂按预测的销量指定生产计划，其目标如下。

第一优先级：充分利用装配线每周计划开工 40h。

第二优先级：允许装配线加班，但加班时间每周尽量不超过 10h。

第三优先级：装配电视机的数量尽量满足市场需要。因彩色电视机的利润高，取其权系数为 2。

试建立这个问题的目标规划模型，并求出黑白和彩色电视机的产量。

解　第一优先级取权重 8，第二优先级取权重 4，彩色和黑白电视机的权重分别为 2 和 1，设这四个权重的不足部分和超出部分分别为 d_i^-、d_i^+，$i=1,2,3,4$，彩色和黑白电视机的产量分别为 x_1、x_2，则问题的数学模型为：

$$\min z = 8d_1^- + 4d_2^+ + 2d_3^- + d_4^-$$

$$\begin{cases} x_1 + x_2 + d_1^- - d_1^+ = 40 \\ x_1 + x_2 + d_2^- - d_2^+ = 50 \\ x_1 + d_3^- - d_3^+ = 24 \\ x_2 + d_4^- - d_4^+ = 30 \\ x_1, x_2, d_i^{\pm} \geqslant 0, \quad i = 1,2,3,4 \end{cases}$$

代码如下：

```
c = np.array([0,0,8,0,0,4,2,0,1,0])
A_eq = np.array([
        [1,1,1,-1,0,0,0,0,0,0],
        [1,1,0,0,1,-1,0,0,0,0],
```

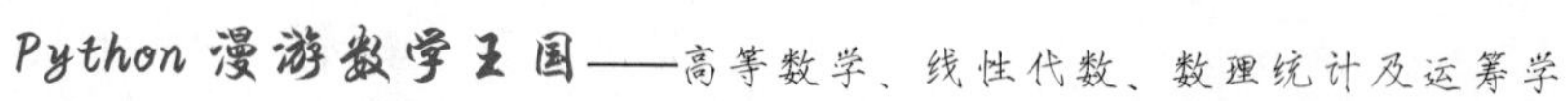


```
        [1,0,0,0,0,0,1,-1,0,0],
        [0,1,0,0,0,0,0,0,1,-1]
        ])
b_eq = np.array([40,50,24,30])
result = linprog(c,A_eq = A_eq,b_eq = b_eq)
result.x.round(3),result.fun.round(3)
```

运行结果如图25.3所示。

```
(array([24., 26.,  0., 10.,  0.,  0.,  0.,  0.,  4.,  0.]), 4.0)
```

图 25.3

注释：黑白电视机的产量为26台，装配线需开工50h，这里每台电视机的利润并没有参与计算，目标函数值为4，是由黑白电视机的不足产能造成的。

【例25.4】 某单位领导在考虑本单位职工的升级调资方案时，依次遵守以下优先级顺序规定。

(1) 不超过年工资总额3000万元。

(2) 提级时，每级的人数不超过定编规定的人数。

(3) Ⅱ、Ⅲ级的升级面尽可能达到现有人数的20%，且无越级提升。

此外，Ⅲ级不足编制的人数可录用新职工，又Ⅰ级的职工中有10%要退休。有关资料汇总于表25.2中，问该领导应如何拟定一个满意的方案？

表 25.2

等　级	工资额/万元·年$^{-1}$	现有人数/人	编制人数/人
Ⅰ	10.0	100	120
Ⅱ	7.5	120	150
Ⅲ	5.0	150	150
合计		370	420

解 (1) 这里的方案是指Ⅱ、Ⅲ级晋升Ⅰ、Ⅱ级的人数，以及录用的新职工(Ⅲ级)的人数，分别设为x_1、x_2、x_3。

(2) 设年工资总额不足和超出的部分分别为d_1^-、d_1^+，权重为4。

(3) 设Ⅰ、Ⅱ、Ⅲ级不足及超出编制人数的部分分别为：d_2^-、d_2^+、d_3^-、d_3^+、d_4^-、d_4^+，权重为2。

(4) 设Ⅱ级升至Ⅰ级的不足及超出24个的部分分别为d_5^-、d_5^+，Ⅲ级升至Ⅱ级的不足及超出30个的部分分别为d_6^-、d_6^+，权重为1。

其对应的数学模型为：

$$
\min z = 4d_1^+ + 2(d_2^+ + d_3^+ + d_4^+) + 1\times(d_5^- + d_6^-)
$$

$$
\begin{cases}
2.5x_1 + 2.5x_2 + 5.0x_3 + d_1^- - d_1^+ = 450 \\
x_1 + d_2^- - d_2^+ = 30 \\
-x_1 + x_2 + d_3^- - d_3^+ = 30 \\
-x_2 + x_3 + d_4^- - d_4^+ = 0 \\
x_1 + d_5^- - d_5^+ = 24 \\
x_2 + d_6^- - d_6^+ = 30 \\
x_1, x_2, x_3, d_i^{\pm} \geqslant 0, \quad i = 1, 2, \cdots, 6
\end{cases}
$$

以上每个约束都是根据实际要求，经过化简得到的，例如，第一个年工资总额是由 $10.0(100-100\times10\%+x_1)+7.5(120-x_1+x_2)+5.0(150-x_2+x_3)+d_1^- - d_1^+ = 3000$ 得到的，其他类似。

代码如下：

```
priority = np.array([0,0,0,0,4,0,2,0,2,0,2,1,0,1,0])
left_x = np.array([
          [2.5,2.5,5],
          [1,0,0],
          [-1,1,0],
          [0,-1,1],
          [1,0,0],
          [0,1,0]
         ])
right_d = np.array([
           [1,-1,0,0,0,0,0,0,0,0,0,0],
           [0,0,1,-1,0,0,0,0,0,0,0,0],
           [0,0,0,0,1,-1,0,0,0,0,0,0],
           [0,0,0,0,0,0,1,-1,0,0,0,0],
           [0,0,0,0,0,0,0,0,1,-1,0,0],
           [0,0,0,0,0,0,0,0,0,0,1,-1]
          ])
#np.hstack((A,B))将两个行数相同的数组在水平方向上拼接
A_eq = np.hstack((left_x,right_d))
b_eq = np.array([450,30,30,0,24,30])
result = linprog(priority,A_eq = A_eq,b_eq = b_eq,method = 'simplex')
print(result.fun.round(3))
result.x.round(3)
```

运行结果如图 25.4 所示。

```
0.0

array([24., 52., 52.,  0.,  0.,  6.,  0.,  2.,  0.,  0.,  0.,  0.,  0.,
        0., 22.])
```

图　25.4

注释：(1) 升至Ⅰ级、Ⅱ级及新职工的人数分别为24、52、52时，年工资总额3000万元恰好用完。这个方案偏向于对人才的培养，而不在乎当下的盈利。

(2) np.hstack((A,B))将两个行数相同的矩阵在水平方向拼接，与此类似的还有np.vstack((A,B))将两个列数相同的矩阵在竖直方向上拼接。

用pulp再次解决这个问题，代码如下：

```
import pulp
m = pulp.LpProblem(sense = pulp.LpMinimize)
x = [pulp.LpVariable(f'x{i}', lowBound = 0, cat = pulp.LpInteger)\
    for i in np.arange(1,16)]
m += pulp.lpDot(priority, x)
for i in np.arange(6):
    m += (pulp.lpDot(A_eq[i], x) == b_eq[i])
m.solve()
print(pulp.value(m.objective))
print([pulp.value(var) for var in x])
```

运行结果如图25.5所示。

```
0.0
[24.0, 30.0, 0.0, 315.0, 0.0, 6.0, 0.0, 24.0,
 0.0, 30.0, 0.0, 0.0, 0.0, 0.0, 0.0]
```

图 25.5

注释：(1) Ⅲ级升至Ⅱ级的人数和新职工的人数分别为30和0，而年工资不足3000万的部分为315万。这是一个注重当下盈利的方案，但Ⅲ级员工缺口较大。

(2) 决策人员如果对这两种方案都不太满意，可以重新调整目标的优先级和权重。

【例25.5】 已知有三个产地分别给四个销地供应某种产品，产、销地之间的供需量和单位运价情况如表25.3所示。

表 25.3

产地	销地				产量
	B_1	B_2	B_3	B_4	
A_1	5	2	6	7	300
A_2	3	5	4	6	200
A_3	4	5	2	3	400
销量	200	100	450	250	900/1000

有关部门在研究调运方案时依次考虑以下七项目标，并规定其相应的优先等级。

P_1：B_4是重点保证单位，必须全部满足其需要。

P_2：A_3向B_1提供的产量不少于100。

P_3：每个销地的供应量不小于其需要量的 80%。

P_4：所定调运方案的总运费不超过最小运费的调运按方案的 10%。

P_5：因路段的问题，尽量避免安排将 A_2 的产品运往 B_4。

P_6：给 B_1 和 B_3 供应率要相同。

P_7：力求总运费最省。

解　对于 P_4，需要首先求出最小运费，这是一个产销不平衡的问题，我们使用 pulp 求解，代码如下：

```
#首先求出此问题的最小运费
m = pulp.LpProblem()
c = [[5,2,6,7],[3,5,4,6],[4,5,2,3]]
production = [300,200,400]
requirement = [200,100,450,250]
x = [[pulp.LpVariable(f'{i}{j}',lowBound = 0,cat = pulp.LpInteger) \
  for j in range(4)] for i in range(3)]
m += sum([pulp.lpDot(c[row],x[row]) for row in range(3)])
for row in range(3):
  m += (sum(x[row]) == production[row])
x_T = np.array(x).T
for col in range(4):
  m += (sum(x_T[col])< = requirement[col])
m.solve()
pulp.value(m.objective)
```

运行结果如图 25.6 所示。

```
2950.0
```

图　25.6

设 x_{ij} 为 A_i 至 B_j 的供应量，下面结合实际问题及目标逐一分析约束等式。

(1) 由于这是一个产小于销的问题，所以：$\sum_{j=1}^{4} x_{ij} = \text{supply}(A_i), i = 1,2,3$，其中 $\text{supply}(A_i)$ 为 A_i 的产能。

(2) 设 d_i^-、$d_i^+ (i=1,2,3,4)$ 分别为销地 B_i 相对其需求不足和超出的部分，从而有：$\sum_{j=1}^{3} x_{ji} + d_i^- - d_i^+ = \text{demand}(B_i), i = 1,2,3,4$。其中，$\text{demand}(B_i)$ 为销地 B_i 的销量，注意这里的 d_4^- 为 B_4 相对于其需求量 250 不足的部分。

(3) 考虑优先级 P_2 有：$x_{31} + d_5^- - d_5^+ = 100$。

(4) 考虑优先级 P_3 有：$\sum_{j=1}^{3} x_{ji} + d_{i+5}^- - d_{i+5}^+ = 0.8 \times \text{demand}(B_i), i = 1,2,3,4$。

(5) 考虑优先级 P_4 有：$\sum_{i=1}^{3}\sum_{j=1}^{4} c_{ij}x_{ij} + d_{10}^- - d_{10}^+ = 2950 \times 1.1$，其中，$c_{ij}$ 为 A_i 至 B_j 的运送单价。

(6) 考虑优先级 P_5 有：$x_{24} + d_{11}^- - d_{11}^+ = 0$。

(7) 考虑优先级 P_6 有：$\dfrac{x_{11} + x_{21} + x_{31}}{x_{13} + x_{23} + x_{33}} + d^- - d^+ = \dfrac{200}{450}$，将其近似为：$x_{11} + x_{21} +$

$x_{31}-\frac{200}{450}(x_{13}+x_{23}+x_{33})+d_{12}^{-}-d_{12}^{+}=0$。

(8) 考虑优先级 P_7 有 $\sum_{i=1}^{3}\sum_{j=1}^{4}c_{ij}x_{ij}+d_{13}^{-}-d_{13}^{+}=2950$。

这里总共有 16 个等式约束，38 个决策变量，将 7 个目标按照其顺序分别设置权系数 64、32、16、8、4、2、1，目标函数为：

$$\min z=64d_4^{-}+32d_5^{-}+16(d_6^{-}+d_7^{-}+d_8^{-}+d_9^{-})+8d_{10}^{+}+4d_{11}^{+}+2(d_{12}^{-}+d_{12}^{+})+d_{13}^{+}$$

价值向量、资源系数矩阵及资源向量的代码如下：

```
#资源向量
c = np.zeros(38)
c[18] = 64
c[20] = 32
c[22] = 16
c[24] = 16
c[26] = 16
c[28] = 16
c[31] = 8
c[33] = 4
c[34] = 2
c[35] = 2
c[37] = 1

#等式约束矩阵
A = np.zeros((16,38))
A[0][:4] = 1
A[1][4:8] = 1
A[2][8:12] = 1
#A[3]
A[3][0] = 1
A[3][4] = 1
A[3][8] = 1
A[3][12] = 1
A[3][13] = -1
#A[4]
A[4][1] = 1
A[4][5] = 1
A[4][9] = 1
A[4][14] = 1
A[4][15] = -1
#A[5]
A[5][2] = 1
A[5][6] = 1
A[5][10] = 1
A[5][16] = 1
A[5][17] = -1
#A[6]
```

```
A[6][3] = 1
A[6][7] = 1
A[6][11] = 1
A[6][18] = 1
A[6][19] = -1
#A[7]
A[7][8] = 1
A[7][20] = 1
A[7][21] = -1
#A[8]
A[8][0] = 1
A[8][4] = 1
A[8][8] = 1
A[8][22] = 1
A[8][23] = -1
#A[9]
A[9][1] = 1
A[9][5] = 1
A[9][9] = 1
A[9][24] = 1
A[9][25] = -1
#A[10]
A[10][2] = 1
A[10][6] = 1
A[10][10] = 1
A[10][26] = 1
A[10][27] = -1
#A[11]
A[11][3] = 1
A[11][7] = 1
A[11][11] = 1
A[11][28] = 1
A[11][29] = -1
#A[12]
A[12][0:12] = [5,2,6,7,3,5,4,6,4,5,2,3]
A[12][30] = 1
A[12][31] = -1
#A[13]
A[13][7] = 1
A[13][32] = 1
A[13][33] = -1
#A[14]
A[14][0] = 1
A[14][4] = 1
A[14][8] = 1
```

```
A[14][2] = -200/450
A[14][6] = -200/450
A[14][10] = -200/450
A[14][34] = 1
A[14][35] = -1
#A[15]
A[15][:12] = [5,2,6,7,3,5,4,6,4,5,2,3]
A[15][36] = 1
A[15][37] = -1

#资源向量
b = np.array([300,200,400,200,100,450,250,100,\
    160,80,360,200,2950 * 1.1,0,0,2950])
```

求解的代码如下：

```
m = pulp.LpProblem()
x = [pulp.LpVariable(f'x{i}',lowBound = 0,cat = pulp.LpInteger) \
    for i in range(38)]
m += pulp.lpDot(c,x)
for i in np.arange(16):
    m += (pulp.lpDot(A[i],x) == b[i])
m.solve()
result_x = [pulp.value(x[i]) for i in range(12)]
result_d = [pulp.value(x[i]) for i in range(12,38)]
result_x = np.array(result_x).reshape((3,4))
result_d = np.array(result_d).reshape((13,2))
print('x is:')
print(result_x)
print('====================')
print('d is:')
print(result_d)
print('==========')
print('z is:')
print(pulp.value(m.objective))
```

运行结果如图 25.7 所示。

注释：这里仅截取了一部分变量 x_{ij} 的输出值，目标变量 z 的值为 436。注意：不能陷入"费用"或运量的陷阱，这里明显的有 B_2 的需求量为 100，但却为其提供了 139。然而我们没有为超出这个量的部分设定目标，请根据题目所给定的优先级逐一对照，例如 P_6：$\frac{160}{200} \approx \frac{351}{450}$，一般靠后的优先级项满足的比较好的话，靠前的优先级项一定被满足的更好，最后一个优先级总运费为 3234 元。

最后，用 linprog()求解，和 pulp 加以比较，代码如下：

```
# linprog 求解
result = linprog(c,A_eq = A,b_eq = b)
res = np.array(result.x[:12]).round(0).reshape((3,4))
res,result.fun.round(0)
```

运行结果如图 25.8 所示。

```
x is:
[[  0. 139. 161.   0.]
 [ 60.   0. 140.   0.]
 [100.   0.  50. 250.]]
=====================
d is:
[[ 40.   0.]
 [  0.  39.]
 [ 99.   0.]
 [  0.   0.]
 [  0.   0.]
 [  0.   0.]
 [  0.  59.]
 [  9.   0.]
 [  0.  50.]
 [ 11.   0.]
 [  0.   0.]
```

图　25.7

```
(array([[ 29., 136.,  70.,  65.],
        [ 31.,   0., 169.,   0.],
        [100.,   0., 115., 185.]]), 401.0)
```

图　25.8

注释：从对目标规划的角度来讲，这个解比 pulp 更好。

第26章

整数线性规划

决策变量必须为整数的线性规划问题，称为整数线性规划。这类问题很普遍，本章使用 pulp 解决整数线性规划问题。

首先导入函数库：

```
import pulp
import numpy as np
```

【例 26.1】 某厂拟用集装箱托运甲、乙两种货物，已知每箱的体积、重量、可获利润及托运限制情况，如表 26.1 所示，问两种货物各托运多少箱，可使利润最大？

表 26.1

货 物	体积/立方米 · 箱$^{-1}$	重量/100 千克 · 箱$^{-1}$	利润/百元 · 箱$^{-1}$
甲	5	2	20
乙	4	5	10
托运限制	24m^3	1300kg	

解 问题的数学模型为：

$$\max z = 20x_1 + 10x_2$$

$$\begin{cases} 5x_1 + 4x_2 \leqslant 24 \\ 2x_1 + 5x_2 \leqslant 13 \\ x_1, x_2 \geqslant 0 \text{ 且为整数} \end{cases}$$

其代码如下：

```
c = [20,10]
A = [[5,4],[2,5]]
```

```
b = [24,13]
m = pulp.LpProblem(sense = pulp.LpMaximize)
#参数 cat = 'Integer'指明变量的解为整数
var = [pulp.LpVariable(f'x{i}',lowBound = 0,cat = 'Integer') \
   for i in range(len(c))]
m += pulp.lpDot(c,var)
for i in range(len(A)):
   m += (pulp.lpDot(A[i],var)<= b[i])
m.solve()
pulp.value(m.objective),[pulp.value(x) for x in var]
```

运行结果如图 26.1 所示。

注释：在定义变量时，将参数 cat 设置为“Integer”，如果要求整数非负，将 lowBound 参数设置为 0。

【例 26.2】 求解 $\max z=40x_1+90x_2$

$$\begin{cases}9x_1+7x_2\leqslant 56\\7x_1+20x_2\leqslant 70\\x_1,x_2\geqslant 0\ \text{且为整数}\end{cases}$$

解　求解方法和例 26.1 一样，代码如下：

```
c = [40,90]
A = [[9,7],[7,20]]
b = [56,70]
x = [pulp.LpVariable(f'x{i}',lowBound = 0,cat = 'Integer') \
   for i in range(2)]
p = pulp.LpProblem(sense = pulp.LpMaximize)
p += pulp.lpDot(c,x)
for i in range(2):
   p += (pulp.lpDot(A[i],x)<= b[i])
p.solve()
pulp.value(p.objective),[pulp.value(var) for var in x]
```

运行结果如图 26.2 所示。

```
(90.0, [4.0, 1.0])
```

图　26.1

```
(340.0, [4.0, 2.0])
```

图　26.2

注释：重复写一类问题的代码是有必要的，除了摆脱别人的代码或参考书，我们希望通过更多的例子以积累经验和发现问题。

例 26.3 是决策变量为 0-1 型整数线性规划问题。

【例 26.3】 求

$$\max z = 3x_1 - 2x_2 + 5x_3$$

$$\begin{cases} x_1 + 2x_2 - x_3 \leqslant 2 \\ x_1 + 4x_2 + x_3 \leqslant 4 \\ x_1 + x_2 \leqslant 3 \\ 4x_1 + x_3 \leqslant 6 \\ x_1, x_2, x_3 = 0, 1 \end{cases}$$

解 代码如下：

```
c = [3, - 2,5]
A = [[1,2, - 1],[1,4,1],[1,1,0],[4,0,1]]
b = [2,4,3,6]
#参数 cat = 'Binary'指明变量的解为 0 或 1
x = [pulp.LpVariable(f'x{i}',lowBound = 0,cat = 'Binary') \
    for i in range(3)]
p = pulp.LpProblem(sense = pulp.LpMaximize)
p += pulp.lpDot(c,x)
for i in range(len(A)):
    p += (pulp.lpDot(A[i],x)< = b[i])
p.solve()
pulp.value(p.objective),[pulp.value(var) for var in x]
```

运行结果如图 26.3 所示。

```
(8.0, [1.0, 0.0, 1.0])
```

图 26.3

注释：需要将决策变量的参数 cat 设置为“Binary”。

最后通过一个例子来学习指派问题，也属于 0-1 规划问题。

【例 26.4】 有一份中文说明书，需译成英、日、德、俄四种文字，分别记作 E、J、G、R。现有甲、乙、丙、丁四人。他们将中文说明书翻译成不同语种的说明书所需时间如表 26.2 所示。

表 26.2

人员	翻译任务			
	E	J	G	R
甲	2	15	13	4
乙	10	4	14	15
丙	9	14	16	13
丁	7	8	11	9

问：应该指派何人去完成何工作（每人恰完成一项工作），使所需时间最少？

解 设 $x_{ij} = \begin{cases} 1, & \text{当指派第 } i \text{ 个人去完成 } j \text{ 项任务} \\ 0, & \text{不指派第 } i \text{ 个人去完成 } j \text{ 项任务} \end{cases}$

则问题的数学模型为：$\min z=\sum_{i=1}^{4}\sum_{j=1}^{4}c_{ij}x_{ij}$

$$\begin{cases}\sum_{i}x_{ij}=1, & j=1,2,3,4\\ \sum_{j}x_{ij}=1, & i=1,2,3,4\\ x_{ij}=0,1\end{cases}$$

代码如下：

```
import numpy as np
num = 4
c = [[2,15,13,4],[10,4,14,15],[9,14,16,13],[7,8,11,9]]
x = [[pulp.LpVariable(f'x{i}{j}',lowBound = 0,cat = 'Binary') \
   for j in range(num)] for i in range(num)]
m = pulp.LpProblem(sense = pulp.LpMinimize)
m += sum([pulp.lpDot(x[i],c[i]) for i in range(num)])
for row in range(num):
   m += (sum(x[row]) == 1)
for col in range(num):
     m += (sum([x[row][col] for row in range(num)]) == 1)
m.solve()
print(pulp.value(m.objective))
res = np.array([[pulp.value(x[i][j]) for j in range(num)] \
   for i in range(num)])
res
```

运行结果如图 26.4 所示。

```
28.0

array([[0., 0., 0., 1.],
       [0., 1., 0., 0.],
       [1., 0., 0., 0.],
       [0., 0., 1., 0.]])
```

图　26.4

注释：我们将目标函数 $\sum_{i=1}^{4}\sum_{j=1}^{4}c_{ij}x_{ij}$ 转换成矩阵 $\boldsymbol{C}$ 与 $\boldsymbol{X}$ 的对应行的内积的和。

第27章

无约束问题

从运筹学的角度来看，最优解（近似最优解或局部最优解）及对应的决策变量是人们关注的焦点，而计算机底层是如何运算的？在此只做适度的观察。

接下来这两章主要学习一个函数 scipy.optimize.minimize()。minimize()是 scipy 经过优化后的函数。在解决非线性问题，包括无约束问题（本章）及有约束问题（下章）时，官方推荐使用此函数。

【例 27.1】 某公司经营两种产品，其中，A 产品每件售价 30 元，B 产品每件售价 450 元。根据统计，售出一件 A 产品需要的服务时间平均是 0.5h，B 产品是$(2+0.25x_2)$h，其中，x_2 是 B 产品的售出数量。已知该公司在这段时间内的总服务时间为 800h，试决定使其营业额最大的营业计划。

解 设 x_1, x_2 为这两种产品的经营数量，其数学模型为：

$$\max z = 30x_1 + 450x_2$$

$$\begin{cases} 0.5x_1 + 2x_2 + 0.25x_2^2 \leqslant 800 \\ x, x \geqslant 0 \end{cases}$$

代码如下：

```
import numpy as np
from scipy.optimize import minimize
def f(x):return - 30 * x[0] - 450 * x[1]
cons = ({'type':'ineq','fun':lambda x:np.array(\
  [ - 0.5 * x[0] - 2 * x[1] - 0.25 * x[1] ** 2 + 800])})
result = minimize(f,x0 = [0,0],bounds = ((0,2000),\
  (0,None)),constraints = cons,method = 'SLSQP')
np.round( - result.fun,3),np.round(result.x,3)
```

运行结果如图 27.1 所示。

```
(49815.0, array([1495.5,   11. ]))
```

图 27.1

注释：(1) 目标函数 $f(x)$ 的自变量 x 在这里是一个列表，理解为 $x=[x_1,x_2]$，其中，$x_1=x[0]$，$x_2=x[1]$，由于要求最小值，我们将目标函数乘以 -1。

(2) 约束是以字典形式给出的元组，每一个约束形式为：

{'type':'ineq','fun':lambda x:np.array([-0.5*x[0]-2*x[1]-0.25*x[1]**2+800])}；

当约束为不等式时，一定要化为 fun≥0 的形式，此时“type”的值为“ineq”；当约束为等式形式时，“type”的值为“eq”，此时，将等式转换为 fun=0 的形式。

(3) minimize()函数有以下几个参数比较重要。

f：目标函数。

x_0：设置函数搜索的起点，选择合适的起点有利于函数更快地找到最优解。

bounds：各决策变量的取值范围，以元组((min,max),…,(min,max))的形式给出。

constraints：约束元组，如果没有约束，不写。

method：选定函数所使用的搜索算法，如'BFGS'、'Newton-CG'、'SLSQP'等，除非对这些算法非常了解，否则这个参数不用写(默认)。实践证明，默认的搜索算法优于指定的单一算法，它会实验几个算法，取结果最好的。

另外，除了第一个参数 f，其他参数都是可选的，可写可不写。

我们用高等数学中求多元函数最值的方法来验证这个结果：如果总服务时间 800h 没有用完，意味着可以用剩余的时间创造更多的销售，所以这里将服务时间的不等式约束修改为等式约束：

$$L(x,y)=30x+450y+\lambda(0.5x+2y+0.25y^2-800)$$

$$\begin{cases}\dfrac{\partial L}{\partial x}=30+0.5\lambda=0\\[2mm]\dfrac{\partial L}{\partial y}=450+2\lambda+\dfrac{\lambda y}{2}=0\\[2mm]\varphi(x,y)=0.5x+2y+0.25y^2-800=0\end{cases}$$

由第一个等式顺着往下推，很快可以得到 $y=11$，$x=1495.5$，目标函数的值为 49815。

观察参数 method 取不同值时的结果，代码如下：

```
methodnames = (None,'Nelder-Mead','Powell','CG','BFGS','Newton-CG',\
  'L-BFGS-B','TNC','COBYLA','SLSQP','trust-constr','dogleg',\
     'trust-ncg','trust-exact','trust-krylov')
for name in methodnames:
  try:
```

```
        result = minimize(f,x0 = [0,0],bounds = ((0,2000),(0,None)),\
            constraints = cons,method = name)
        if result.success:
            print('{} --- x is {} and fun is {}'.\
                format(name,result.x, - result.fun))
    except:continue
```

运行结果如图 27.2 所示。

```
None---x is [1495.49992907   11.00000473] and fun is 49815.00000226956
Powell---x is [1.37957402e+307 2.58792896e+000] and fun is inf
CG---x is [2.4046162e+07 3.6069243e+08] and fun is 163032978496.03558
BFGS---x is [1.93696391e+07 2.90549959e+08] and fun is 131328570942.30836
L-BFGS-B---x is [2.0000000e+03 2.8340758e+08] and fun is 127533470806.71347
TNC---x is [2.00000000e+03 1.01010101e+09] and fun is 454545514503.3749
SLSQP---x is [1495.49992907   11.00000473] and fun is 49815.00000226956
trust-constr---x is [1495.49999682   11.00000021] and fun is 49814.999998720006
```

图 27.2

注释：(1) 有些搜索算法是针对无约束问题的。

(2) 此问题如果指定 method 参数时，只有“SLSQP”和“trust-constr”可以得到正确的解，如果不指定 method 参数，对于有约束问题，它会使用“SLSQP”算法。

【例 27.2】 求 $f(X)=(x_1-1)^2+(x_2-1)^2$ 的极小值点。

解 对于无约束问题，method 参数一般设定为“BFGS”，或不设定，代码如下：

```
def f(x,sign = 1.0):
    return sign * ((x[0] - 1) ** 2 + (x[1] - 1) ** 2)
result = minimize(f,[ - 100,100],method = 'BFGS')
np.round(result.x,3),np.round(result.fun,3)
```

运行结果如图 27.3 所示。

【例 27.3】 使用共轭梯度法求 $f(X)=\frac{3}{2}x_1^2+\frac{1}{2}x_2^2-x_1x_2-2x_1$ 的极小值点。

解 代码如下：

```
def f(x,sign = 1.0):
    return sign * (1.5 * x[0] ** 2 + 0.5 * x[1] ** 2 - x[0] * x[1] - 2 * x[0])
result = minimize(f,[ - 100,100],method = 'CG')
np.round(result.fun,3),np.round(result.x,4)
```

运行结果如图 27.4 所示。

```
(array([1., 1.]), 0.0)
```

图 27.3

```
(-1.0, array([1., 1.]))
```

图 27.4

第28章

约束极值问题

【例 28.1】 求解二次规划：$\begin{cases}\max f(X)=8x_1+10x_2-x_1^2-x_2^2\\3x_1+2x_2\leqslant 6\\x_1,x_2\geqslant 0\end{cases}$。

解 代码如下：

```
import numpy as np
from scipy.optimize import minimize
def f(x,sign = 1.0):return sign * (8 * x[0] + 10 * x[1] - x[0] ** 2 - x[1] ** 2)
cons = (
  {'type':'ineq','fun':lambda x:np.array([6 - 3 * x[0] - 2 * x[1]])},
  {'type':'ineq','fun':lambda x:np.array([x[0]])},
  {'type':'ineq','fun':lambda x:np.array([x[1]])}
  )
result = minimize(f,[100,100],args = ( - 1.0,),constraints = cons)
x = result.x
x,f(x)
```

运行结果如图 28.1 所示。

```
(array([0.30769233, 2.53846151]), 21.30769230769193)
```

图 28.1

注释：本例给出了当目标函数为求极大值时的处理方法，其中，minimize()函数的参数 args=(−1.0,)是指 f 的 sign 参数取−1.0。

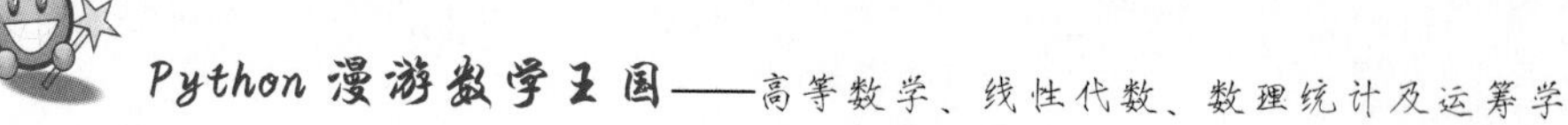

【例 28.2】 求解二次规划：$\begin{cases}\max f(X)=4x_1+4x_2-x_1^2-x_2^2\\ x_1+2x_2\leqslant 4\end{cases}$。

解 代码如下：

```
def f(x,sign = 1.0):return sign * (4 * x[0] + 4 * x[1] - x[0] ** 2 - x[1] ** 2)
cons = (
  {'type':'ineq','fun':lambda x:np.array([4 - x[0] - 2 * x[1]])}
  )
result = minimize(f,[100,100],args = ( - 1.0,),constraints = cons)
result.x,np.round(result.fun,3)
```

运行结果如图 28.2 所示。

```
(array([1.59999999, 1.2        ]), -7.2)
```

图 28.2

【例 28.3】 求非线性规划$\begin{cases}\min f(X)=\dfrac{1}{3}(x_1+1)^3+x_2\\ x_1-1\geqslant 0\\ x_2\geqslant 0\end{cases}$。

解 代码如下：

```
def f(x,sign = 1.0):
   return sign * ((x[0] + 1) ** 3/3 + x[1])
cons = ({'type':'ineq','fun':lambda x:np.array([x[0] - 1])},
    {'type':'ineq','fun':lambda x:np.array([x[1]])})
result = minimize(f,[50, - 50],constraints = cons)
np.round(result.x,3),np.round(result.fun,3)
```

运行结果如图 28.3 所示。

```
(array([1., 0.]), 2.667)
```

图 28.3

非线性规划小结：

(1) 从科学计算的角度来看，非线性规划的处理方法可以归结为 minimize()的使用，方法比较简单。

(2) 需要更多的实践去处理参数 x_0、bounds 与 method 的设定，以便得到合理的极值点。不像线性规划，非线性规划对于明显错误的结果，其结果中的字段 success 也显示为 True，需要我们对问题有初步的预判。

第29章

动态规划的基本方法

动态规划中的一些问题和编程中的递归机制非常相似，可以通过对比来学习。接下来，首先学习函数的递归机制。

【例 29.1】 求 $n!$ 的值，其中，n 为正整数。

解 注意到 $\begin{cases} n! = n \times (n-1)! \\ 0! = 1 \end{cases}$，这是将一个问题转换为关于其子问题的问题。

代码如下：

```
def factorial(n):
    if n == 0:return 1
    return n * factorial(n - 1)
factorial(5)
```

运行结果如图 29.1 所示。

120

图 29.1

【例 29.2】 已知 $I_n = \int_0^{\frac{\pi}{2}} \sin^n x \, \mathrm{d}x = \frac{n-1}{n} \int_0^{\frac{\pi}{2}} \sin^{n-2} x \, \mathrm{d}x = \frac{n-1}{n} I_{n-2} (n \geqslant 2)$，求 I_n。

解 $\begin{cases} I_n = \frac{n-1}{n} I_{n-2} \\ I_0 = \frac{\pi}{2} \\ I_1 = 1 \end{cases}$，这也是将问题转换为关于其子问题的问题。

代码如下：

```
import numpy as np
def I(n):
```

```
    if n == 0:return np.pi/2
    if n == 1:return 1
    return (n - 1) * I(n - 2)/n
I(1),I(2),I(3)
```

运行结果如图 29.2 所示。

(1, 0.7853981633974483, 0.6666666666666666)

图 29.2

【例 29.3】 设有 n 阶楼梯，如果每次只能跨 1 阶或 2 阶，问 10 阶楼梯总共有多少走法？

解 设 $F(n)$ 为 n 阶楼梯的所有走法，考虑到第一步只有两种走法，跨 1 阶或 2 阶，所以有：$\begin{cases} F_n = F_{n-1} + F_{n-2} \\ F_1 = 1 \\ F_2 = 2 \end{cases}$。同上，这是将问题转换为关于其子问题的问题。

代码如下：

```
def F(n):
    if n <= 2:return n
    return F(n - 1) + F(n - 2)
for i in range(1,11):
    print(F(i),end = ';')
```

运行结果如图 29.3 所示。

【例 29.4】 已知组合公式：$C(n,m)=C(n-1,m)+C(n-1,m-1)$，求 $C(10,5)$。

解 以 $C(5,3)$ 为例来研究其退出条件的设定：

$$\begin{aligned} C(5,3) &= C(4,3) + C(4,2) \\ &= (C(3,3) + C(3,2)) + (C(3,2) + C(3,1)) \text{—— 注意 } C(3,3) \text{ 不能继续分解} \\ &= 1 + 2 \times (C(2,2) + C(2,1)) + C(2,1) + C(2,0) \\ &= 1 + 2 \times (1 + C(1,1) + C(1,0)) + C(1,1) + C(1,0) + C(2,0) \end{aligned}$$

从而发现退出的条件可以概括为两个：$C(n,n)=1$ 和 $C(n,0)=1$。因为这两种情况已经没有子问题了，代码如下：

```
def C(n,m):
  if n == m or m == 0:return 1
  return C(n - 1,m) + C(n - 1,m - 1)
C(10,5)
```

运行结果如图 29.4 所示。

1;2;3;5;8;13;21;34;55;89;

图 29.3

252

图 29.4

【例 29.5】 最短距离问题。如图 29.5 所示，给定一个线路网络，两点之间连线上的数字表示两点的距离。求一条由点 A 到点 G 的铺管线路，使总距离最短。

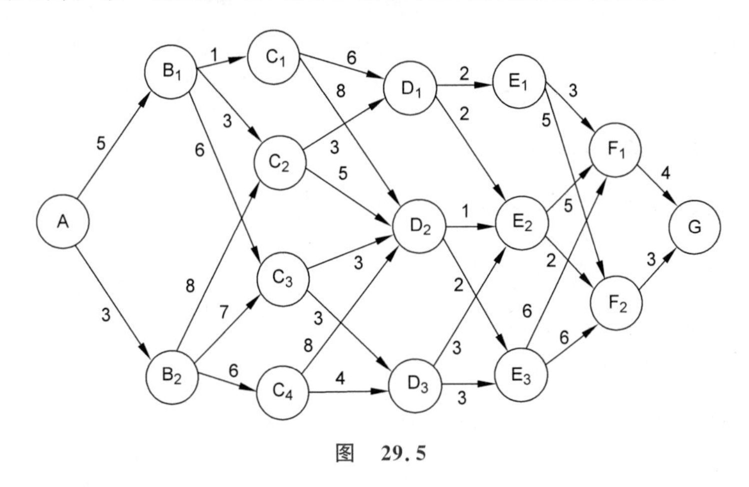

图 29.5

解 本例总共有 16 个结点。首先，构造一个 16×16 的数组，初始元素（即距离）都为 100，如果两个点之间没有箭头相连，则二者之间的距离为 100，如 AC_1、D_2G，否则，单独定义元素值如下：

```
a = np.ones((16,16)) * 100.0
a[0][1] = 5
a[0][2] = 3
a[1][3] = 1
a[1][4] = 3
a[1][5] = 6
a[2][4] = 8
a[2][5] = 7
a[2][6] = 6
a[3][7] = 6
a[3][8] = 8
a[4][7] = 3
a[4][8] = 5
a[5][8] = 3
a[5][9] = 3
a[6][8] = 8
a[6][9] = 4
a[7][10] = 2
a[7][11] = 2
a[8][11] = 1
a[8][12] = 2
a[9][11] = 3
a[9][12] = 3
a[10][13] = 3
a[10][14] = 5
a[11][13] = 5
```

```
a[11][14] = 2
a[12][13] = 6
a[12][14] = 6
a[13][15] = 4
a[14][15] = 3
```

其次，编写递归函数 minDistance()，代码如下：

```
def minDistance(idxPoint,max_point_idx = 15):
  if idxPoint > = max_point_idx:
    return 0
  b = []
  for col in range(max_point_idx + 1):
    if a[idxPoint][col]> 99:
      continue
    b.append(a[idxPoint,col] + minDistance(col))
  return np.min(np.array(b))

minDistance(0)
```

运行结果如图 29.6 所示。

注释：(1) 编写递归函数，首先要考虑程序在哪个地方退出。就本例来说，当计算到 G 点时就必须退出。

(2) 写出递推式，这里以 A 点为例：minDistance(A,G) = min(5 + minDistance(B_1,G), 3 + minDistance(B_2,G))。

最后，随机尝试可能的路径，当距离为 18 时，输出这个路径。代码如下：

```
points = ['A','B1','B2','C1','C2','C3','C4','D1','D2','D3','E1','E2','E3','F1','F2','G']
while True:
  B = np.random.randint(1,3)
  C = np.random.randint(3,7)
  D = np.random.randint(7,10)
  E = np.random.randint(10,13)
  F = np.random.randint(13,15)
  if a[0][B] + a[B][C] + a[C][D] + a[D][E] + a[E][F] + a[F][15] == 18:
    print('The shortest path is:\tA - >{ } - >{ } - >{ } - >{ } - >{ } - > G'.format(points[B],
points[C],points[D],points[E],points[F]))
    break
```

运行结果如图 29.7 所示。

```
18.0
```

图 29.6

```
The shortest path is:   A->B1->C2->D1->E2->F2->G
```

图 29.7

在非线性规划的章节中，所选例题都是只有两个变量 x_1、x_2，而下面的两个例子都是含有三个变量的非线性规划问题，其手工计算可以使用分阶段的方法，将三元的非线性规划转换为二元的非线性问题。对于科学计算，直接使用 minimize()函数就可以了，没必要用动态的方法。

【例 29.6】 求非线性问题：$\begin{cases}\max z = x_1 x_2^2 x_3 \\ x_1 + x_2 + x_3 = 1 \\ x_1, x_2, x_3 \geqslant 0\end{cases}$。

解　代码如下：

```
from scipy.optimize import minimize
def fun(x,sign=1.0):
  return sign*(x[0]*x[1]**2*x[2])
cons=({'type':'eq','fun':lambda x:np.array([x[0]+x[1]+x[2]-1])},
    {'type':'ineq','fun':lambda x:np.array([x[0]])},
    {'type':'ineq','fun':lambda x:np.array([x[1]])},
    {'type':'ineq','fun':lambda x:np.array([x[2]])})
result=minimize(fun,[0.3,0.3,0.3],args=(-1.0,),constraints=cons)
x=np.round(result.x,5)
x,fun(x)
```

运行结果如图 29.8 所示。

```
(array([0.24923, 0.50153, 0.24923]), 0.015624080488528423)
```

图　29.8

【例 29.7】 求非线性问题：$\begin{cases}\max F = 4x_1^2 - x_2^2 + 2x_3^2 + 12 \\ 3x_1 + 2x_2 + x_3 \leqslant 9 \\ x_1, x_2, x_3 \geqslant 0\end{cases}$。

解　注意，本例需要先转换成标准形：$\begin{cases}\min f \\ \text{allcons} \geqslant 0\end{cases}$，代码如下：

```
def fun(x,sign=1.0):
  return sign*(4*x[0]**2-x[1]**2+2*x[2]**2+12)
cons=({'type':'ineq','fun':lambda x:np.array([-3*x[0]-2*x[1]-x[2]+9])},
    {'type':'ineq','fun':lambda x:np.array([x[0]])},
    {'type':'ineq','fun':lambda x:np.array([x[1]])},
    {'type':'ineq','fun':lambda x:np.array([x[2]])})
result=minimize(fun,[1,1,1],args=(-1.0,),constraints=cons)
x=np.round(result.x,3)
x,fun(x)
```

运行结果如图 29.9 所示。

```
(array([-0., -0.,  9.]), 174.0)
```

图　29.9

注释：尽量将 x_0 设置为内点，这里设置的 $x_0=[1,1,1]$，一般不要设置为边界点。特别要注意，[0,0,0]在这里为驻点，但不是极值点。如果将 x_0 设置为[0,0,0]，代码如下：

```
def fun(x,sign = 1.0):
  return sign * (4 * x[0] ** 2 - x[1] ** 2 + 2 * x[2] ** 2 + 12)
cons = ({'type':'ineq','fun':lambda x:np.array([ - 3 * x[0] - 2 * x[1] - x[2] + 9])},
    {'type':'ineq','fun':lambda x:np.array([x[0]])},
    {'type':'ineq','fun':lambda x:np.array([x[1]])},
    {'type':'ineq','fun':lambda x:np.array([x[2]])})
result = minimize(fun,[0,0,0],args = ( - 1.0,),constraints = cons)
x = np.round(result.x,3)
x,fun(x)
```

运行结果如图 29.10 所示。

```
(array([0., 0., 0.]), 12.0)
```

图 29.10

注释：minimize()函数就是寻找一个局部的驻点，而[0,0,0]就是一个驻点。所以，此时程序不做任何搜索，直接返回 fun([0,0,0])。

第30章 动态规划应用举例

【例 30.1】 资源分配问题。某工业部门根据国家计划的安排，拟将某种高效率的设备5台，分配给所属的甲、乙、丙3个工厂，各工厂若获得这种设备之后，可以为国家提供的盈利如表30.1所示。

表 30.1

设备台数	工厂提供的盈利/万元		
	甲	乙	丙
0	0	0	0
1	3	5	4
2	7	10	6
3	9	11	11
4	12	11	12
5	13	11	12

问：这五台设备如何分配给各工厂，才能使国家得到的盈利最大？

解 使用函数的递归机制解决此问题。

函数名为 maxProfit(idx_factory,useable_device_num)，其中，第一个参数为工厂的编号，这里的甲、乙、丙分别编为0、1、2号，第二个参数为编号为 idx_factory 的工厂可用的设备数量；我们想求出 maxProfit(0,5)的值，有：

$$\text{maxProfit}(0,5)=\max\begin{cases}0+\text{maxProfit}(1,5)\\3+\text{maxProfit}(1,4)\\7+\text{maxProfit}(1,3)\\9+\text{maxProfit}(1,2)\\12+\text{maxProfit}(1,1)\\13+\text{maxProfit}(1,0)\end{cases}$$

右侧的每一个式子都继续往下递归。首先看最后一个，13＋maxProfit(1,0)，由于乙厂可用的设备台数为0，所以maxProfit(1,0)没有子问题，此时必须返回0；再看第一行数据：

$$\text{maxProfit}(1,5)=\max\begin{cases}0+\text{maxProfit}(2,5)\\5+\text{maxProfit}(2,4)\\10+\text{maxProfit}(2,3)\\11+\text{maxProfit}(2,2)\\11+\text{maxProfit}(2,1)\\11+\text{maxProfit}(2,0)\end{cases}$$

剩余的行类似。

此时右侧的值已经可以查出。首先求出最大利润，代码如下：

```
#资源分配问题
import numpy as np
#盈利矩阵
profit = [[0,0,0],[3,5,4],[7,10,6],[9,11,11],[12,11,12],[13,11,12]]
#工厂编号
factory = [0,1,2]
#递归函数
def maxProfit(idx_factory,devices_num):
  #递归函数的退出条件
  if idx_factory > 2 or devices_num <= 0:
    return 0
  b = []
  project = []
  for i in range(devices_num + 1):
    #调用自身(maxProfit())
    b.append(profit[i][idx_factory] + maxProfit(idx_factory + 1,devices_num - i))
  return np.max(np.array(b))
maxProfit(0,5)
```

运行结果如图30.1所示。

在求出最大利润之后，确定分配方案，代码如下：

```
#分配方案
project = []
leave_num = 5
for i in range(3):
    for row in range(6):
        if maxProfit(i,leave_num) - maxProfit(i + 1,leave_num - row) == profit[row][i]:
            project.append(row)
            leave_num = leave_num - row
            break
project
```

运行结果如图30.2所示。

21

图　30.1

[0, 2, 3]

图　30.2

注释：(1) 分配方案为：甲、乙、丙各 0、2、3 台，最大盈利额为 0＋10＋11＝21 万元；

(2) 此问题的规模较小，手工方法可以应付。但若问题规模较大，例如，设备台数为 15 台，待分配的工厂数为 10 个，这样表 30.1 的规模为 16×10，手工方法就会受到限制，而使用程序的话，仅需修改一下 profit 列表及 maxProfit()的参数就可以了，代码如下：

```
#增补资源分配问题：调整参数，观察执行递归函数对计算资源的占用
from datetime import datetime
def maxProfit(idx_factory,devices_num):
    if idx_factory > 9 or devices_num <= 0:
        return 0
    b = []
    project = []
    for i in range(devices_num + 1):
        b.append(profit[i][idx_factory] + maxProfit(idx_factory + 1,devices_num - i))
    return np.max(np.array(b))
profit = np.zeros((16,20))
np.random.seed(0)
for row in range(1,16):
    for col in range(10):
        profit[row,col] = 4 * row + np.random.randint(3) * 2 - 2
start = datetime.now()
print('maxProfit is {}.'.format(maxProfit(0,15)))
print('Run time is {}s.'.format((datetime.now() - start).seconds))
```

运行结果如图 30.3 所示。

```
maxProfit is 72.0.
Run time is 11s.
```

图　30.3

注释：递归函数非常消耗计算资源，这里的行数或列数每增加 1，意味着计算时间会呈弱指数级增加。

最后观察一下数据，如下：

```
profit
```

运行结果如图 30.4 所示。

```
array([[ 0.,  0.,  0.,  0.,  0.,  0.,  0.,  0.,  0.,  0.,  0.,  0.,  0.,
         0.,  0.,  0.,  0.,  0.,  0.,  0.],
       [ 2.,  4.,  2.,  4.,  4.,  6.,  2.,  6.,  2.,  2.,  0.,  0.,  0.,
         0.,  0.,  0.,  0.,  0.,  0.,  0.],
       [ 6., 10.,  8., 10., 10.,  6.,  8.,  8.,  8.,  8.,  0.,  0.,  0.,
         0.,  0.,  0.,  0.,  0.,  0.,  0.],
       [10., 12., 10., 10., 12., 14., 10., 14., 10., 12.,  0.,  0.,  0.,
         0.,  0.,  0.,  0.,  0.,  0.,  0.],
       [16., 18., 14., 16., 16., 16., 14., 18., 14., 18.,  0.,  0.,  0.,
         0.,  0.,  0.,  0.,  0.,  0.,  0.],
       [22., 18., 22., 18., 18., 18., 20., 20., 22., 18.,  0.,  0.,  0.,
         0.,  0.,  0.,  0.,  0.,  0.,  0.],
       [22., 24., 22., 24., 26., 26., 22., 24., 24., 24.,  0.,  0.,  0.,
         0.,  0.,  0.,  0.,  0.,  0.,  0.],
       [28., 30., 30., 30., 26., 30., 28., 26., 28., 30.,  0.,  0.,  0.,
         0.,  0.,  0.,  0.,  0.,  0.,  0.],
       [30., 30., 34., 30., 30., 30., 30., 30., 30., 34.,  0.,  0.,  0.,
         0.,  0.,  0.,  0.,  0.,  0.,  0.],
       [34., 38., 36., 36., 36., 34., 36., 36., 36., 34.,  0.,  0.,  0.,
         0.,  0.,  0.,  0.,  0.,  0.,  0.],
       [40., 42., 38., 40., 42., 38., 42., 38., 40., 42.,  0.,  0.,  0.,
         0.,  0.,  0.,  0.,  0.,  0.,  0.],
       [46., 44., 42., 44., 44., 42., 46., 46., 46., 46.,  0.,  0.,  0.,
         0.,  0.,  0.,  0.,  0.,  0.,  0.],
       [48., 50., 50., 50., 50., 50., 46., 48., 50., 50.,  0.,  0.,  0.,
         0.,  0.,  0.,  0.,  0.,  0.,  0.],
       [52., 54., 52., 50., 54., 54., 50., 54., 50., 50.,  0.,  0.,  0.,
         0.,  0.,  0.,  0.,  0.,  0.,  0.],
       [58., 54., 58., 58., 58., 54., 54., 54., 56., 58.,  0.,  0.,  0.,
         0.,  0.,  0.,  0.,  0.,  0.,  0.],
       [58., 60., 62., 62., 62., 60., 58., 58., 58., 58.,  0.,  0.,  0.,
         0.,  0.,  0.,  0.,  0.,  0.,  0.]])
```

图 30.4

求出分配方案,代码如下:

```
#分配方案
project = []
leave_num = 15
for i in range(10):
   for row in range(16):
      if maxProfit(i,leave_num) - maxProfit(i + 1,leave_num - row)\
          == profit[row][i]:
         project.append(row)
         leave_num = leave_num - row
         break
project
```

运行结果如图 30.5 所示。

```
[0, 0, 0, 2, 2, 1, 0, 1, 5, 4]
```

图 30.5

【例 30.2】 机器负荷分配问题。某种机器可在高低两种负荷下进行生产,设机器在高负荷下生产的产量函数为 $g=8u_1$,其中,u_1 为投入生产的机器数量,年完好率 $a=0.7$;而在低负荷下生产的产量函数为 $h=5y$,其中,y 为投入生产的机器数量,年完好率为 $b=0.9$。假定开始生产时完

好的机器数量 $s_1=1000$ 台，试问：每年如何安排机器在高、低负荷下的生产，使在五年内生产的产品总产量最高？

解　设第 n 年年初时完好机器的数量为 x_n，

$$\max P(x_n, \text{year\_idx}) = 8x + 5(x_n - x) + \max P(x_n - 0.3x - 0.1(x_n - x), \text{year\_idx} + 1)$$

其中，x 为第 n 年用于高负荷生产的机器台数，代码如下：

```
#机器负荷问题的递归解法
from math import floor
def maxProduct(usable_machines, idx_year):
  if idx_year > 4 or usable_machines < = 0:return 0
  b = []
  for high_nums in range(0, usable_machines + 1, 50):
     low_num = usable_machines - high_nums
     b.append(8 * high_nums + low_num * 5 + maxProduct(usable_machines - floor(0.3 * high_
nums) - floor(0.1 * low_num), idx_year + 1))
  return np.max(np.array(b))
maxProduct(1000,0)
```

运行结果如图 30.6 所示。

注释：由于使用了取整函数 floor()，所以实际结果与最优解有一些出入。

23660

图　30.6

下面用线性规划求出目标函数及决策变量的解。代码如下：

```
#机器负荷问题的线性规划解法
from scipy.optimize import linprog
c = [8,5,8,5,8,5,8,5,8,5]
c = - np.array(c)
Aeq = [
  [1,1,0,0,0,0,0,0,0,0],
  [0.7,0.9, - 1, - 1,0,0,0,0,0,0],
  [0,0,0.7,0.9, - 1, - 1,0,0,0,0],
  [0,0,0,0,0.7,0.9, - 1, - 1,0,0],
  [0,0,0,0,0,0,0.7,0.9, - 1, - 1]
  ]
beq = [1000,0,0,0,0]
result = linprog(c, A_eq = Aeq, b_eq = beq)
np.round( - result.fun,0), np.round(result.x.reshape(5,2),0)
```

运行结果如图 30.7 所示。

注释：(1) 这里将 result.x 保留整数，实际上 linprog()函数搜索到误差满足要求就停止了。

(2) 如果当前可用机器数为 $567\times0.7=396.9$，取整为 396。

【例 30.3】 如果在例 30.2 的基础上添加条件：第 5 年度结束时，完好的机器数量为 500 台。应如何安排生产？

解 使用线性规划的方法，代码如下：

```
#五年结束时完好机器量不少于 500 的解法
c = [8,5,8,5,8,5,8,5,8,5]
c = - np.array(c)
Aeq = [
  [1,1,0,0,0,0,0,0,0,0],
  [0.7,0.9, -1, -1,0,0,0,0,0,0],
  [0,0,0.7,0.9, -1, -1,0,0,0,0],
  [0,0,0,0,0.7,0.9, -1, -1,0,0],
  [0,0,0,0,0,0,0.7,0.9, -1, -1],
  [0.3,0.1] * 5
  ]
beq = [1000,0,0,0,0,499]
result = linprog(c,A_eq = Aeq,b_eq = beq)
np.round( - result.fun,0),np.round(result.x.reshape(5,2),0)
```

运行结果如图 30.8 所示。

```
(23691.0,
 array([[   0., 1000.],
        [   0.,  900.],
        [ 810.,    0.],
        [ 567.,    0.],
        [ 397.,    0.]]))
```

图 30.7

```
(21818.0,
 array([[   0., 1000.],
        [   0.,  900.],
        [   0.,  810.],
        [   0.,  729.],
        [ 447.,  209.]]))
```

图 30.8

注释：(1) 为了保证有 500 台的剩余，将这 5 年的机器损耗设置为 499 台，由结果可以看到，前 4 年均为低负荷生产，第 5 年年初时完好机器数量为 729×0.9＝656 台，447×0.7＝312，209×0.9＝188，这样恰好剩余 500 台。

(2) 尽管已经熟悉 linprog()的使用方法，但解决实际问题时，依然需要一些技巧。

【例 30.4】 生产计划问题一。某工厂需要对一种产品制定今后四个时期的生产计划。据估计在今后四个时期内，生产对于该产品的需求量如表 30.2 所示。

表 30.2

时期(k)	1	2	3	4
需求量(d_k)	2	3	2	4

假定该厂生产每批产品的固定成本为 3 万元，若不生产，固定成本为 0；每生产单位产品成本为 1 万元；每个时期生产能力所允许的最大生产批量为不超过 6 个单位；每个时期

末未售出的产品需花费存储费 0.5 万元。还假定在第一个时期的初始库存为 0,第四个时期之末的库存量也为 0。试问:该厂应该如何安排各个时期的生产与库存,才能在满足市场需要的条件下,使总成本最小?

解 将生产费用函数简化为 $c(x)=\begin{cases}0, & x\leqslant 0\\ 3+x, & x>0\end{cases}$,

将存储费用函数简化为 $h(x)=\begin{cases}0, & x\leqslant 0\\ 0.5x, & x>0\end{cases}$,这里 x 为整数。

如果当前库存已经满足当期需求:由于一旦开工就有固定成本 3 万元,而且此时的开工还会造成存储费的增加,所以这种情况不开工总是明智的。如果不同时期的单位生产成本相差很大,就不能做出这种假设。做出这个假设的原因是递归函数非常耗费计算资源,必须小心翼翼,以减少不必要的计算。代码如下:

```
#生产计划问题一的递归解法
def c(x):return 0 if x<=0 else 3+x
def h(x):return 0 if x<=0 else 0.5*x
max_product=6
need=[2,3,2,4]
#递归函数
def minCost(idx_period,now_storage):
  if idx_period>3:return 0
  min_product=0 if now_storage>=need[idx_period] else need[idx_period]-now_storage
  b=[]
  for i in range(min_product,max_product+1):
     now_storage=i-need[idx_period]
     cost=c(i)+h(now_storage)+minCost(idx_period+1,now_storage)
     b.append(cost)
  return np.min(np.array(b))
minCost(0,0)
```

运行结果如图 30.9 所示。

下面用“笨拙”的嵌套循环给出生产方案,代码如下:

```
#生产计划问题一的解决方案
for x1 in range(7):
   for x2 in range(7):
     for x3 in range(7):
       for x4 in range(7):
         if c(x1)+c(x2)+c(x3)+c(x4)+h(x1-2)+h(x1+x2-5)+h(x1+x2+x3-7)==20.5
and x1+x2+x3+x4==11 and x1>=2 and x1+x2>=5 and x1+x2+x3>=7:
           print(x1,x2,x3,x4)
           break
```

运行结果如图 30.10 所示。

20.5

图 30.9

5 0 6 0

图 30.10

注释：7^4 次规模的加减乘除运算对于计算机毫无压力，如果在满足 if 的所有条件时，想查看是否还有其他方案，可以取消最后一行的 break 语句(本题解唯一)。

就提高程序执行速度的目的而言可以参考如下代码：

```
#生产计划问题一的随机模拟解决方法
import sys
minCost = 100
for x1 in range(7):
    if x1 < 2:continue
    for x2 in range(7):
        if x1 + x2 < 2 + 3:continue
        for x3 in range(7):
            if x1 + x2 + x3 < 2 + 3 + 2:continue
            for x4 in range(7):
                if x1 + x2 + x3 + x4!= 2 + 3 + 2 + 4:continue
                cost = c(x1) + c(x2) + c(x3) + c(x4) + h(x1 - 2) + h(x1 + x2 - 5) + h(x1 + x2 + x3 - 7)
                if cost < minCost:
                    print(x1,x2,x3,x4,'Cost is:',cost)
                    sys.stdout.flush()
                    minCost = cost
```

运行结果如图 30.11 所示。

```
2 3 2 4 Cost is: 23
2 3 6 0 Cost is: 22.0
2 5 0 4 Cost is: 21.0
5 0 6 0 Cost is: 20.5
```

图 30.11

【例 30.5】 生产计划问题二。某车间需要按月在月底供应一定数量的某种部件给总装车间，由于生产条件的变化，该车间在各月份中生产每单位这种部件所需耗费的工时不同，各月份所生产的部件量于当月月底前全部要存入仓库以备后用。已知总装车间的各个月份的需求量以及在加工车间生产该部件每单位数量所需工时数如表 30.3 所示。

表 30.3

需求量 d_k	0	8	5	3	2	7	4
单位工时数 a_k	11	18	13	17	20	10	

设仓库容量 $H=9$，生产开始时库存量为 2，终期库存量为 0，试制定一个半年的逐月生产计划，既使得满足需要和库容量的限制，又使得生产这种部件的总耗费工时数为最少。

解 用整数规划来解决这个问题。设 $x_i(1\leqslant i\leqslant 6)$ 为每个月的生产量，

$$从需求的方面考虑有：2+\sum_{i=1}^{n}x_i\geqslant\sum_{i=1}^{n}d_i,\quad n=1,2,3,4,5,6$$

从库存方面考虑有：$2+\sum_{i=1}^{n}x_i-\sum_{k=0}^{n-1}d_k\leqslant 9,\quad n=1,2,3,4,5,6$

代码如下：

```
#生产计划问题二的线性规划解决方法
import pulp
c = [11,18,13,17,20,10]
x = [pulp.LpVariable(f'x{i}',lowBound = 0,cat = 'Integer') for i in range(6)]
m = pulp.LpProblem()
m += pulp.lpDot(c,x)
A = [
  [1,0,0,0,0,0],
  [1,1,0,0,0,0],
  [1,1,1,0,0,0],
  [1,1,1,1,0,0],
  [1,1,1,1,1,0],
  [1,1,1,1,1,1]
  ]
#库存限制
b = [7,15,20,23,25,32]
#生产限制
d = [6,11,14,16,23,27]
for i in range(6):
   m += (pulp.lpDot(A[i],x)< = b[i])
   m += (pulp.lpDot(A[i],x)> = d[i])
m.solve()
print(pulp.value(m.objective))
print([pulp.value(var) for var in x])
```

运行结果如图 30.12 所示。

```
357.0
[7.0, 4.0, 9.0, 3.0, 0.0, 4.0]
```

图　30.12

背包问题：有人携带一个背包上山，包中最多可以携带物品重量为 a 千克。设 x_i 为其所携带的第 i 种物品的件数，则背包问题的数学模型如下：

$$\max f=\sum_{i=1}^{n}c_i(x_i)$$

$$\begin{cases}\sum_{i=1}^{n}\omega_i x_i\leqslant a\\ x_i\geqslant 0\text{ 且为整数}(i=1,2,\cdots,n)\end{cases}$$

它是一个整数规划问题。如果 x_i 只取值为 0 或 1，又称为 0-1 背包问题。

【例 30.6】　试求背包问题。

$$\max f=4x_1+5x_2+6x_3$$

$$\begin{cases}3x_1+4x_2+5x_3\leqslant 10\\ x_1,x_2,x_3\geqslant 0\text{ 且为整数}\end{cases}$$

解　最为自然的方法是整数规划，由于决策变量的取值范围非常有限，我们使用遍历的方法逐一比较，代码如下：

```
#背包问题的随机模拟解决方法
maxf = 0
for x1 in (3,2,1,0):
   for x2 in (2,1,0):
     for x3 in (2,1,0):
        if 3 * x1 + 4 * x2 + 5 * x3 > 10:
           continue
        f = 4 * x1 + 5 * x2 + 6 * x3
        if f > maxf:
           maxf = f
           print(x1,x2,x3,'maxf = {}'.format(maxf))
```

运行结果如图 30.13 所示。

下面给出此问题的整数规划方法，代码如下：

```
#背包问题的线性规划解决方法
c = [4,5,6]
x = [pulp.LpVariable(f'x{i}',lowBound = 0,cat = 'Integer') for i in range(3)]
w = [3,4,5]
a = 10
m = pulp.LpProblem(sense = pulp.LpMaximize)
m += pulp.lpDot(c,x)
m += (pulp.lpDot(w,x) == a)
m.solve()
print(pulp.value(m.objective))
print([pulp.value(var) for var in x])
```

运行结果如图 30.14 所示。

```
3 0 0 maxf=12
2 1 0 maxf=13
```

图　30.13

```
13.0
[2.0, 1.0, 0.0]
```

图　30.14

【例 30.7】　复合系统工作可靠性问题。某厂设计一种电子设备，由三种原件 D_1、D_2、D_3 串联而成，为了提高设备的可靠性，相同原件之间可以并联；要求在设计中所使用原件的费用不超过 105 元。这三种原件的价格和可靠性如表 30.4 所示。

表　30.4

原　件	单价/元	可　靠　性
D_1	30	0.9
D_2	15	0.8
D_3	20	0.5

试问应如何设计使设备的可靠性最大。

解　使用遍历的方法，由于每个原件至少要用一个，这样剩余费用为 105－30－15－20＝40 元，所以 D_1、D_2、D_3 的最大使用量分别为 2、3、3，代码如下：

```
#复合系统工作可靠性问题的随机模拟解决方法
maxReli = 0.9 * 0.8 * 0.5
for d1 in (2,1):
   for d2 in (3,2,1):
     for d3 in (3,2,1):
       if 30 * d1 + 15 * d2 + 20 * d3 > 105:
           continue
       Reli = (1 - 0.1 ** d1) * (1 - 0.2 ** d2) * (1 - 0.5 ** d3)
       if Reli > maxReli:
           maxReli = Reli
           print(d1,d2,d3,'reliable is {}'.format(maxReli))
```

运行结果如图 30.15 所示。

注释：和使用递归函数相比，当决策变量的个数不多时，采用遍历的方法效率比较高，而且容易理解。下面的递归函数的方法需要读者认真阅读，代码如下：

```
#复合系统工作可靠性问题的递归函数解决方法
minUse = [1,1,1]
maxUse = [2,3,3]
reliable = [0.9,0.8,0.5]
price = [30,15,20]
def maxReliable(idx_D,leaveMoney):
   if leaveMoney < 0:return 0
   if idx_D > 2:return 1
   b = []
   for i in range(minUse[idx_D],maxUse[idx_D] + 1,1):
      b.append((1 - (1 - reliable[idx_D]) ** i) * maxReliable(idx_D + 1, leaveMoney - i *
price[idx_D]))
   return np.max(np.array(b))
maxReliable(0,105)
```

运行结果如图 30.16 所示。

```
2 1 1 reliable is 0.396
1 3 1 reliable is 0.4464
1 2 2 reliable is 0.648
```

图　30.15

```
0.648
```

图　30.16

注释：递归法只能求出目标函数的最大值，但无法同时求出决策变量，下面的代码用来求可靠性为 0.648 时的决策变量值，代码如下：

```
#解决方案
x = [[1 - 0.1,1 - 0.1 ** 2,0],[1 - 0.2,1 - 0.2 ** 2,1 - 0.2 ** 3],[1 - 0.5,1 - 0.5 ** 2,1 -
0.5 ** 3]]
```

```
for i in range(3):
    for j in range(3):
        for k in range(3):
            if x[0][i] * x[1][j] * x[2][k] == 0.648:
                print('{},{},{}'.format(i+1,j+1,k+1))
                break
```

运行结果如图 30.17 所示。

```
1,2,2
```

图 30.17

【例 30.8】 加工排序问题。设有 5 个工件需在 A、B 上加工，加工的顺序为先 A 后 B，每个工件所需加工时间(单位：h)如表 30.5 所示。问：如何安排加工顺序，使机床连续加工完成所有工件的加工总时间最少？

表 30.5

工件号码	加工时间/h	
	机床 A	机床 B
1	3	6
2	7	2
3	4	7
4	5	3
5	7	4

解 按照从工件 1 至工件 5 的自然顺序分析加工工时数，如表 30.6 所示。

表 30.6

行数	信息标注	工件号码				
		1	2	3	4	5
一	在 A 上结束的时刻	3	10	14	19	26
二	在 B 上开始的时刻	3	9	11	18	21
三	第二行不能小于第一行		10	12	19	22
四	第三行不能小于第一行			14	21	23
五	第四行不能小于第一行					26

第一行(在 A 上结束的时刻)为 3,3+7,3+7+4,3+7+4+5,3+7+4+5+7。

第二行(在 B 上开始的时刻)为 3,3+6,3+6+2,3+6+2+7,3+6+2+7+3。

因为一个工件在 B 上开始的时刻不早于在 A 上结束的时刻，所以做如下调整：在第二行，因为 9<10，所以将第二行从第二个元素 9 开始，全都加 1，变为第三行；接下来观察第三行，因为 12<14，所以第三行从数字 12 开始，每个元素都加 2，变为第四行；同理，第四行的最后一个元素 23<26，将 23 加上 3，变为 26；这说明在机床 B 上，工件 5 的开始加工时刻为 26，从而总加工时间为 26+4=30。

确认理解了上述计算方法，认真阅读下面的代码：

```
#加工工件在机床上的排序问题
from collections import defaultdict
a = np.array([[3,6],[7,2],[4,7],[5,3],[7,4]])
a_copy = a.copy()
def toOrder(a):
  temp = []
  for i in range(len(a)):
    for j in range(len(a_copy)):
      if all(a[i] == a_copy[j]):
        temp.append(j + 1)
        break
  #字典的值不能为列表
  return tuple(temp)
minTime = 1000
myDict = defaultdict(set)
np.random.seed(0)
for _ in range(100):
  np.random.shuffle(a)
  t1_end = []
  for i in range(len(a)):
    t1_end.append(sum(a[:i + 1,0]))
  t2_start = [t1_end[0]] * len(a)
  for i in range(1,len(a)):
    t2_start[i] += sum(a[:i,1])
  for i in range(1,len(a)):
    if t2_start[i]< t1_end[i]:
      subT = t1_end[i] - t2_start[i]
      for j in range(i,len(a)):
        t2_start[j] += subT
  useTime = a[ - 1, - 1] + t2_start[ - 1]
  if useTime < = minTime:
    myDict[useTime].add(toOrder(a))
  minTime = min(minTime,useTime)
myDict
```

注释：(1) 函数 toOrder(a)将一个 5×2 的列表转换为按序号加工的元组，如将[[3,6]，[4,7]，[7,2]，[7,4]，[5,3]]→(1,3,2,5,4)，元组可以作为集合的元素，而列表却不可以。

(2) 采用随机安排加工顺序，计算每次加工顺序所使用的总时间，方法如一开始分析的，这样的随机过程进行 100 次。

(3) 如果有某个总用时比当前记录的所用的总时间还要少，将其保留至字典 myDict 中。这样，除了可以求出最短用时，还可以知道此时相应的所有排序方法。

运行代码，结果如图 30.18 所示。

```
defaultdict(set,
            {30: {(3, 1, 2, 4, 5)},
             29: {(3, 2, 1, 5, 4)},
             28: {(1, 5, 3, 4, 2),
              (1, 5, 4, 3, 2),
              (3, 1, 4, 5, 2),
              (3, 1, 5, 4, 2),
              (3, 4, 1, 5, 2),
              (3, 4, 5, 1, 2),
              (3, 5, 1, 4, 2),
              (3, 5, 4, 1, 2),
              (4, 3, 5, 1, 2)}})
```

图 30.18

注释：由此可以看到，总用时28为最小用时，其不同的工件加工次序有9个，如果想发现更多的排序，可以通过修改100次为500次或更多，或者修改np.random.seed()的种子参数。

【例30.9】 货郎担问题。求解四个城市旅行推销员问题，其距离矩阵如表30.7所示。

表 30.7

j	*i*			
	1	2	3	4
	距离			
1	0	8	5	6
2	6	0	8	5
3	7	9	0	5
4	9	7	8	0

当推销员从1城出发，经过每个城市一次且仅一次，最后回到1城，问：按怎样的路线走，使总的行程距离最短？

解 使用"随机游走"的方法，小规模的货郎担问题，较易求得最优解，代码如下：

```
#货郎担问题的随机模拟解决方法
D = [[0,8,5,6],[6,0,8,5],[7,9,0,5],[9,7,8,0]]
minDistance = 10000
for _ in range(1000):
    order = np.array([0,1,2,3,0])
    #将列表order的第二至倒数第二个元素的次序随机打乱
    np.random.shuffle(order[1: - 1])
    distance = 0
    for i in range(len(order) - 1):
        distance += D[order[i]][order[i + 1]]
    if distance < minDistance:
```

```
    print('minDistance is {}\nThe order is {} ->{} ->{} ->{} ->{}\n'
      .format(distance,order[0] + 1,order[1] + 1,order[2] + 1,order[3] + 1,order[4] + 1))
minDistance = min(distance,minDistance)
```

运行结果如图 30.19 所示。

```
minDistance is 30
The order is 1->2->3->4->1

minDistance is 23
The order is 1->3->4->2->1
```

图　30.19

注释：(1) np. random. shuffle(order[1:-1])将原列表[0,1,2,3,0]中第二至第四个元素即[1,2,3]随机打乱。

(2) 大规模的货郎担问题，通过“随机游走”的方法，可以得到较优解。对于随机性较强的问题，与其去探索也许本就不存在的或者即使存在也是很弱的规律，不如以“随机”应对“随机”有效。

第31章

图与网络优化

这里不再叙述图的基本概念，而是从图论中非常重要的 Dijkstra 算法开始，学习图的最短路径的求法。

【例 31.1】 弧的权值均为正数的情况。求图 31.1 中从顶点 V1 至顶点 V8 的最短路径。

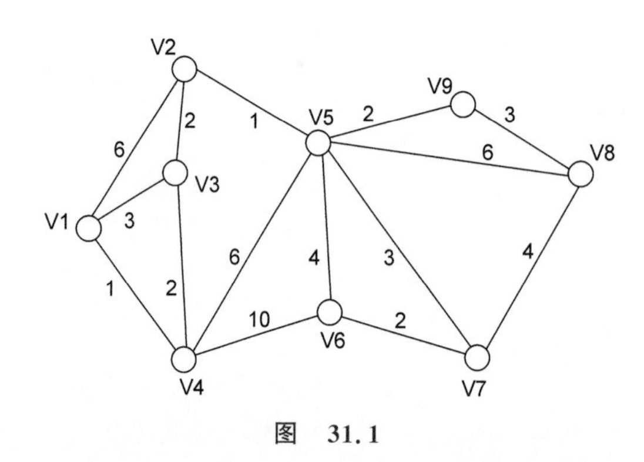

图 31.1

解　在第 30 章中用动态规划和"随机游走"的方法解决过这类问题。这两种方法各有自己的缺陷：前者消耗计算资源过大，不适合大规模问题；后者虽然不存在占用计算资源的问题，但对于大规模问题只能得到较优解。可以说，Dijkstra 算法是一种较为均衡的方法，在图论中至关重要。

通过手工填表的方法去探究规律是值得尝试的，一般比直接去构思的算法更好，详细过程如表 31.1(初始表格)～表 31.10 所示。

表　31.1

信　息	顶　点								
	V1	V2	V3	V4	V5	V6	V7	V8	V9
是否标注	×	×	×	×	×	×	×	×	×
距 V1 的最短距离	M	M	M	M	M	M	M	M	M
路径上的上一顶点索引	−1	−1	−1	−1	−1	−1	−1	−1	−1

在初始表格中，“是否标注”是指：如果不知道 V1 至 Vi 的最短距离及路径，则顶点 Vi 未标注，用符号“×”表示，否则用符号“√”表示；第二行，“距起始点 V1 的最短距离”规定：如果未知，用 M 表示，不妨假设 $M=100\,000$；最后一行，“路径上的上一顶点”：假设 V1 至 V5 的最短路径为 V1、V2、V5，则终点 V5 的上一顶点索引为 V2 的索引号，规定 V1～V9 的索引号依次为 0～8，如果不知道其上一顶点或其上一顶点不存在(如 V1)，此栏为−1。

通过图中的信息，逐步改变表中的数据。首先从 V1 开始，如表 31.2 所示。

表　31.2

信　息	顶　点								
	V1	V2	V3	V4	V5	V6	V7	V8	V9
是否标注	√	×	×	×	×	×	×	×	×
距 V1 的最短距离	0	M	M	M	M	M	M	M	M
路径上的上一顶点索引	−1	−1	−1	−1	−1	−1	−1	−1	−1

很明显，起始点 V1 至 V1 的最短距离就是 0，而且毫无异议，所以 V1 为已标注顶点。下面，在已标注顶点的邻接顶点中找出与 V1 距离最短的顶点。现在已标注顶点只有起始点 V1，而 V1 的邻接顶点 V2、V3、V4 中，距离 V1 最短的显然为 V4，其距离为 1。因为任意两点之间的距离值为正数(弧的权值均为正数)，所以 V1 途经其他顶点至 V4 的总距离都不可能比当前的距离 1 更短，如表 31.3 所示。

表　31.3

信　息	顶　点								
	V1	V2	V3	V4	V5	V6	V7	V8	V9
是否标注	√	×	×	√	×	×	×	×	×
距 V1 的最短距离	0	M	M	1	M	M	M	M	M
路径上的上一顶点索引	−1	−1	−1	0	−1	−1	−1	−1	−1

重复上面的步骤，在{V1，V4}的所有未标注的邻接顶点中，找出与 V1 距离最短的顶点，即从{V2，V3，V5，V6}中找出距 V1 距离最短的点，即 V3，距离为 3，如表 31.4 所示。

找出{V1，V3，V4}的所有未标注的邻接顶点{V2，V5，V6}中，距 V1 距离最短的顶点为 V2，距离为 5，其上一顶点索引为顶点 V3，如表 31.5 所示。

表　31.4

信　　息	顶　　点								
	V1	V2	V3	V4	V5	V6	V7	V8	V9
是否标注	√	×	√	√	×	×	×	×	×
距 V1 的最短距离	0	*M*	3	1	*M*	*M*	*M*	*M*	*M*
路径上的上一顶点索引	−1	−1	0/3	0	−1	−1	−1	−1	−1

表　31.5

信　　息	顶　　点								
	V1	V2	V3	V4	V5	V6	V7	V8	V9
是否标注	√	√	√	√	×	×	×	×	×
距 V1 的最短距离	0	5	3	1	*M*	*M*	*M*	*M*	*M*
路径上的上一顶点索引	−1	2	0/3	0	−1	−1	−1	−1	−1

继续此过程，现在已标注点的集合为{V1，V2，V3，V4}，找出这些顶点的所有邻接顶点集合为{V5，V6}，即在 V5 和 V6 中找出距 V1 最近的，显然为 V5，如表 31.6 所示。

表　31.6

信　　息	顶　　点								
	V1	V2	V3	V4	V5	V6	V7	V8	V9
是否标注	√	√	√	√	√	×	×	×	×
距 V1 的最短距离	0	5	3	1	6	*M*	*M*	*M*	*M*
路径上的上一顶点索引	−1	2	0/3	0	1	−1	−1	−1	−1

现在已标注的点的集合为{V1，V2，V3，V4，V5}，由于 V5 的加入，使得对未标注的顶点集{V6，V7，V8，V9}的分析变得更为复杂：从顶点 V6 开始分析，V6 在已标注集中的邻接顶点为 V4 和 V5，如果 V1 至 V6 的最短路径经过 V4，此路程为 1+10=11；若经过 V5，此路程为 4+6=11；再看顶点 V7，V7 在已标注集中只有一个邻接顶点 V5，所以 V1 至 V7 的最短路程为 3+6=9；同样道理，V1 至 V8、V9 的最短路程分别为 12、8。综合起来比较，V1 至 V9 的最短路程 8 是本轮寻找的最短路径，如表 31.7 所示。

表　31.7

信　　息	顶　　点								
	V1	V2	V3	V4	V5	V6	V7	V8	V9
是否标注	√	√	√	√	√	×	×	×	√
距 V1 的最短距离	0	5	3	1	6	*M*	*M*	*M*	8
路径上的上一顶点索引	−1	2	0/3	0	1	−1	−1	−1	4

按照上述方法继续，如表 31.8～表 31.10 所示。

表　31.8

信　息	顶　点								
	V1	V2	V3	V4	V5	V6	V7	V8	V9
是否标注	√	√	√	√	√	×	√	×	√
距 V1 的最短距离	0	5	3	1	6	M	9	M	8
路径上的上一顶点索引	−1	2	0/3	0	1	−1	4	−1	4

表　31.9

信　息	顶　点								
	V1	V2	V3	V4	V5	V6	V7	V8	V9
是否标注	√	√	√	√	√	√	√	×	√
距 V1 的最短距离	0	5	3	1	6	10	9	M	8
路径上的上一顶点索引	−1	2	0/3	0	1	4	4	−1	4

表　31.10

信　息	顶　点								
	V1	V2	V3	V4	V5	V6	V7	V8	V9
是否标注	√	√	√	√	√	√	√	√	√
距 V1 的最短距离	0	5	3	1	6	10	9	11	8
路径上的上一顶点索引	−1	2	0/3	0	1	4	4	8	4

重复这样的过程是有意义的，有时可能感觉这样太过“教条”或“死板”，事实上，代码正是在熟知这一规律后才动手编写的。

代码如下：

```
import numpy as np
def Dijkstra(fromIdx,endIdx,adjacentMatrix,M = 100000,iterAll = False):
    """
    参数:
        fromIdx:起始点索引
        endIdx:终点索引
        adjacentMatrix:邻接矩阵
        M:非相邻顶点的距离
        iterAll:是否遍历所有顶点,默认 False(当添加 endIdx 信息后停止遍历剩余顶点)
    返回:
        distanceArray: 距起始顶点的距离数组
        parentArray: 顶点的父顶点索引数组
    """
    lenMatrix = len(adjacentMatrix)
```

```
    #保存已标注的顶点
    T = []
    #保存未标注的顶点
    N_T = []
    for idx in range(lenMatrix):
        N_T.append(idx)
    T.append(fromIdx)
    N_T.remove(fromIdx)
    #保存顶点 endIdx 至初始顶点 fromIdx 的最短路径上的每一顶点至 fromIdx 的最短距离
    distanceArray = np.ones(lenMatrix) * M
    distanceArray[fromIdx] = 0
    #保存顶点 endIdx 至初始顶点 fromIdx 的最短路径上的每一顶点的父(上一)顶点的索引,初始均
    #为 -1
    parentArray = np.ones(lenMatrix) * (-1)
    while True:
        if endIdx in T and not iterAll:
            break
        if len(T) == lenMatrix:
            break
        storageDistance = []
        storageIndex = []
        storageParentIndex = []
        #在未标注的顶点中查找离已标注顶点距离最近的顶点
        for point in T:
            temp = []
            for nextPoint in range(lenMatrix):
                temp.append(M if nextPoint in T else adjacentMatrix[point][nextPoint])
            minDistance = np.min(temp)
            minIdx = np.argmin(temp)
            storageDistance.append(minDistance + distanceArray[point])
            storageIndex.append(minIdx)
            storageParentIndex.append(point)
        minDistance_fromIdx = np.min(storageDistance)
        minDistance_Index = np.argmin(storageDistance)
        #在列表 T 中添加已标注顶点,并在 N_T 中删除这个顶点
        if minDistance_fromIdx < M:
            appendIndex = storageIndex[minDistance_Index]
            T.append(appendIndex)
            N_T.remove(appendIndex)
            distanceArray[appendIndex] = minDistance_fromIdx
            parentArray[appendIndex] = storageParentIndex[minDistance_Index]
        else:
            break
    return distanceArray, parentArray
```

注释：如果理解了在表格上的处理过程，上述代码就不难理解了。下面来测试这个函数，代码如下：

```
M = 100
matrix = np.array([
          [0,6,3,1,M,M,M,M,M],
          [6,0,2,M,1,M,M,M,M],
          [3,2,0,2,M,M,M,M,M],
          [1,M,2,0,6,10,M,M,M],
          [M,1,M,6,0,4,3,6,2],
          [M,M,M,10,4,0,2,M,M],
          [M,M,M,M,3,2,0,4,M],
          [M,M,M,M,6,M,4,0,3],
          [M,M,M,M,2,M,M,3,0]
          ])
fromIdx = 0
endIdx = 7
distance,parent = Dijkstra(fromIdx,endIdx,matrix,M = M)
distance,parent
```

运行结果如图 31.2 所示。

```
(array([ 0.,  5.,  3.,  1.,  6., 10.,  9., 11.,  8.]),
 array([-1.,  2.,  0.,  0.,  1.,  4.,  4.,  8.,  4.]))
```

图 31.2

最短路径的显示代码如下：

```
vertexes = ['v1','v2','v3','v4','v5','v6','v7','v8','v9']
end_idx = endIdx
print('The shortest distance from \'{}\' to \'{}\' is {},the path is:'.format(vertexes[fromIdx],
vertexes[end_idx],distance[end_idx]),     end = '')
path = []
path.append(vertexes[end_idx])
while end_idx!= fromIdx and end_idx > - 1:
  end_idx = int(parent[end_idx])
  path.append(vertexes[end_idx])
path.reverse()
print(path)
```

运行结果如图 31.3 所示。

```
The shortest distance from 'v1' to 'v8' is 11.0,the
path is: ['v1', 'v3', 'v2', 'v5', 'v9', 'v8']
```

图 31.3

【例 31.2】 存在弧的权值为负数的情况。如图 31.4 所示，求顶点 V1 至其他各顶点的最短距离。如果顶点 A 到顶点 B 之间没有弧，则添加一个有向弧 AB，其权值为 $+\infty$。

为了方便程序计算,可以把权值设置为一个较大的数,例如 100 000。

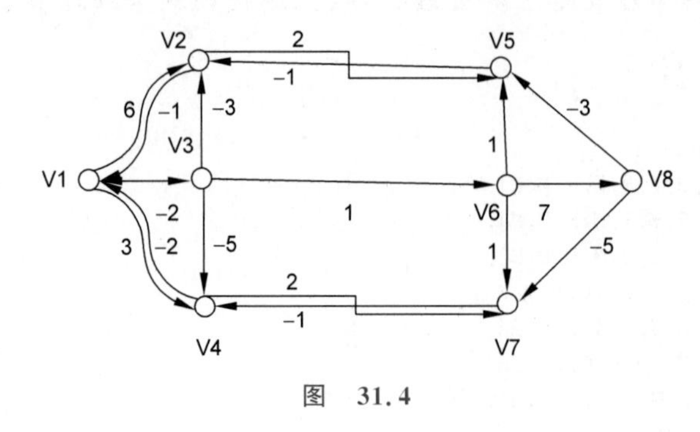

图 31.4

解　函数 minDistance_with_neg_arc()的代码如下:

```
def minDistance_with_neg_arc(fromIdx,adjacentMatrix,M = 100000):
  """
  参数:
     fromIdx:起始顶点索引
     adjacentMatrix:邻接矩阵
     M:非相邻顶点的距离
  返回值:
     success:是否计算成功(如果图中含有负回路,则计算失败)
     A:自起始顶点至各顶点的最短距离数组
  """
  lenMatrix = len(adjacentMatrix)
  A = adjacentMatrix[fromIdx]
  B = [M] * lenMatrix
  maxEdges = 1
  success = True
  while A!= B:
     for i in range(lenMatrix):
        temp = []
        for j in range(lenMatrix):
            x = A[j] + adjacentMatrix[j][i]
            if x> = M/2:x = M
            temp.append(x)
        B[i] = min(temp)
     A,B = B,A
     maxEdges += 1
     if maxEdges > = lenMatrix:
        success = False
        break
  return success,A
```

调用这个函数,解决例 31.2,代码如下:

```
#最短路径问题
M = 100000
```

```
disMatrix = [
        [0, -1, -2,3,M,M,M,M],
        [6,0,M,M,2,M,M,M],
        [M, -3,0, -5,M,1,M,M],
        [8,M,M,0,M,M,2,M],
        [M, -1,M,M,0,M,M,M],
        [M,M,M,M,1,0,1,7],
        [M,M,M, -1,M,M,0,M],
        [M,M,M,M, -3,M, -5,0]
        ]
success,A = minDistance_with_neg_arc(0,disMatrix)
success,A
```

运行结果如图 31.5 所示。

```
(True, [0, -5, -2, -7, -3, -1, -5, 6])
```

图　31.5

【例 31.3】 设备更新问题。某企业使用一台设备,在每年年初,领导部门要决定是购置新的设备,还是继续使用旧的设备。若购置新设备,就要支付一定的购置费用;若继续使用旧设备,则需支付一定的维修费用。现在的问题是:如何制定一个几年之内的设备更新计划,使得总的支付费用最少?

下面用一个五年之内要更新某种设备的计划为例。已知该种设备在各年年初的价格,如表 31.11 所示。

表　31.11

第 1 年	第 2 年	第 3 年	第 4 年	第 5 年
11	11	12	12	13

已经服役不同时间长度(年)的设备所需的维修费用如表 31.12 所示。

表　31.12

已经服役年数	0～1	1～2	2～3	3～4	4～5
维修费用	5	6	8	11	18

解　构造一个包含六个顶点的图(V1～V6)。其中,Vi 代表第 i 年年初的时刻点,变量 E_{ij} 代表由第 i 年至第 j 年($i<j$)的设备购置费与维修费用总和。例如:$E_{16}=11+5+6+8+11+18=59$;$E_{35}=12+5+6=23$。总支付费用的最小值即为 V1 至 V6 的最短距离,调用函数 Dijkstra(),代码如下:

```
#设备更新问题
M = 1000
adM = np.ones((6,6)) * M
```

```
adM[0][1] = 16
adM[0][2] = 22
adM[0][3] = 30
adM[0][4] = 41
adM[0][5] = 59
adM[1][2] = 16
adM[1][3] = 22
adM[1][4] = 30
adM[1][5] = 41
adM[2][3] = 17
adM[2][4] = 23
adM[2][5] = 31
adM[3][4] = 17
adM[3][5] = 23
adM[4][5] = 18
fromIdx = 0
endIdx = 5
disArr,parArr = Dijkstra(fromIdx,endIdx,adM,M = M)
disArr,parArr
```

运行结果如图 31.6 所示。

```
(array([ 0., 16., 22., 30., 41., 53.]), array
([-1.,  0.,  0.,  0.,  0.,  2.]))
```

图 31.6

注释：从 V1 至 V6 的最短距离为 53，V6 的上一顶点为 V3，V3 的上一顶点为 V1。

另外，本题还可以使用“随机游走”的方法，参考代码如下：

```
#设备更新问题的随机模拟方法
np.random.seed(0)
minCost = M
for _ in range(50):
   project = [0]
   cost = 0
   while True:
      a = np.random.randint(1,6)
      project.append(a)
      if a == 5:
         project.sort()
         for idx in range(len(set(project)) - 1):
            cost += adM[project[idx]][project[idx + 1]]
         if cost <= minCost:
            print(project,cost)
            minCost = cost
         break
```

运行结果如图 31.7 所示。

```
[0, 5] 59.0
[0, 1, 5] 57.0
[0, 2, 5] 53.0
[0, 3, 5] 53.0
```

图　31.7

注释：最小费用的方案有两个，分别为第 3 年、第 4 年购入新设备，其总支出均为 53。

【例 31.4】 网络最大流问题。如图 31.8 所示，弧旁的数字代表弧所能承受的最大流量，求从 V0 到 V5 的最大流量。

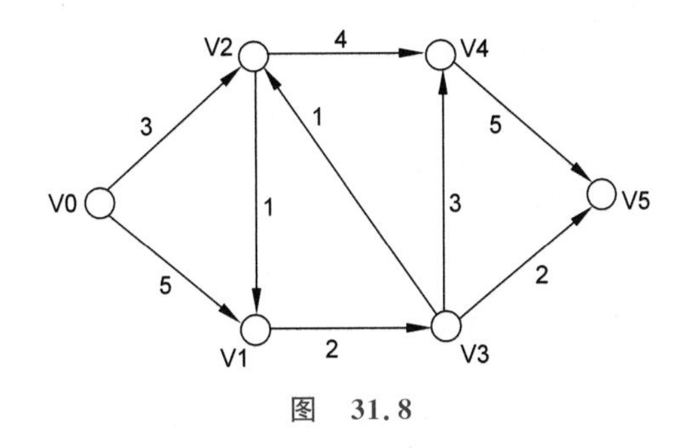

图　31.8

解　对于 V1、V2、V3、V4 每一个顶点，汇入流量与流出流量的值一定相等。例如，顶点 V1，由 V0-V1、V2-V1 汇入的一定等于由 V1-V3 流出的流量；由起点 V0 流出的流量，等于终点 V5 汇入的流量。根据这个关系，可以使用线性规划解决这一问题，代码如下：

```
#网络最大流的线性规划解法
from scipy.optimize import linprog
#价值向量
c = np.array([-1, -1,0,0,0,0,0,0,0])
#9 行 9 列的单位矩阵
Aub = np.eye(9)
bub = np.array([3,5,1,4,2,1,3,5,2])
#等式约束矩阵
Aeq = np.array([
        [1,1,0,0,0,0,0, -1, -1],
        [0,1,1,0, -1,0,0,0,0],
        [1,0, -1, -1,0,1,0,0,0],
        [0,0,0,1,0,0,1, -1,0],
        [0,0,0,0,1, -1, -1,0, -1]
    ])
beq = np.array([0] * 5)
result = linprog(c,A_ub = Aub,b_ub = bub,A_eq = Aeq,b_eq = beq,method = 'simplex')
np.round( - result.fun,3),np.round(result.x,3)
```

运行结果如图 31.9 所示。

```
(5.0, array([3., 2., 0., 3., 2., 0., 0., 3., 2.]))
```

图　31.9

下面就这个问题进一步学习程序设计的方法。首先想找一条由起点至终点的路径，如[V0,V1,V2,V5]、[V0,V1,V3,V2,V4,V5]或[V0,V2,V4,V5]，这样的路径有很多，但不认为[V0,V1,V3,V2,V1,V3,V5]是一个合法的路径。一个合法路径所包含的顶点必须互不相同，即一个顶点仅能出现一次。可以用函数 find_path()实现这个功能，此过程称为"寻径"。首先用数组表达当前每条边的最大流量信息，代码如下：

```
MaxFlow = np.zeros((5,6,2))
MaxFlow[0][1][0] = 5
MaxFlow[0][2][0] = 3
MaxFlow[1][3][0] = 2
MaxFlow[2][1][0] = 1
MaxFlow[2][4][0] = 4
MaxFlow[3][2][0] = 1
MaxFlow[3][4][0] = 3
MaxFlow[3][5][0] = 2
MaxFlow[4][5][0] = 5
```

注释：这是一个三维数组，形如矩阵：

$$\begin{pmatrix} (0,0) & (5,0) & (3,0) & & & \\ & & & (2,0) & & \\ & (1,0) & & & (4,0) & \\ & & (1,0) & & (3,0) & (2,0) \\ & & & & & (5,0) \end{pmatrix}$$

其他未标出的元素均为(0,0)，(5,0)代表 V0 至 V1 的最大允许流量为 5，第二个 0 占用的位置是找到最优解时，V0 至 V1 的真实流量。

下面看"寻径"函数，代码如下：

```
#随机获得一条从起点至终点的路径
def find_path(max_flow,max_search_times = 10000):
    success = False
    from_idx = 0
    path = [from_idx]
    search_times = 0
    while search_times < max_search_times:
      next_vertexes = [index for index in range(len(max_flow[0])) if max_flow[from_idx][index]
[0]> max_flow[from_idx][index][1]]
        if len(next_vertexes) == 0:
          search_times += 1
          from_idx = fromIdx
          continue
      next_vertex = next_vertexes[np.random.randint(len(next_vertexes))]
      path.append(next_vertex)
      if next_vertex == len(max_flow[0]) - 1:
```

```
            success = True
            break
        from_idx = next_vertex
    if success:
        for i in range(len(path) - 1,0, - 1):
            if path[i] in path[:i]:
                # 去除路径中的圈
                path.remove(path[i])
        return path
    else:return []
```

注释：find_path()函数从 V0 开始，寻找下一个顶点，满足这两个顶点的边没有达到最大容量，如果找到了，例如 V1，则继续寻找 V1 的下一个顶点，直到找到 V5 为止。如下是程序运行的一个合法路径，此路径是随机的(路径不唯一)，代码如下：

```
find_path(MaxFlow)
```

运行结果如图 31.10 所示。

```
[0, 1, 3, 2, 4, 5]
```

图　31.10

以上述路径为例，在此路径上，V3 至 V2 的承载能力为 1，是最小的，为此路径的每条边分配流量 1；继续调用此函数寻找合法路径，假设后面找到的路径为[0,1,3,5]，此时，由于 V1 至 V3 已经被第一条路径分配 1 个流量了，所以，这条路径的最大负载能力为 2－1＝1；继续下一个找到的路径为[0,2,4,5]，此路径的最大负载能力为 3，从而就得到了最优解是 5。此时，虽然 V0 至 V1 还有 3 个流量没有达到最大，但由于其后继边只有 V1 至 V3，这条边的容量已达最大。

此时的真实流量如图 31.11 所示，用箭头表示路径中流的方向，这是一个最优解。

假设随机生成的路径为[0,1,3,2,4,5]与[0,2,1,3,5]，如图 31.12 所示。

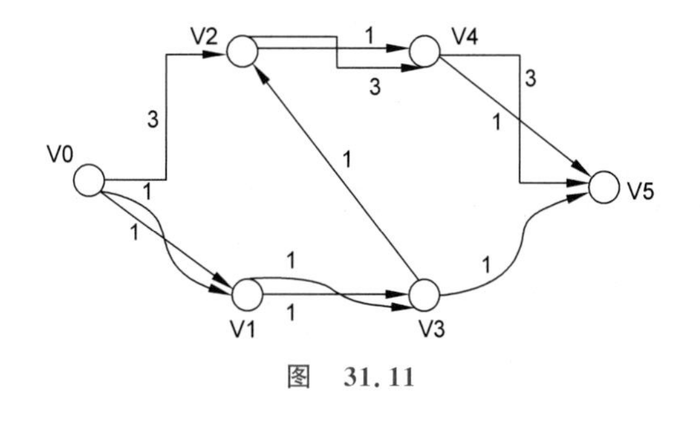

图　31.11

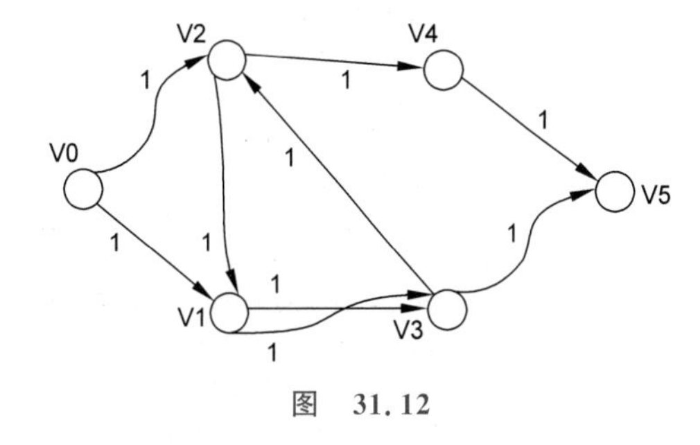

图　31.12

由于 V1 至 V3 已达到最大容量，所以由 V0 流出至 V1 的流量已不可能再增大了，即使 V0 至 V2 的负荷达到最大值 3，整个网络的最大流量也不过为 4。

这是因为网络中出现了“圈”——V1、V3、V2、V1，注意到我们为这个圈中的所有边减去这些边的最小值 1(这几条边的值分别为 1、1、2)，如图 31.13 所示。

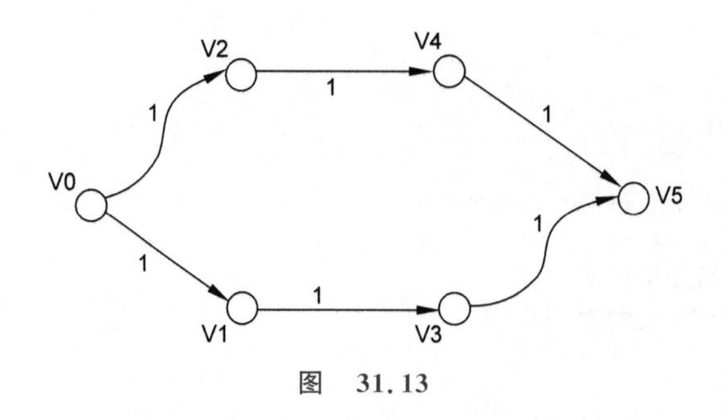

图 31.13

对顶点 V1、V2、V3、V4 来讲,除去“圈”之后不影响各自的流入与流出的平衡(想想为什么),但此时 V1 至 V3 的流量没有达到最大值 2,这样,就为 V0 至 V1 的流出提供了机会。网络流中的“圈”,就像河流中的漩涡,它对水的流动总是起阻碍作用的。函数 find_circle()的功能就是找出网络中这样的圈,代码如下:

```
#用随机模拟方法查看有向图中是否有圈
def find_circle(max_flow,max_search_times = 100):
    hasCircle = False
    minVetex_idx = 1
    maxVetex_idx = len(max_flow[0]) - 2
    for idx in range(minVetex_idx,maxVetex_idx + 1):
        path = [idx]
        distance = []
        search_times = 0
        from_idx = idx
        while search_times < max_search_times:
            next_vertexes = [index for index in range(minVetex_idx,maxVetex_idx + 1) if
max_flow[from_idx][index][1]> 0]
            if len(next_vertexes) == 0:
                path = [idx]
                distance = []
                search_times += 1
                from_idx = idx
                continue
            next_vertex = next_vertexes[np.random.randint(len(next_vertexes))]
            path.append(next_vertex)
            distance.append(max_flow[from_idx][next_vertex][1])
            if next_vertex == idx:
                hasCircle = True
                min_dis = min(distance)
                for i in range(len(path) - 1):
                    max_flow[path[i]][path[i + 1]][1] = max_flow[path[i]][path[i + 1]][1] - min_dis
                return hasCircle
            from_idx = next_vertex
    return hasCircle
```

testFlow 是未除圈之前的数据,测试代码如下:

```
testFlow = np.zeros((5,6,2))
testFlow[0][1] = [5,1]
testFlow[0][2] = [3,1]
testFlow[1][3] = [2,2]
testFlow[2][1] = [1,1]
testFlow[2][4] = [4,1]
testFlow[3][2] = [1,1]
testFlow[3][5] = [2,1]
testFlow[4][5] = [5,1]
print(find_circle(testFlow))
```

运行结果如图 31.14 所示。

True

图　31.14

函数 max_net_flow()实现了网络最大流的计算，代码如下：

```
#网络最大流函数,返回网络最大流和对应顶点、边的索引及流量及信息
def max_net_flow(max_flow):
    while True:
        path = find_path(max_flow)
        if len(path) == 0:
            if find_circle(max_flow):continue
            S = set()
            for row in range(len(max_flow)):
                for col in range(len(max_flow[0])):
                    if max_flow[row][col][0]> 0:
                        S.add((row,col,max_flow[row][col][1]))
            return sum(max_flow[0])[1],S
        flowArr = []
        for i in range(len(path) - 1):
            appendFlow = max_flow[path[i]][path[i + 1]][0] - max_flow[path[i]][path[i + 1]][1]
if path[i]< path[i + 1]\
                    else max_flow[path[i]][path[i + 1]][1]
            flowArr.append(appendFlow)
            minFlow = min(flowArr)
        for i in range(len(path) - 1):
            max_flow[path[i]][path[i + 1]][1] = max_flow[path[i]][path[i + 1]][1] + minFlow
```

最后测试这个函数，代码如下：

```
max_net_flow(MaxFlow)
```

运行结果如图 31.15 所示。

注释：(1) 多运行几次，以得到更多的方案。

(2) 可以将此方法简称为"寻径除圈"法。

(3) 由于随机性的原因，有时在规定的尝试次数达到上限时，可能没有发现本应该发现的路径或圈，这会造成最大流的数据错误，多运行几次 max_net_flow()函数比增加尝试次数要好一些。

【例 31.5】 最小费用最大流问题。如图 31.16 所示，边 V_iV_j 旁边的数字(b_{ij}，c_{ij}) 分别为 V_iV_j 的最大承载流量与单位流量的费用，求在达到网络最大流的情况下的最小费用。

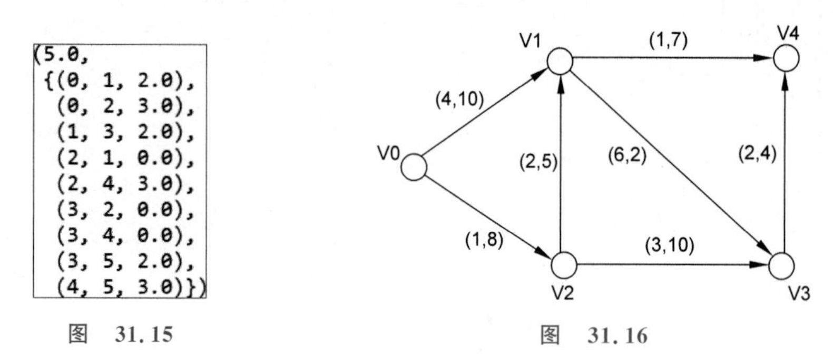

图 31.15 图 31.16

解 首先使用函数 max_net_flow()求出其网络最大流，然后用线性规划求出最小费用，代码如下：

```
#先求出网络最大流
flow = np.zeros((4,5,2))
flow[0][1][0] = 4
flow[0][2][0] = 1
flow[2][1][0] = 2
flow[1][3][0] = 6
flow[1][4][0] = 1
flow[2][3][0] = 3
flow[3][4][0] = 2
f,s = max_net_flow(flow)
f
```

运行结果如图 31.17 所示。

用线性规划的方法求出最小费用，代码如下：

```
#用线性规划的方法求最小费用最大流
import pulp
x = [pulp.LpVariable(f'x{i}',lowBound = 0,cat = 'Integer') for i in range(7)]
c = [10,8,2,7,5,10,4]
#[(0,1),(0,2),(1,3),(1,4),(2,1),(2,3)(3,4)]
m = pulp.LpProblem()
m += pulp.lpDot(x,c)
m += (x[0] + x[1] == 3)
m += (x[0] + x[4] == x[2] + x[3])
m += (x[1] == x[4] + x[5])
m += (x[5] + x[2] == x[6])
m += (x[3] + x[6] == 3)
m += (x[0]<= 4)
m += (x[1]<= 1)
m += (x[2]<= 6)
```

```
m += (x[3]<= 1)
m += (x[4]<= 2)
m += (x[5]<= 3)
m += (x[6]<= 2)
m.solve()
print(pulp.value(m.objective))
print([pulp.value(var) for var in x])
```

运行结果如图 31.18 所示。

```
3.0
```

图　31.17

```
49.0
[3.0, 0.0, 2.0, 1.0, 0.0, 0.0, 2.0]
```

图　31.18

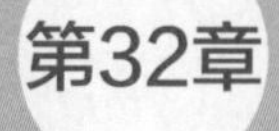

网络计划

如果一个项目由若干工作组成，那么这些工作之间必然存在先后顺序或相互依赖的关系。我们可以将这些工作按照彼此之间的业务顺序将其放置在图的边上，并为顶点编号。

【例 32.1】 开发一个新产品，需要完成的工作及其先后顺序关系、各项工作需要的时间，汇总在表中，如表 32.1 所示。

表 32.1

序　号	工作名称	工作代号	工作持续时间/天	紧后工作
1	产品设计和工艺设计	A	60	B,C,D,E
2	外购配套件	B	45	L
3	锻件准备	C	10	F
4	工装制造 1	D	20	G,H
5	铸件	E	40	H
6	机械加工 1	F	18	L
7	工装制造 2	G	30	K
8	机械加工 2	H	15	L
9	机械加工 3	K	25	L
10	装配与调试	L	35	/

其网络计划图如图 32.1 所示（注意：由顶点 4 至 5 添加了一个虚工作 VW：0）。

本例的工作数量为 10 个，其网络计划图相对较为简单。但若这样的工作有 100 个或者更多，想通过手工方法表示出其顺序关系和逻辑关系就比较困难。

我们设计把工作表转换成网络计划图的程序，这看似简单，实际上较为复杂。

首先从术语“面向对象编程”开始。本书以前的编程被称为“面向过程编程”，我们非常自然地将图中的边与矩阵（数组）中的元素对应起来，并将行与列的序号和顶点的索引建立

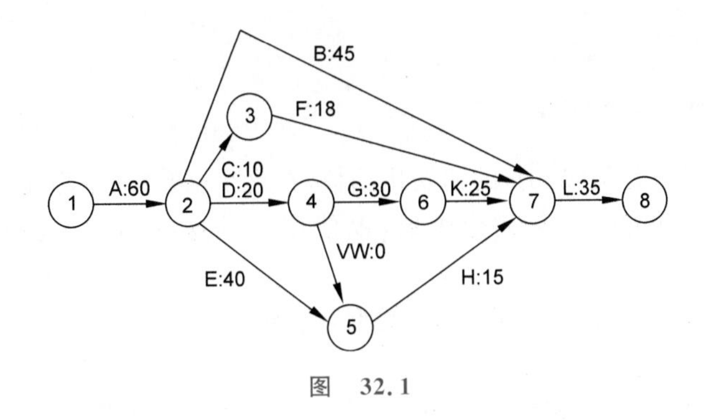

图　32.1

联系，顶点的索引号并不参与运算，而顶点之间的边虽然参与运算，但这些边的值本身并未发生改变，面向过程的编程非常容易理解，但其局限性也是明显的。如本例，两个顶点之间的边代表一项工作，对于顶点的编号，我们希望从左至右是严格递增的；一项工作，有很多属性：工作名称、工作代号、工作持续时间、紧前工作、紧后工作等，这些值在业务中已被固化，即这些值不会再发生改变，但有一些我们非常关心的值现在还未确定——各项工作的最早开始时间、最迟开始时间、最早结束时间及最迟结束时间，这几个时间分别用字母 ES、LS、EF、LF 表示，这些值依赖于最终的网络计划图。我们当然可以创建很多数组来保存及维护这些信息，但有更为合理的方法：将“工作”视为一类“事物”，并将上述有关的业务值称为这类“事物”的属性，这类“事物”——在这里是“工作”，被称为对象。对象有时也会执行一些特定的动作，例如对象“人”会“吃饭”这个动作，我们称之为这个对象的“事件”或“方法”，就像我们经常使用的 np.max()，其中，max()就是对象 np 的一个“函数”“方法”或“事件”。Python 这样定义一个类(对象或事物)，代码如下：

```
class Work():
    def __init__(self):
      #类 Work 的属性
      self.idx = -1
      self.name = ''
      self.describe = ''
      #紧前工作
      self.ahead_work_idxes = []
      #紧后工作
      self.back_work_idxes = []
      #左结点索引
      self.from_node_idx = -1
      #右结点索引
      self.to_node_idx = -1
      self.D = 0
      self.ES = 0
      self.EF = 0
      self.LS = 0
      self.LF = 0
```

```
        self.TF = 0
        self.FF = 0
        self.isOnKeypath = False
```

__init__(self)函数是类 Work 的初始化函数,在这个函数中,一般定义类 Work 的各种属性,本例不需要为 Work 定义其他函数,仅使用它的这些属性,这些属性的含义分别如下。

idx,某工作的索引号或键值,唯一的,类型:整数。

name,工作代号,类型:字符。

describe,工作描述(注:相当于本例的工作名称),类型:字符。

ahead_work_idxes,紧前工作,类型:列表。

back_work_idxes,紧后工作,类型:列表。

from_node_idx,工作在图中对应的有向边的起点编号,类型:整数。

to_node_idx,工作在图中对应的有向边的终点编号,类型:整数。

D,工作的持续时间,类型:整数。

ES,EF,LS,LF,在前文已经说过,TF、FF 分别为某工作的总时差、自由时差。

isOnKeypath,某工作是否在关键路线上(用时最长的工作路线),默认为 False。

实际上,这和数据库系统中保存数据的数据表是一样的。

下面为各项工作赋值,代码如下:

```
workes = []
w = Work()
w.idx = 1
w.name = 'A'
w.describe = '产品设计和工艺设计'
w.back_work_idxes = [2,3,4,5]
w.D = 60
workes.append(w)

w = Work()
w.idx = 2
w.name = 'B'
w.describe = '外购配套件'
w.ahead_work_idxes = [1]
w.back_work_idxes = [10]
w.D = 45
workes.append(w)

w = Work()
w.idx = 3
w.name = 'C'
w.describe = '锻件准备'
w.ahead_work_idxes = [1]
```

```
w.back_work_idxes = [6]
w.D = 10
workes.append(w)

w = Work()
w.idx = 4
w.name = 'D'
w.describe = '工装制造 1'
w.ahead_work_idxes = [1]
w.back_work_idxes = [7,8]
w.D = 20
workes.append(w)

w = Work()
w.idx = 5
w.name = 'E'
w.describe = '铸件'
w.ahead_work_idxes = [1]
w.back_work_idxes = [8]
w.D = 40
workes.append(w)

w = Work()
w.idx = 6
w.name = 'F'
w.describe = '机械加工 1'
w.ahead_work_idxes = [3]
w.back_work_idxes = [10]
w.D = 18
workes.append(w)

w = Work()
w.idx = 7
w.name = 'G'
w.describe = '工装制造 2'
w.ahead_work_idxes = [4]
w.back_work_idxes = [9]
w.D = 30
workes.append(w)

w = Work()
w.idx = 8
w.name = 'H'
w.describe = '机械加工 2'
```

```
w.ahead_work_idxes = [4,5]
w.back_work_idxes = [10]
w.D = 15
workes.append(w)

w = Work()
w.idx = 9
w.name = 'K'
w.describe = '机械加工 3'
w.ahead_work_idxes = [7]
w.back_work_idxes = [10]
w.D = 25
workes.append(w)

w = Work()
w.idx = 10
w.name = 'L'
w.describe = '装配与调试'
w.ahead_work_idxes = [2,6,7,8]
w.D = 35
workes.append(w)
```

在为列表 workes 添加一项工作时，使用 $w=$ Work()初始化一项新的工作，这行代码触发调用 Work 类的__init__()函数，然后为 w 的各属性赋值。称 w 为类 Work 的一个实例。

现在各项工作及其已有的信息已保存在列表 workes 中——换言之，现在在列表 workes 中，已经保存着 10 个类型为 Work 的对象。

关于"面向对象"编程，不再过多地展开。

为了在 VS Code 上更好地显示工作信息，导入 pandas 库，代码如下：

```
#显示(打印)工作信息
import pandas as pd
def print_workes(workes):
  df = pd.DataFrame(columns = ['idx','name','describe','ahead_workes',\
    'back_workes','from','to','D','ES','EF','LS','LF','TF','FF',\
      'isOnKeypath'])
  for i in range(len(workes)):
    df.loc[i] = [workes[i].idx,workes[i].name,workes[i].describe,\
     workes[i].ahead_work_idxes,workes[i].back_work_idxes,\
     workes[i].from_node_idx,workes[i].to_node_idx,workes[i].D,workes[i].ES,workes[i].EF,
workes[i].LS,workes[i].LF,workes[i].TF\
     ,workes[i].FF,workes[i].isOnKeypath]
  return df
print_workes(workes)
```

注释：pandas 是一个导入、操作、导出数据表的库，是 Python 的第三方库，在这里仅使用其显示功能，各项工作信息可以像一个 Excel 表一样在 VS Code 上呈现，但字体较小。运行代码，结果如图 32.2 所示。

	idx	name	describe	ahead_workes	back_workes	from	to	D	ES	EF	LS	LF	TF	FF	isOnKeypath
0	1	A	产品设计和工艺设计	[]	[2, 3, 4, 5]	-1	-1	60	0	0	0	0	0	0	False
1	2	B	外购配套件	[1]	[10]	-1	-1	45	0	0	0	0	0	0	False
2	3	C	锻件准备	[1]	[6]	-1	-1	10	0	0	0	0	0	0	False
3	4	D	工装制造1	[1]	[7, 8]	-1	-1	20	0	0	0	0	0	0	False
4	5	E	铸件	[1]	[8]	-1	-1	40	0	0	0	0	0	0	False
5	6	F	机械加工1	[3]	[10]	-1	-1	18	0	0	0	0	0	0	False
6	7	G	工装制造2	[4]	[9]	-1	-1	30	0	0	0	0	0	0	False
7	8	H	机械加工2	[4, 5]	[10]	-1	-1	15	0	0	0	0	0	0	False
8	9	K	机械加工3	[7]	[10]	-1	-1	25	0	0	0	0	0	0	False
9	10	L	装配与调试	[2, 6, 7, 8]	[]	-1	-1	35	0	0	0	0	0	0	False

图　32.2

函数 get_first_work_indexes()获得所有无紧前工作的工作列表，代码如下：

```
#获得所有无紧前的工作
def get_first_work_indexes(workes):
  first_workes = []
  for work in workes:
     if len(work.ahead_work_idxes) == 0:
        first_workes.append(work.idx)
  return first_workes

first_work_idxes = get_first_work_indexes(workes)
first_work_idxes
```

运行结果如图 32.3 所示。

注释：在编写程序时不要受当前例子的影响，而想当然地认为项目的第一项工作只有一个，由经验——几项工作同时开工的情况出现在很多实际项目中；但一般情况下，项目的最后一个工作是唯一的。

函数 get_a_path()获得一条工作路径，代码如下：

```
#随机获得一个工作路径
import random as r
def get_a_path(workes):
   path = []
   nowAddIndex = first_work_idxes[r.randint(0,len(first_work_idxes) - 1)]
   path.append(nowAddIndex)
   while True:
```

```
        next_to_choice = workes[nowAddIndex - 1].back_work_idxes
        if len(next_to_choice) == 0:
            break
        nowAddIndex = next_to_choice[r.randint(0,len(next_to_choice) - 1)]
        path.append(nowAddIndex)
    return path

get_a_path(workes)
```

运行结果如图 32.4 所示。

```
[1]
```

图 32.3

```
[1, 5, 8, 10]
```

图 32.4

注释：这代表着 A→E→H→L 这条工作线路。

下面的代码查找所有路径，并将其保存在字典 path_dict 中，代码如下：

```
#获得所有工作路径并将其保存至字典
from collections import defaultdict
path_dict = defaultdict(int)
for _ in range(1000):
    path = get_a_path(workes)
    path_length = 0
    for i in range(len(path)):
        for work in workes:
            if work.idx == path[i]:
                path_length += work.D
                break
    path_dict[tuple(path)] = path_length
path_dict
```

运行结果如图 32.5 所示。

总共有 5 条不同的工作路径，用时越长的路径，对于规划各项工作越有支配价值，用时最长的路径称为关键路径。下面按照路径用时长短对各路径排序，时间长的排在前面，代码如下：

```
#将字典按值(路径工作时长)排序
from operator import itemgetter
sorted_dict = sorted(path_dict.items(),key = itemgetter(1),reverse = True)
sorted_dict
```

运行结果如图 32.6 所示。

```
defaultdict(int,
            {(1, 2, 10): 140,
             (1, 3, 6, 10): 123,
             (1, 4, 8, 10): 130,
             (1, 5, 8, 10): 150,
             (1, 4, 7, 9, 10): 170})
```

图　32.5

```
[((1, 4, 7, 9, 10), 170),
 ((1, 5, 8, 10), 150),
 ((1, 2, 10), 140),
 ((1, 4, 8, 10), 130),
 ((1, 3, 6, 10), 123)]
```

图　32.6

注释：(1) 字典本身不支持排序。

(2) 经过排序后，sorted_dict 的类型发生了改变，现在为列表。

下面完善关键路径的工作信息。由于项目的总工期也就是关键路径的时长，所以，关键路径上的任一工作都没有弹性，代码如下：

```
#设置关键路径上每项工作的属性信息
key_path_workes = list(sorted_dict[0][0])
minMarkIdx = 1
ES = 0
for i in range(len(key_path_workes)):
    work_idx = key_path_workes[i] - 1
    workes[work_idx].from_node_idx = minMarkIdx
    workes[work_idx].ES = ES
    workes[work_idx].LS = ES
    ES += workes[work_idx].D
    workes[work_idx].EF = ES
    workes[work_idx].LF = ES
    minMarkIdx += 1
    workes[work_idx].to_node_idx = minMarkIdx
    workes[work_idx].isOnKeypath = True
print_workes(workes)
```

注释：minMarkIdx 是一个全局变量，记录当前标注过的最大顶点编号；程序运行结果如图 32.7 所示。

	idx	name	describe	ahead_workes	back_workes	from	to	D	ES	EF	LS	LF	TF	FF	isOnKeypath
0	1	A	产品设计和工艺设计	[]	[2, 3, 4, 5]	1	2	60	0	60	0	60	0	0	True
1	2	B	外购配套件	[1]	[10]	-1	-1	45	0	0	0	0	0	0	False
2	3	C	锻件准备	[1]	[6]	-1	-1	10	0	0	0	0	0	0	False
3	4	D	工装制造1	[1]	[7, 8]	2	3	20	60	80	60	80	0	0	True
4	5	E	铸件	[1]	[8]	-1	-1	40	0	0	0	0	0	0	False
5	6	F	机械加工1	[3]	[10]	-1	-1	18	0	0	0	0	0	0	False
6	7	G	工装制造2	[4]	[9]	3	4	30	80	110	80	110	0	0	True
7	8	H	机械加工2	[4, 5]	[10]	-1	-1	15	0	0	0	0	0	0	False
8	9	K	机械加工3	[7]	[10]	4	5	25	110	135	110	135	0	0	True
9	10	L	装配与调试	[2, 6, 7, 8]	[]	5	6	35	135	170	135	170	0	0	True

图　32.7

下面的代码，为每条路径上的顶点添加编号。

```
#为非关键路径上的工作设置左右节点编号
for i in range(1,len(sorted_dict)):
    deal_path = list(sorted_dict[i][0])
    workes[deal_path[0] - 1].from_node_idx = 1
    for idx in range(len(deal_path) - 1):
        if workes[deal_path[idx] - 1].to_node_idx < 0 and workes[deal_path[idx + 1] - 1].from_
node_idx > 0:
            workes[deal_path[idx] - 1].to_node_idx = workes[deal_path[idx + 1] - 1].from_node_idx
            continue
        if workes[deal_path[idx] - 1].to_node_idx > 0 and workes[deal_path[idx + 1] - 1].from_
node_idx < 0:
            workes[deal_path[idx + 1] - 1].from_node_idx = workes[deal_path[idx] - 1].to_node_idx
            continue
        if workes[deal_path[idx] - 1].to_node_idx < 0 and workes[deal_path[idx + 1] - 1].from_
node_idx < 0:
            minMarkIdx += 1
            workes[deal_path[idx] - 1].to_node_idx = minMarkIdx
            workes[deal_path[idx + 1] - 1].from_node_idx = minMarkIdx
            continue
    if workes[deal_path[ - 1] - 1].to_node_idx < 0:
        minMarkIdx += 1
        workes[deal_path[ - 1] - 1].to_node_idx = minMarkIdx

print_workes(workes)
```

运行结果如图 32.8 所示。

	idx	name	describe	ahead_workes	back_workes	from	to	D	ES	EF	LS	LF	TF	FF	isOnKeypath
0	1	A	产品设计和工艺设计	[]	[2, 3, 4, 5]	1	2	60	0	60	0	60	0	0	True
1	2	B	外购配套件	[1]	[10]	2	7	45	60	105	90	135	30	30	False
2	3	C	锻件准备	[1]	[6]	2	6	10	60	70	107	117	47	0	False
3	4	D	工装制造1	[1]	[7, 11]	2	3	20	60	80	60	80	0	0	True
4	5	E	铸件	[1]	[8]	2	5	40	60	100	80	120	20	0	False
5	6	F	机械加工1	[3]	[10]	6	7	18	70	88	117	135	47	47	False
6	7	G	工装制造2	[4]	[9]	3	4	30	80	110	80	110	0	0	True
7	8	H	机械加工2	[5, 11]	[10]	5	7	15	100	115	120	135	20	20	False
8	9	K	机械加工3	[7]	[10]	4	7	25	110	135	110	135	0	0	True
9	10	L	装配与调试	[2, 6, 7, 8]	[]	7	8	35	135	170	135	170	0	0	True
10	11	VW	虚工作	[4]	[8]	3	5	0	80	80	120	120	40	20	False

图　32.8

根据当前的顶点编号作图，如图 32.9 所示。

图 32.9 中有如下两个地方与业务要求不一致。

(1) H 为 D 的紧后工作没有表示出来。

(2) 在任一工作路径中，编号大的不能在编号小的前面，而这里的 7、8 在 5 的前面。

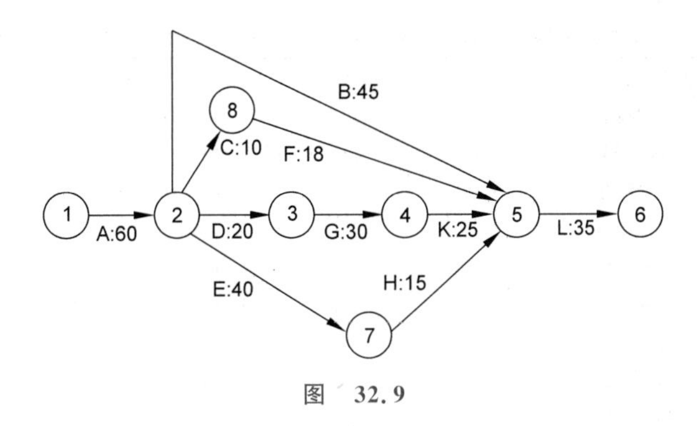

图　32.9

首先解决第一个问题：添加虚工作，如果两个存在紧前紧后关系的工作没有体现出来，就在这两个工作之间添加一个虚工作，代码如下：

```
#添加虚工作 VW
for i in range(len(sorted_dict)):
   deal_path = list(sorted_dict[i][0])
   for idx in range(len(deal_path) - 1):
      if workes[deal_path[idx] - 1].to_node_idx!= workes[deal_path[idx + 1] - 1].from_node_idx:
         work = Work()
         work.idx = len(workes) + 1
         work.from_node_idx = workes[deal_path[idx] - 1].to_node_idx
         work.to_node_idx = workes[deal_path[idx + 1] - 1].from_node_idx
         work.name = 'VW'
         work.describe = '虚工作'
         work.ahead_work_idxes = [deal_path[idx]]
         work.back_work_idxes = [deal_path[idx + 1]]
         workes[deal_path[idx] - 1].back_work_idxes.append(work.idx)
         workes[deal_path[idx] - 1].back_work_idxes.remove(deal_path[idx + 1])
         workes[deal_path[idx + 1] - 1].ahead_work_idxes.append(work.idx)
         workes[deal_path[idx + 1] - 1].ahead_work_idxes.remove(deal_path[idx])
         workes.append(work)
print_workes(workes)
```

运行结果如图 32.10 所示。

注意最后一行添加了一个虚工作。现在查看所有工作路径，代码如下：

```
#查看添加虚拟工作后的工作路径
new_path_dict = defaultdict(int)
for _ in range(1000):
   path = get_a_path(workes)
   path_length = 0
   for i in range(len(path)):
      for work in workes:
         if work.idx == path[i]:
            path_length += work.D
```

	idx	name	describe	ahead_workes	back_workes	from	to	D	ES	EF	LS	LF	TF	FF	isOnKeypath
0	1	A	产品设计和工艺设计	[]	[2, 3, 4, 5]	1	2	60	0	60	0	60	0	0	True
1	2	B	外购配套件	[1]	[10]	2	5	45	0	0	0	0	0	0	False
2	3	C	锻件准备	[1]	[6]	2	8	10	0	0	0	0	0	0	False
3	4	D	工装制造1	[1]	[7, 11]	2	3	20	60	80	60	80	0	0	True
4	5	E	铸件	[1]	[8]	2	7	40	0	0	0	0	0	0	False
5	6	F	机械加工1	[3]	[10]	8	5	18	0	0	0	0	0	0	False
6	7	G	工装制造2	[4]	[9]	3	4	30	80	110	80	110	0	0	True
7	8	H	机械加工2	[5, 11]	[10]	7	5	15	0	0	0	0	0	0	False
8	9	K	机械加工3	[7]	[10]	4	5	25	110	135	110	135	0	0	True
9	10	L	装配与调试	[2, 6, 7, 8]	[]	5	6	35	135	170	135	170	0	0	True
10	11	VW	虚工作	[4]	[8]	3	7	0	0	0	0	0	0	0	False

图 32.10

```
            break
        new_path_dict[tuple(path)] = path_length
    new_path_dict
```

运行结果如图 32.11 所示。

其中,编号为 11 的工作就是虚工作。

下面将字典重新排序,代码如下:

```
#排序
new_sorted_dict = sorted(new_path_dict.items(),key = itemgetter(1),reverse = True)
new_sorted_dict
```

运行结果如图 32.12 所示。

```
defaultdict(int,
            {(1, 2, 10): 140,
             (1, 5, 8, 10): 150,
             (1, 3, 6, 10): 123,
             (1, 4, 11, 8, 10): 130,
             (1, 4, 7, 9, 10): 170})
```

图 32.11

```
[((1, 4, 7, 9, 10), 170),
 ((1, 5, 8, 10), 150),
 ((1, 2, 10), 140),
 ((1, 4, 11, 8, 10), 130),
 ((1, 3, 6, 10), 123)]
```

图 32.12

将顶点编号重新排列,代码如下:

```
#重置每项工作的左右结点编号
for _ in range(1000):
    deal_path = r.randint(0,len(new_sorted_dict) - 1)
    path = list(new_sorted_dict[deal_path][0])
    nodes = []
    for i in range(len(path)):
        nodes.append(workes[path[i] - 1].to_node_idx)
    nodes.sort()
```

```
    for i in range(len(nodes)):
        if i == 0:
            workes[path[i] - 1].to_node_idx = nodes[i]
        else:
            workes[path[i] - 1].from_node_idx = nodes[i - 1]
            workes[path[i] - 1].to_node_idx = nodes[i]
    for i in range(len(new_sorted_dict)):
        every_path = list(new_sorted_dict[i][0])
        for j in range(len(every_path) - 1):
            workes[every_path[j] - 1].to_node_idx = workes[every_path[j + 1] - 1].from_node_idx
print_workes(workes)
```

运行结果如图 32.13 所示。

	idx	name	describe	ahead_workes	back_workes	from	to	D	ES	EF	LS	LF	TF	FF	isOnKeypath
0	1	A	产品设计和工艺设计	[]	[2, 3, 4, 5]	1	2	60	0	60	0	60	0	0	True
1	2	B	外购配套件	[1]	[10]	2	7	45	0	0	0	0	0	0	False
2	3	C	锻件准备	[1]	[6]	2	6	10	0	0	0	0	0	0	False
3	4	D	工装制造1	[1]	[7, 11]	2	3	20	60	80	60	80	0	0	True
4	5	E	铸件	[1]	[8]	2	5	40	0	0	0	0	0	0	False
5	6	F	机械加工1	[3]	[10]	6	7	18	0	0	0	0	0	0	False
6	7	G	工装制造2	[4]	[9]	3	4	30	80	110	80	110	0	0	True
7	8	H	机械加工2	[5, 11]	[10]	5	7	15	0	0	0	0	0	0	False
8	9	K	机械加工3	[7]	[10]	4	7	25	110	135	110	135	0	0	True
9	10	L	装配与调试	[2, 6, 7, 8]	[]	7	8	35	135	170	135	170	0	0	True
10	11	VW	虚工作	[4]	[8]	3	5	0	0	0	0	0	0	0	False

图 32.13

注释：随机产生一个工作路径，第一个 for 循环记录这条路径上的顶点编号，按由小到大排序；第二个 for 循环更新这条工作路径上的顶点编号；因为更新过的这条工作路径上的顶点，也可能是其他工作路径上的顶点，第三个 for 循环更新其他路径的顶点，用图 32.14 说明此问题。

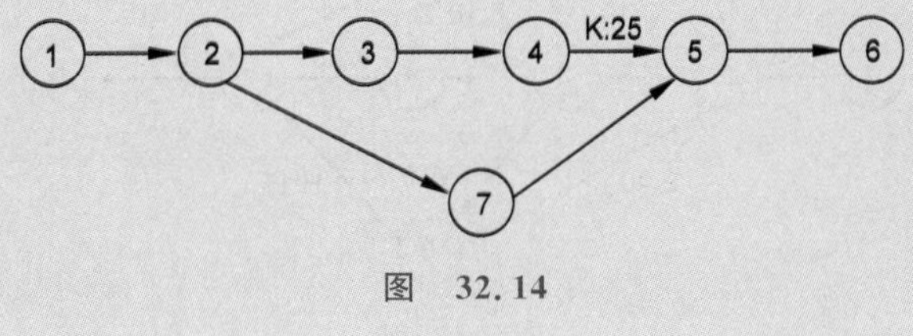

图 32.14

例如，随机产生的工作路径为 1→2→7→5→6，将此路径更新为 1→2→5→6→7，注意原来顶点 4 和顶点 5 之间的工作 K，现在的后继顶点变为 6，**此信息必须更新！**

完善 ES 和 EF，代码如下：

```
#完善 ES 和 EF
for i in range(1,len(new_sorted_dict)):
    path = list(new_sorted_dict[i][0])
    ES = 0
    for idx in range(len(path)):
        if workes[path[idx] - 1].EF > 0:
            ES = workes[path[idx] - 1].EF
        else:
            workes[path[idx] - 1].ES = ES
            ES += workes[path[idx] - 1].D
            workes[path[idx] - 1].EF = ES
print_workes(workes)
```

运行结果如图 32.15 所示。

	idx	name	describe	ahead_workes	back_workes	from	to	D	ES	EF	LS	LF	TF	FF	isOnKeypath
0	1	A	产品设计和工艺设计	[]	[2, 3, 4, 5]	1	2	60	0	60	0	60	0	0	True
1	2	B	外购配套件	[1]	[10]	2	7	45	60	105	0	0	0	0	False
2	3	C	锻件准备	[1]	[6]	2	6	10	60	70	0	0	0	0	False
3	4	D	工装制造1	[1]	[7, 11]	2	3	20	60	80	60	80	0	0	True
4	5	E	铸件	[1]	[8]	2	5	40	60	100	0	0	0	0	False
5	6	F	机械加工1	[3]	[10]	6	7	18	70	88	0	0	0	0	False
6	7	G	工装制造2	[4]	[9]	3	4	30	80	110	80	110	0	0	True
7	8	H	机械加工2	[5, 11]	[10]	5	7	15	100	115	0	0	0	0	False
8	9	K	机械加工3	[7]	[10]	4	7	25	110	135	110	135	0	0	True
9	10	L	装配与调试	[2, 6, 7, 8]	[]	7	8	35	135	170	135	170	0	0	True
10	11	VW	虚工作	[4]	[8]	3	5	0	80	80	0	0	0	0	False

图　32.15

网络计划图如图 32.16 所示。

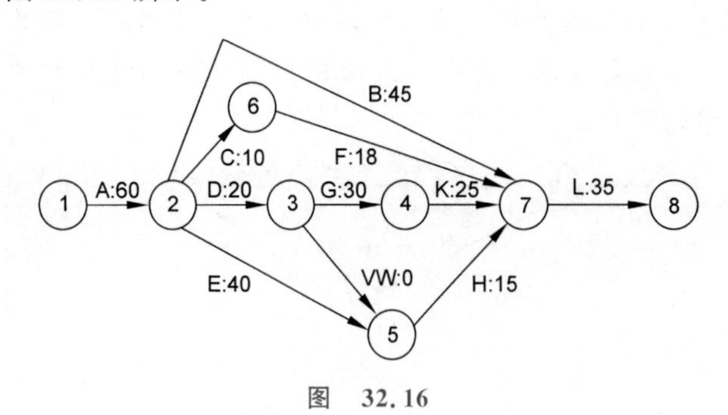

图　32.16

根据业务规则完善其他数据信息,代码如下:

```
#完善 LS 和 LF
for i in range(1,len(new_sorted_dict)):
    LF = new_sorted_dict[0][1]        #170
```

```
    path = list(new_sorted_dict[i][0])
    for idx in range(len(path) - 1, - 1, - 1):
        if workes[path[idx] - 1].isOnKeypath:
            LF = workes[path[idx] - 1].ES
            continue
        workes[path[idx] - 1].LF = LF
        LF -= workes[path[idx] - 1].D
        workes[path[idx] - 1].LS = LF
print_workes(workes)
```

运行结果如图 32.17 所示。

	idx	name	describe	ahead_workes	back_workes	from	to	D	ES	EF	LS	LF	TF	FF	isOnKeypath
0	1	A	产品设计和工艺设计	[]	[2, 3, 4, 5]	1	2	60	0	60	0	60	0	0	True
1	2	B	外购配套件	[1]	[10]	2	7	45	60	105	90	135	0	0	False
2	3	C	锻件准备	[1]	[6]	2	6	10	60	70	107	117	0	0	False
3	4	D	工装制造1	[1]	[7, 11]	2	3	20	60	80	60	80	0	0	True
4	5	E	铸件	[1]	[8]	2	5	40	60	100	80	120	0	0	False
5	6	F	机械加工1	[3]	[10]	6	7	18	70	88	117	135	0	0	False
6	7	G	工装制造2	[4]	[9]	3	4	30	80	110	80	110	0	0	True
7	8	H	机械加工2	[5, 11]	[10]	5	7	15	100	115	120	135	0	0	False
8	9	K	机械加工3	[7]	[10]	4	7	25	110	135	110	135	0	0	True
9	10	L	装配与调试	[2, 6, 7, 8]	[]	7	8	35	135	170	135	170	0	0	True
10	11	VW	虚工作	[4]	[8]	3	5	0	80	80	120	120	0	0	False

图　32.17

接下来，继续完善 TF 和 FF，代码如下：

```
#完善 TF 和 FF
for i in range(1,len(new_sorted_dict)):
    path = list(new_sorted_dict[i][0])
    for idx in range(len(path) - 1):
        if workes[path[idx] - 1].isOnKeypath:
            continue
        workes[path[idx] - 1].TF = workes[path[idx] - 1].LS - workes[path[idx] - 1].ES
        workes[path[idx] - 1].FF = workes[path[idx + 1] - 1].ES - workes[path[idx] - 1].EF
print_workes(workes)
```

运行结果如图 32.18 所示。

最后，将结果导出至 Excel 文件，代码如下：

```
# 将数据导出至 Excel
import xlwt
work_book = xlwt.Workbook()
work_sheet = work_book.add_sheet('网络计划图数据')
work_sheet.write(0,0,'工作 ID')
work_sheet.write(0,1,'工作代号')
```

	idx	name	describe	ahead_workes	back_workes	from	to	D	ES	EF	LS	LF	TF	FF	isOnKeypath
0	1	A	产品设计和工艺设计	[]	[2, 3, 4, 5]	1	2	60	0	60	0	60	0	0	True
1	2	B	外购配套件	[1]	[10]	2	7	45	60	105	90	135	30	30	False
2	3	C	锻件准备	[1]	[6]	2	6	10	60	70	107	117	47	0	False
3	4	D	工装制造1	[1]	[7, 11]	2	3	20	60	80	60	80	0	0	True
4	5	E	铸件	[1]	[8]	2	5	40	60	100	80	120	20	0	False
5	6	F	机械加工1	[3]	[10]	6	7	18	70	88	117	135	47	47	False
6	7	G	工装制造2	[4]	[9]	3	4	30	80	110	80	110	0	0	True
7	8	H	机械加工2	[5, 11]	[10]	5	7	15	100	115	120	135	20	20	False
8	9	K	机械加工3	[7]	[10]	4	7	25	110	135	110	135	0	0	True
9	10	L	装配与调试	[2, 6, 7, 8]	[]	7	8	35	135	170	135	170	0	0	True
10	11	VW	虚工作	[4]	[8]	3	5	0	80	80	120	120	40	20	False

图 32.18

```
work_sheet.write(0,2,'工作描述')
work_sheet.write(0,3,'左结点编号')
work_sheet.write(0,4,'右结点编号')
work_sheet.write(0,5,'D')
work_sheet.write(0,6,'ES')
work_sheet.write(0,7,'EF')
work_sheet.write(0,8,'LS')
work_sheet.write(0,9,'LF')
work_sheet.write(0,10,'TF')
work_sheet.write(0,11,'FF')
work_sheet.write(0,12,'关键路线 ')
for i in range(len(workes)):
    work_sheet.write(i+1,0,workes[i].idx)
    work_sheet.write(i+1,1,workes[i].name)
    work_sheet.write(i+1,2,workes[i].describe)
    work_sheet.write(i+1,3,workes[i].from_node_idx)
    work_sheet.write(i+1,4,workes[i].to_node_idx)
    work_sheet.write(i+1,5,workes[i].D)
    work_sheet.write(i+1,6,workes[i].ES)
    work_sheet.write(i+1,7,workes[i].EF)
    work_sheet.write(i+1,8,workes[i].LS)
    work_sheet.write(i+1,9,workes[i].LF)
    work_sheet.write(i+1,10,workes[i].TF)
    work_sheet.write(i+1,11,workes[i].FF)
    work_sheet.write(i+1,12,'√' if workes[i].isOnKeypath else '')
work_book.save('./第32章 网络计划图.xls')
```

注释：(1) 需要安装 xlwt 库，如果需要读取 Excel，安装 xlrd 库。

(2) 导出 Excel 文件和当前文件在同一路径。

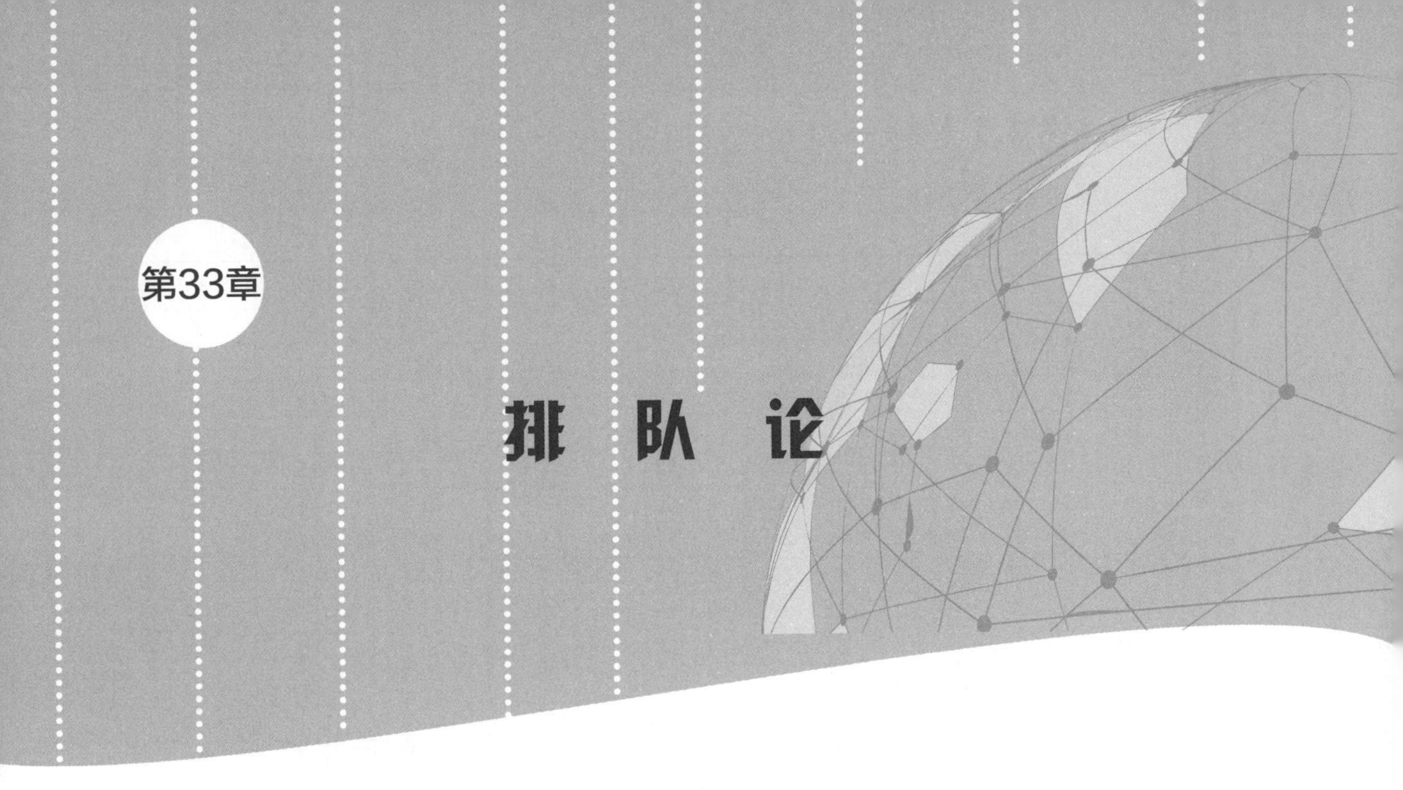

第33章 排 队 论

由于服务资源相对于服务对象(也称为顾客)不平衡,排队现象经常出现于服务资源受限的经济活动与社会生活中,例如,银行的服务窗口、10086 人工服务台、销售部门向仓库送达的提货单、到达机场上空待降落的飞机等。这里服务的对象分别为:待办理银行业务的顾客、打入的电话、提货单、飞机,而服务机构(也称为服务台、服务员)分别为:银行工作人员、10086 人工服务人员、仓库管理员、跑道。从服务机构的角度看,服务对象的到达具有一定的随机性。尽管一个机场飞机的到达时刻相对固定,但地面上跑道的占用情况却不是固定不变的,从而解决飞机正常降落问题也是一个随机事件。

因为排队现象大量出现在日常生活中,为了提高社会服务效率、降低服务成本,就必须了解排队论中的相关指标,并合理配置服务资源。

先从理解数据开始,以 τ_i 表示第 i 号顾客到达的时刻,s_i 表示对其服务的时间,则相继到达的时间间隔 t_i 和排队等待时间 w_i 为:

$$t_i = \tau_{i+1} - \tau_i$$

$$w_{i+1} = \begin{cases} w_i + s_i - t_i, & w_i + s_i - t_i \geqslant 0 \\ 0, & w_i + s_i - t_i < 0 \end{cases}$$

排队等待时间有两种情况。第一种情况是,当 i 号顾客正在等待或正在被服务时,即服务台忙时,第 $i+1$ 号顾客到达;第二种情况是,服务台闲时,即对第 i 号顾客的服务结束后,第 $i+1$ 号顾客才到达。

【例 33.1】 某服务机构是单服务台,按照先到先服务原则,记录 41 个顾客的到达时刻 τ 和服务时间 s(min),结果如表 33.1 所示。在表中,第 1 号顾客到达时刻记为 0,对这 41 名顾客的全部服务时间总计为 127min。试根据表中数据信息,求出平均间隔时间、平均服务时间及平均等待时间。

表 33.1

i	τ_i	s_i	i	τ_i	s_i	i	τ_i	s_i
1	0	5	15	61	1	29	106	1
2	2	7	16	62	2	30	109	2
3	6	1	17	65	1	31	114	1
4	11	9	18	70	3	32	116	8
5	12	2	19	72	4	33	117	4
6	19	4	20	80	3	34	121	2
7	22	3	21	81	2	35	127	1
8	26	3	22	83	3	36	129	6
9	36	1	23	86	6	37	130	3
10	38	2	24	88	5	38	133	5
11	45	5	25	92	1	39	135	2
12	47	4	26	95	3	40	139	4
13	49	1	27	101	2	41	142	1
14	52	2	28	105	2			

解　导入原始数据，代码如下：

```
#原始数据
original_data = [
           [1,0,5],[2,2,7],[3,6,1],[4,11,9],[5,12,2],[6,19,4],
           [7,22,3],[8,26,3],[9,36,1],[10,38,2],[11,45,5],
           [12,47,4],[13,49,1],[14,52,2],[15,61,1],[16,62,2],
           [17,65,1],[18,70,3],[19,72,4],[20,80,3],[21,81,2],
           [22,83,3],[23,86,6],[24,88,5],[25,92,1],[26,95,3],
           [27,101,2],[28,105,2],[29,106,1],[30,109,2],[31,114,1],
           [32,116,8],[33,117,4],[34,121,2],[35,127,1],[36,129,6],
           [37,130,3],[38,133,5],[39,135,2],[40,139,4],[41,142,1]
           ]
compute_data = []
for i in range(len(original_data)):
   if i == 0:
     compute_data.append([original_data[1][1] - original_data[0][1],0])
   elif i == len(original_data) - 1:
     w = compute_data[i - 1][1] + original_data[i - 1][2] - compute_data[i - 1][0]
     w = w if w > 0 else 0
     compute_data.append([0,w])
   else:
     t = original_data[i + 1][1] - original_data[i][1]
     w = compute_data[i - 1][1] + original_data[i - 1][2] - compute_data[i - 1][0]
     w = w if w > 0 else 0
     compute_data.append([t,w])
data = np.hstack((original_data,compute_data))
data[:5]
```

运行结果如图 33.1 所示。

注释：输出的结果为前 5 个顾客的编号、到达时刻、服务时间、与下一个顾客的到达间隔及等待时间。求出平均间隔时间、平均服务时间及平均等待时间，代码如下：

```
aver_t = np.mean(data[:-1],axis = 0)[3]
aver_s,aver_w = np.mean(data,axis = 0)[[2,4]]
np.round((aver_t,aver_s,aver_w),3)
```

运行结果如图 33.2 所示。

```
array([[ 1,  0,  5,  2,  0],
       [ 2,  2,  7,  4,  3],
       [ 3,  6,  1,  5,  6],
       [ 4, 11,  9,  1,  2],
       [ 5, 12,  2,  7, 10]])
```

图 33.1

```
array([3.55 , 3.098, 3.317])
```

图 33.2

排队论模型的分类：$X/Y/Z/A/B/C$，各符号的含义如下。

X：相继到达间隔时间的分布。

Y：服务时间的分布。

Z：服务台的数量。

A：系统容量限制。

B：顾客源数目 m。

C：服务规则，如先到先服务(FCFS)，后到先服务(LCFS)等。

并规定：如果略去后三项，一般指的是模型：$X/Y/Z/\infty/\infty/\text{FCFS}$。

下面说明负指数分布和泊松分布实际上是一致的。

$$F(x)=1-\mathrm{e}^{-\frac{x}{\theta}}=\mathrm{e}^{\frac{x}{\theta}}\mathrm{e}^{-\frac{x}{\theta}}-\mathrm{e}^{-\frac{x}{\theta}}=(\mathrm{e}^{\frac{x}{\theta}}-1)\mathrm{e}^{-\frac{x}{\theta}}\quad\left(\text{记 }\lambda=\frac{1}{\theta}\right)$$

$$=(\mathrm{e}^{\lambda x}-1)\mathrm{e}^{-\lambda x}$$

$$=\left(1+\lambda x+\frac{\lambda^2x^2}{2!}+\frac{\lambda^3x^3}{3!}+\cdots+\frac{\lambda^kx^k}{k!}+\cdots-1\right)\mathrm{e}^{-\lambda x}$$

$$=\left(\lambda x+\frac{\lambda^2x^2}{2!}+\frac{\lambda^3x^3}{3!}+\cdots+\frac{\lambda^kx^k}{k!}+\cdots\right)\mathrm{e}^{-\lambda x}$$

取 $x=1$ 得：$\left(1+\lambda+\frac{\lambda^2}{2!}+\frac{\lambda^3}{3!}+\cdots+\frac{\lambda^k}{k!}+\cdots\right)\mathrm{e}^{-\lambda}=1$，而泊松分布(离散型的)的概率公式 $P\{X=k\}=\frac{\lambda^k\mathrm{e}^{-\lambda}}{k!}$ 即为上述式子的一般项；与连续型的负指数分布唯一不同的是：

$$F(0)=0\text{ 而 }P\{X=0\}=\mathrm{e}^{-\lambda}$$

对于泊松分布，单位时间内平均到达的顾客数为 λ 个，而对于负指数分布，服务台每处理一个顾客平均所需时间的期望为 θ，或某件事发生的时间的期望为 θ。

如果单位时间内顾客到达的人数服从泊松分布，而服务台服务一个顾客的时间服从负指数分布，将此排队模型记为：$M/M/Z$。

对模型求解可以依照数学理论去分析，也可以通过随机模拟的方法估计相关参数。对于前者，由于分析过程要对模型进行简化处理，得到的经验公式的信服度与模型的复杂程度成反比(注：信服度低并不意味着公式不正确，对于在随机事件中寻找某个必然的规律或公式本身就是一个概率问题，而不是绝对的公式)；而后者可以通过大量的随机模拟以应对任意组合的排队模型。这里采用后者。

现以标准的 $M/M/1$ 模型($M/M/1/\infty/\infty/$FCFS)展示随机模拟实验的方法。

【例 33.2】 某医院手术室根据病人来诊和完成手术的时间记录，任意抽查了 100 个工作小时，每小时平均就诊的病人数为 2.1 个，又任意抽查了 100 个完成手术的病例，所用时间平均为 0.4 人/小时，求下列指标。

(1) W_s：系统中病人逗留时间的期望值。

(2) W_q：系统中病人等待时间的期望值，即病人排队等待时间的期望值。

(3) L_s：系统中病人的平均数。

(4) L_q：队列中等待的平均病人数。

(5) ρ：服务强度，这里指医生的工作强度。

解　病人单位时间(1h)到达的人数服从参数为 2.1 的泊松分布，而一个病人的手术时长服从参数为 0.4 的负指数分布。不妨假设在单位时间内每个病人到达的时刻服从均匀分布，随机模拟服务对象(病人)为 2000 个的情形 100 次，求出逗留时间和等待时间的平均值；首先导入必需的库及库函数，代码如下：

```
from scipy.stats import poisson,expon,uniform
import numpy as np
```

函数 gen_reach_T()随机生成顾客到达的时刻，代码如下：

```
#生成服务对象达到时间
def gen_reach_T(lamda,uniform_scale,gen_size,random_seed):
    np.random.seed(random_seed)
    generator = poisson(lamda)
    nums = 0
    gen_nums = []
    while nums < gen_size:
        num = generator.rvs(size = 1)
        gen_nums.append(num)
        nums += num
    #修改最后一个元素,使列表 gen_nums 的各项和恰好为 gen_size
    gen_nums[-1] -= nums - gen_size
    gen_nums = list(np.array(gen_nums).ravel())
    reach_T = []
    for idx,num in enumerate(gen_nums):
        if num > 0:
```

```
        T_s = uniform(idx,uniform_scale).rvs(size = num)
        T_s.sort()
        for t in T_s:
            reach_T.append(t)
    reach_T = list(np.round(np.array(reach_T).ravel(),2))
    #将首个服务对象到达的时刻设为 0
    reach_T[0] = 0
    return reach_T
```

测试 gen_reach_T()函数，代码如下：

```
reach_T = gen_reach_T(2.1,1.0,1000,0)
reach_T[:10]
```

运行结果如图 33.3 所示。

```
[0, 0.47, 0.51, 0.71, 1.04, 1.06, 1.29, 1.83, 2.53, 2.67]
```

图　33.3

注释：由于随机性的原因，在第一个小时内一共到达 4 位顾客(病人)，第二个小时内也是到达 4 位顾客，实际上平均每小时到达顾客的平均数为 2.1 个。

函数 gen_service_T()随机产生每个顾客的服务时长，代码如下：

```
#生成对每个服务对象的服务时长
def gen_service_T(theta,gen_size,random_seed):
    np.random.seed(random_seed)
    generator = expon(0,theta)
    return list(np.round(generator.rvs(size = gen_size),2))
np.mean(gen_service_T(0.4,1000,0))
```

运行结果如图 33.4 所示。

```
0.40155
```

图　33.4

函数 gen_Lq_Ls_rou()生成系统的队列长度、队长及服务强度。这里由于需要使用 pandas.cut()函数，首先导入 pandas 库 import pandas as pd，再运行。代码如下：

```
#要使用 pd.cut 函数
import pandas as pd

def gen_Lq_Ls_rou(reach_t,service_t):
    start_service_t = []
    stop_service_t = []
    start_service_t.append(reach_t[0])
    stop_service_t.append(service_t[0])
```

```
    size = len(reach_t)
    for i in range(1,size):
        if reach_t[i]> = stop_service_t[i-1]:
            start_service_t.append(reach_t[i])
            stop_service_t.append(reach_t[i] + service_t[i])
        else:
            start_service_t.append(stop_service_t[i-1])
            stop_service_t.append(stop_service_t[i-1] + service_t[i])
    Lq,Ls,rou = [],[],[]
    observe_t = np.linspace(0,stop_service_t[-1],size)
    for i in range(size):
        #pd.cut()函数将区间分为左开右闭的区间,因为 reach_t[0] = 0,所以这里要加上 1
        total_come_nums = pd.cut(reach_t,[0,observe_t[i]]).value_counts()[0] + 1
        total_leave_nums = pd.cut(stop_service_t,[0,observe_t[i]]).value_counts()[0]
        sub = total_come_nums - total_leave_nums
        if sub == 0:
            Lq.append(sub)
            Ls.append(sub)
        else:
            Lq.append(sub - 1)
            Ls.append(sub)
        rou.append(sum(service_t)/stop_service_t[-1])
    return Lq,Ls,rou
```

注释:(1) gen_Lq_Ls_rou()函数首先生成每个顾客开始服务与结束服务的时刻列表,然后通过 pd.cut()函数计算:从时刻 0 至每一个观察时刻为止,总共到达的顾客数与总共离开的顾客数,从而统计每一个观察时刻的队与队列的长度,服务强度等于总服务时间除以最后一个顾客的离开时间。

(2) 此函数运行耗时较长。

使用 M_M_1 函数计算各个指标,代码如下:

```
import sys
#M_M_1 函数输出随机模拟的各指标信息
def M_M_1(lamda = 2.1,uniform_scale = 1.0,theta = 0.4,gen_size = 2000,\
        random_seed = np.random.randint(20,size = (100,2)),bCompute_Ls_Lq_rou = False):

    #如果需要输出这几个指标,仅输出 20 个随机模拟的结果
    if bCompute_Ls_Lq_rou:random_seed = np.random.randint(20,size = (20,2))

    result = []
    for [seed_1,seed_2] in random_seed:
```

```
        info = []
        reach_T = gen_reach_T(lamda,uniform_scale,gen_size,seed_1)
        service_T = gen_service_T(theta,gen_size,seed_2)
        interval_T = [reach_T[i + 1] - reach_T[i] for i in range(len(reach_T) - 1)]
        wait_T = [0]
        for i in range(1,len(service_T)):
            temp = wait_T[i - 1] + service_T[i - 1] - interval_T[i - 1]
            wait_T.append(temp if temp >= 0 else 0)
        info.append(wait_T)
        stay_T = list(np.array(wait_T) + np.array(service_T))
        info.append(stay_T)
        if bCompute_Ls_Lq_rou:
            lq,ls,rou = gen_Lq_Ls_rou(reach_T,service_T)
            info.append(lq)
            info.append(ls)
            info.append(rou)
            Wq,Ws,Lq,Ls,rou = np.mean(np.array(info),axis = 1)
            result.append([Wq,Ws,Lq,Ls,rou])
            print('In test {}:\tWq = {:.3f}, Ws = {:.3f}, Lq = {:.3f}, Ls = {:.3f}, rou = {:.3f}'\
.format(len(result),Wq,Ws,Lq,Ls,rou))
            sys.stdout.flush()
        else:
            Wq,Ws = np.mean(np.array(info),axis = 1)
            result.append([Wq,Ws])
            print('In test {}:\tWq = {:.3f}, Ws = {:.3f}'.format(len(result),Wq,Ws))
            sys.stdout.flush()
    return np.mean(np.array(result),axis = 0)
```

注释：因为耗时的原因，最后一个参数 bCompute_Ls_Lq_rou 指明是否计算这三个指标，如果计算这三个指标，仅做 20 次的随机模拟。

下面分为两种情况调用函数 M_M_1()函数。

(1) 代码如下：

```
M_M_1()
```

因为运行结果内容显示太长，仅取后 10 次的结果及平均结果，如图 33.5 所示。

(2) 代码如下：

```
M_M_1(bCompute_Ls_Lq_rou = True)
```

同样，仅取后 10 次的结果及平均结果，如图 33.6 所示。

```
In test 91:     Wq=2.054, Ws=2.447
In test 92:     Wq=1.447, Ws=1.838
In test 93:     Wq=1.436, Ws=1.828
In test 94:     Wq=2.217, Ws=2.624
In test 95:     Wq=2.700, Ws=3.092
In test 96:     Wq=1.893, Ws=2.301
In test 97:     Wq=2.134, Ws=2.534
In test 98:     Wq=1.517, Ws=1.909
In test 99:     Wq=1.770, Ws=2.161
In test 100:    Wq=1.910, Ws=2.304

array([2.12511015, 2.5248283 ])
```

图 33.5

```
In test 11:     Wq=2.056, Ws=2.456, Lq=4.362, Ls=5.205, rou=0.848
In test 12:     Wq=1.891, Ws=2.292, Lq=3.977, Ls=4.822, rou=0.846
In test 13:     Wq=2.332, Ws=2.739, Lq=4.865, Ls=5.718, rou=0.852
In test 14:     Wq=2.114, Ws=2.514, Lq=4.487, Ls=5.332, rou=0.847
In test 15:     Wq=1.926, Ws=2.336, Lq=4.030, Ls=4.886, rou=0.860
In test 16:     Wq=1.261, Ws=1.654, Lq=2.570, Ls=3.367, rou=0.797
In test 17:     Wq=2.415, Ws=2.822, Lq=5.054, Ls=5.908, rou=0.852
In test 18:     Wq=3.482, Ws=3.886, Lq=7.344, Ls=8.195, rou=0.852
In test 19:     Wq=1.940, Ws=2.334, Lq=4.105, Ls=4.944, rou=0.836
In test 20:     Wq=2.787, Ws=3.180, Lq=5.888, Ls=6.715, rou=0.830

array([2.168677  , 2.57074225, 4.554825  , 5.39745   , 0.843979  ])
```

图 33.6

注释：(1) 可以看到，即使是模拟 2000 个病人参与的情况，各个指标在每一次实验中也相差很大，但多次的平均数接近于理论值。

(2) 其他排队模型可根据业务规则及所需指标对代码进行修改或补充。

本章最后通过一个例子再次学习排队系统的随机模拟法。

【例 33.3】 分析排队系统的随机模拟法。设某仓库前有一卸货场，货车夜间到达，白天卸货。每天只能卸货两车，若一天内到达数超过两车，那么就推迟到次日卸货。表 33.2 是货车到达数的概率分布。求每天推迟卸货的平均车数。

表 33.2

到达车数	0	1	2	3	4	5	≥6
概率	0.23	0.30	0.30	0.1	0.05	0.02	0

解 模拟连续 2000 天的情况 1000 次，取推迟卸货车数的平均数，代码如下：

```
result = []
test_days,test_times = 2000,1000
for _ in range(test_times):
    reached_num = np.random.choice([0,1,2,3,4,5],size = test_days,\
        p = [0.23,0.3,0.3,0.1,0.05,0.02])
```

```
    can_unload = [2] * (test_days)
    delay_unload = [reached_num[0] - can_unload[0] \
        if reached_num[0] - can_unload[0]> 0 else 0]
    for i in range(1,test_times):
        delay_ = delay_unload[ - 1] + reached_num[i] - can_unload[i]
        delay_unload.append(delay_ if delay_> 0 else 0)
    result.append(np.mean(delay_unload))
np.mean(result)
```

运行结果如图 33.7 所示。

```
0.9216759999999999
```

图 33.7

参 考 文 献

[1] 同济大学数学系.高等数学(上册)[M].北京：高等教育出版社,2014.

[2] 同济大学数学系.高等数学(下册)[M].北京：高等教育出版社,2014.

[3] Matthes E. Python 编程从入门到实践[M].北京：人民邮电出版社,2016.

[4] Stewart J M. Python 科学计算[M].北京：机械工业出版社,2019.

[5] 盛骤,谢式千,潘承毅.概率论与数理统计[M].北京：高等教育出版社,2008.

[6] 运筹学教材编写组.运筹学[M].北京：清华大学出版社,2012.